21世纪新概念全能实战规划教材

中文版 Photoshop 2022 基础教程

江雪 马飞◎编著

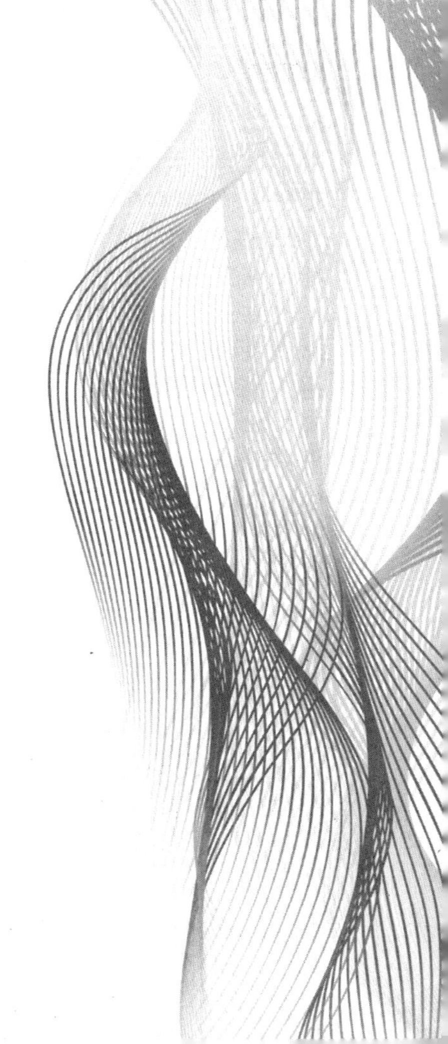

内 容 简 介

Photoshop 2022 是一款功能强大的图像处理软件，被广泛应用于广告设计、游戏设计、摄影后期、效果图后期处理、特效制作等相关行业领域。

本书以案例为引导，系统并全面地讲解了 Photoshop 2022 图像处理的相关功能与技能应用，主要内容包括 Photoshop 2022 的基本操作、图像选区的创建与编辑、图像的绘制与修饰、图层的基本应用、蒙版和通道的技术运用、路径的绘制与编辑、文字的输入与编辑、图像的色彩调整、滤镜的应用方法、图像输出与处理自动化、商业案例实训等。

全书内容安排由浅入深，语言通俗易懂，实例题材丰富多样，每个操作步骤的介绍都清晰准确。特别适合广大职业院校及计算机培训学校作为相关专业的教材用书，同时也适合广大 Photoshop 初学者、图像处理爱好者作为学习参考用书。

图书在版编目(CIP)数据

中文版Photoshop 2022基础教程 / 江雪，马飞编著. — 北京：北京大学出版社，2023.5
ISBN 978-7-301-33878-0

Ⅰ. ①中… Ⅱ. ①江… ②马… Ⅲ. ①图像处理软件 – 教材 Ⅳ. ①TP391.413

中国国家版本馆CIP数据核字（2023）第069551号

书　　名 中文版Photoshop 2022基础教程
ZHONGWENBAN Photoshop 2022 JICHU JIAOCHENG
著作责任者 江　雪　马　飞　编著
责任编辑 刘沈君
标准书号 ISBN 978-7-301-33878-0
出版发行 北京大学出版社
地　　址 北京市海淀区成府路205 号　100871
网　　址 http://www.pup.cn　新浪微博：@ 北京大学出版社
电子信箱 pup7@pup.cn
电　　话 邮购部 010-62752015　发行部 010-62750672　编辑部 010-62570390
印 刷 者 北京溢漾印刷有限公司
经 销 者 新华书店
787毫米×1092毫米　16开本　20.5印张　493千字
2023年5月第1版　2023年5月第1次印刷
印　　数 1–3000册
定　　价 69.00元

Adobe Photoshop 2022 是Adobe公司旗下最为出名的图像处理软件之一，集图像扫描、编辑修改、动画制作、广告设计、创意合成、特效制作等于一体，深受广大平面设计人员和图像后期处理爱好者的青睐。

本书内容介绍

本书以案例为引导，系统全面地讲解了Photoshop 2022 图像处理的相关功能与技能应用。本书内容包括Photoshop 2022 的基本操作、图像选区的创建与编辑、图像的绘制与修饰、图层的基本应用、蒙版和通道的技术运用、路径的绘制与编辑、文字的输入与编辑、图像的色彩调整、滤镜的应用方法、图像输出与处理自动化等。在本书的最后还安排了一章商业案例实训，通过本章的学习，可以提升读者的Photoshop 2022 图像处理与设计的综合实战技能水平。

本书相关特色

（1）全书内容安排由浅入深，语言通俗易懂，实例题材丰富多样，每个操作步骤的介绍都清晰准确。特别适合广大职业院校及计算机培训学校作为相关专业的教材用书，同时也适合广大Photoshop初学者、图像处理爱好者作为学习参考用书。

（2）本书内容翔实，系统全面，轻松易学。在写作方式上，采用“步骤讲述+配图说明”的方式进行编写，操作简单明了，浅显易懂。图书配有书中所有案例的素材文件与最终效果文件，同时还配有与书中内容同步讲解的多媒体教学视频，让读者能轻松学会Photoshop 2022 的图像处理技能。

（3）案例丰富，实用性强。全书安排了 36 个“课堂范例”，帮助初学者认识和掌握相关工具、命令的实战应用；安排了 27 个“课堂问答”，帮助初学者排解学习过程中遇到的疑难问题；安排了 11 个“上机实战”和 11 个“同步训练”的综合案例，提升初学者的实战技能水平；除第 12 章外，每章最后都安排有“知识能力测试”的习题，认真完成这些测试习题，可以帮助初学者巩固所学的知识（提示：相关习题答案可以从网盘下载，方法参见后面的介绍）。

本书知识结构图

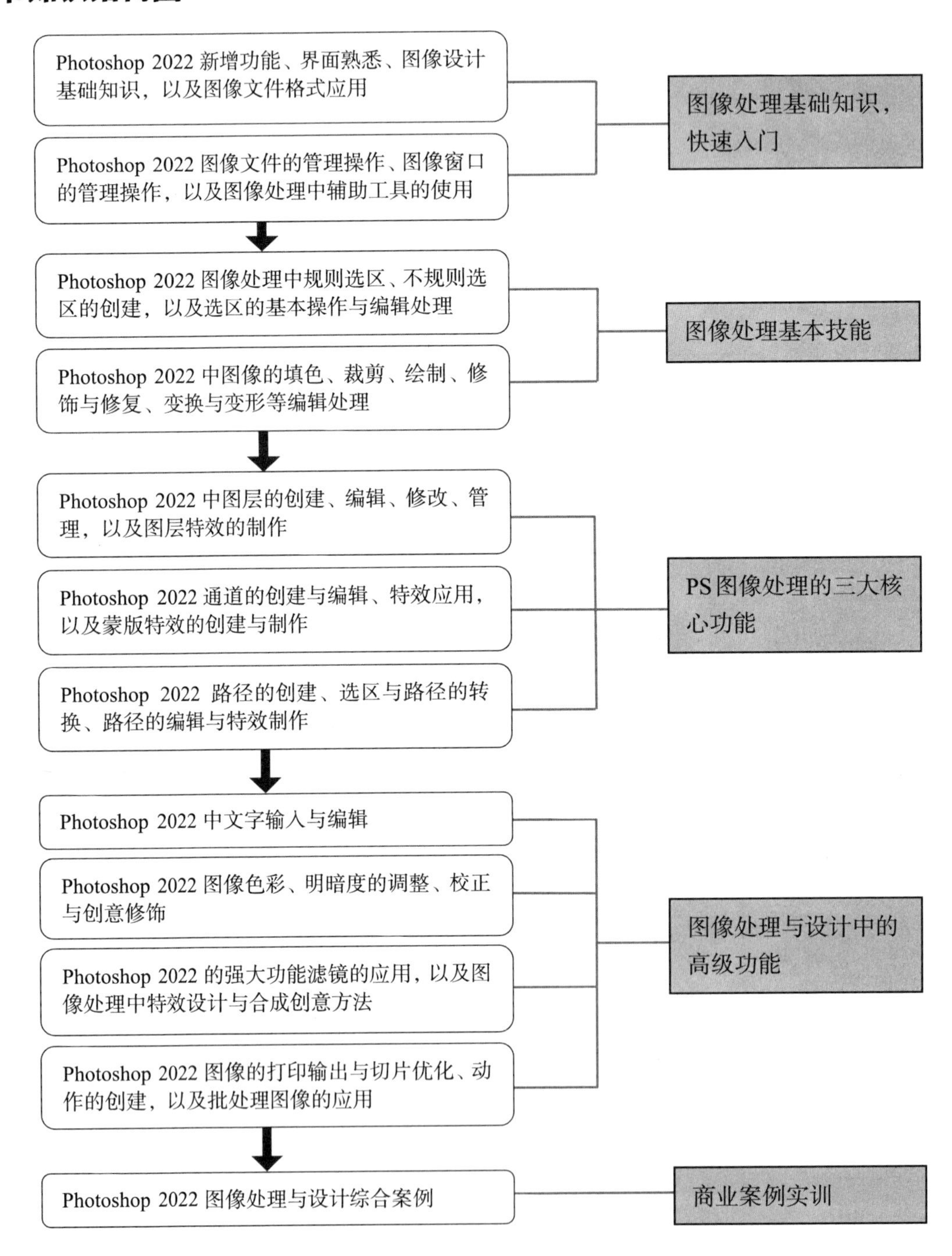

教学课时安排

本书综合了 Photoshop 2022 软件的功能应用，现给出本书教学的参考课时（共 70 课时），主要包括教师讲授 42 课时和学生上机实训 28 课时两部分，具体如下表所示。

章节内容	课时分配	
	教师讲授	学生上机
第 1 章　Photoshop 2022 快速入门	1	1
第 2 章　Photoshop 2022 的基本操作	1	1
第 3 章　图像选区的创建与编辑	4	2
第 4 章　图像的绘制与修饰	6	4
第 5 章　图层的基本应用	6	4
第 6 章　蒙版和通道的技术运用	4	2
第 7 章　路径的绘制与编辑	3	2
第 8 章　文字的输入与编辑	2	2
第 9 章　图像的色彩调整	4	2
第 10 章　滤镜的应用方法	5	3
第 11 章　图像输出与处理自动化	2	1
第 12 章　商业案例实训	4	4
合计	42	28

学习资源与下载说明

本书配套的学习资源和教学资源如下。

1．素材文件

指本书中所有章节实例的素材文件。读者在学习时，可以参考图书讲解内容，打开对应的素材文件进行同步操作练习。

2．结果文件

指本书中所有章节实例的最终效果文件。读者在学习时，可以打开结果文件，查看其实例效果，为自己在学习中的练习操作提供帮助。

3．视频教学文件

本书为读者提供了与书同步的视频教程。读者可以通过相关的视频播放软件打开每章中的视频文件进行学习，每个视频都有语音讲解，非常适合零基础的读者学习。

4．PPT 课件

本书为教师提供了 PPT 教学课件，方便教师教学使用。

5．习题与答案

“习题答案汇总”文件，主要提供了“知识能力测试”模块的参考答案，以及本书“知识与能力总复习题”的参考答案。

6．其他赠送资源

为了提高读者对软件的实际应用能力，本书综合整理了“设计专业软件在不同行业中的学习指导”，方便读者结合其他软件灵活掌握设计技巧、学以致用。

温馨提示：以上资源，请用手机微信扫描下方二维码关注微信公众号，输入本书77页的资源下载码，获取下载地址及密码。

创作者说

本书由凤凰高新教育策划，由江苏科技大学的江雪、马飞老师合作编写。在本书的编写过程中，我们竭尽所能地为您呈现最好、最全的实用功能，但仍难免有疏漏和不妥之处，敬请广大读者不吝指正。若您在学习过程中产生疑问或有任何建议，可以通过E-mail与我们联系。

读者信箱：2751801073@qq.com

第1章 Photoshop 2022快速入门

第2章 Photoshop 2022的基本操作

第5章 图层的基本应用

第6章 蒙版和通道的技术运用

第7章 路径的绘制与编辑

第8章 文字的输入与编辑

第9章 图像的色彩调整

第 10 章 滤镜的应用方法

第 11 章 图像输出与处理自动化

Photoshop 2022

第1章 Photoshop 2022快速入门

Photoshop 2022 有强大的图像处理功能，广泛运用于平面设计、数码后期、特效制作等领域，本章主要介绍 Photoshop 2022 的新增功能、应用领域和工作界面，系统讲述图像基础知识和常用图像文件格式。

学习目标

- 了解 Photoshop 2022 的新增功能
- 了解 Photoshop 2022 的应用领域
- 熟悉 Photoshop 2022 的工作界面
- 了解图像基础知识
- 了解常用图像文件格式

认识Photoshop 2022

Photoshop可以灵活处理图像，随着Adobe公司的不断推陈出新，Photoshop的功能也在不断完善，在图像处理领域的领头地位更加不可取代。

1.1.1 Photoshop 2022的概述

2021年10月，Adobe公司推出Photoshop 2022，该版本新增预设分组、对象选择工具、智能对象转图层、自由变换优化、自由拆分变形、另存为支持视频的GIF格式、一键单独最大化显示图层内容、存储到云文档等功能。

1.1.2 Photoshop 2022的新增功能

Photoshop 2022新增了很多功能，下面对这些功能进行讲解。

1. 快速建立选区

运用【对象选择工具】【选择主体工具】【快速选择工具】或【魔棒工具】，在Photoshop中快速建立选区，如图1-1所示。

通过选区，定义一个可以进一步编辑的区域，以便对图像和复合图像进行增强，可以轻松使用Photoshop中的任意选择工具来进行快速选择。

【对象选择工具】可简化在图像中选择单个对象或对象的某个部分（人物、汽车、家具、宠物、衣服等）的过程，只需在对象周围绘制矩形区域或套索，让【对象选择工具】自动选择已定义区域内的对象，使用【对象选择工具】建立的选区更准确，并保留选区边缘中的更多细节，这意味着用户为获得完美选区所花的时间更少。

2. 共享以供注释

保持在流程中，根据设计内容重新构思共享、接收反馈的方式，而无需离开Photoshop应用程序，与团队伙伴和利益相关方轻松共享Photoshop云文档，并使用注释、上下文图钉和批注来添加和接收反馈，如图1-2所示。

图1-1　快速建立选区

图1-2　共享以供注释

3. 改进了与 Illustrator 的互操作性

改进了最受喜爱的应用程序Illustrator与Photoshop之间的互操作性，允许在享有交互操作功能的同时，轻松地将那些带有图层/矢量形状、路径和矢量蒙版的AI文件引入Photoshop中，以便可以继续编辑和处理这些文件，如图1-3所示。

4. 新的和改进的 Neural Filters

以Adobe Sensei为后盾的Neural Filters，带来了新的、改进后的滤镜，这种经过重新构思的滤镜让人得以探索各种创意，凭借新颖的特色和测试版滤镜，可以在Photoshop中实现令人惊叹的编辑效果，如图1-4所示。

图1-3　与Illustrator的互操作性

图1-4　改进的Neural Filters

5. 更多增效工具

Creative Cloud新的统一可扩展性平台（UXP）是一个共享技术堆栈，它提供了一个统一的新式JavaScript引擎，具有更高效、可靠和安全的特点，如图1-5所示。

6. 改进的色彩管理和 HDR 功能

Photoshop现在支持Apple的Pro Display XDR，在动态的完整范围内查看设计内容。除ApplePro Display XDR外，新发布的Macbook Pro 14英寸和16英寸机型现在还具有XDR显示器，这有助于使用者查看更丰富的颜色，黑色看起来更深，白色看起来更亮，介于两者之间的颜色看起来更像自然世界的样子，如图1-6所示。

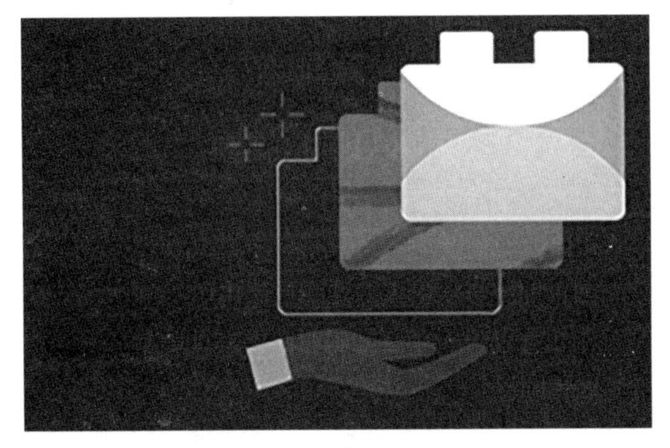

图1-5　更多增效工具

图1-6　改进的色彩管理和HDR功能

7. 统一文本引擎

统一文本引擎替代了旧版文本引擎，并启用了一些高级排版功能，用来处理世界各地的国际语言和脚本，包括阿拉伯语、希伯来语、印度语、日语、中文和韩语脚本。有了统一文本引擎后，所有高级排版功能都将自动可用并集中位于Photoshop的文字属性面板中，如图1-7所示。

8. 改进的渐变工具

借助新的插值选项，渐变现在看起来比以往更清晰、更明亮，如图1-8所示。借助此版本，可以测试新式渐变工具和渐变插值方法，它们可以更好地控制如何创建美观且更平滑的渐变。渐变将具有更自然的混合效果，并且看起来更像在自然世界中看到的渐变（如日落或日出的天空），还可以添加、移动、编辑和删除色标，并更改渐变Widget的位置。

图1-7　统一文本引擎

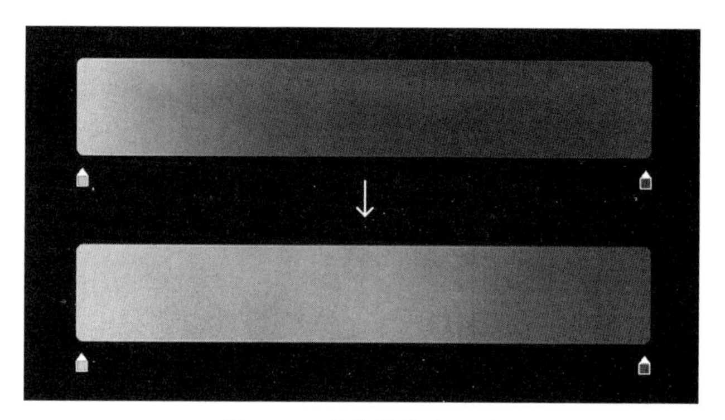

图1-8　改进的渐变工具

9. 新式油画滤镜

针对macOS和Windows，新版本重新实施了基于GPU的油画滤镜。此版本为兼容DirectX/Metal的GPU添加了新的支持，不再依赖于计算机上的OpenCL子系统。

要访问油画滤镜，只需导航并执行【滤镜】→【风格化】→【油画】命令，在打开的【油画】对话框中设置滤镜属性即可。

要获得更佳性能，在使用油画滤镜时，在【首选项】→【性能】选项中，启用使用图形处理器，关闭预览，使滤镜在处理超大图像时，更具响应性。

10. 改进的【导出为】

在这个版本中，【导出为】的速度比以往更快。用户可以对比原始文件执行并排比较，以前在Macintosh M1计算机上提供的【导出为】功能，现在所有桌面操作系统上都是默认功能，并进行了以下改进：❶比以往任何时候都快，并且在导出API基础之上构建；❷更好的颜色配置文件处理；❸预览图层的新行为；❹导出设置之间的并排比较。

1.1.3 Photoshop 2022的应用领域

Photoshop是一款功能强大的图像处理软件，可以制作出完美的合成图像，也可以修复数码照片，还可以进行精美的图案设计、专业印刷、网页设计等。

1. 平面设计

平面设计的领域很宽广，包括招贴海报、DM宣传单、VI包装、书籍封面等，基本上都需要使用Photoshop来设计制作。

2. 创意图像

使用Photoshop可将原本毫无关联的对象有创意地组合在一起，使图像发生改变，体现特殊效果，给人强烈的视觉冲击感。

3. 数码照片处理

Photoshop具有强大的图像修饰功能，如修复人物皮肤上的瑕疵、调整偏色照片等，通过Photoshop 2022简单操作即可完成。

4. 网页制作

随着网络与人们生活的关系越来越紧密，人们对网页美观的要求也越来越高。网络在传递信息的同时，也需要有足够的吸引力。因此网页设计至关重要。

通过Photoshop不仅可以设计网页的排版布局，还可以优化图像并将其运用于网页上。

5. 绘制插画

Photoshop中包含大量的绘画与调色工具，许多插画作者都会先使用铅笔绘制完成草图，再使用Photoshop来填色，近年来流行的像素画也多使用Photoshop进行创作。

1.2 Photoshop 2022界面介绍

启动Photoshop 2022后，执行【文件】→【打开】命令，打开一张图片，即可进入软件工作界面，下面简单介绍一下Photoshop 2022的工作界面，如图1-9所示，相关选项的作用见表1-1。

图 1-9 Photoshop 2022 工作界面

表 1-1　Photoshop 2022 工作界面中各选项的作用

选项	功能及作用
❶菜单栏	包含可以执行的各种命令，单击菜单名称即可打开相应的菜单
❷工具选项栏	用来设置工具的各种选项，它会随着所选工具的不同而变换内容
❸工具箱	包含用于执行各种操作的工具，如创建选区、移动图像、绘图等
❹图像窗口	显示和编辑图像的区域
❺状态栏	可以显示文档大小、文档尺寸、当前工具和窗口缩放比例等信息
❻浮动面板	编辑图像，有的用来设置编辑内容，有的用来设置颜色属性

1.2.1 菜单栏

在Photoshop 2022 中，有 12 个主菜单，如图 1-10 所示，每个菜单内都包含一系列的命令，主要用于完成图像处理中的各种操作和设置。

文件(F) 编辑(E) 图像(I) 图层(L) 文字(Y) 选择(S) 滤镜(T) 3D(D) 视图(V) 增效工具 窗口(W) 帮助(H)

图 1-10　Photoshop 2022 菜单栏

温馨提示

如果菜单命令为浅灰色，表示该命令目前处于不能选择状态。如果菜单命令右侧有▸标记，表示该命令下还包含子菜单。如果菜单命令后有“…”标记，则表示选择该命令可以打开对话框。如果菜单命令右侧有字母组合，则表示该命令的键盘快捷键。

1.2.2 工具选项栏

在工具箱中选择需要的工具后，在选项栏可设置工具箱中该工具的相关参数，根据所选工具的不同，所提供的参数项也有所区别，【渐变工具】选项栏如图 1-11 所示。

模式: 正常　不透明度: 100%　反向　仿色　透明区域　方法: 古典

图 1-11　【渐变工具】选项栏

1.2.3 工具箱

初次启动Photoshop 2022 时，工具箱会显示在屏幕左侧，工具箱将Photoshop 2022 的功能聚集在一起，从工具的形态可以形象地了解该工具的功能，如图 1-12 所示。

温馨提示

右击工具图标右下角的按钮，就会显示其他相似功能的隐藏工具；将鼠标指针停留在工具上，相应工具的名称将出现在鼠标指针下面的提示中；在键盘上按下相应的快捷键，即可从工具箱中自动选择相应的工具。

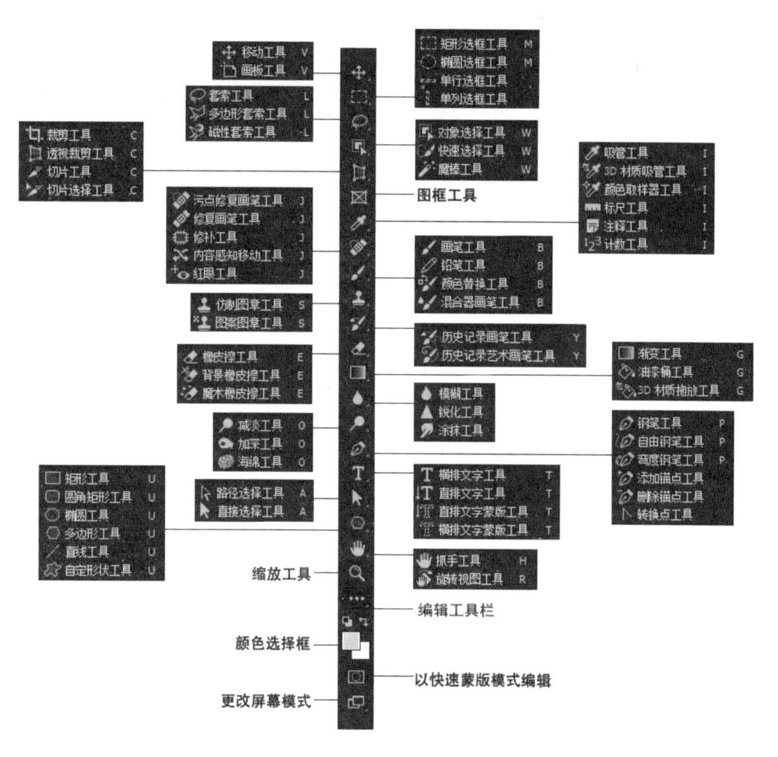

图 1-12　Photoshop 2022 工具箱

1.2.4 图像窗口

在Photoshop 2022中打开一个图像，便会创建一个图像窗口，如图1-13所示。如果打开了多个图像，则各个图像窗口会以选项卡的形式显示，单击一个图像的名称，可将其设置为当前操作的窗口，如图1-14所示。

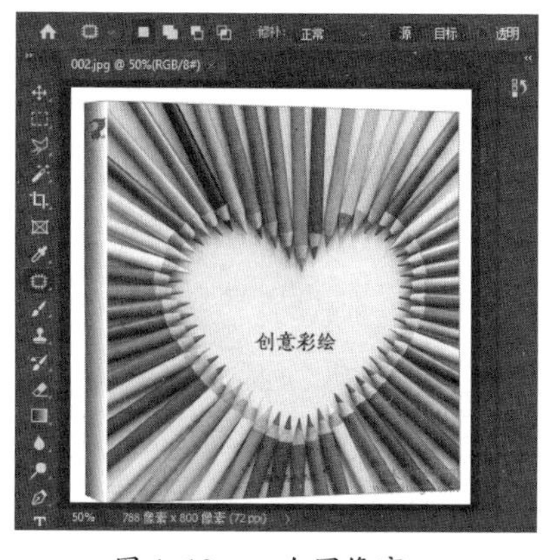

图 1-13　一个图像窗口

图 1-14　切换图像窗口

单击一个窗口的标题栏并将其从选项卡中拖出，它便成为可以任意移动位置的浮动窗口（拖动标题栏可进行移动），如图1-15所示，拖动浮动窗口的一个边角，可以调整窗口的大小，如图1-16所示。

图 1-15　浮动图像窗口

图 1-16　调整图像窗口的大小

1.2.5 状态栏

状态栏位于图像窗口底部，显示图像窗口的缩放比例、文档大小、当前使用的工具信息、存储进度等，单击状态栏中的【展开】按钮，可在打开的菜单中选择状态栏的显示内容，如图 1-17 所示。

图 1-17　状态栏

1.2.6 浮动面板

浮动面板是特殊功能的集合，常用于设置颜色、工具参数和执行编辑命令。在【窗口】菜单中可以选择需要的面板将其打开。默认情况下，面板以选项卡形式成组出现，并停靠在窗口右侧，如图 1-18 所示，用户可根据需要打开、关闭或自由组合面板，如图 1-19 所示。

在 Photoshop 中，单击任何一个面板右上角的扩展按钮，即可弹出面板的命令菜单，大多数情况下，选择面板弹出菜单中的命令能提高操作效率，图 1-20 所示为【颜色】面板的命令菜单。

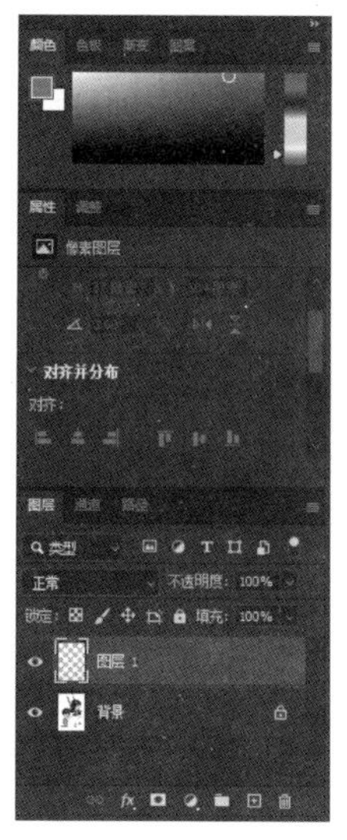

图 1-18 默认面板状态

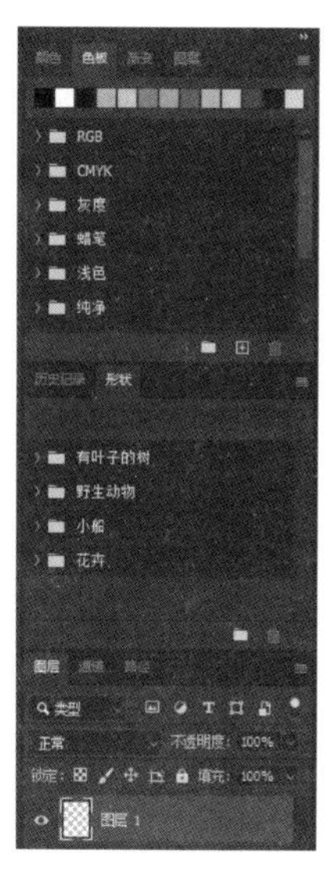

图 1-19 调整面板

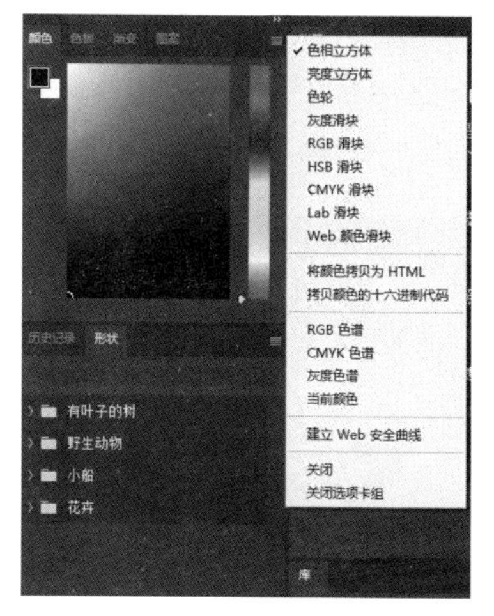

图 1-20 面板命令菜单

1.3 图像基础知识

在学习Photoshop 2022之前，首先了解一些图像处理专业知识，包括位图和矢量图的概念、图像分辨率。

1.3.1 位图

位图是由像素组成的，在Photoshop中处理图像时，编辑的就是像素。打开一幅图像，使用【缩放工具】在图像上连续单击，直到工具中间的“+”消失，图像放至最大化，画面中会出现许多的彩色小方块，它们便是像素。

受到分辨率的制约，位图包含固定数量的像素，在对其进行缩放时，Photoshop无法生成新的像素，只能将原有的像素变大以填充多出的空间，结果往往会使清晰的图像变得模糊，也就是我们通常所说的图像变虚了，位图放大前如图 1-21 所示，放大后的效果如图 1-22 所示。

图 1-21 位图放大前的效果

图 1-22 位图放大后的效果

1.3.2 矢量图

矢量图是由点线构成的，只能靠软件生成，矢量图像包含独立的分离图像，可以自由地重新组合，它的特点是放大后图像不会失真，文件占用空间较小，适用于图形设计、文字设计和一些标志设计、版式设计等，矢量图放大前的效果如图1-23所示，矢量图放大后的效果如图1-24所示。

图1-23 矢量图放大前的效果

图1-24 矢量图放大后的效果

1.3.3 图像分辨率

图像分辨率和图像大小之间有着密切的关系。图像分辨率越高，所包含的像素越多，图像的信息量就越大，文件也就越大。通常文件的大小是以MB（兆字节）为单位的，一般情况下，一个A4大小的RGB模式的图像，若分辨率为300ppi（ppi为图像分辨率的单位，指每英寸的像素），则文件大小为20MB左右。

1.4 常用图像文件格式

在Photoshop中，图像可保存为不同的文件格式，下面就来学习这些文件格式的不同作用。

1.4.1 PSD文件格式

PSD是Photoshop默认的文件格式，保留文档中的所有图层、蒙版、通道、路径、未栅格化的文字、图层样式等。用于储存原始文档，便于修改，但文件比较大。

1.4.2 TIFF文件格式

TIFF是一种通用的文件格式，所有的绘画、图像编辑和排版程序都支持该格式。而且，几乎所有的桌面扫描仪都可以产生TIFF图像。

该格式支持具有Alpha通道的CMYK、RGB、Lab、索引颜色和灰度图像，以及没有Alpha 通道的位图模式图像。Photoshop 可以在TIFF文件中存储图层，但如果在另一个应用程序中打开该文件，则只有拼合图像是可见的。

1.4.3 BMP文件格式

BMP是一种用于Windows操作系统的图像格式，主要用于保存位图文件。该格式可以处理24位颜色的图像，支持RGB、位图、灰度和索引模式，但不支持Alpha通道。

1.4.4 GIF文件格式

GIF是基于网络传输图像而创建的文件格式，它支持透明背景和动画，被广泛地应用在网络文档中，GIF格式采用LZW无损压缩方式，压缩效果较好。

1.4.5 JPEG文件格式

JPEG是由联合图像专家组开发的文件格式，采用有损压缩方式，具有较好的压缩效果，但是将压缩品质数值设置得较大时，会损失掉图像的某些细节。JPEG格式支持RGB、CMYK和灰度模式，不支持Alpha通道。

温馨提示

JPEG是有损压缩格式，存储文件时会牺牲文件的像素，解决的方法是当完成JPEG图像的编辑后，另存或存储为副本。同时，不要多次保存文件。

1.4.6 EPS文件格式

EPS是为在PostScript打印机上输出图像而开发的文件格式，几乎所有的图形、图表和页面排版程序都支持该格式。EPS格式可以同时包含矢量图形和位图图像，支持RGB、CMYK、位图、双色调、灰度、索引和Lab模式，但不支持Alpha通道。

1.4.7 RAW文件格式

RAW是一种灵活的文件格式，用于在应用程序与计算机平台之间传递图像，该格式支持具有Alpha通道的CMYK、RGB和灰度模式，以及无Alpha通道的多通道、Lab、索引和双色调模式。

课堂范例——转换图像文件格式

有时在处理图像时，需要对图像文件的格式进行不同的转换，具体操作方法如下。

步骤01 单击【文件】菜单，在打开的下级菜单中选择【打开】命令，如图1-25所示，打开

【打开】对话框，选择目标路径“素材文件\第 1 章”，单击【红裙】图像文件，单击【打开】按钮，如图 1-26 所示。

图 1-25　选择【打开】命令

图 1-26　【打开】对话框

步骤 02　从图像窗口的标题栏上可以看出，文件类型为jpg格式，打开图像如图 1-27 所示。

步骤 03　单击【文件】菜单，在打开的下级菜单中选择【存储为】命令，如图 1-28 所示。

图 1-27　图像格式为jpg

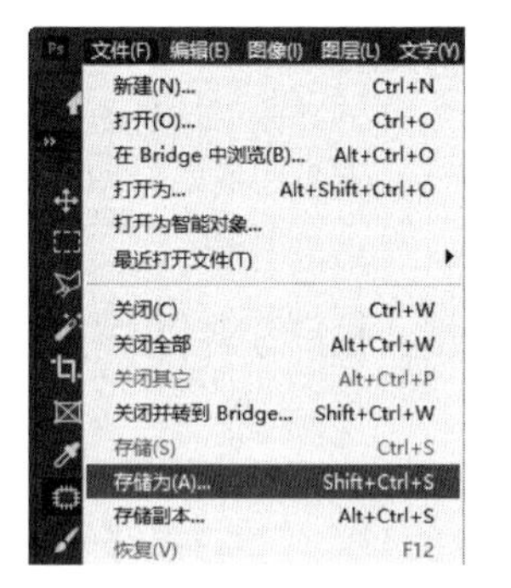

图 1-28　选择【存储为】命令

步骤 04　打开【存储为】对话框，选择【保存在您的计算机上】选项，存储路径为“结果文件\第 1 章”，设置【保存类型】为 TIFF(*.TIF;*.TIFF)，单击【保存】按钮，如图 1-29 所示。

步骤 05　弹出【TIFF 选项】对话框，使用默认参数，单击【确定】按钮，如图 1-30 所示。从图像窗口的标题栏上可以看出，文件格式变为tif格式，如图 1-31 所示。

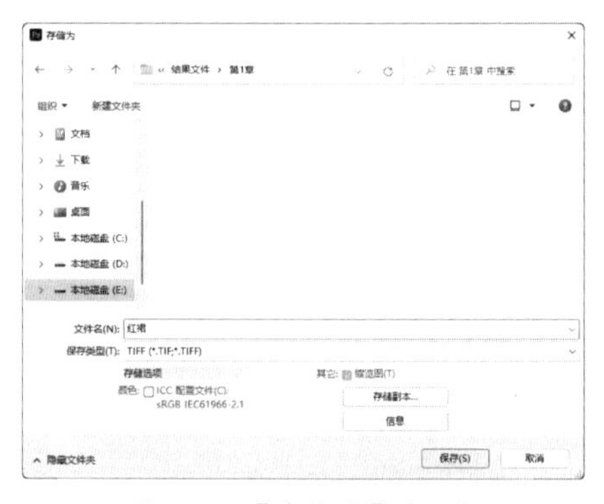

图 1-29　【存储为】对话框

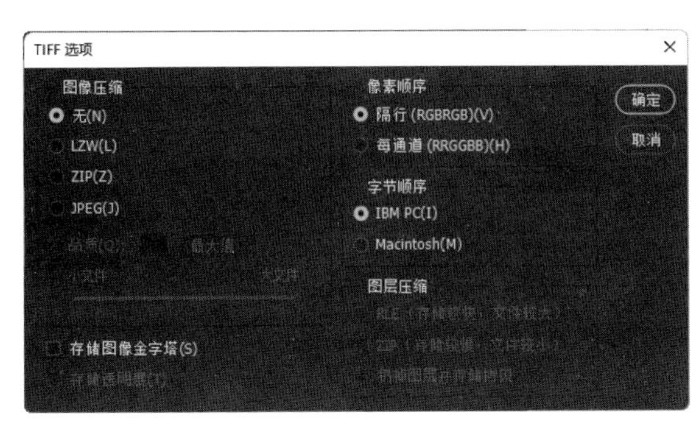

图 1-30 【TIFF 选项】对话框

图 1-31 图像格式为 tif

课堂问答

通过本章的讲解，大家对Photoshop 2022 图像处理基础知识有了一定的了解，下面列出一些常见的问题供学习参考。

问题 1：如何使用 Photoshop 2022 帮助功能？

答：执行【帮助】菜单中的【Photoshop 帮助】命令，可以链接到Adobe网站的帮助页面查看帮助文件。

Photoshop帮助文件中还包含教程，单击链接地址，可以在线观看由Adobe专家录制的各种Photoshop功能的演示视频，学习其中的技巧和特定的工作流程，还可以获取最新的产品信息、培训、资讯、Adobe活动和研讨会的邀请函，以及附赠的安装支付、升级通知和其他服务等。

问题 2：如何正确设置图像分辨率？

答：图像分辨率和图像大小之间有着密切的关系，图像分辨率越高，所包含的像素越多，图像的信息量就越大，文件也就越大。通常文件的大小是以MB（兆字节）为单位的。

如果图像用于屏幕显示或网络传输，可以将分辨率设置为 72 像素/英寸，这样可以减小文件的大小，提高传输和下载速度；如果图像用于喷墨打印机打印，可以将分辨率设置为 100~150 像素/英寸；如果图像用于印刷，则应将分辨率设置为 300 像素/英寸以上。

问题 3：哪些文件格式可以存储图层？

答：在Photoshop 2022 中，可以存储图层的格式有PSD和TIFF两种。

PSD格式可以支持图层、通道、蒙版和不同色彩模式的各种图像特征，是一种非压缩的原始文件保存格式。扫描仪不能直接生成该种格式的文件。PSD文件有时容量会很大，但由于可以保留所有原始信息，在图像处理中对于尚未制作完成的图像，或者需要存档方便与客户沟通后修改，PSD格式是最佳的选择。

TIFF格式支持具有Alpha通道的CMYK、RGB、Lab、索引颜色和灰度图像，以及没有 Alpha通道的位图模式图像，Photoshop可以在TIFF文件中存储图层，但是如果在另一个应用程序中打开该文件，则只有拼合图像是可见的。

上机实战——调整图像分辨率

为了帮助读者巩固本章知识点，下面讲解一个技能综合案例。

效果展示

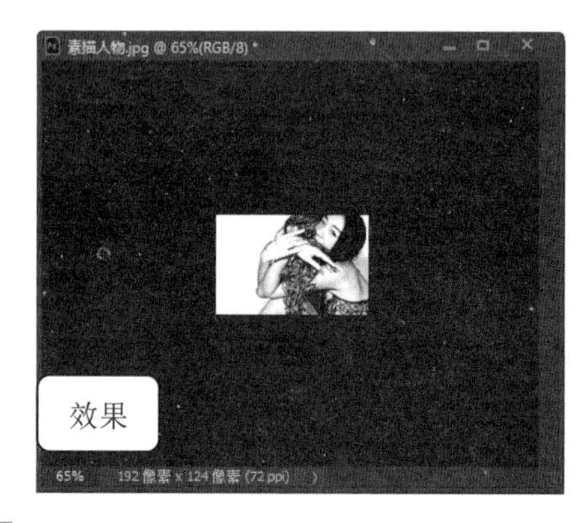

思路分析

根据情况灵活调整图像的分辨率，既可以避免因文件太大影响效率，又可以防止因分辨率太低影响图像质量。

本例首先打开图像，然后执行【图像大小】命令，在【图像大小】对话框中调整图像的分辨率，得到最终效果。

制作步骤

步骤 01 打开"素材文件\第 1 章\素描人物.jpg"，如图 1-32 所示。

步骤 02 执行【图像】→【图像大小】命令，打开【图像大小】对话框，如图 1-33 所示。

图 1-32　原图

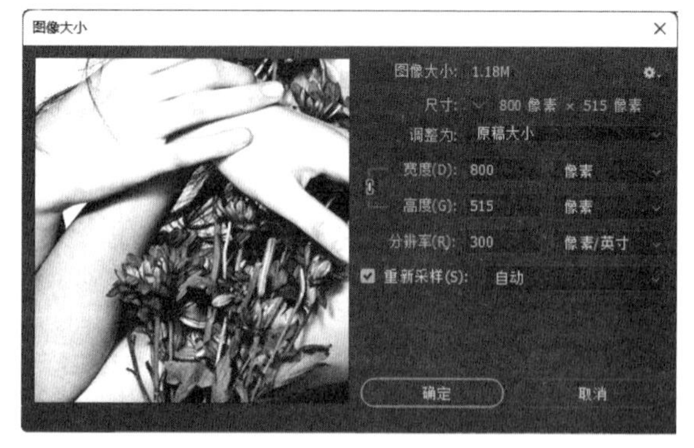

图 1-33　【图像大小】对话框

步骤 03 在【图像大小】对话框中，设置【分辨率】为 72 像素/英寸，单击"确定"按钮，如图 1-34 所示。

步骤 04 缩小图像分辨率后，图像变小，如图 1-35 所示。

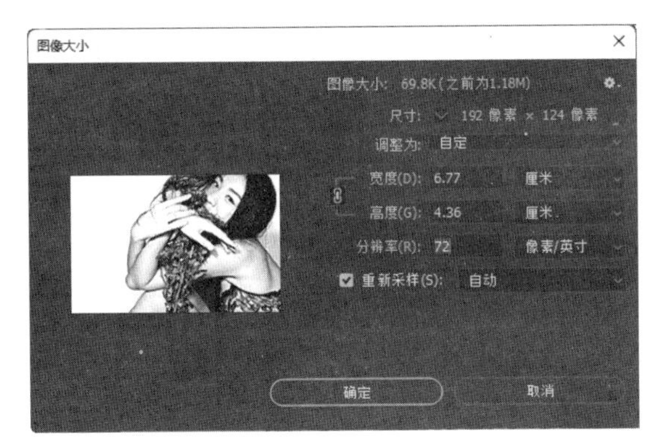

图 1-34 更改图像分辨率

图 1-35 最终效果

同步训练——恢复默认操作界面

为了增强读者的动手能力，下面安排一个同步训练案例。

图解流程

思路分析

初学 Photoshop 2022 时，常会将工作界面弄得乱七八糟，这样的情况通常会影响接下来的操作。所以，需要学会快速恢复默认操作界面。

本例首先操作工作界面，使工作界面变乱，接下来操作如何恢复默认工作界面，得到整洁的工作环境。

关键步骤

步骤 01 打开"素材文件\第 1 章\黄发.jpg"。

步骤 02 进入 Photoshop 2022 工作界面后，拖动面板并随意操作，使工作界面变得混乱。

步骤 03 执行【窗口】→【工作区】→【复位基本功能】命令，恢复默认【基本功能】工作区。

知识能力测试

本章讲解了 Photoshop 2022 图像处理基础知识，为对知识进行巩固和考核，请读者完成以下练习题。

一、填空题

1. ________是Photoshop默认的文件格式，保留文档中的所有图层、蒙版、通道、路径、未栅格化的文字、图层样式等。

2. ________是特殊功能的集合，常用于设置颜色、工具参数和执行编辑命令。

3. 若要恢复 Photoshop 2022 默认工作界面，可执行________命令实现。

二、选择题

1. 在 Photoshop 2022 中，有(　　)个主菜单，每个菜单内都包含一系列的命令，主要用于完成图像处理中的各种操作和设置。

A. 11　　B. 12　　C. 13　　D. 14

2. (　　)可简化在图像中选择单个对象或对象的某个部分(人物、汽车、家具、宠物、衣服等)的过程。

A. 对象选择工具　　B. 图框工具

C. 画板工具　　D. 内容感知移动工具

3. Photoshop 的应用广泛，是一款功能强大的图像处理软件，可以制作出完美的合成图像，(　　)领域不属于 Photoshop 2022 的应用领域。

A. 平面设计　　B. 建筑设计　　C. 海报设计　　D. 包装设计

三、简答题

1. 请简单介绍什么是图像分辨率，图像分辨率和图像大小之间的关系是什么。

2. BMP 文件格式和 JPEG 文件格式的区别是什么？

Photoshop 2022

第2章 Photoshop 2022的基本操作

基本操作是学习Photoshop 2022的重点，本章主要介绍Photoshop 2022的基本操作，包括打开、保存、关闭图像文件，放大、缩小图像，使用辅助工具等知识，通过本章的学习，让读者掌握Photoshop 2022的入门操作。

学习目标

- 掌握文件的基本操作
- 掌握图像视图控制的方法
- 掌握辅助工具的应用
- 掌握图像尺寸调整的方法

2.1 文件的基本操作

Photoshop 2022 的文件基本操作包括新建、打开、置入、存储、关闭等，下面分别进行介绍。

2.1.1 新建图像文件

启动Photoshop 2022 后，默认状态下没有可操作文件，可以根据实际需要新建一个空白文件，具体操作方法如下。

步骤 01 执行【文件】→【新建】命令，打开【新建文档】对话框，在该对话框中输入文件名称，设置文件尺寸、分辨率、颜色模式和背景内容等选项，单击【创建】按钮，如图 2-1 所示。

步骤 02 通过前面的操作，即可创建一个空白文件，新建的文件如图 2-2 所示。

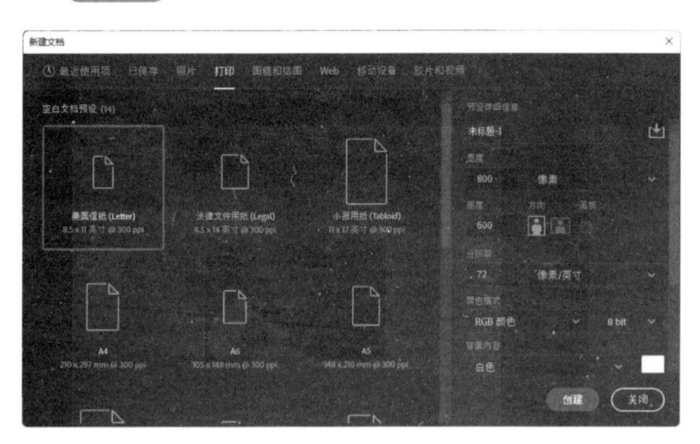

图 2-1 【新建文档】对话框

图 2-2 新建空白文件

按【Ctrl +N】组合键可以快速打开【新建文档】对话框。

2.1.2 打开图像文件

对图像进行处理时，首先需要打开目标文件，下面介绍文件的打开方式，具体操作方法如下。

步骤 01 执行【文件】→【打开】命令，打开【打开】对话框，选择一个文件，单击【打开】按钮，如图 2-3 所示。

步骤 02 通过前面的操作（或双击文件），即可将图像打开，如图 2-4 所示。

按【Ctrl+O】组合键，或者在Photoshop 2022 图像窗口的空白处双击，也可以弹出【打开】对话框。

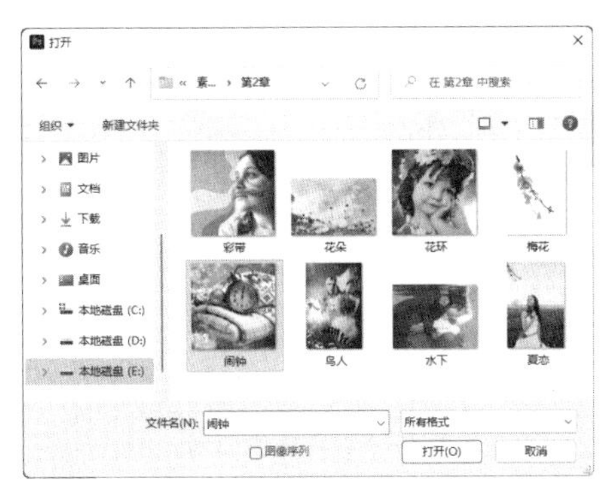

图 2-3 【打开】对话框

图 2-4 打开图像

2.1.3 置入图像文件

打开或新建一个文档后，可以使用【文件】菜单中的【置入嵌入对象】命令将照片、图片等位图，以及 EPS、PDF、AI 等矢量文件作为智能对象置入Photoshop。

2.1.4 存储图像文件

打开一个图像文件并对其进行编辑后，可以执行【文件】→【存储】命令，选择【保存在您的计算机上】选项，保存所做的修改，图像会按照原有的格式存储。如果是一个新建的文件，执行该命令则会打开【另存为】对话框，单击【保存】按钮，如图 2-5 所示，相关选项的作用见表 2-1。

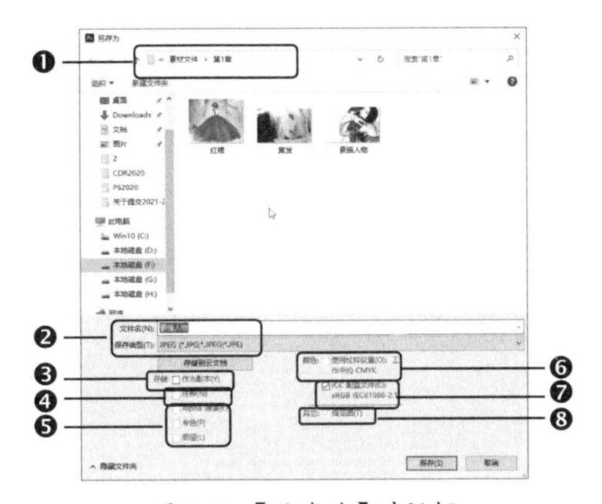

图 2-5 【另存为】对话框

技能拓展

按【Ctrl+S】组合键可以快速保存文件，该操作会直接替换原文件，如需要另外保存，可以按【Shift+Ctrl+S】组合键打开【另存为】对话框。

表 2-1 【另存为】对话框界面中各选项的作用

选项	功能及作用
❶保存在	可以选择图像的保存位置
❷文件名/保存类型	可输入文件名，在【保存类型】下拉列表中选择图像的保存格式
❸作为副本	选中该复选框，可另存一个文件副本，副本文件与源文件存储在同一位置
❹注释	可以选择是否存储注释

续表

选项	功能及作用
❺ Alpha 通道/专色/图层	可以选择是否存储Alpha通道、专色和图层
❻使用校样设置	将文件的保存格式设置为EPS或PDF时，该选项可用，选中该选项可以保存打印用的校样设置
❼ ICC 配置文件	可保存嵌入在文档中的ICC配置文件
❽缩览图	为图像创建缩览图。此后在【打开】对话框中选择一个图像时，对话框底部会显示此图像的缩览图

2.1.5 关闭图像文件

完成图像的编辑后，可以关闭打开的文件，以避免占用内存空间，提高工作效率。

方法 01 选择要关闭的文件，执行【文件】→【关闭】命令，或者单击文档窗口右上角的 按钮，可以关闭当前的图像文件。

方法 02 如果要关闭打开的所有文件，执行【文件】→【关闭全部】命令，就可关闭Photoshop 2022 中所有打开的文件。

方法 03 执行【文件】→【退出】命令，或者单击程序窗口右上角的 按钮，关闭文件并退出Photoshop。如果文件没有保存，会弹出一个对话框，询问是否保存文件。

【关闭】命令的快捷键为【Ctrl+W】，【关闭全部】命令的快捷键为【Alt+Ctrl+W】。

课堂范例——置入 EPS 图像并保存新图像

下面以一个实例讲解图像文件的置入，具体操作方法如下。

步骤 01 执行【文件】→【打开】命令，打开【打开】对话框，选择素材路径为“素材文件\第2章”，单击【花环】图像文件，单击【打开】按钮，如图 2-6 所示。

步骤 02 Photoshop 2022 工作界面中就出现了该图像，如图 2-7 所示。

图 2-6 【打开】对话框

图 2-7 打开图像

步骤 03 执行【文件】→【置入嵌入对象】命令，如图 2-8 所示。

步骤 04 打开【置入嵌入的对象】对话框，选择素材路径为“素材文件\第 2 章”，单击【梅花】图像文件，单击【置入】按钮，如图 2-9 所示。

图 2-8 执行【置入嵌入对象】命令

图 2-9 【置入嵌入的对象】对话框

步骤 05 置入图像效果如图 2-10 所示。按【Enter】键确认置入，如图 2-11 所示。

步骤 06 选择【移动工具】，拖动梅花到左侧适当位置，如图 2-12 所示。

图 2-10 置入图像

图 2-11 确认置入

图 2-12 移动图像

步骤 07 执行【文件】→【存储为】命令，设置存储路径为“结果文件\第 2 章”，使用默认文件名和保存类型，单击【保存】按钮，如图 2-13 所示。

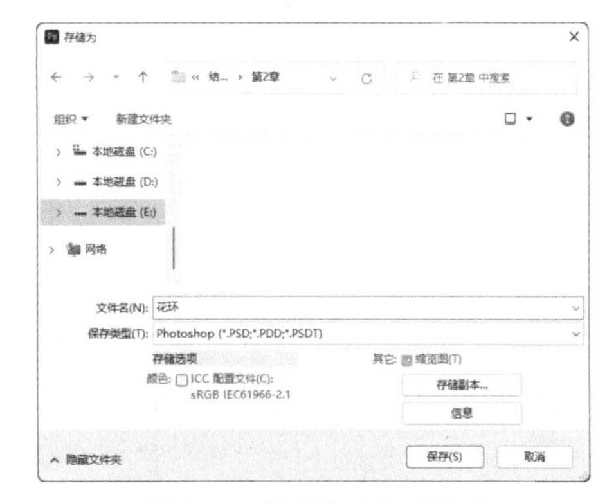

图 2-13 【存储为】对话框

步骤 08 弹出【Photoshop格式选项】对话框，单击【确定】按钮，如图 2-14 所示。执行【文件】→【打开】命令，即可看到保存的PSD格式的【花环】文件，如图 2-15 所示。

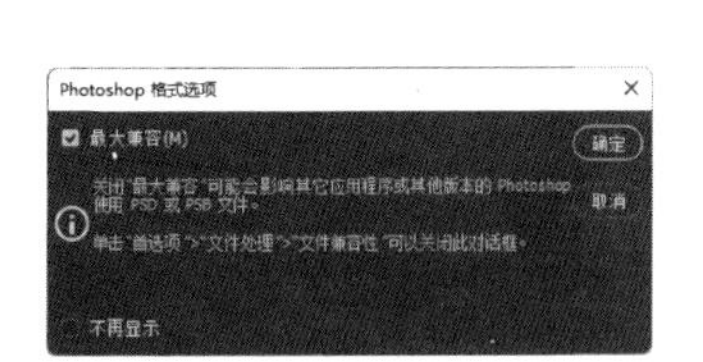

图 2-14 【Photoshop格式选项】对话框

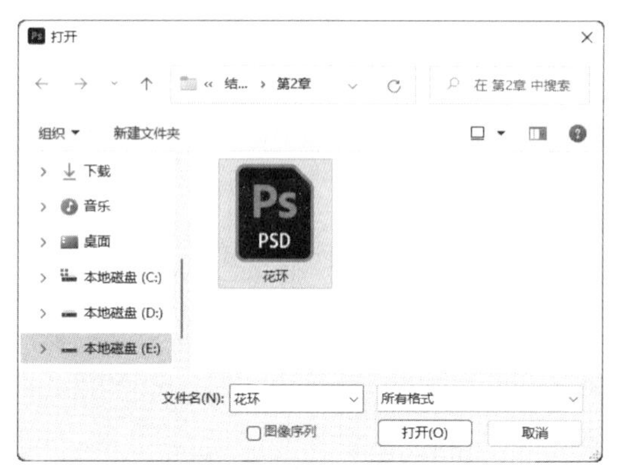

图 2-15 保存新图像

2.2 图像视图控制

处理图像时，为了更好地观察和处理图像，需要调整视图。下面讲述图像视图操作，包括移动、缩放、排列、拖动、切换屏幕模式等。

2.2.1 排列图像窗口

层叠排列图像窗口时，可以方便地查看多个文档信息。单击【窗口】菜单，执行【排列】命令，在子菜单中提供了不同的窗口排列方法，如层叠、平铺、将所有内容合并到选项卡中等，如图 2-16 所示。执行【全部垂直拼贴】命令，图像窗口会自动垂直排列，如图 2-17 所示。

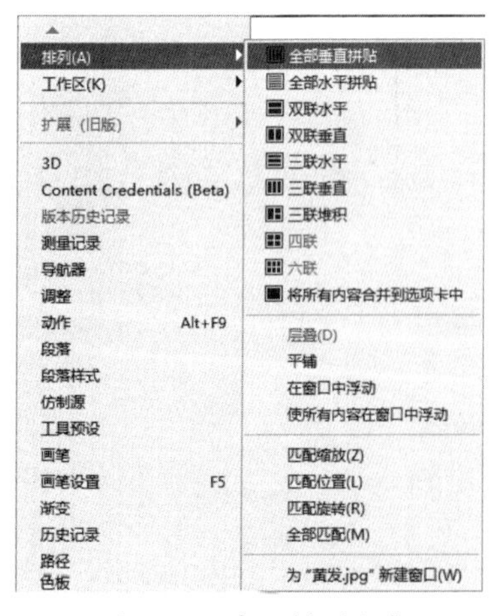

图 2-16 窗口排列方式

图 2-17 全部垂直拼贴排列

浮动的图像窗口外观杂乱，常会影响操作。执行【窗口】→【排列】→【将所有内容合并到选项卡中】命令，图像窗口会自动排列合并到选项卡，如图 2-18 所示，执行【窗口】→【排列】→【使所有内容在窗口中浮动】命令，图像窗口会全部浮动，如图 2-19 所示。

图 2-18 合并到选项卡排列

图 2-19 窗口浮动

2.2.2 改变窗口大小

执行【窗口】→【排列】→【使所有内容在窗口中浮动】命令，图像窗口效果如图 2-20 所示。把鼠标指针放在图像边框位置，当鼠标指针变为形状时，按住鼠标左键拖动图像窗口，可改变图像窗口大小，如图 2-21 所示。

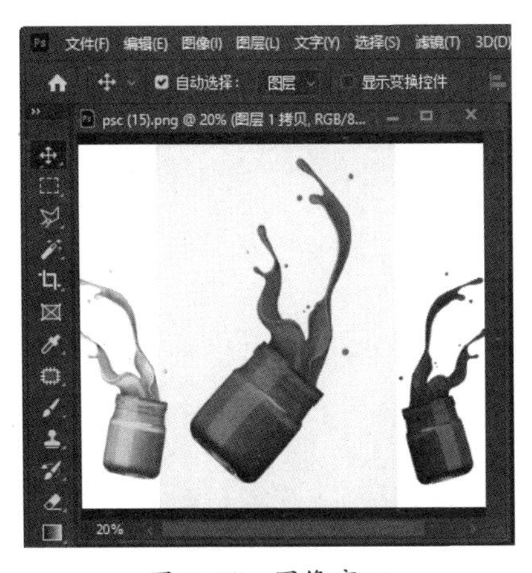

图 2-20 图像窗口

图 2-21 调整图像窗口大小

2.2.3 切换图像窗口

在 Photoshop 2022 中，如果打开了多个图像，则各个文档窗口会以选项卡的形式显示，如图 2-22 所示。单击一个文档的标题栏，即可切换当前操作的窗口，如图 2-23 所示。

图 2-22 打开多个图像的显示效果

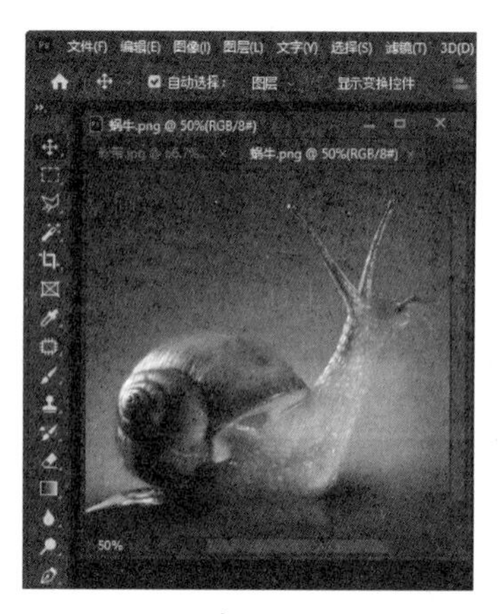

图 2-23 单击标题栏切换

2.2.4 切换不同的屏幕模式

右击工具箱中的【更改屏幕模式】按钮，可以显示一组用于切换屏幕模式的命令。

1. 标准屏幕模式

默认的屏幕模式，可显示菜单栏、选项栏、工具箱和浮动面板等屏幕元素，如图 2-24 所示。

2. 带有菜单栏的全屏模式

带有菜单栏的全屏模式，将图像文件全屏显示，此时执行【窗口】→【排列】→【使所有内容在窗口中浮动】命令无效，如图 2-25 所示。

图 2-24 标准屏幕模式

图 2-25 带有菜单栏的全屏模式

3. 全屏模式

全屏模式只有黑色背景，除可显示标尺外无其他屏幕元素。单击【全屏】按钮，如图 2-26 所示，全屏模式效果如图 2-27 所示。

温馨提示

按【F】键可在各个屏幕模式间切换，按【Tab】键可以隐藏/显示工具箱、面板和工具选项栏；按【Shift+Tab】组合键可以隐藏/显示面板。

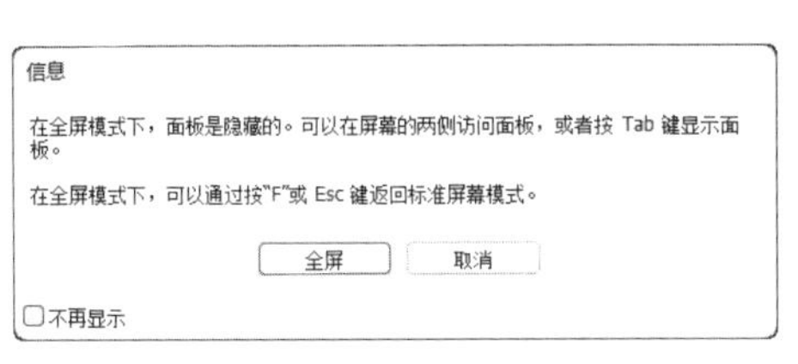

图 2-26 单击【全屏】按钮

图 2-27 全屏模式

2.2.5 缩放视图

选择【缩放工具】或按【Z】键后，可激活【缩放工具】选项栏，如图 2-28 所示，相关选项的作用见表 2-2。

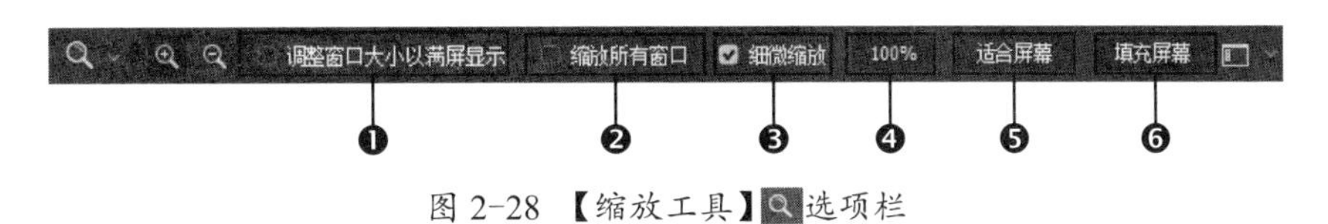

图 2-28 【缩放工具】选项栏

表 2-2 【缩放工具】操作界面中各选项的作用

选项	功能及作用
❶调整窗口大小以满屏显示	选中该复选框，则在缩放图像时，图像的窗口也将随着图像的缩放而自动缩放
❷缩放所有窗口	选中该复选框，则在缩放某一图像的同时，该图像的其他视图窗口中的图像也会跟着自动缩放
❸细微缩放	选中该复选框后，在图像中向左拖动鼠标可以连续缩小图像，向右拖动鼠标可以连续放大图像。要进行连续缩放，视频卡必须支持OpenGL，且必须在【常规】首选项中选中【带动画效果的缩放】复选框
❹ 100%	单击该按钮，可以让图像以实际像素大小（100%）显示
❺适合屏幕	单击该按钮，可以依据工作窗口的大小自动选择适合的缩放比例显示图像
❻填充屏幕	单击该按钮，可以依据工作窗口的大小自动缩放视图大小，并填满工作窗口

2.2.6 平移视图

当画布不能显示所有图像时，除拖动窗口滚动条查看内容外，还可以使用【抓手工具】来平移视图。在选项栏中选中【滚动所有窗口】复选框，移动画面的操作将用于所有不能完整显示的图像，如图 2-29 所示。

图 2-29 【抓手工具】选项栏

温馨提示

【抓手工具】只有在图像显示大于当前图像窗口时才起作用，双击【抓手工具】按钮，将自动调整图像大小以适合屏幕的显示范围。在使用绝大多数工具时，按住键盘上的空格键就可以切换为【抓手工具】。

2.2.7 旋转视图

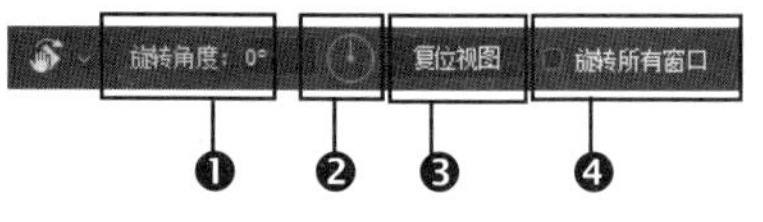

图 2-30 【旋转视图工具】选项栏

【旋转视图工具】可以在不破坏图像的情况下旋转画布视图，使图像编辑变得更加方便，在选择工具箱中的【旋转视图工具】后，其选项栏如图 2-30 所示，相关选项的作用见表 2-3。

表 2-3 【旋转视图工具】操作界面中各选项的作用

选项	功能及作用
❶旋转角度	在【旋转角度】后面的文本框中输入角度值，可以精确地旋转画布
❷设置视图的旋转角度	单击该按钮或旋转按钮上的指针，可以根据时针刻度直观地旋转视图
❸复位视图	单击该按钮或按【Esc】键，可以将画布恢复到原始角度
❹旋转所有窗口	选中该复选框后，如果打开了多个图像文件，可以以相同的角度同时旋转所有文件的视图

课堂范例——综合调整图像视图

在处理图像时，经常需要对图像视图进行调整，下面举例讲解综合调整图像视图的具体操作方法。

步骤 01 打开“素材文件\第 2 章\花蕊.jpg”，如图 2-31 所示。

步骤 02 选择【缩放工具】，在图像上单击两次，放大视图，如图 2-32 所示。

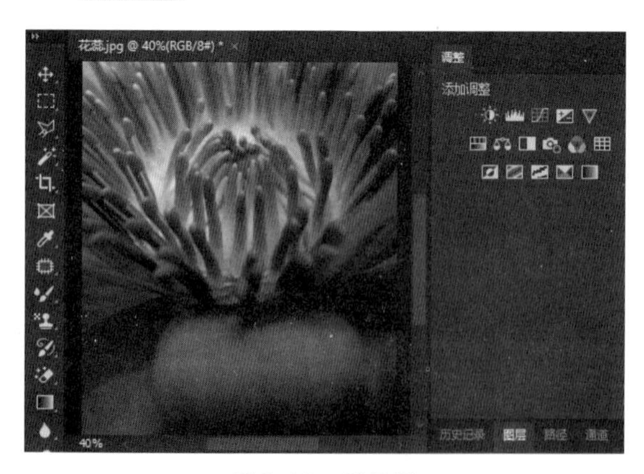

图 2-31 原视图

图 2-32 放大视图

步骤 03 选择【抓手工具】，移动鼠标平移视图，如图 2-33 所示。

步骤 04 选择【旋转视图工具】，移动鼠标旋转视图，如图 2-34 所示。

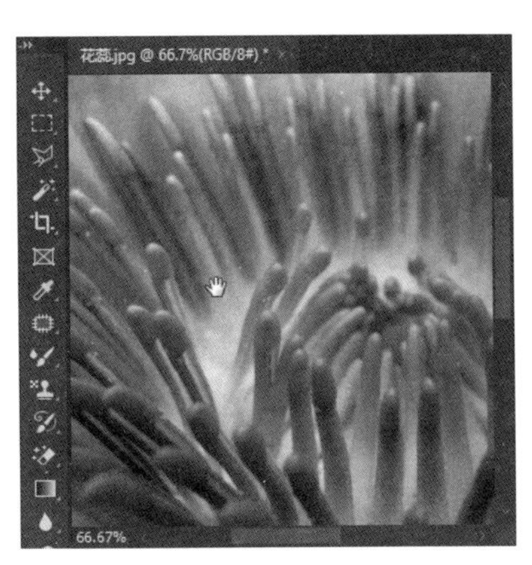

图 2-33　平移视图

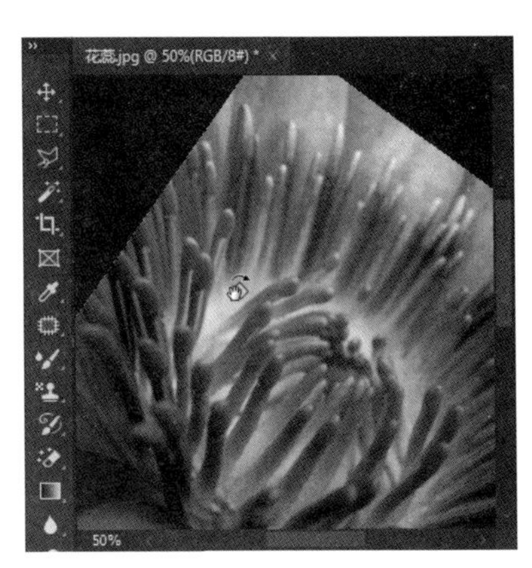

图 2-34　旋转视图

温馨提示

编辑图像时，按【Ctrl++】组合键能以一定的比例快速放大图像；按【Ctrl+-】组合键能以一定的比例快速缩小图像。

2.3 辅助工具

辅助工具不能用于编辑图像，它的主要作用是帮助用户更好地完成选择、定位或编辑图像的操作，下面介绍常用辅助工具的使用方法。

2.3.1 标尺的使用

执行【视图】→【标尺】命令，或者按【Ctrl+R】组合键可以显示或隐藏标尺。如果显示标尺，则标尺会出现在当前文件窗口的顶部和左侧，如图 2-35 所示。拖动标尺可以改变标尺的原点位置，如图 2-36 所示，在窗口的左上角双击，可以恢复默认原点。

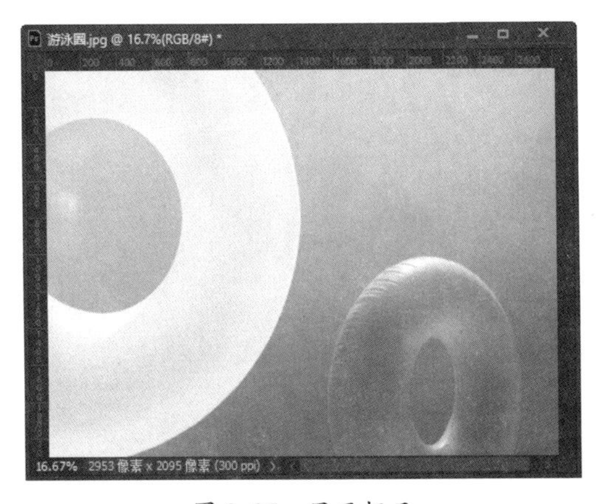

图 2-35　显示标尺

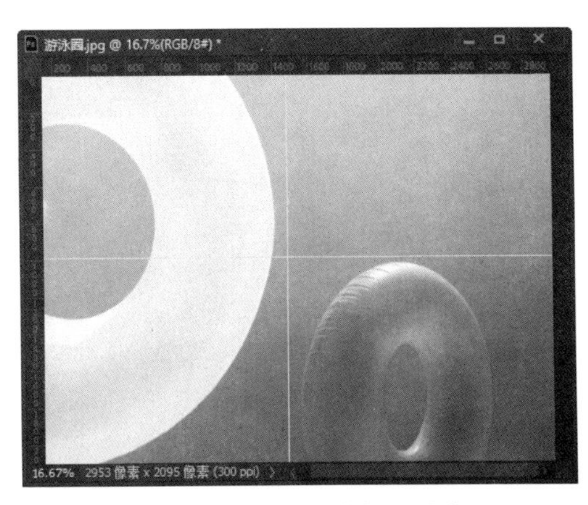

图 2-36　拖动改变标尺原点

2.3.2 参考线的使用

参考线是浮在整个图像上但不打印出来的线条，可以移动或删除参考线，还可以锁定参考线，以免不小心将其进行移动。

显示标尺后，按住鼠标左键，从标尺处向图像内部拖动就可以创建参考线，从横向标尺处拖出的参考线为水平的，如图 2-37 所示。从纵向标尺处拖出的参考线为垂直的，如图 2-38 所示。

图 2-37 水平参考线

图 2-38 垂直参考线

2.3.3 智能参考线的使用

智能参考线是一种智能化参考线，它仅在需要时出现，使用【移动工具】进行操作时，通过智能参考线可以对齐形状、切片和选区。执行【视图】→【显示】→【智能参考线】命令，即可启用智能参考线，移动对象时会显示出智能参考线。

2.3.4 网格的使用

执行【视图】→【显示】→【网格】命令，或者按【Ctrl+'】组合键，可以显示或隐藏网格，如图 2-39 和图 2-40 所示。显示网格后，可以执行【视图】→【对齐到】→【网格】命令启用对齐功能，此后在进行创建选区和移动图像等操作时，对象会自动对齐到网格上。

图 2-39 显示网格

图 2-40 隐藏网格

2.3.5 标尺工具

【标尺工具】可以精确测量图像中两点之间的长度、宽度和角度等信息，单击工具箱中的【标尺工具】，在图像中单击确定测量起点，拖动鼠标到测量终点，如图 2-41 所示。

执行【窗口】→【信息】命令，打开【信息】面板（快捷键为【F8】），X、Y 为测量起点的位置坐标值，W、H 分别为宽度和高度的坐标值，A、L 分别为角度和距离的坐标值，如图 2-42 所示。

图 2-41　标尺测量

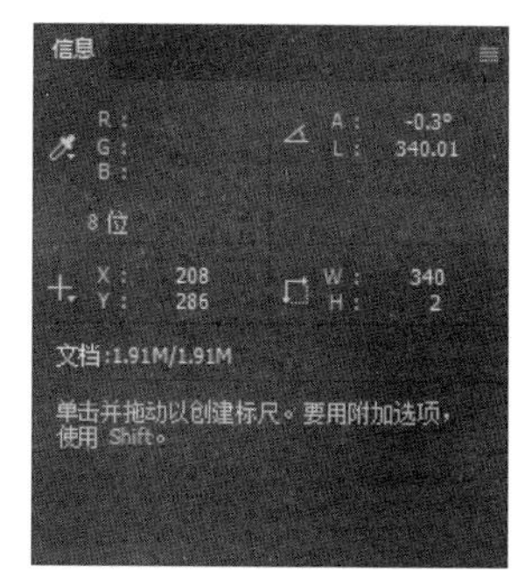

图 2-42　【信息】面板

> **温馨提示**
>
> 双击标尺左上角，可以将标尺的原点复位到其默认值，在拖动时按住【Shift】键，以使标尺原点与标尺刻度对齐。为了得到最准确的读数，以 100% 的放大率查看图像或使用信息面板，更改信息面板上的单位将自动更改标尺上的单位。

课堂范例——调整辅助工具默认参数

在处理图像时，可以根据需要调整辅助工具的默认参数值，具体操作方法如下。

步骤 01 执行【文件】→【新建】命令，打开【新建文档】对话框，设置【宽度】为 1000 像素，【高度】为 800 像素，单击【创建】按钮，如图 2-43 所示。

步骤 02 按【Ctrl+R】组合键显示标尺，从标尺处拖动鼠标，创建水平和垂直参考线，如图 2-44 所示。

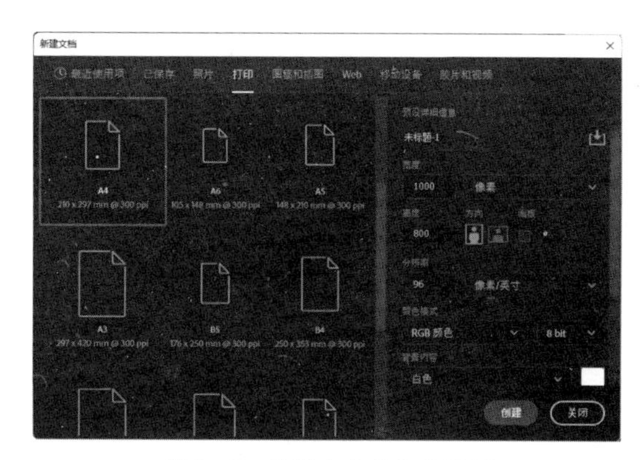

图 2-43　【新建文档】对话框

图 2-44　创建参考线

步骤 03　执行【视图】→【显示】→【网格】命令，显示网格，如图 2-45 所示。

步骤 04　执行【编辑】→【首选项】→【参考线、网格和切片】命令（快捷键【Ctrl+K】），打开【首选项】对话框，默认参考线为青色，网格颜色为自定，网格线间隔为 25 毫米，子网格为 4，如图 2-46 所示。

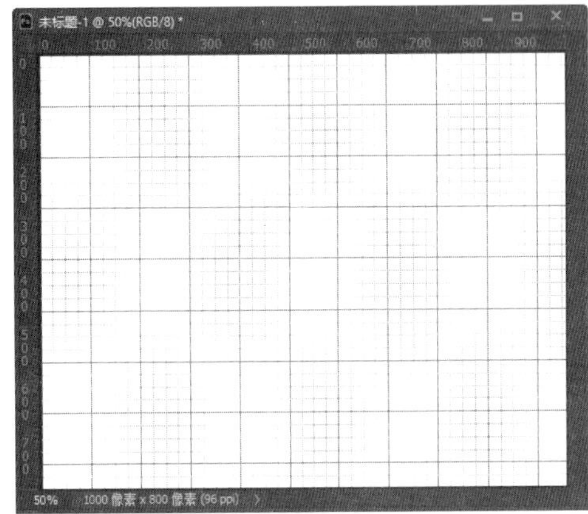

图 2-45　显示网格

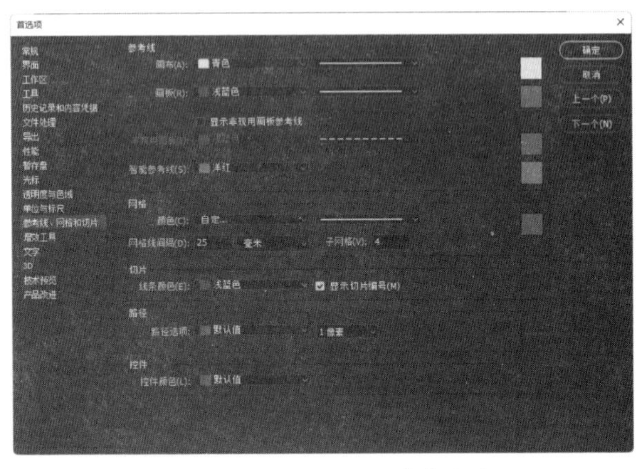

图 2-46　显示标尺创建参考线

步骤 05　在【首选项】对话框中，设置参考线颜色为洋红，网格颜色为黄色，网格线间隔为 50 毫米，子网格为 10，单击【确定】按钮，如图 2-47 所示。

步骤 06　效果如图 2-48 所示。

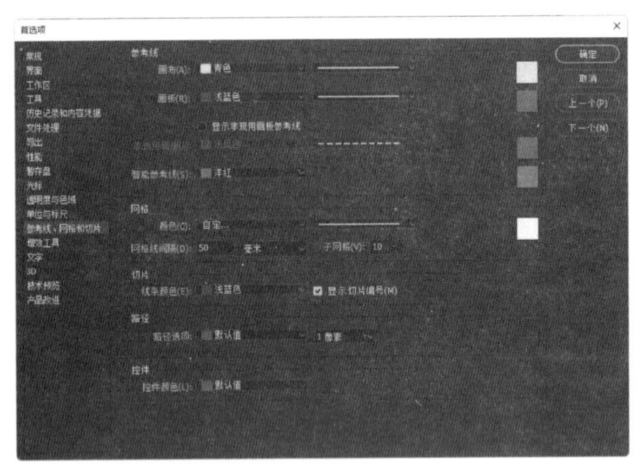

图 2-47　更改参考线和网格参数

图 2-48　更改后效果

2.4 图像尺寸调整

通常情况下，图像尺寸越大，图像文件所占空间也越大，通过设置图像和画布尺寸可以改变文件大小。

2.4.1 调整图像大小

执行【图像】→【图像大小】命令，打开【图像大小】对话框，对话框选项如图 2-49 所示，相关选项的作用见表 2-4。

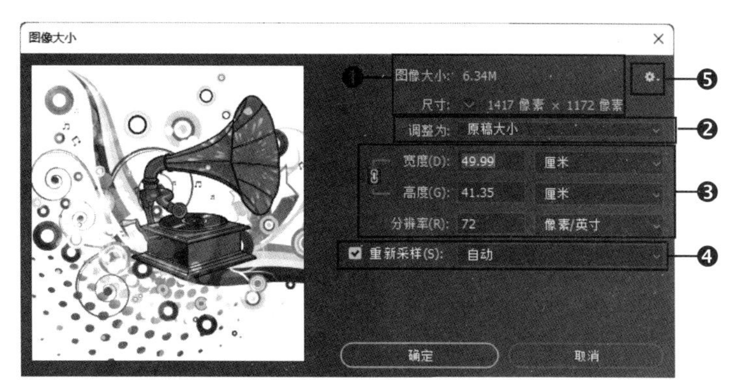

图 2-49 【图像大小】对话框

表 2-4 【图像大小】对话框界面中各选项的作用

选项	功能及作用
❶图像大小/尺寸	显示原图像的大小和像素尺寸。单击【尺寸】右侧的 按钮，可以选择其他度量单位
❷调整为	在【调整为】右侧的下拉列表中，可以选择其他预设图像尺寸
❸宽度/高度/分辨率	可以输入图像的宽度、高度和分辨率
❹重新采样	选中该复选框，修改图像大小时，按比例调整图像的像素总数；取消选中该复选框，修改图像大小时，不会改变图像的像素总数
❺缩放样式	单击 按钮，可以打开【缩放样式】菜单，勾选该选项，调整图像大小时，会自动缩放样式

2.4.2 调整画布大小

画布是容纳图像内容的窗口，执行【图像】→【画布大小】命令，在打开的【画布大小】对话框中可以修改画布的大小，如图 2-50 所示，相关选项的作用见表 2-5。

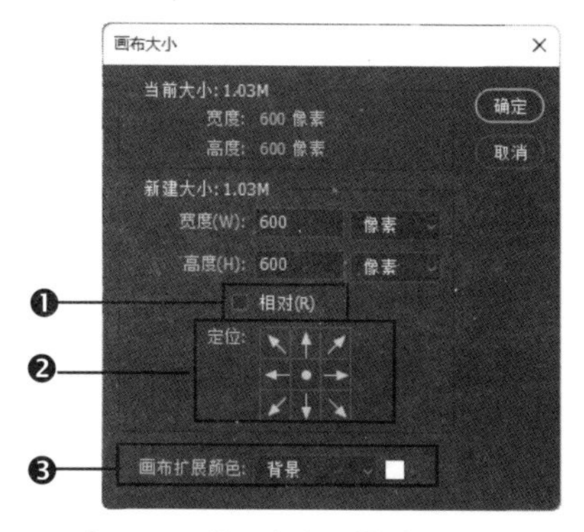

图 2-50 【画布大小】对话框

表 2-5 【画布大小】对话框界面中各选项的作用

选项	功能及作用
❶相对	选中该复选框，【宽度】和【高度】右侧的文本框为空白，输入的数值表示在原来尺寸上要增加的数值
❷定位	可以指定改变画布大小时的变化中心，当指定到中心位置时，画布就以自身为中心向四周增大或减小；当指定到顶部时，画布就从自身的顶部向下、左、右增大或减小，而顶部不变
❸画布扩展颜色	在其下拉列表中可以设置扩展画布时所使用的颜色

课堂范例——水平旋转画布

执行【图像】→【图像旋转】命令，在其下拉菜单中包含用于旋转画布的命令，选择这些命令可以旋转或翻转整个图像。下面以【水平翻转画布】命令为例进行讲解，具体操作方法如下。

步骤 01 打开“素材文件\第 2 章\人物.jpg”，如图 2-51 所示。

步骤 02 执行【图像】→【图像旋转】→【水平翻转画布】命令，如图 2-52 所示。通过前面的操作，水平翻转图像，效果如图 2-53 所示。

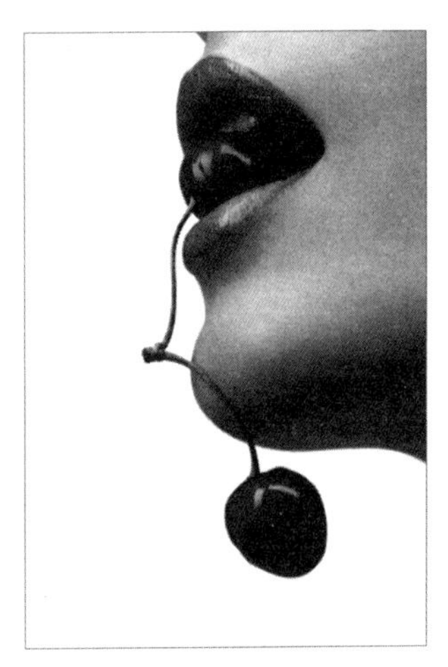

图 2-51 原图

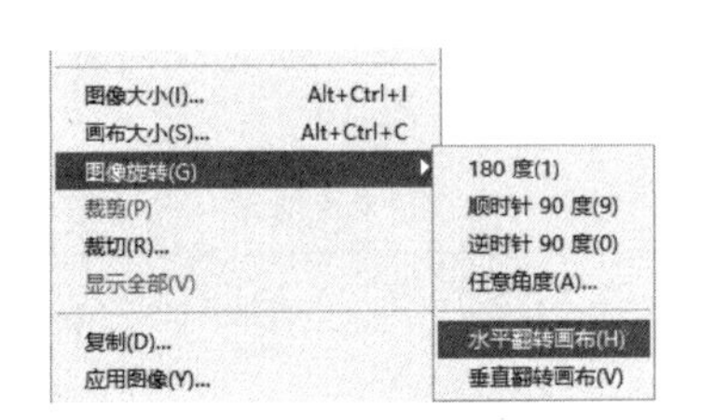

图 2-52 选择命令

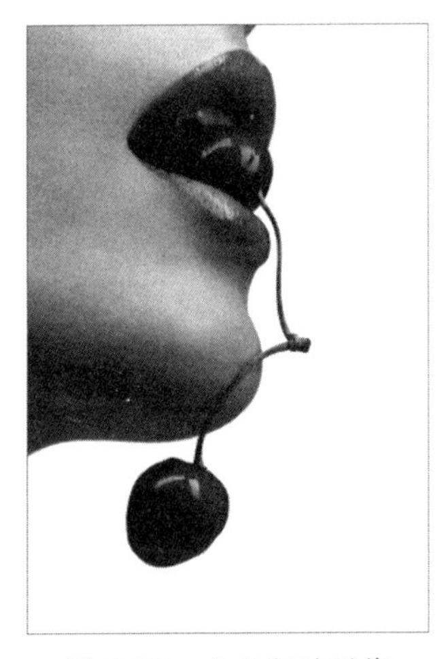

图 2-53 水平翻转图像

课堂问答

通过本章的讲解，大家对 Photoshop 2022 图像处理基础操作有了一定的了解，下面列出一些常见的问题供学习参考。

问题 1：如何以固定角度旋转画布？

答：画布除可以水平、垂直、90（180）度旋转外，还可以旋转任意角度。执行【图像】→【图像旋转】→【任意角度】命令，打开【旋转画布】对话框，设置【角度】为 30，单击【确定】按钮，如图 2-54 所示，即可以指定角度旋转画布，如图 2-55 所示。

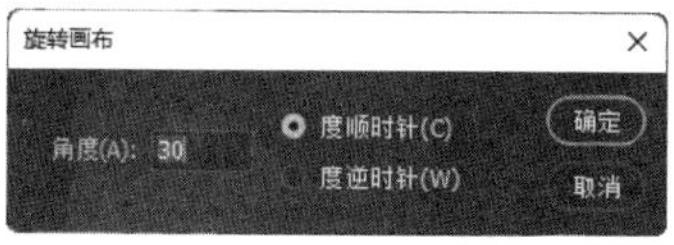

图 2-54 【旋转画布】对话框

图 2-55 以指定角度旋转画布

问题 2：如何应用吸附功能自动定位？

答：对齐功能有助于精确地放置选区边缘、裁剪选框、切片、形状和路径。如果要启用对齐功能，首先需要执行【视图】→【对齐】命令，使该命令处于勾选状态，然后在【视图】→【对齐到】下拉菜单中选择一个对齐项目，带有☑标记的命令表示启用了该对齐功能，如图 2-56 所示，相关选项的作用见表 2-6。

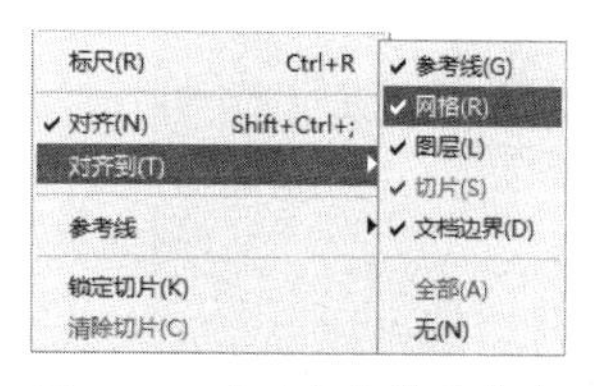

图 2-56 【对齐】菜单命令

表 2-6 【对齐】菜单命令界面中各选项的作用

命令	功能及作用
参考线	可以使对象与参考线对齐
网格	可以使对象与网格对齐，网格被隐藏时不能选择该选项
图层	可以使对象与图层中的内容对齐
切片	可以使对象与切片边界对齐，切片被隐藏时不能选择该选项
文档边界	可以使对象与文档的边缘对齐
全部	选择所有“对齐到”选项
无	取消选择所有“对齐到”选项

下面以选区对齐网格为例，讲解自动吸附功能的具体操作方法。

步骤 01 打开“素材文件\第 2 章\彩带.jpg”，如图 2-57 所示。

图 2-57 原图

步骤 02 执行【编辑】→【首选项】→【参考线、网格和切片】命令，打开【首选项】对话框，设置【网格线间隔】为 26 毫米，子网格为 1，单击【确定】按钮，如图 2-58 所示。

步骤 03 执行【视图】→【显示】→【网格】命令，显示网格，如图 2-59 所示。

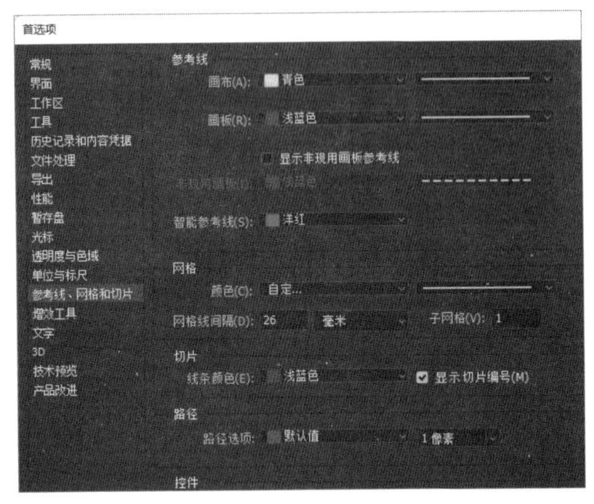

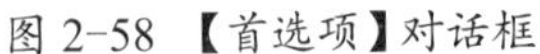
图 2-58 【首选项】对话框

图 2-59 显示网格

步骤 04 执行【视图】→【对齐】命令，使其处于勾选状态，如图 2-60 所示。选择【矩形选框工具】，在图像中拖动鼠标创建选区，选区边框会自动吸附到网格上，如图 2-61 所示。

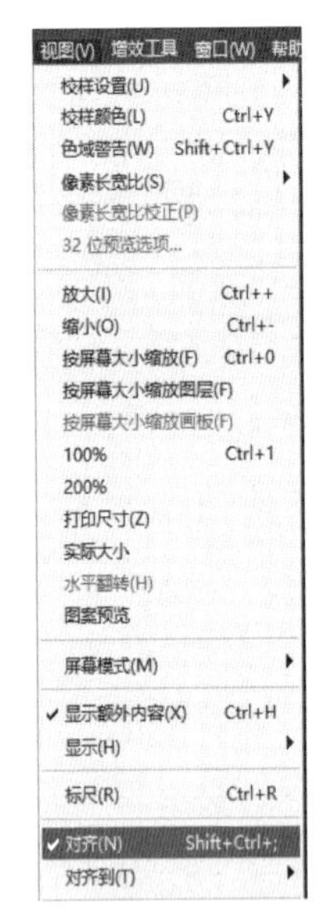

图 2-60 选择【对齐】命令

图 2-61 选区吸附到网格效果

问题 3：如何新建视图窗口？

答：在处理图像时，创建多个视图窗口，可以从不同的角度观察同一张图像，使图像调整更加准确，新建视图窗口的具体操作方法如下。

步骤 01 打开“素材文件\第 2 章\鸟人.jpg”，如图 2-62 所示。

步骤 02 执行【窗口】→【排列】→【为“鸟人.jpg”新建窗口】命令，如图 2-63 所示。

图 2-62 原视图

图 2-63 选择新建窗口命令

步骤 03 为“鸟人.jpg”新建视图，如图 2-64 所示。

步骤 04 执行【窗口】→【排列】→【双联垂直】命令，垂直排列视图，如图 2-65 所示。

图 2-64 新建视图

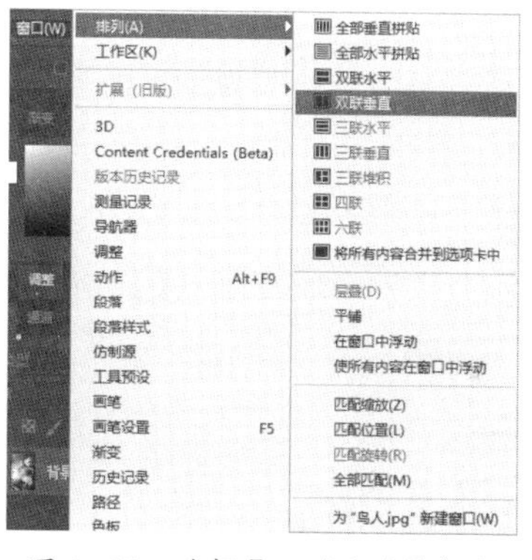

图 2-65 选择【双联垂直】命令

步骤 05 选择【缩放工具】，在右侧的视图单击放大视图，如图 2-66 所示。

步骤 06 选择【画笔工具】，在右侧的视图绘制任意图像，在左侧的视图观察整体效果，如图 2-67 所示。

图 2-66 放大右侧视图

图 2-67 绘制图像

上机实战——调整画面构图

为了帮助读者巩固本章知识点，下面讲解一个技能综合案例。

效果展示

思路分析

构图调整是图像处理的重要内容，过长或过宽的画面都会带给人不舒适的视觉体验，具体操作方法如下。

本例首先使用【填充】命令中的【内容识别】选项清除左侧的花束，然后使用【内容识别缩放】命令调整填充效果，最后使用【裁切】命令清除四周透明像素。

制作步骤

步骤 01 打开“素材文件\第 2 章\花纹.jpg”，如图 2-68 所示。

步骤 02 按【Ctrl+J】组合键，新建“图层 1”，单击“背景”图层前的 符号，隐藏该图层，如图 2-69 所示。

步骤 03 选择【多边形套索工具】，在图像左上方拖动鼠标，如图 2-70 所示。

图 2-68 原图

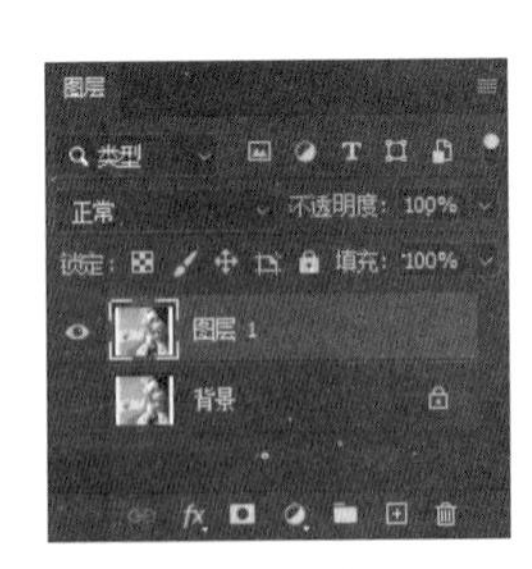

图 2-69 新建图层

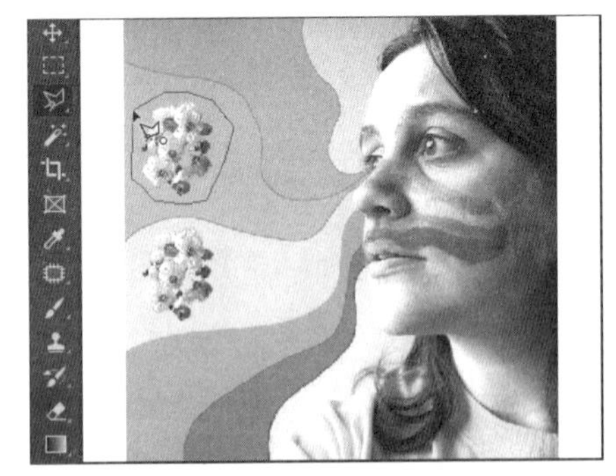

图 2-70 拖动鼠标创建选区

步骤 04 释放鼠标后，创建多边形选区，如图 2-71 所示。

步骤 05 执行【编辑】→【填充】命令，打开【填充】对话框，设置【内容】为“内容识别”，单击【确定】按钮，如图 2-72 所示。

步骤 06 通过前面的操作，花束被清除，并自然溶入环境中，如图 2-73 所示。

图 2-71 创建多边形选区

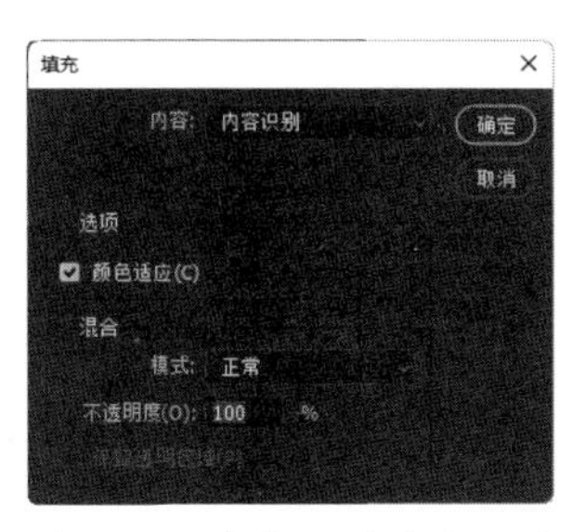

图 2-72 内容识别填充效果

图 2-73 花束被清除的效果

技能拓展

内容识别填充能够快速填充一个选区，用来填充这个选区的像素是通过感知该选区周围的内容得到的，使填充结果看上去像是真的一样。

步骤 07 执行【选择】→【取消选择】命令，取消选区，如图 2-74 所示。

步骤 08 执行【编辑】→【内容识别缩放】命令，进入内容识别比例变换状态，如图 2-75 所示。

步骤 09 在选项栏中，单击【保护肤色】按钮，向下方拖动，如图 2-76 所示。

图 2-74 取消选区

图 2-75 进入变换状态

图 2-76 拖动变换

技能拓展

内容识别缩放是一项非常实用的缩放功能。普通的缩放在调整图像时会影响所有的像素，而内容识别缩放则主要影响没有重要可视内容区域中的像素。

步骤 10 单击选项栏的【提交变换】按钮✓，确认变换，如图 2-77 所示。

步骤 11 执行【图像】→【裁切】命令，在【裁切】对话框中，设置【基于】栏为【透明像素】，选中【裁切】栏中的所有复选项，单击【确定】按钮，如图 2-78 所示。

步骤 12 通过前面的操作，裁掉图像四周的透明像素，最终效果如图 2-79 所示。

图 2-77　确认变换

图 2-78　【裁切】对话框

图 2-79　最终效果

使用【裁切】命令可以裁切掉指定的目标区域，例如，透明像素，左上角像素颜色等。

同步训练——设置暂存盘

为了增强读者的动手能力，下面安排一个同步训练案例，让读者达到举一反三、触类旁通的学习效果。

图解流程

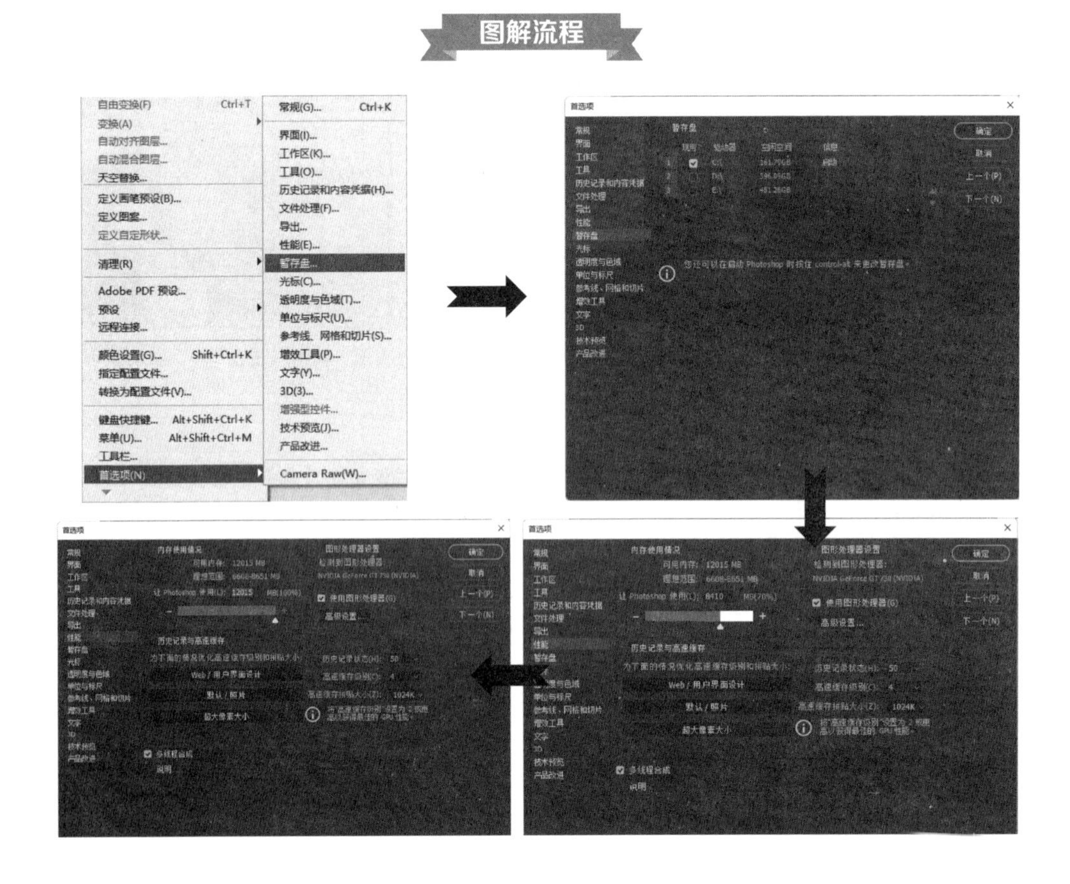

思路分析

随着Photoshop的功能越来越强大，占用的内存空间也越来越大，根据自己计算机的磁盘空间情况，合理设置暂存盘，可以提高 Photoshop 的工作效率。

本例首先打开【暂存盘】对话框，设置【暂存盘】，然后设置【让Photoshop 2022 使用】内存量，退出Photoshop 2022 后再次启动该软件，完成性能设置。

关键步骤

步骤 01 启动Photoshop 2022，执行【编辑】→【首选项】→【暂存盘】命令。根据计算机的硬盘情况调整暂存盘，例如，在【暂存盘】栏中，选中【E】盘复选框，取消选中【C】盘复选框。

步骤 02 选择【性能】选项，在【内存使用情况】栏中设置【让Photoshop使用】为 23000MB，单击【确定】按钮。

步骤 03 执行【文件】→【退出】命令，再次启动Photoshop 2022，前面设置的新性能即可生效。

知识能力测试

本章讲解了Photoshop 2022 图像处理的基础操作，为对知识进行巩固和考核，请读者完成以下练习题。

一、填空题

1. 执行【全部垂直拼贴】命令，图像窗口会________。

2.【置入嵌入对象】命令将照片、图片等位图，以及 EPS、PDF、AI 等矢量文件作为________置入 Photoshop。

3. 在Photoshop 2022 中，编辑图像时，按________键能以一定的比例快速放大图像；按______键能以一定的比例快速缩小图像。

二、选择题

1. 画布除可以水平、垂直、90（180）度旋转外，还可以旋转（　　）。

A. 30 度　　B. 任意角度　　C. 45 度　　D. 指定角度

2. 在Photoshop 2022 中按（　　）组合键能显隐标尺；按（　　）组合键能显隐网格。

A.【Ctrl+;】【Ctrl+'】　B.【Ctrl+R】【Ctrl+'】　C.【Ctrl+R】【Ctrl+;】　D.【Ctrl+;】【Ctrl+R】

3. 按（　　）键可在各个屏幕模式间切换。

A.【A】　　B.【D】　　C.【F】　　D.【J】

三、简答题

1.【图像大小】和【画布大小】命令分别用于什么情况下？

2. 在【图像大小】对话框中，【重新采样】复选项的主要作用是什么？勾选和取消勾选该项会得到怎样的不同结果？

Photoshop 2022

第3章 图像选区的创建与编辑

选区工具可以分为规则选区工具和不规则选区工具，另外，创建好选区后，还需要对选区进行修改、编辑与填充等操作。本章主要介绍图像选区创建与编辑的方法，使大家可以轻松选出需要的图像。

学习目标

- 掌握规则选区的创建方法
- 掌握不规则选区的创建方法
- 掌握选区的基本操作方法
- 掌握选区的编辑方法

3.1 创建规则选区

规则选区是选区边缘为方形或圆形的选区，该类选区工具有各自的特点，适合创建不同类型的选区对象，下面分别进行介绍。

3.1.1 矩形选框工具

【矩形选框工具】可以创建长方形或正方形选区。选择工具箱中的【矩形选框工具】，在图像中单击并向右下角拖动鼠标，释放鼠标后，即可创建一个矩形选区。

技能拓展

按键盘上的【M】键可以快速选择【矩形选框工具】，按住【Shift】键不放，在图像窗口中拖动鼠标即可创建正方形选区。

3.1.2 椭圆选框工具

选择【椭圆选框工具】，在图像中拖动鼠标，可以创建圆形或椭圆形选区，如图 3-1 所示。

图 3-1　圆形和椭圆形选区

技能拓展

在创建选区时，先按住【Alt】键，可创建出以鼠标起始点为中心的选区；在创建规则选区的过程中，按住空格键可直接移动选区。

3.1.3 单行、单列选框工具

使用【单行选框工具】可以创建高度为 1 像素的选区，使用【单列选框工具】可以创建宽度为 1 像素的选区，这两个工具多用于选择图像的细节部分。

【单行选框工具】和【单列选框工具】创建的选区如图 3-2 所示。

图 3-2　创建单行选框和单列选框

3.1.4 选区工具选项栏

工具箱中的选区工具包括规则和不规则选区，选项栏会显示出如图 3-3 所示的选区编辑按钮。通过这些按钮，可以完成常用的选区编辑操作，相关选项的作用见表 3-1。

图 3-3　【选区工具】选项栏

表 3-1　【选区工具】操作界面中各选项的作用

选项	功能及作用
❶选区运算	【新选区】按钮的主要功能是建立一个新选区，【添加到选区】按钮、【从选区减去】按钮和【与选区交叉】按钮是选区和选区之间进行布尔运算的方法
❷羽化	用于设置选区的羽化范围
❸消除锯齿	用于通过软化边缘像素与背景像素之间的颜色转换，使选区的锯齿状边缘平滑
❹样式	用于设置选区的创建方法，包括【正常】【固定比例】和【固定大小】选项
❺选择并遮住	单击该按钮，可以打开【选择并遮住】对话框，更快捷、更简单地在 Photoshop 中创建准确的选区和蒙版

课堂范例——制作卡通相框

步骤 01　打开“素材文件\第 3 章\相框.psd”，如图 3-4 所示。

步骤 02　执行【窗口】→【图层】命令（快捷键为【F7】），在【图层】面板中单击【背景】图层，如图 3-5 所示。

步骤 03 选择【椭圆选框工具】，在图像中拖动鼠标创建椭圆选区，如图 3-6 所示。

图 3-4 原图

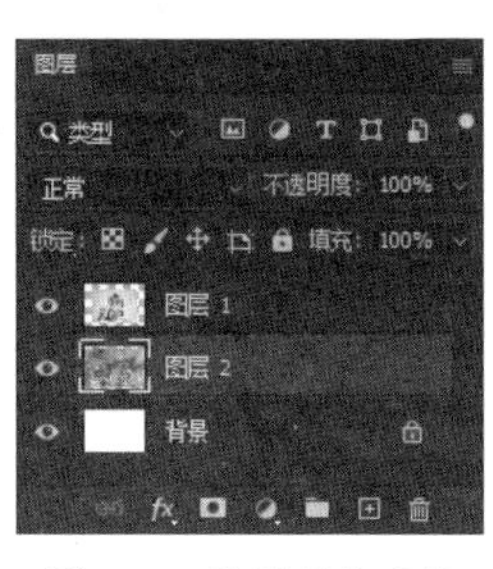

图 3-5 【图层】面板

图 3-6 创建椭圆选区

步骤 04 在选项栏中，单击【添加到选区】按钮，选择【矩形选区工具】，在图像中拖动鼠标，如图 3-7 所示。

步骤 05 释放鼠标后，得到选区效果，如图 3-8 所示。按【Delete】键删除选区图像，效果如图 3-9 所示。

图 3-7 添加选区

图 3-8 选区效果

图 3-9 删除选区图像

3.2 创建不规则选区

【套索工具】组和【魔棒工具】组中的工具可以创建不规则选区，而且操作非常简单，使用【色彩范围】命令可以创建颜色选区。

3.2.1 套索工具

【套索工具】用于选取物体的大致轮廓，通过拖动鼠标即可创建选区，具体操作方法如下。

步骤 01 打开“素材文件\第 3 章\别针.jpg”，选择【套索工具】，在需要选择的图像边缘处单击并拖动鼠标，此时图像中会自动生成没有锚点的线条，如图 3-10 所示。

步骤 02 继续沿着图像边缘拖动鼠标，移动鼠标至起点与终点连接处，释放鼠标生成选区，如图 3-11 所示。

图 3-10　拖动【套索工具】

图 3-11　创建轮廓选区

使用【套索工具】创建选区时，只有线条闭合时才能松开鼠标，否则线条首尾会自动闭合。

3.2.2 多边形套索工具

【多边形套索工具】用于选取一些复杂的、棱角分明的图像，通过鼠标的连续单击创建选区，具体操作方法如下。

步骤 01　打开“素材文件\第 3 章\咖啡.jpg”，选择【多边形套索工具】，在需要创建选区的图像位置处单击确认起点，在需要改变方向的转折点处单击创建节点，如图 3-12 所示。

步骤 02　当终点与起点重合时，鼠标指针下方会显示一个闭合图标，单击将会得到一个多边形选区，如图 3-13 所示。

图 3-12　创建节点

图 3-13　合并多边形选区

温馨提示

使用【多边形套索工具】创建选区的过程中，按【Ctrl】键，无论单击任何位置，都可直接与起点连接，闭合选区。

3.2.3 磁性套索工具

使用【磁性套索工具】绘制选区时，系统会自动识别边缘像素，使套索路径自动吸附在对象边缘上。选择工具箱中的【磁性套索工具】后，其选项栏中常见的参数如图 3-14 所示，相关选项的作用见表 3-2。

图 3-14 【磁性套索工具】选项栏

表 3-2 【磁性套索工具】操作界面中各选项的作用

选项	功能及作用
❶宽度	决定了以光标中心为基准，其周围有多少像素能够被工具检测到，如果对象的边界不是特别清晰，需要使用较小的宽度值
❷对比度	用来设置工具感应图像边缘的灵敏度。如果图像的边缘对比清晰，则将该值设置得高一些；如果图像的边缘不是特别清晰，则将该值设置得低一些
❸频率	用来设置创建选区时生成的锚点的数量。该值越高，生成的锚点越多，捕捉到的边界越准确，但是过多的锚点会造成选区的边缘不够光滑
❹钢笔压力	如果计算机配置有数位板和压感笔，可以按下该按钮，Photoshop 会根据压感笔的压力自动调整工具的检测范围

使用【磁性套索工具】创建选区的具体操作方法如下。

步骤 01 打开“素材文件\第 3 章\心形.jpg”，选择【磁性套索工具】，在图像物体边缘处单击确认起点，然后沿对象的边缘进行拖动，如图 3-15 所示。

步骤 02 当终点与起点重合时，鼠标指针呈形状，单击即可创建一个图像选区，如图 3-16 所示。

图 3-15 拖动鼠标

图 3-16 创建选区

使用【磁性套索工具】创建选区时，按【Alt】键，可以切换为【多边形套索工具】，松开【Alt】键，

又还原为【磁性套索工具】。

3.2.4 魔棒工具

【魔棒工具】是通过分析颜色创建选区。选择工具箱中的【魔棒工具】后，其选项栏中常见的参数如图 3-17 所示，相关选项的作用见表 3-3。

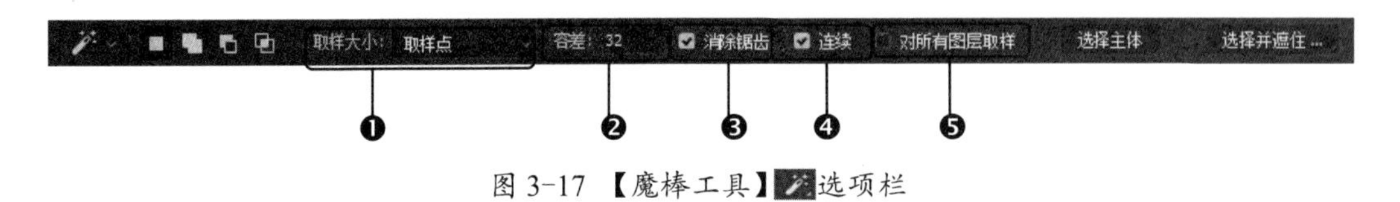

图 3-17 【魔棒工具】选项栏

表 3-3 【魔棒工具】操作界面中各选项的作用

选项	功能及作用
❶取样大小	可根据光标所在位置像素的精确颜色进行选择；选择【3×3 平均】选项，可参考光标所在位置 3 个像素区域内的平均颜色；选择【5×5 平均】选项，可参考光标所在位置 5 个像素区域内的平均颜色，其他选项以此类推
❷容差	控制创建选区范围的大小。输入的数值越小，要求的颜色越相近，选取范围就越小；输入的数值越大，要求的颜色相差越大，选取范围就越大
❸消除锯齿	模糊羽化边缘像素，使其与背景像素产生颜色的逐渐过渡，从而去掉边缘明显的锯齿状
❹连续	选中该复选框，只选取与鼠标单击处相连接区域中相近的颜色；取消选中该复选框，则选取整个图像中相近的颜色
❺对所有图层取样	用于有多个图层的文件，选中该复选框，选取文件中所有图层中相同或相近颜色的区域；取消选中该复选框，只选取当前图层中相同或相近颜色的区域

使用【魔棒工具】创建选区的具体操作方法如下。

步骤 01 打开“素材文件\第 3 章\音乐女.jpg”，选择【魔棒工具】，在目标颜色处单击，如图 3-18 所示。

步骤 02 释放鼠标后会得到一个选区，如图 3-19 所示。

图 3-18 单击目标点

图 3-19 创建选区

3.2.5 快速选择工具

使用【快速选择工具】，只需要在目标图像上涂抹，系统就会根据鼠标所到之处的颜色自动创建选区。选择工具箱中的【快速选择工具】后，其选项栏中常见的参数如图 3-20 所示，相关选项的作用见表 3-4。

图 3-20 【快速选择工具】选项栏

表 3-4 【快速选择工具】操作界面中各选项的作用

选项	功能及作用
❶ 选区运算按钮	单击【新选区】按钮，可创建一个新的选区；单击【添加到选区】按钮，可在原选区的基础上添加绘制的选区；单击【从选区减去】按钮，可在原选区的基础上减去当前绘制的选区
❷ 笔尖下拉面板	单击按钮，可在打开的下拉面板中选择笔尖，设置画笔的大小、硬度和间距
❸ 对所有图层取样	可基于所有图层创建选区
❹ 增强边缘	可减少选区边界的粗糙度和块效应。【增强边缘】会自动将选区向图像边缘进一步流动并应用一些边缘调整，也可以在【调整边缘】对话框中手动应用这些边缘调整

3.2.6 对象选择工具

【对象选择工具】不需要做精确的边缘绘制，通过拉出的矩形或套索选框选中物体后，Photoshop 会自动识别物体边缘绘制出选区，对于新手更容易上手，且效率较高，具体操作方法如下。

步骤 01 打开“素材文件\第 3 章\千纸鹤.jpg”，选择【对象选择工具】，紧邻千纸鹤创建一个矩形选框，如图 3-21 所示。

步骤 02 释放鼠标，千纸鹤选区就被创建出来了，如图 3-22 所示。

图 3-21 创建选区

图 3-22 选择结果

步骤 03 在选项栏中设置【模式】为套索，按住【Shift】键在扇子周围创建一个套索选区，如图 3-23 所示。

步骤 04 释放鼠标，选择结果如图 3-24 所示。

图 3-23 选择扇子

图 3-24 选择结果

3.2.7 【色彩范围】命令

【色彩范围】命令可根据图像的颜色范围创建选区，在这一点上它与【魔棒工具】有很大的相似之处，但该命令具有更高的选择精度。

课堂范例——更改车色调

步骤 01 打开“素材文件\第 3 章\车.jpg”，选择【套索工具】，拖动鼠标选中车，如图 3-25 所示。

步骤 02 执行【选择】→【色彩范围】命令，打开【色彩范围】对话框，单击【添加到取样】按钮，设置【颜色容差】为 200，在车上单击创建选区，如图 3-26 所示。

图 3-25 创建选区

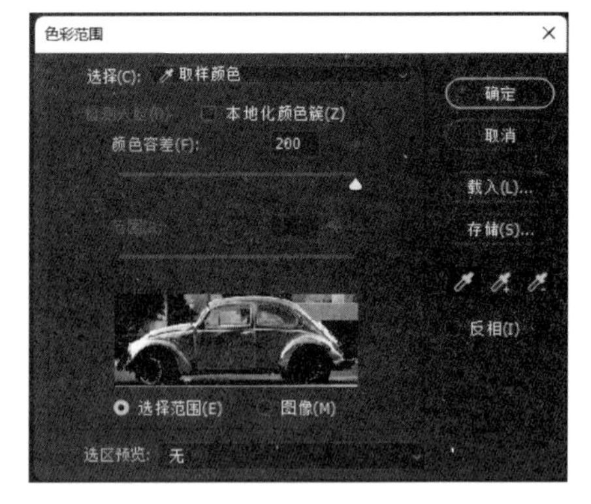

图 3-26 【色彩范围】对话框

步骤 03 继续使用【添加到取样】按钮在车上单击，添加颜色，单击【确定】按钮，如

图 3-27 所示。

步骤 04 通过前面的操作，得到的车选区如图 3-28 所示。

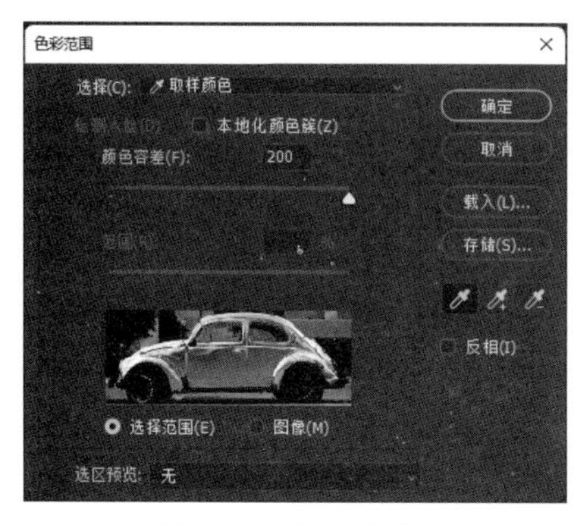

图 3-27 添加颜色

图 3-28 得到车选区

步骤 05 执行【图像】→【调整】→【色调均化】命令，打开【色调均化】对话框，选中【仅色调均化所选区域】单选按钮，单击【确定】按钮，如图 3-29 所示。

步骤 06 通过前面的操作，车颜色偏暗的问题得到了改善，效果如图 3-30 所示。

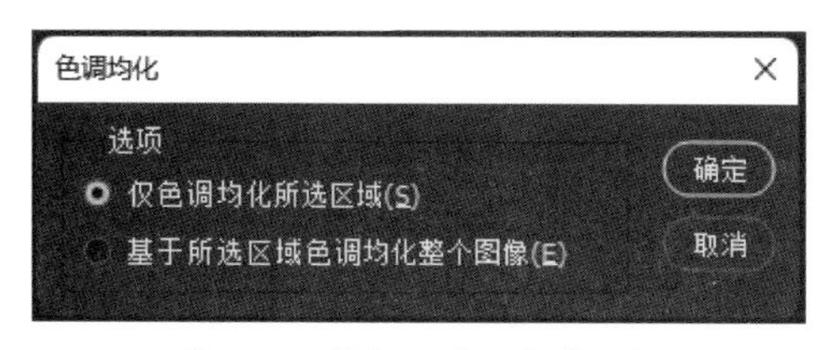

图 3-29 【色调均化】对话框

图 3-30 色调均化效果

技能拓展

如果图像中已经创建了选区，执行【色彩范围】命令，可以只分析选区内的图像。在【色彩范围】对话框中设置【选择】为肤色，可选中【检测人脸】复选框，即可轻松对人物肤色和毛发进行细微调整。

3.3 选区的基本操作

创建选区后，还可以对选区进行调整，如全选、取消选择、重新选择、反向选择、移动选区等，下面分别进行介绍。

3.3.1 全选

使用【全选】命令可以快速选择全部图层的所有像素，执行【选择】→【全选】命令，或者按【Ctrl+A】组合键即可。

3.3.2 取消选择

使用【取消选择】命令可以取消当前选择区域，执行【选择】→【取消选择】命令，或者按【Ctrl+D】组合键，或者在当前选区外单击，都可以快速取消当前选区。

3.3.3 重新选择

创建且取消选区后，若需要重新选择相同的区域，可以执行【选择】→【重新选择】命令，或者按【Shift+Ctrl+D】组合键。

3.3.4 反向选择

创建选区后，有时需要将创建的选区与非选区进行转换，具体操作方法如下。

步骤 01 打开“素材文件\第 3 章\气球.jpg”，选择【魔棒工具】，在需要选取的图像上单击创建选区，如图 3-31 所示。

步骤 02 执行【选择】→【反向】命令，即可反向选择图像中的其他区域，如图 3-32 所示。

图 3-31 创建选区

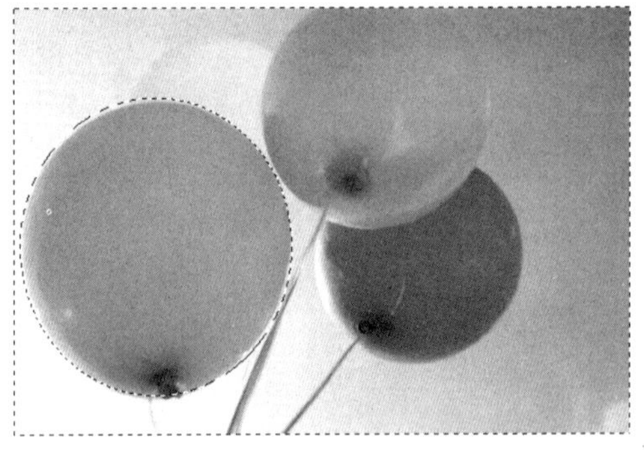

图 3-32 反向选择

按【Ctrl+Shift+I】组合键可以快速反向创建选区。

3.3.5 移动选区

创建好选区后，可以对选区或选区中的图像进行移动操作。选区的移动非常简单，下面介绍几种常用的方法。

方法1 拖动选框工具创建选区时，在释放鼠标按键前，按住空格键拖动鼠标，即可移动选区。

方法2 创建选区后，确保选项栏中的【新选区】按钮■为选中状态，将鼠标指针放在选区内，单击并拖动鼠标便可以移动选区。

方法3 按键盘上的【↑】【↓】【←】【→】键可移动1像素，加按【Shift】键可移动10像素。

3.3.6 隐藏选区

创建选区后，执行【视图】→【显示】→【选区边缘】命令，或者按【Ctrl+H】组合键，可以隐藏选区。选区虽然被隐藏，但是它仍然存在，再次执行此命令，可以再次显示选区。

3.3.7 变换选区

选区变换常用于选择特殊形状的区域，使用【变换选区】命令可以对选区进行缩放、旋转、斜切、透视、变形等操作。

执行【选择】→【变换选区】命令后，选区的边框上将出现8个控制手柄。移动鼠标指针到图像内部，当鼠标指针变为▸形状时，可以拖动鼠标移动当前选区。将鼠标指针移动到选区的控制手柄上，当鼠标指针变为↔或⤢形状时，可以对当前选区进行等比例缩放（若要不等比例缩放，则需按住【Shift】键）；按住【Ctrl】键拖动中间4个控制点之一可以斜切，拖动四角控制点之一则可以进行扭曲变换操作。将鼠标指针移动到图像的控制手柄上，当鼠标指针变为↰形状时，可以进行选区的旋转变换操作。也可以在出现变换控制点后右击，在弹出的快捷菜单中选择相应的变换命令进行操作。

3.4 选区的编辑

选区的编辑是对选区进行调整，包括【扩大选取】【选取相似】【边界】【平滑】【扩展】【收缩】【羽化】命令等，下面分别进行介绍。

3.4.1 扩大选取

【扩大选取】命令会查找与当前选区中的像素色调相近的像素，从而扩大选择区域。该命令只扩大到与原选区相连接的区域，执行【选择】→【扩大选取】命令即可。

3.4.2 选取相似

【选取相似】命令同样会查找与当前选区中的像素色调相近的像素，而且可以查找整幅图像，包括与原选区没有相邻的像素。

使用【扩大选取】和【选取相似】命令可以得到不同的选区，具体操作方法如下。

步骤 01 打开“素材文件\第 3 章\西红柿.jpg”，选择【矩形选框工具】，在左侧果实根部拖动鼠标创建选区，如图 3-33 所示。

步骤 02 执行【选择】→【扩大选取】命令即可对附近相似颜色区域进行选取，选中邻近的果实根部区域，如图 3-34 所示。

步骤 03 按【Ctrl+Z】组合键取消上次操作，执行【选择】→【选取相似】命令即可对图像整体颜色相似的区域进行选取，图像中的所有果实根部区域被选中，如图 3-35 所示。

图 3-33 创建选区

图 3-34 扩大选区

图 3-35 选取相似

3.4.3 选区修改

选择并遮住(K)... Alt+Ctrl+R
修改(M)
扩大选取(G)
选取相似(R)
变换选区(T)
在快速蒙版模式下编辑(Q)
边界(B)...
平滑(S)...
扩展(E)...
收缩(C)...
羽化(F)... Shift+F6

图 3-36 选区修改菜单命令

使用【边界】【平滑】【扩展】【收缩】【羽化】选区命令，可以对选区进行修改，执行【选择】→【修改】命令，在弹出的子菜单中选择相应命令即可，如图 3-36 所示。

【边界】命令：从原有的选区向内收缩或向外扩展，当要选择图像区域周围的边界或像素带时，此命令很有用。

【平滑】命令：可对选区的边缘进行平滑，相当于圆角，使选区边缘变得更柔和，常用于平滑锯齿状或硬边选区。

【扩展】和【收缩】命令：作用是分别向四周扩展和收缩选区。

【羽化】命令：通过建立选区和选区周围像素之间的转换边界来模糊边缘，这种模糊方式将丢失选区边缘的一些图像细节。

选区修改效果对比如图 3-37 所示。

技能拓展

按键盘上的【Shift+F6】组合键可以快速打开【羽化选区】对话框。羽化选区后，可对选区进行复制、删除等操作，羽化后的选区会有一种柔和的效果。

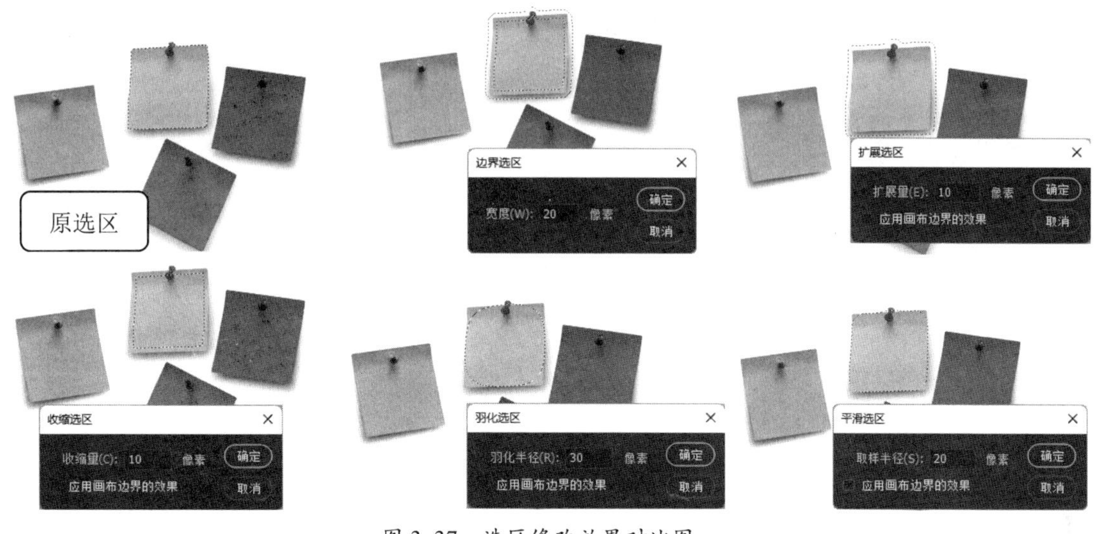

图 3-37　选区修改效果对比图

3.4.4　填充和描边选区

【填充】命令可以为目标区域填充颜色和图案，【描边】命令可以通过选择的绘图工具自动为选区描边，下面分别进行介绍。

1. 填充选区

【填充】命令可以在当前图层或选区内填充颜色或图案，在填充时还可以设置不透明度和混合模式，文本和隐藏图层不能进行填充。

2. 描边选区

【描边】命令可以为选区描边，描边颜色默认使用前景色，用户可以设置描边的宽度和颜色，还可以选择描边的位置，同时还可以设置描边颜色与原始图像的混合模式和不透明度，具体操作方法如下。

步骤 01　打开“素材文件\第 3 章\自行车.jpg”，选择【椭圆选框工具】，按住【Alt】键拖动鼠标创建正圆选区，如图 3-38 所示。

步骤 02　执行【编辑】→【描边】命令，打开【描边】对话框，设置描边【宽度】为 10 像素，【位置】为居外，单击【确定】按钮，如图 3-39 所示。

步骤 03　按【Ctrl+D】组合键取消选区，描边效果如图 3-40 所示。

步骤 04　使用相同的方法创建右侧选区，并描边选区，如图 3-41 所示。

图 3-38　创建正圆选区

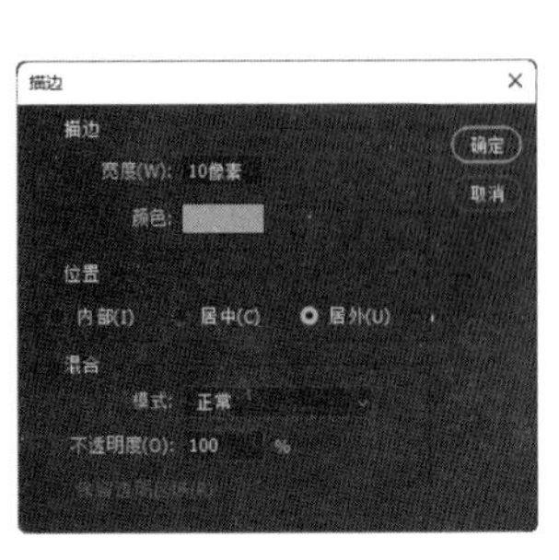

图 3-39 【描边】对话框

图 3-40 左轮描边效果

图 3-41 右轮描边效果

3.4.5 存储和载入选区

在处理图像时，可以将创建的选区进行保存，以便于重复使用，需要时还可以载入之前存储的选区，这是处理复杂图像时常用的一种方法。

1. 存储选区

在图像窗口中创建选区，执行【选择】→【存储选区】命令，打开【存储选区】对话框，设置存储位置和名称等参数，单击【确定】按钮即可。

2. 载入选区

执行【选择】→【载入选区】命令，打开【载入选区】对话框，选择存储的选区名称，单击【确定】按钮，即可打开存储的选区。

课堂范例——为背景填充图案

步骤 01 打开“素材文件\第 3 章\头发.jpg”，在选项栏中单击【选择并遮住】按钮，用【快速选择工具】在人物主体部分拖动创建选区，如图 3-42 所示。

步骤 02 选择【调整边缘画笔工具】，将有背景颜色的边缘抹掉，如图 3-43 所示。

图 3-42 选取主体区域

图 3-43 调整边缘

步骤 03 在【属性】面板中选中【净化颜色】复选框，设置【平滑】【羽化】【对比度】的参数，设置【输出到】为新建带有图层蒙版的图层，如图 3-44 所示。

步骤 04　单击【确定】按钮，效果如图 3-45 所示。

图 3-44　设置其他参数

图 3-45　选择并遮住效果

步骤 05　按【Shift+Ctrl+N】组合键新建一个图层放到最底层，如图 3-46 所示。

步骤 06　执行【编辑】→【填充】命令，打开【填充】对话框，设置【内容】为【图案】，单击【自定图案】下拉按钮，选择“树”文件夹中的第一个图案，如图 3-47 所示。

步骤 07　设置【不透明度】为 50%，单击【确定】按钮，如图 3-48 所示。

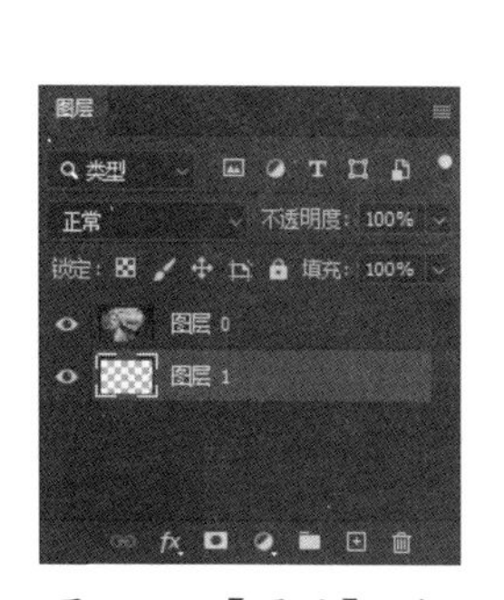

图 3-46　【图层】面板

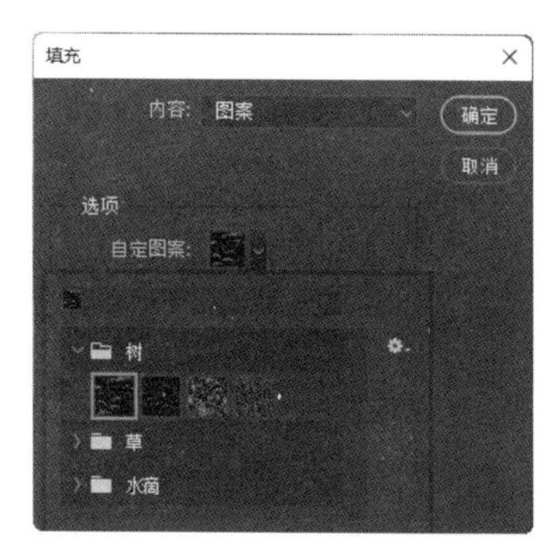

图 3-47　载入树图案

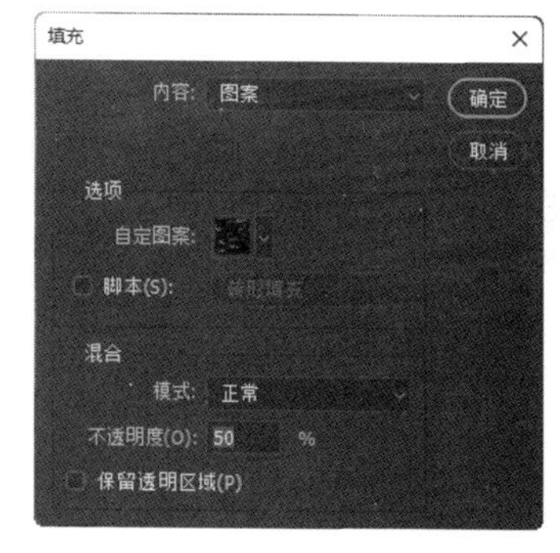

图 3-48　设置填充不透明度

步骤 08　按【Shift+Ctrl+N】组合键新建一个图层放到最底层，填充为白色，如图 3-49 所示。

步骤 09　图案填充效果如图 3-50 所示。

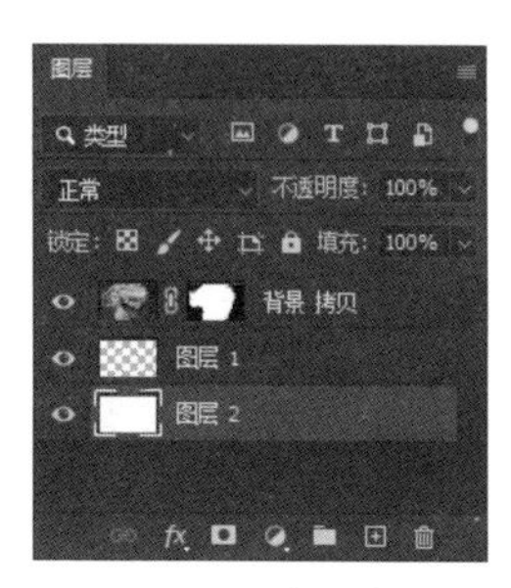

图 3-49　新建白色图层

图 3-50　填充效果

课堂问答

通过本章的讲解，大家对图像选区的创建与编辑有了一定的了解，下面列出一些常见的问题供学习参考。

问题 1：羽化选区时，为何选区自动消失了？

答：羽化选区时，如果【羽化半径】值设置得过大，大于原选区的比例范围，选区边缘将不可见，但是不会影响羽化效果。

问题 2：变换图像和变换选区有什么异同？

答：变换图像和变换选区的操作基本相同。它们之间的区别在于，变换图像是作用于图像，而变换选区是作用于选区。

问题 3：【重新选择】和【存储选区】命令的适用范围是什么？

答：【重新选择】命令适用于刚刚取消的选区，如果取消选区后新建了其他选区，那么之前取消的选区将不可恢复。

【存储选区】命令是将选区存储在【通道】中，它与当前的选区状态无关，是最保险的选区存储方式。

上机实战——为图像添加心形光

为了帮助读者巩固本章知识点，下面讲解一个技能综合案例。

效果展示

思路分析

在拍摄图像时，光线是非常重要的，如果拍照时的光线不好，拍出来的图像也是不完美的。在 Photoshop 中，可以为图像添加合适的光线。

本例首先制作选区，接着羽化选区，通过图层混合得到左侧光线，最后使用相同的方法制作右侧和下部的光线，得到最终效果。

制作步骤

步骤 01 打开“素材文件\第 3 章\心形伞.jpg”文件，如图 3-51 所示。

步骤 02 在【图层】面板中，按【Ctrl+J】组合键复制图层，更改图层混合模式为【亮光】，如图 3-52 所示。

图 3-51　原图

图 3-52　混合图层

步骤 03 选择【椭圆选框工具】，拖动鼠标创建圆形选区，如图 3-53 所示。

步骤 04 执行【选择】→【变换选区】命令，拖动节点变换选区大小和位置，如图 3-54 所示。

图 3-53　创建圆形选区

图 3-54　变换选区

步骤 05 选择【快速选择工具】，按住【Alt】键，在心形左侧拖动，减选区域，如图 3-55 所示。

步骤 06 执行【选择】→【修改】→【收缩】命令，打开【收缩选区】对话框，设置【收缩量】为 10 像素，单击【确定】按钮，如图 3-56 所示。

图 3-55　减选选区

图 3-56　收缩选区

步骤 07 按【Shift + F6】组合键打开【羽化选区】对话框，设置【羽化半径】为 10 像素，单击【确定】按钮，如图 3-57 所示。

步骤 08　按【Ctrl + J】组合键复制图层，效果如图 3-58 所示。

图 3-57　羽化选区

图 3-58　复制图层

步骤 09　使用相同的方法创建右侧的光线，如图 3-59 所示。

步骤 10　选择【椭圆选框工具】，拖动鼠标创建椭圆选区，如图 3-60 所示。

图 3-59　创建右侧光线

图 3-60　创建选区

步骤 11　选择【快速选择工具】，按住【Alt】键，在心形下方拖动，减选区域，如图 3-61 所示。

步骤 12　执行【选择】→【修改】→【收缩】命令，打开【收缩选区】对话框，设置【收缩量】为 10 像素，单击【确定】按钮，如图 3-62 所示。

图 3-61　减选选区

图 3-62　收缩选区

步骤 13 按【Shift+F6】组合键打开【羽化选区】对话框，设置【羽化半径】为 10 像素，单击【确定】按钮，如图 3-63 所示。

步骤 14 在【图层】面板中，单击选择【图层 1】，按【Ctrl+J】组合键复制图层，生成【图层 2】，最终效果如图 3-64 所示。

图 3-63 羽化选区

图 3-64 复制图层

同步训练——制作连环心形效果

为了增强读者的动手能力，下面安排一个同步训练案例。

图解流程

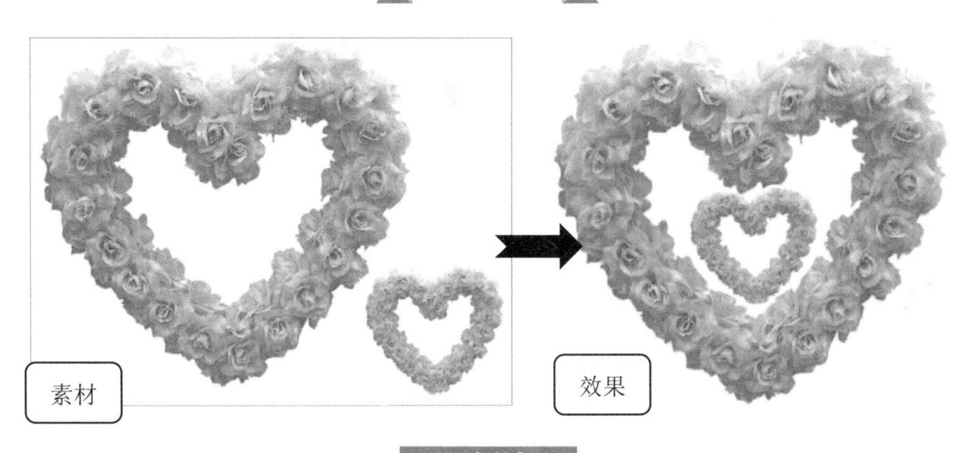

思路分析

本例首先在“心形.jpg”文件中选出需要的图像，然后使用【移动工具】在文件中进行图像拼合，最后调整心形的大小和角度，得到最终效果。

关键步骤

步骤 01 打开打开“素材文件\第 3 章\心形 1.jpg”文件，如图 3-65 所示。

步骤 02 选择【套索工具】，在需要选择的图像边缘处单击并拖动鼠标，此时图像中会自动生成没有锚点的线条，如图 3-66 所示。

图 3-65 原图

图 3-66 创建选区

步骤 03 继续沿着图像边缘拖动鼠标，移动鼠标到起点与终点连接处，如图 3-67 所示。

步骤 04 释放鼠标生成选区，如图 3-68 所示。

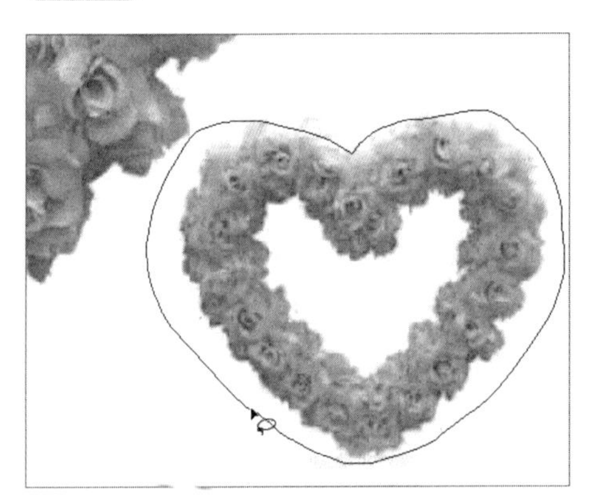
图 3-67 闭合选区

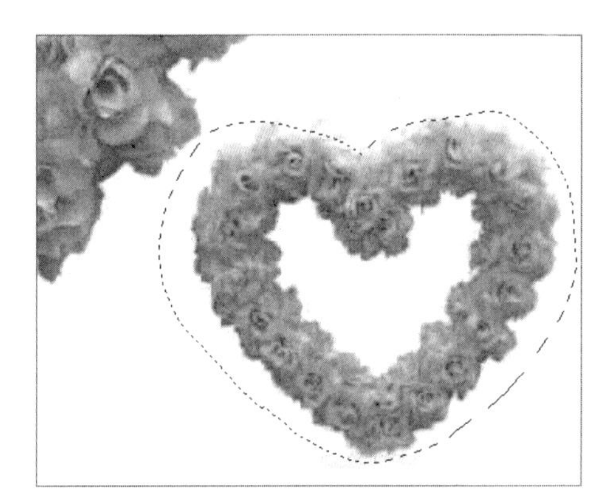
图 3-68 生成选区

步骤 05 选择【移动工具】，拖动小心形到大心形内部，如图 3-69 所示。

步骤 06 按【Ctrl+D】组合键取消选区，效果如图 3-70 所示。

图 3-69 移动图像位置

图 3-70 取消选区

知识能力测试

本章讲解了图像选区的创建与编辑，为对知识进行巩固和考核，请读者完成以下练习题。

一、填空题

1. 使用【椭圆选框工具】创建圆形或椭圆形选区时，按住________，可创建出以鼠标起始点为中心的选区。

2. 羽化选区时，如果【羽化半径】值______，选区边缘将不可见，但是不会影响羽化效果。

二、选择题

1. 使用(　　)和【选取相似】命令可以得到不同的选区。

A.【扩大选取】　B.【反向选取】　C.【缩小选取】　D.【扩展边界】

2.(　　)的快捷键是【Ctrl + Shift +I】。

A. 选取相似　B. 扩大选取　C. 反向选取　D. 全部选择

3. 创建选区后，执行【选择】→【变换选区】命令后，选区的边框上将出现 8 个控制手柄。移动鼠标指针到图像内部，当指针变为(　　)形状时，可以拖动鼠标移动当前选区。

A. ↗　B. ▶　C. ↰　D. ↔

三、简答题

1. 请简述Photoshop 2022 中使用选区工具创建选区的 4 种方式及区别。

2. 使用【变换选区】命令可以对选区进行缩放、旋转、斜切、透视、变形等操作，请简单介绍操作方法。

Photoshop 2022

第4章 图像的绘制与修饰

绘画工具可以像真实工具一样，在图像中进行自由涂鸦，还能对有缺陷的图像进行修饰和美化，例如，修复脸部斑点、去除杂乱背景等。本章主要介绍绘制和修饰图像的基本操作方法。

学习目标

- 熟悉图像的移动和裁剪技巧
- 掌握颜色填充的方法
- 掌握图像的绘制方法
- 掌握图像的修饰方法
- 掌握图像的变换方法

4.1 图像的移动和裁剪

移动图像位置，可以调整画面效果，或者裁剪掉画面中的多余物体，使画面更加和谐，下面介绍图像的移动和裁剪。

4.1.1 图像的移动

【移动工具】可以移动图像，选择工具箱中的【移动工具】，选项栏中常见的参数的作用如图 4-1 所示，相关选项的作用见表 4-1。

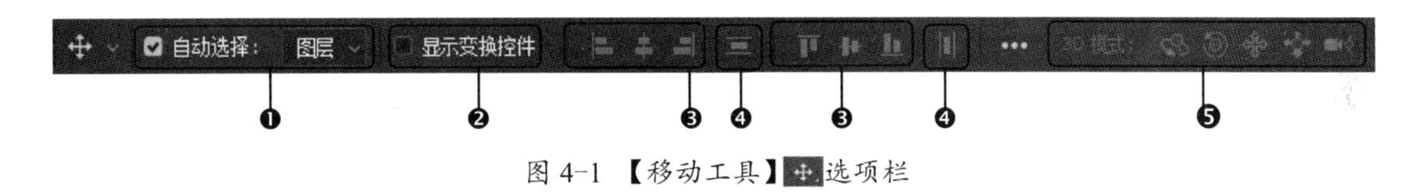

图 4-1 【移动工具】选项栏

表 4-1 【移动工具】操作界面中各选项的作用

选项	功能及作用
❶自动选择	如果文档中包含多个图层或组，可选中该复选框并在下拉列表中选择要移动的内容。选择【图层】选项，使用【移动工具】在画面中单击时，可以自动选择工具下包含像素的最顶层的图层；选择【组】选项，使用【移动工具】在画面中单击时，可以自动选择工具下包含像素的最顶层的图层所在的图层组
❷显示变换控件	选中该复选框后，选择一个图层时，就会在图层内容的周围显示定界框，可以拖动控制点来对图像进行变化操作。当文档中图层较多，并且要经常进行变换操作时，该选项非常实用，但平时用处不大
❸对齐图层	如果选择了 2 个或 2 个以上的图层，可单击相应的按钮将所选图层对齐。这些按钮包括【左对齐】、【水平居中对齐】、【右对齐】、【顶对齐】、【垂直居中对齐】和【底对齐】
❹分布图层	如果选择了 3 个或 3 个以上的图层，可单击相应的按钮使所选图层按照一定的规则均匀分布。这些按钮包括【垂直分布】、【水平分布】
❺ 3D 模式	创建 3D 文件时激活，然后对 3D 相机进行环绕、滚动、平移、滑动、变焦等操作

接下来使用【移动工具】移动图层内的图像，具体操作方法如下。

步骤 01 在【图层】面板中单击要移动的对象所在的图层，如图 4-2 所示。

步骤 02 使用【移动工具】在画面中单击并拖动鼠标即可移动图层中的图像内容，如图 4-3 所示。

图 4-2 选择图层

图 4-3 移动对象

4.1.2 画板工具

Photoshop 的【画板工具】可以制作 UI 界面，适应目前 UI 界面设计的潮流，并且在新建文档时也有相应的设置，如图 4-4 所示。创建画板后，相应的【属性】面板如图 4-5 所示。

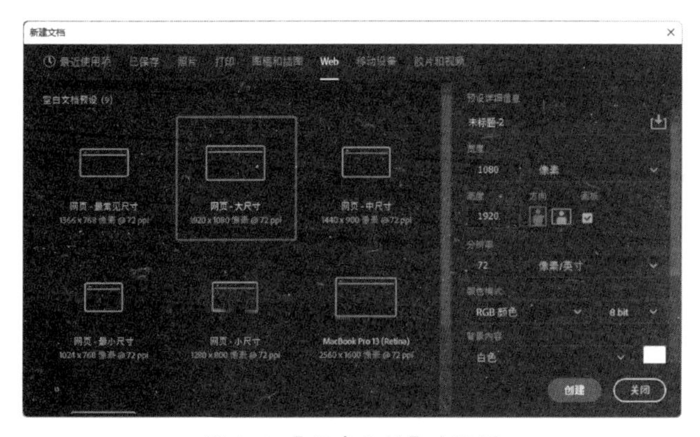

图 4-4 【新建文档】对话框

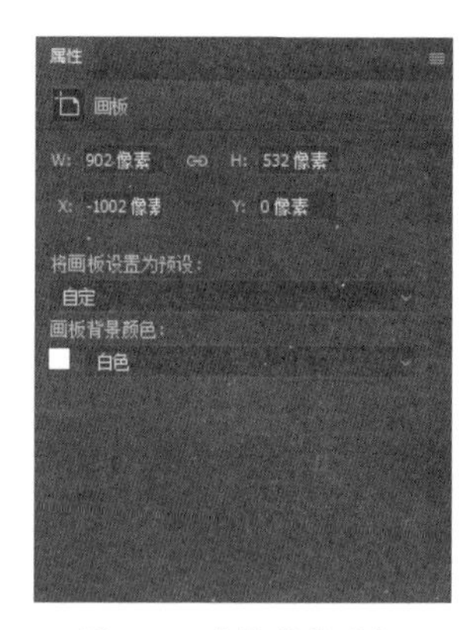

图 4-5 【属性】面板

选择工具箱中的【画板工具】后，其选项栏中常见的参数如图 4-6 所示，相关选项的作用见表 4-2。

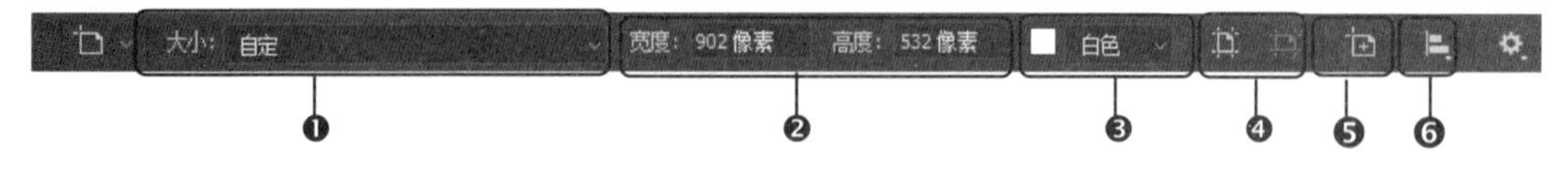

图 4-6 【画板工具】选项栏

表 4-2 【画板工具】操作界面中各选项的作用

选项	功能及作用
❶标准尺寸列表	有各种手机、计算机屏幕尺寸预设可供选择

续表

选项	功能及作用
❷当前尺寸	显示当前画板尺寸
❸画板背景色	显示当前画板背景色
❹画板方向	调整画板纵横方向
❺增加画板	单击该按钮，再到当前画板外的地方单击，即可增加画板
❻对齐分布	对齐分布多个画板

画板四周都有⊕符号，单击它就会在该方向增加一个完全相同的画板，也可以按住【Alt】键移动复制。

4.1.3 图像的裁剪

【裁剪工具】可以裁剪多余图像。选择工具箱中的【裁剪工具】后，其选项栏中常见的参数的作用如图 4-7 所示，相关选项的作用见表 4-3。

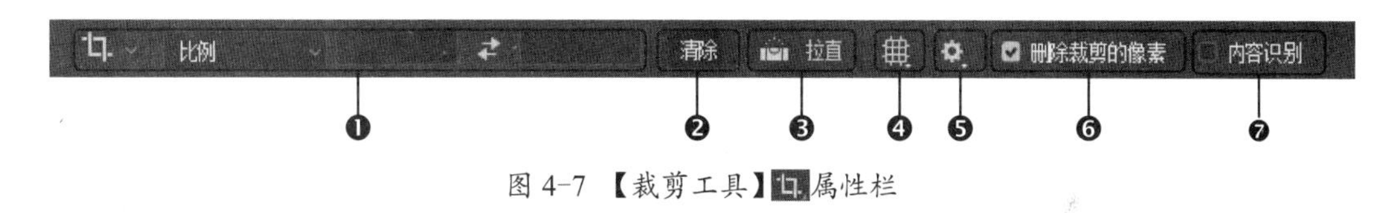

图 4-7 【裁剪工具】属性栏

表 4-3 【裁剪工具】属性栏界面中各选项的作用

选项	功能及作用
❶预设裁剪	单击该按钮，可以打开预设裁剪选项，包括【原始比例】【前面的图像】等预设裁剪方式
❷清除	单击该按钮，可以清除前面设置的【宽度】【高度】和【分辨率】值，恢复空白设置
❸拉直图像	单击【拉直】按钮，在图片上单击并拖动鼠标绘制一条直线，让直线与地平线、建筑物墙面和其他关键元素对齐，即可自动将画面拉直
❹视图选项	在打开的列表中选择进行裁剪时的视图显示方式
❺设置其他裁切选项	单击【设置】按钮，可以打开下拉面板，在该面板中可以设置其他选项，包括【使用经典模式】和【启用裁剪屏蔽】等
❻删除裁剪的像素	默认情况下，Photoshop 2022 会将裁剪掉的图像保留在文件中（可使用【移动工具】拖动图像，将隐藏的图像内容显示出来）。如果要彻底删除被裁剪的图像，可选中该复选框，然后再进行裁剪
❼内容识别	能自动以“内容识别”方式填充裁剪图片后缺失的像素

使用【裁剪工具】裁剪图像的具体操作方法如下。

步骤 01 打开“素材文件\第 4 章\单车女孩.jpg”，选择【裁剪工具】，单击并拖出一个矩形裁剪框，如图 4-8 所示。

步骤 02 单击工具选项栏中的【提交当前裁剪操作】按钮☑，裁剪后的图像效果如图4-9 所示。

图 4-8 裁剪图像

图 4-9 裁剪图像效果

温馨提示

在图像窗口中创建裁剪框后，可以拖动裁剪框四周的控制点，对裁剪框进行放大、缩小、旋转等变换操作。调整好裁剪区域后，在该区域内双击或者按【Enter】键，即可将未框选的图像裁剪掉，如果需要取消当前的裁剪操作，可按【Esc】键。

4.1.4 图像的透视裁剪

【透视裁剪工具】也可以裁剪图像，而且可以将对象裁剪出另类的透视效果。

课堂范例——制作特写效果

步骤 01 打开“素材文件\第 4 章\太阳花.jpg”，选择【透视裁剪工具】，单击并拖出一个矩形裁剪框，如图 4-10 所示。

步骤 02 拖动裁剪框上的控制点，调整图像的透视角度，如图 4-11 所示。

图 4-10 透视裁剪图像

图 4-11 调整裁剪框

步骤 03 完成调整后，双击确定，透视裁剪后的图像效果如图 4-12 所示。

步骤 04　使用相同的方法再次透视裁剪图像，得到近焦效果，如图 4-13 所示。

图 4-12　透视裁剪效果

图 4-13　近焦效果

步骤 05　选择【裁剪工具】，在图像上拖动鼠标创建裁剪区域，并调整裁剪框的大小，如图 4-14 所示。

步骤 06　按【Enter】键确认裁剪，最终效果如图 4-15 所示。

图 4-14　裁剪图像

图 4-15　最终效果

4.2 设置颜色

图像处理的重点之一是颜色，合理搭配的色彩能够带给人愉悦的心理体验，下面介绍设置颜色的基本方法。

4.2.1 前景色和背景色

工具箱底部有一组前景色和背景色设置图标，在 Photoshop 2022 中，要被用到的颜色都在前景色和背景色中。默认情况下，前景色为黑色，背景色为白色，如图 4-16 所示，相关选项的作用见表 4-4。

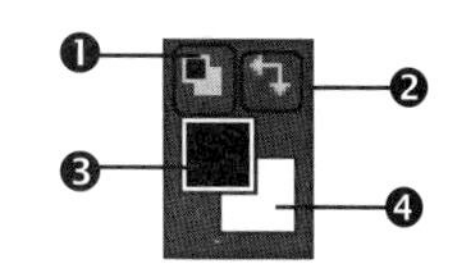

图 4-16　前景色和背景色图标

表 4-4　前景色和背景色图标界面中各选项的作用

选项	功能及作用
❶默认前景色和背景色	单击该按钮或按【D】键，即可将当前前景色和背景色调整为默认的前景色和背景色
❷切换前景色和背景色	单击该按钮或按【X】键，可使前景色和背景色互换
❸设置前景色	该色块中显示的是当前所使用的前景色，单击该色块，即可弹出【拾色器（前景色）】对话框，在其中可对前景色进行设置
❹设置背景色	该色块中显示的是当前使用的背景色，单击该色块，即可弹出【拾色器（背景色）】对话框，在其中可对背景色进行设置

使用前景色填充的快捷键为【Alt+Delete】，使用背景色填充的快捷键为【Ctrl+Delete】。

4.2.2 拾色器

单击工具箱中的前景色或背景色图标，打开【拾色器（前景色）】或【拾色器（背景色）】对话框，如图 4-17 所示，在该对话框中，可以定义前景色或背景色的颜色，相关选项的作用见表 4-5。

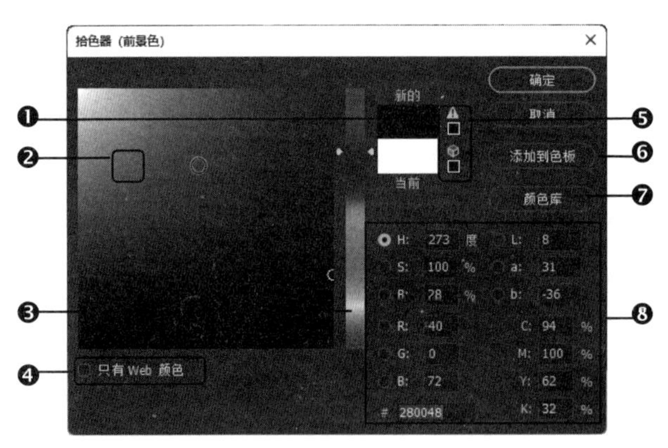

图 4-17　【拾色器（前景色）】对话框

表 4-5　【拾色器（前景色）】对话框界面中各选项的作用

选项	功能及作用
❶新的 / 当前	【新的】颜色块中显示的是当前设置的颜色，【当前】颜色块中显示的是上一次使用的颜色
❷色域 / 拾取的颜色	在【色域】中拖动鼠标可以改变当前拾取的颜色
❸颜色滑块	拖动颜色滑块可以调整颜色范围
❹ 只有 Web 颜色	表示只在色域中显示 Web 安全颜色
❺非 Web 安全色警告	为超出打印色（CMYK）警告，单击其下的小方块即可将颜色替换为与之最为接近的打印色。为超出 Web 安全色警告，单击其下的小方块即可将颜色替换为与之最为接近的 Web 安全色

续表

选项	功能及作用
❻添加到色板	单击该按钮，可以将当前设置的颜色添加到【色板】面板
❼颜色库	单击该按钮，可以切换到【颜色库】中
❽颜色值	显示当前设置的颜色的颜色值，也可以输入颜色值来精确定义颜色

4.2.3 吸管工具

【吸管工具】可以从当前图像中吸取颜色，并将吸取的颜色作为前景色或背景色，选择工具箱中的【吸管工具】后，其选项栏中常见的参数如图 4-18 所示，相关选项的作用见表 4-6。

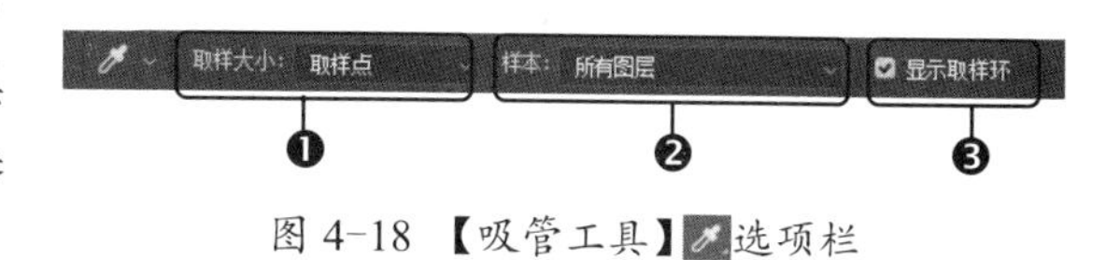

图 4-18 【吸管工具】选项栏

表 4-6 【吸管工具】操作界面中各选项的作用

选项	功能及作用
❶取样大小	用来设置吸管工具的取样范围。选择【取样点】选项，可拾取光标所在位置像素的精确颜色；选择【3×3 平均】选项，可拾取光标所在位置 3 个像素区域内的平均颜色；选择【5×5 平均】选项，可拾取光标所在位置 5 个像素区域内的平均颜色，其他选项以此类推
❷样本	【当前图层】表示只在当前图层上取样；【所有图层】表示在所有图层上取样
❸显示取样环	选中该复选框，可在拾取颜色时显示取样环

使用【吸管工具】设置前景色的具体步骤如下。

步骤 01 打开“素材文件\第4章\蜡烛.jpg”，单击工具箱中的【吸管工具】，如图4-19所示。

步骤 02 移动鼠标至文档窗口，鼠标指针呈形状，在取样点处单击，工具箱中的前景色就替换为取样点的颜色，如图 4-20 所示。

图 4-19 选择【吸管工具】

图 4-20 吸取前景色

技能拓展

吸取颜色的过程中，按住【Alt】键单击，可拾取单击点的颜色，并将其设置为背景色；如果将鼠标指针放在图像上，按住鼠标左键在屏幕上拖动，则可以拾取其他窗口、菜单栏和面板的颜色。

4.2.4 颜色面板

执行【窗口】→【颜色】命令，或者按【F6】键，可以显示【颜色】面板，当需要设置前景色时，可以直接拾取，如图 4-21 所示。也可以先单击右上角的按钮选择相应的颜色模型，再调制颜色，如图 4-22 所示。

使用【色板】面板可以快速选择前景色和背景色，该面板中的颜色都是系统预设好的，移动鼠标至面板的色块中，此时鼠标指针呈形状，单击即可选择该处色块的颜色，如图 4-23 所示。

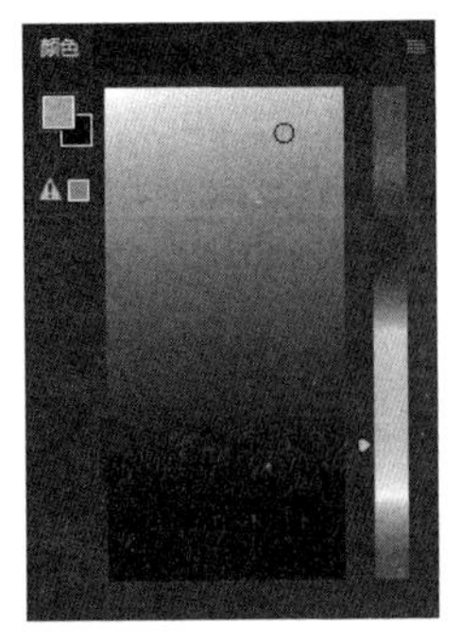

图 4-21 【颜色】面板

图 4-22 颜色模型列表

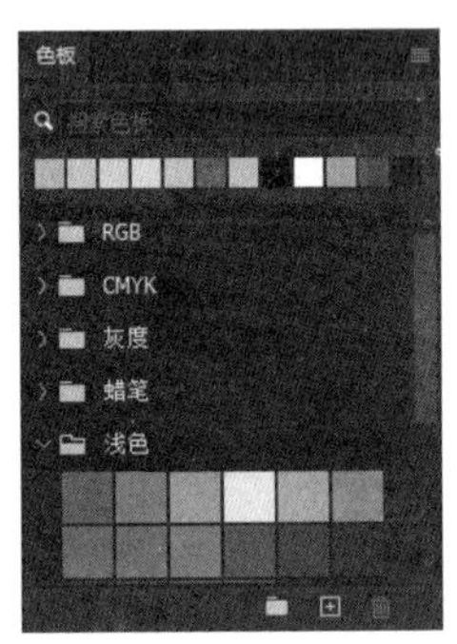

图 4-23 【色板】面板

4.3 绘制图像

使用绘图工具可以自由绘制图像，这些工具包括【画笔工具】、【铅笔工具】、【颜色替换工具】和【混合器画笔工具】，下面分别进行介绍。

4.3.1 画笔工具

【画笔工具】是学习其他绘画工具的基础，画笔边缘柔软度、大小及材质都可以随意调整。选择工具箱中的【画笔工具】后，其选项栏中常见的参数如图 4-24 所示，相关选项的作用见表 4-7。

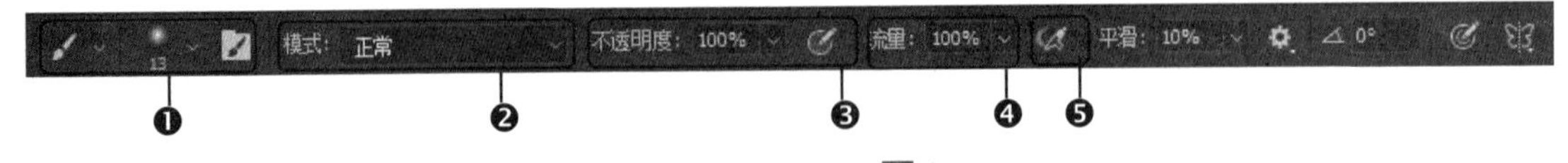

图 4-24 【画笔工具】选项栏

表 4-7 【画笔工具】操作界面中各选项的作用

选项	功能及作用
❶画笔下拉面板	单击按钮，打开【画笔预设】选取器，在面板中可以选择笔尖，设置画笔的大小和硬度
❷模式	在下拉列表中可以选择画笔笔迹颜色与下面像素的混合模式

续表

选项	功能及作用
❸不透明度	用来设置画笔的不透明度，该值越低，线条的透明度越高
❹流量	用来设置当鼠标指针移动到某个区域上方时应用颜色的速率。在某个区域上方涂抹时，如果一直按住鼠标左键，颜色将根据流动的速率增加，直至达到设置的不透明度
❺喷枪	按下该按钮，可以启用喷枪功能，Photoshop会根据鼠标按键的单击程度确定画笔线条的填充数量

1. 设置画笔的大小和颜色

选择【画笔工具】后，单击其选项栏中的按钮，打开【画笔预设】选取器，如图 4-25 所示。

温馨提示

当画笔类工具处于选取状态时，按【[】键可以快速缩小画笔尺寸，按【]】键可以快速增大画笔尺寸，按【Shift+[】组合键可以快速减小画笔硬度，按【Shift+]】组合键可以快速增大画笔硬度。

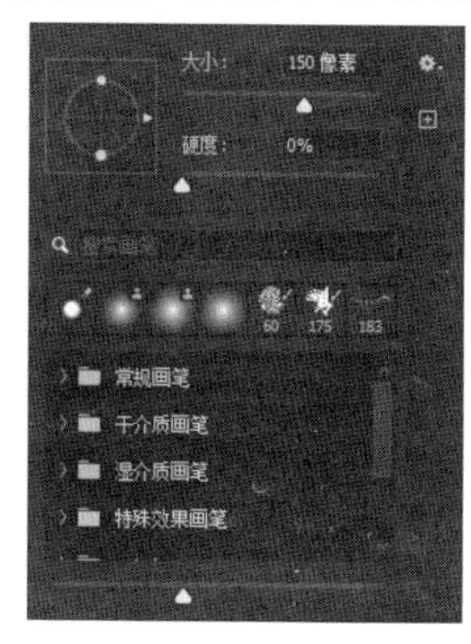

图 4-25 【画笔预设】选取器

在【大小】数值框中输入画笔直径的大小（单位是像素），即可设置画笔的大小，也可直接拖动【大小】下面的滑块设置画笔的大小。画笔的颜色是由前景色决定的，所以在使用画笔时，应先设置好所需要的前景色。

2. 设置画笔的硬度

画笔的硬度用于控制画笔在绘画中的柔软程度。其设置方法与画笔大小一样，只是单位是百分比，当画笔的硬度为100%时，画笔绘制出的效果边缘就非常清晰；当画笔的硬度小于100%时，表示画笔有不同程度的柔软效果，如图 4-26 所示。

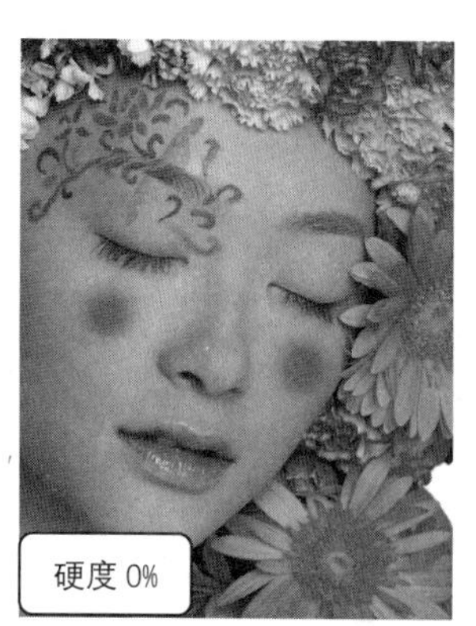

图 4-26 画笔硬度大小对比

3. 设置画笔的不透明度和流量

画笔的不透明度和流量的设置主要是在选项栏中完成的。在相应的文本框中输入数值后，可以应用【画笔工具】在图像中绘制出透明的效果。【流量】用于设置绘制图像时的颜料的多少，设置的数值越小，绘制的图像效果越不明显。

4. 设置并载入预设画笔样式

画笔的默认样式为常规，笔尖为正圆形。除此之外，还有干介质画笔、湿介质画笔、特殊效果画笔 3 种预设类别，可以很方便地切换，具体操作方法如下。

步骤 01　打开“素材文件\第 4 章\背影.jpg”，单击选项栏中的按钮，打开【画笔预设】选取器，选择需要添加的画笔样式，如【特殊效果画笔】，如图 4-27 所示。

步骤 02　选择【喷溅 Bot 倾斜】画笔，在图像上单击，绘制出墨迹图案，如图 4-28 所示。

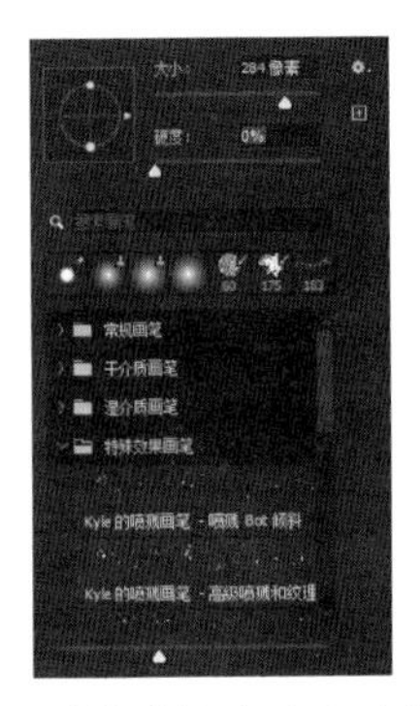

图 4-27　选择【特殊效果画笔】预设

图 4-28　用【喷溅 Bot 倾斜】画笔绘制图案

5. 使用【画笔设置】面板

【画笔工具】的属性可以在选项栏和画笔下拉面板中进行设置，还可以通过【画笔设置】面板进行更多设置。执行【窗口】→【画笔设置】命令，或者按【F5】键，就可以打开【画笔设置】面板，如图 4-29 所示，相关选项的作用见表 4-8。

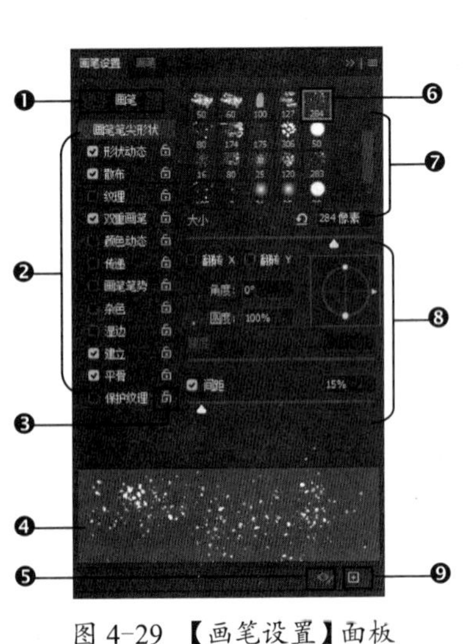

图 4-29　【画笔设置】面板

表 4-8　【画笔设置】面板界面中各选项的作用

选项	功能及作用
❶画笔面板	可以打开【画笔】面板
❷画笔设置	可以改变画笔笔尖形状，以及为其添加纹理、颜色动态等效果
❸锁定/未锁定	锁定或未锁定画笔笔尖形状
❹画笔描边预览	可预览选择的画笔笔尖形状
❺显示画笔样式	使用毛刷笔尖时，显示笔尖样式
❻选中的画笔笔尖	当前选择的画笔笔尖
❼画笔笔尖	Photoshop 的预设画笔笔尖
❽画笔参数选项	用来调整画笔参数
❾创建新画笔	对预设画笔进行调整后，可单击该按钮，将其保存为一个新的预设画笔

6. 设置画笔的间距

画笔间距指的是单个画笔元素之间的距离，画笔间距的单位是百分比，百分比越大，则表示单个画笔元素之间的距离越远。

选择【玫瑰】画笔样式，在【画笔设置】面板中设置不同的画笔间距，效果如图 4-30 所示。

图 4-30　画笔间距的不同效果

4.3.2 铅笔工具

【铅笔工具】与小学生用的铅笔一样，只能绘制刚硬的线条（修改硬度参数也无效），其操作和设置方法与【画笔工具】相似。【铅笔工具】选项栏与【画笔工具】选项栏也基本相同，只是多了一个【自动抹除】设置项。

【自动抹除】项是【铅笔工具】特有的功能，选中该复选框后，当图像的颜色与前景色相同时，【铅笔工具】会自动抹除前景色而填入背景色；当图像的颜色与背景色相同时，【铅笔工具】会自动抹除背景色而填入前景色。

4.3.3 颜色替换工具

【颜色替换工具】是用前景色替换图像中的颜色，在不同的颜色模式下可以得到不同的颜色替换效果。选择工具箱中的【颜色替换工具】后，其选项栏中常见参数的作用如图 4-31 所示，相关选项的作用见表 4-9。

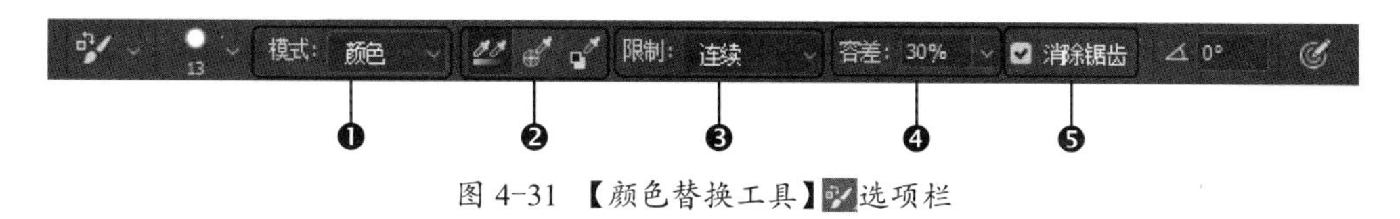

图 4-31　【颜色替换工具】选项栏

表 4-9　【颜色替换工具】操作界面中各选项的作用

选项	功能及作用
❶模式	包括【色相】【饱和度】【颜色】【亮度】这 4 种模式。常用的模式为【颜色】模式，这也是默认模式

续表

选项	功能及作用
❷取样	取样方式包括【取样：连续】、【取样：一次】、【取样：背景色板】。其中，【取样：连续】是以鼠标当前位置的颜色为颜色基准；【取样：一次】是始终以开始涂抹时的颜色为颜色基准；【取样：背景色板】是以背景色为颜色基准进行替换
❸限制	设置替换颜色的方式，以工具涂抹时第一次接触的颜色为基准色。【限制】有 3 个选项，分别为【连续】【不连续】和【查找边缘】。其中，【连续】是以涂抹过程中鼠标当前所在位置的颜色作为颜色基准来选择替换颜色的范围；【不连续】是指凡是鼠标移动到的地方都会被替换颜色；【查找边缘】主要是将色彩区域之间的边缘部分替换颜色
❹容差	用于设置颜色替换的容差范围。数值越大，则替换的颜色范围也越大
❺消除锯齿	选中该复选框，可以为校正的区域定义平滑的边缘，从而消除锯齿

使用【颜色替换工具】替换图像中的颜色的具体操作方法如下。

步骤 01 打开“素材文件\第 4 章\水杯.jpg”，选择【颜色替换工具】，设置前景色为黄色（#ffff00），如图 4-32 所示。

步骤 02 将鼠标指针指向图像窗口中，拖动涂抹即可完成颜色的替换，如图 4-33 所示。

图 4-32 选择【颜色替换工具】

图 4-33 替换颜色

技能拓展

【颜色替换工具】指针中间有一个十字标记，替换颜色边缘时，即使画笔直径覆盖了颜色及背景，但只要十字标记是在背景的颜色上，就只会替换背景颜色。

4.3.4 混合器画笔工具

【混合器画笔工具】可以混合像素，创建画笔绘画时颜料之间的混合效果。选择工具箱中的【混合器画笔工具】后，其选项栏中常见的参数如图 4-34 所示，相关选项的作用见表 4-10。

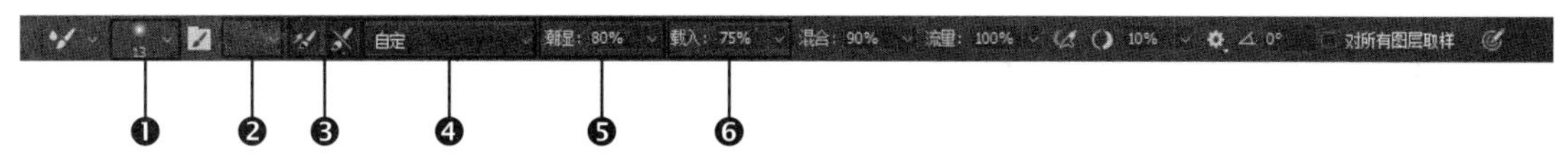

图 4-34 【混合器画笔工具】选项栏

表 4-10 【混合器画笔工具】操作界面中各选项的作用

选项	功能及作用
❶画笔预设选取器	单击可打开【画笔预设】选取器，可以选取需要的画笔形状并进行画笔的设置
❷设置画笔颜色	单击可打开【拾色器（混合器画笔颜色）】对话框，可以设置画笔的颜色
❸【每次描边后载入画笔】和【每次描边后清理画笔】按钮	单击【每次描边后载入画笔】按钮，完成涂抹操作后将混合前景色进行绘制。单击【每次描边后清理画笔】按钮，绘制图像时将不绘制前景色
❹预设混合画笔	单击【有用的混合画笔组合】下拉按钮，可以打开系统自带的混合画笔。当挑选一种混合画笔时，选项栏右侧的 3 个相应选项会自动更改为预设值
❺潮湿	设置从图像中拾取的油彩量，数值越大，色彩越多
❻载入	设置画笔上的油彩量，数值越大，画笔的色彩越多

选择【混合器画笔工具】，在选项栏中设置参数，在目标位置拖动鼠标即可混合颜色，绘制过程分别如图 4-35 至图 4-37 所示。

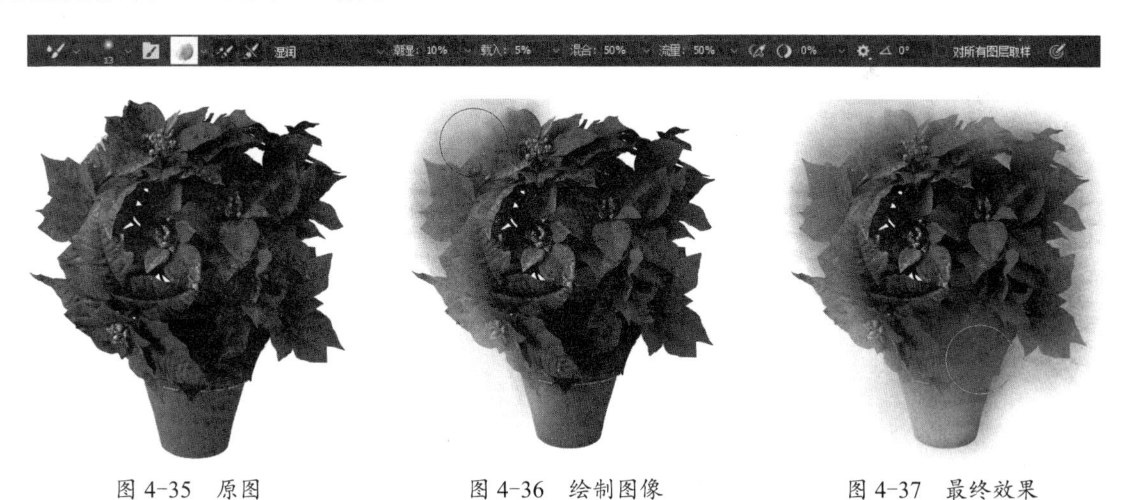

图 4-35 原图　　图 4-36 绘制图像　　图 4-37 最终效果

课堂范例——绘制抽象翅膀

步骤 01 打开“素材文件\第 4 章\黄裙.jpg”，选择【画笔工具】，在画笔下拉面板中选择笔尖形状为【柔边圆】，如图 4-38 所示。

步骤 02 按【F5】键打开【画笔设置】面板，设置画笔【大小】为 50 像素，画笔【间距】为 42%，如图 4-39 所示。

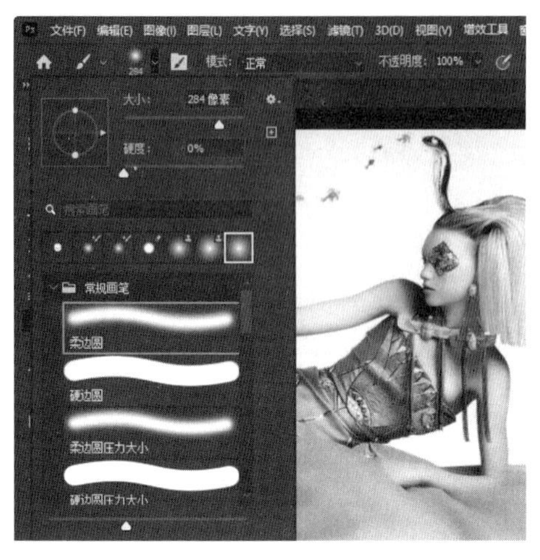
图 4-38　原图

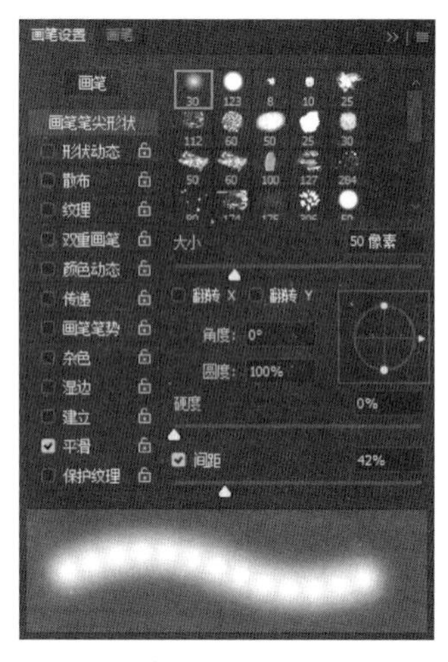
图 4-39　设置画笔参数

步骤 03　在【画笔设置】面板左侧选择【形状动态】选项，并设置【大小抖动】为 100%，【最小直径】为 1%，如图 4-40 所示。

步骤 04　在【画笔设置】面板左侧选择【散布】选项，选中【两轴】复选框，设置【散布】为 200%，【数量】为 1，【数量抖动】为 100%，如图 4-41 所示。

步骤 05　在【画笔设置】面板左侧选择【颜色动态】选项，设置【前景/背景抖动】为 40%，【色相抖动】为 40%，【亮度抖动】为 10%，【纯度】为+10%，在面板左侧选中【平滑】复选框，如图 4-42 所示。

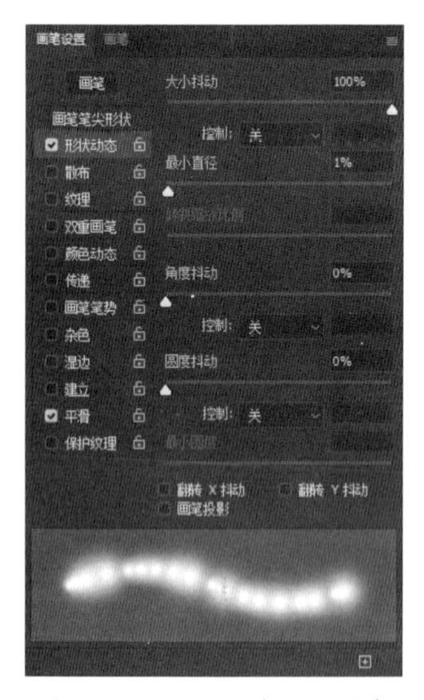
图 4-40　设置画笔形状动态

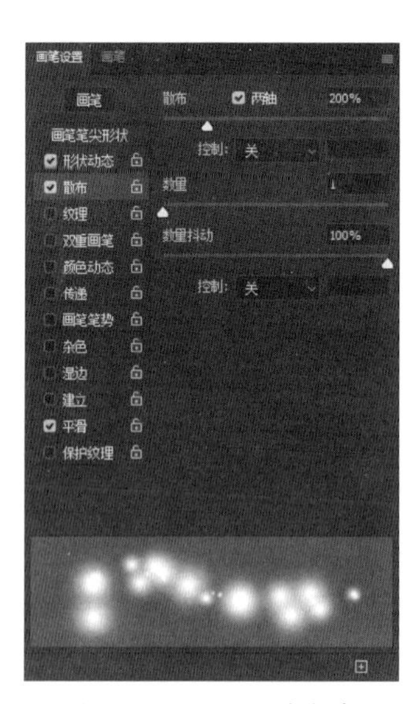
图 4-41　设置画笔散布

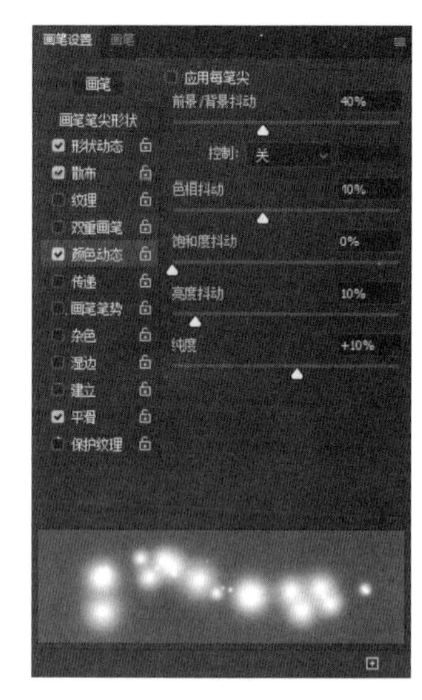
图 4-42　设置画笔颜色动态

步骤 06　设置前景色参数为红色（#ff0000），设置背景色参数为黄色（#ffff00），在肩部进行绘制，完成翅膀轮廓效果，如图 4-43 所示。按【[】键两次，缩小画笔，在翅膀内侧绘制，最终效果如图 4-44 所示。

图 4-43　在肩部绘制图像

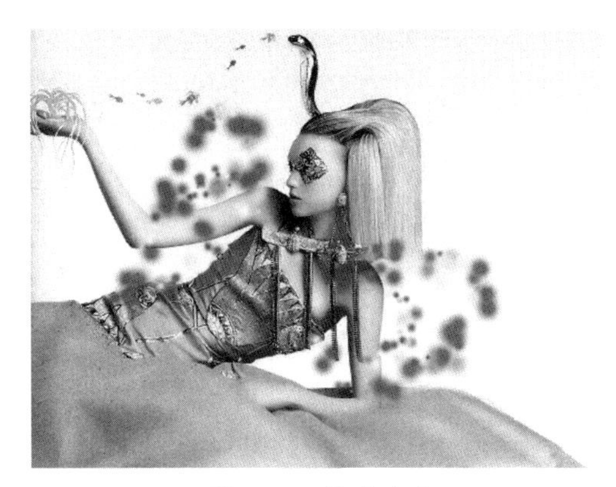

图 4-44　最终效果

4.4 填充和描边

填充是为图像填充颜色，描边是为图像添加边框。进行填充操作时，可以使用【油漆桶工具】、【渐变工具】和【填充】命令；进行描边操作时，需要使用【描边】命令。

4.4.1 油漆桶工具

【油漆桶工具】可以为图像填充颜色或图案，是一种傻瓜式的填充工具。选择工具箱中的【油漆桶工具】后，其选项栏中常见参数的作用如图 4-45 所示，相关选项的作用见表 4-11。

图 4-45　【油漆桶工具】选项栏

表 4-11　【油漆桶工具】操作界面中各选项的作用

选项	功能及作用
❶填充内容	单击右侧的按钮，可以在下拉列表中选择填充内容，包括【前景】和【图案】
❷模式 / 不透明度	设置填充内容的混合模式和不透明度
❸容差	用来定义必须填充的像素的颜色相似程度。低容差会填充颜色值范围内与单击点像素非常相似的像素，高容差则填充更大范围内的像素
❹消除锯齿	可以平滑填充选区的边缘
❺连续的	选中该复选框，只填充与鼠标单击点相邻的像素；取消选中该复选框，可填充图像中的所有相似的像素

资源下载码：23418

续表

选项	功能及作用
❻所有图层	选中该复选框，表示基于所有可见图层中的合并颜色数据填充像素；取消选中该复选框，则仅填充当前图层

使用【油漆桶工具】给图像填充颜色的具体操作方法如下。

步骤 01 打开"素材文件\第 4 章\闹钟.jpg"，选择【油漆桶工具】，设置前景色为浅黄色，如图 4-46 所示。

步骤 02 将鼠标指针指向图像蓝色边缘处，单击即可填充颜色，填充效果如图 4-47 所示。

图 4-46 选择【油漆桶】工具

图 4-47 填充颜色

4.4.2 渐变工具

【渐变工具】是一种色彩填充工具，可以为图像填充类似彩虹的渐变色彩，下面对【渐变工具】进行具体介绍。

1. 认识【渐变工具】

使用【渐变工具】可以用渐变效果填充图像或选择区域。选择工具箱中的【渐变工具】后，其选项栏中常见的参数如图 4-48 所示，相关选项的作用见表 4-12。

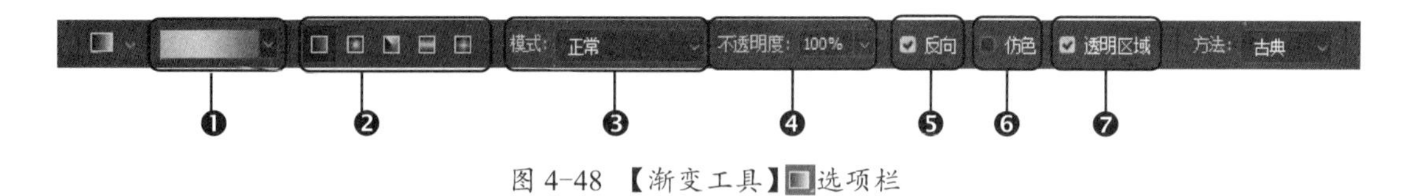

图 4-48 【渐变工具】选项栏

表 4-12 【渐变工具】操作界面中各选项的作用

选项	功能及作用
❶渐变颜色条	渐变颜色条中显示了当前的渐变颜色，单击它右侧的按钮，可以在打开的下拉面板中选择一个预设的渐变。如果直接单击渐变色条，则会弹出【渐变编辑器】对话框

续表

选项	功能及作用
❷渐变类型	单击【线性渐变】按钮，可创建以直线从起点到终点的渐变；单击【径向渐变】按钮，可创建以圆形图案从起点到终点的渐变；单击【角度渐变】按钮，可创建使用均衡的线性渐变在起点的任意一侧渐变；单击【对称渐变】按钮，可创建使用对称的线性渐变在起点的任意一侧渐变；单击【菱形渐变】按钮，可创建以菱形从起点向外渐变，终点为菱形的一个角
❸模式	用来设置应用渐变时的混合模式
❹不透明度	用来设置渐变效果的不透明度
❺反向	可转换渐变中的颜色顺序，得到反方向的渐变结果
❻仿色	选中该复选框，可使渐变效果更加平滑。主要用于防止打印时出现条带化现象，但在屏幕上并不能明显地体现出作用
❼透明区域	选中该复选框，可以创建包含透明像素的渐变；取消选中该复选框，则创建实色渐变

使用【渐变工具】填充选择区域的具体操作方法如下。

步骤 01 打开“素材文件\第 4 章\捧花.jpg”，如图 4-49 所示。

步骤 02 选择【渐变工具】，单击【渐变】面板右侧的按钮，选择【旧版渐变】选项，即可载入【旧版渐变】，在【旧版默认渐变】中选择【透明彩虹渐变】选项，如图 4-50 所示。在选项栏中单击【径向渐变】按钮，设置【模式】为滤色，【不透明度】为 50%。

图 4-49 打开文件

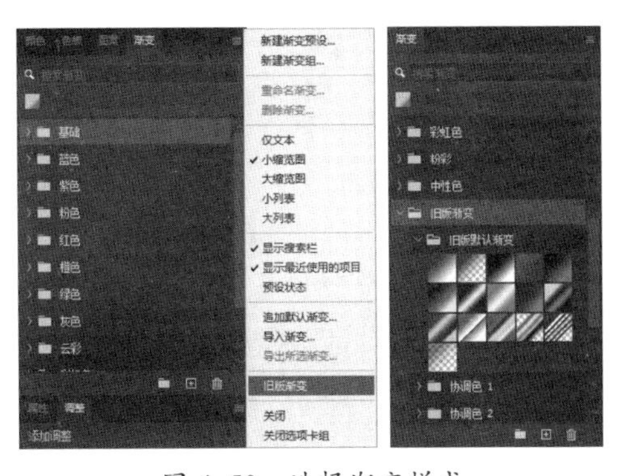

图 4-50 选择渐变样式

步骤 03 将指针指向图像窗口中，在左上角按住鼠标左键拖动到右下角，具体操作如图 4-51 所示。

步骤 04 释放鼠标左键，即可为选择区域填充相应的渐变颜色，填充效果如图 4-52 所示。

温馨提示

选择【渐变工具】后，在图像中按住鼠标左键进行绘制，则起点到终点之间会显示出一条提示线，鼠标拖曳的方向决定填充后颜色倾斜的方向。另外，提示线的长短也会直接影响渐变色的最终效果。

图 4-51　拖动鼠标

图 4-52　填充渐变颜色

2. 渐变工具编辑器

选择【渐变工具】■后，在选项栏中单击渐变色条，可以打开【渐变编辑器】对话框，如图 4-53 所示，相关选项的作用见表 4-13。

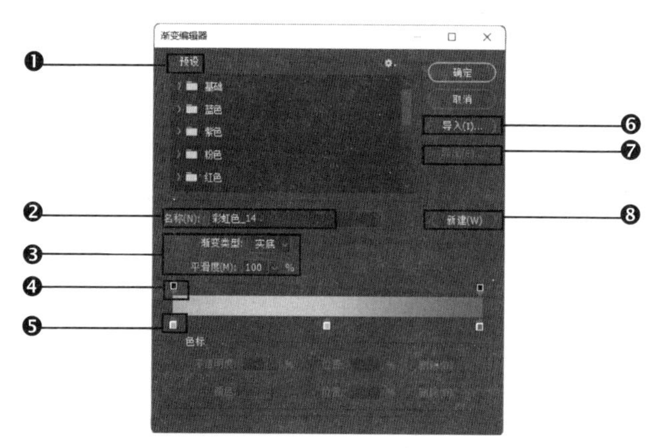

图 4-53　【渐变编辑器】对话框

表 4-13　【渐变编辑器】对话框界面中各选项的作用

选项	功能及作用
❶预设	显示 Photoshop 2022 提供的基本预设渐变。展开预设，即可选择其中的渐变样式
❷名称	在名称文本框中可显示选定的渐变名称，也可以输入新建的渐变名称
❸渐变类型和平滑度	单击【渐变类型】右侧的下拉按钮 ∨，可选择显示为单色形态的【实底】和显示为多种色带形态的【杂色】两种类型
❹不透明度色标	调整渐变中应用的颜色的不透明度，默认值为 100，数值越小，渐变颜色越透明
❺色标	调整渐变中应用的颜色或颜色的范围，通过拖动调整滑块的方式更改色标的位置。双击色标滑块，弹出【拾色器（色标颜色）】对话框，就可以选择需要的渐变颜色
❻导入	可以将渐变文件导入预设中
❼导出	可以将渐变预设导出到文件中

续表

选项	功能及作用
❽新建	在设置新的渐变样式后，单击【新建】按钮，可将这个样式新建到预设中

除使用预设渐变外，还可以自定义渐变色，具体操作方法如下。

在【渐变编辑器】对话框中，单击渐变色条下面的空白位置，即可添加一个色标，如图4-54所示。选择色标，在色标栏中单击【颜色】按钮，弹出【拾色器（色标颜色）】对话框，在其中设置渐变颜色即可（也可直接吸取颜色），如图4-55所示。同样在渐变色条上方单击可以添加不透明度色标，设置【不透明度】和不透明色标的位置。也可以将设置的渐变色新建命名添加到预设中，以后要使用时就可以直接调用，如图4-56所示。

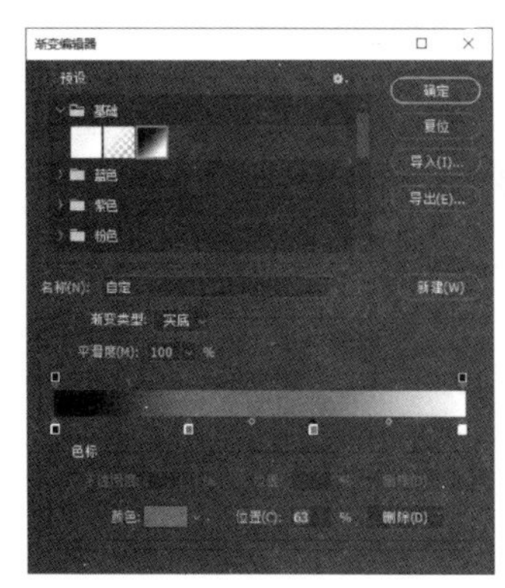

图4-54 添加色标

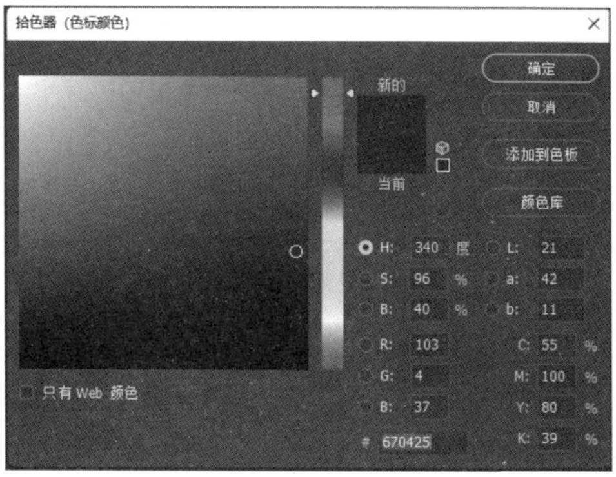

图4-55 设置色标颜色

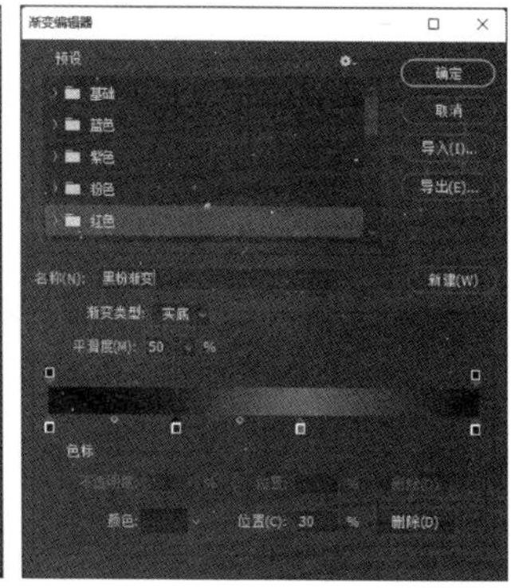

图4-56 新建到预设

4.4.3 【填充】命令

使用【填充】命令可以在图像中填充颜色或图案，在填充时还可以设置不透明度和混合模式。执行【编辑】→【填充】命令，或者按【Shift+F5】组合键，可以打开【填充】对话框，如图4-57所示。

4.4.4 【描边】命令

使用【描边】命令可以为选区描边，在描边时还可以设置混合模式和不透明度。创建选区后，执行【编辑】→【描边】命令，可以打开【描边】对话框，如图4-58所示。

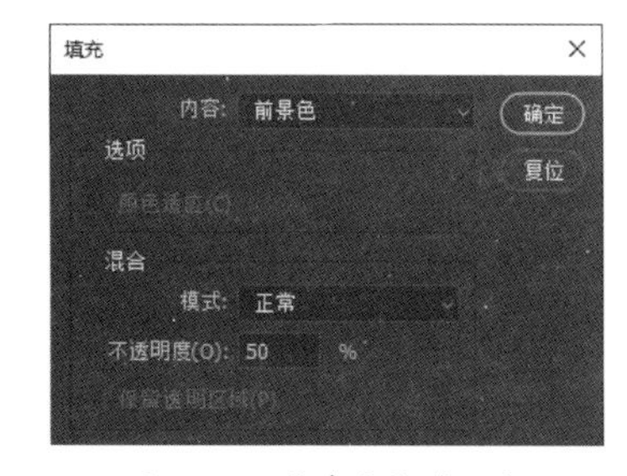

图4-57 【填充】对话框

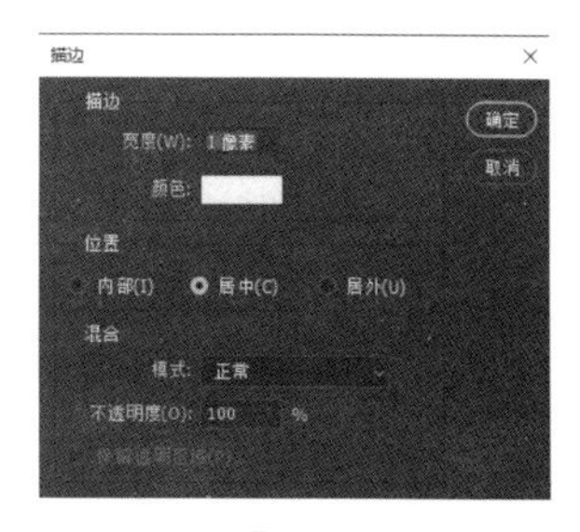

图4-58 【描边】对话框

课堂范例——炫色眼睛特效

步骤 01　打开“素材文件\第 4 章\眼睛.jpg”，如图 4-59 所示。

步骤 02　选择【渐变工具】，在【渐变】面板中载入【旧版渐变】，在【旧版默认渐变】中选择【蓝红黄渐变】选项，在选项栏中单击【径向渐变】按钮，设置【模式】为颜色减淡，【不透明度】为 100%，如图 4-60 所示。

图 4-59　打开素材

图 4-60　设置渐变色

步骤 03　从中间向右下角拖动鼠标填充渐变色，如图 4-61 所示。

步骤 04　通过前面的操作，得到渐变色填充效果，如图 4-62 所示。

图 4-61　填充渐变色

图 4-62　渐变填充效果

步骤 05　使用【椭圆选框工具】创建选区，如图 4-63 所示。

步骤 06　执行【编辑】→【描边】命令，打开【描边】对话框，设置【宽度】为 50 像素，【颜色】为桃红色，【模式】为正常，单击【确定】按钮，如图 4-64 所示。

步骤 07　最终效果如图 4-65 所示。

图 4-63 创建选区

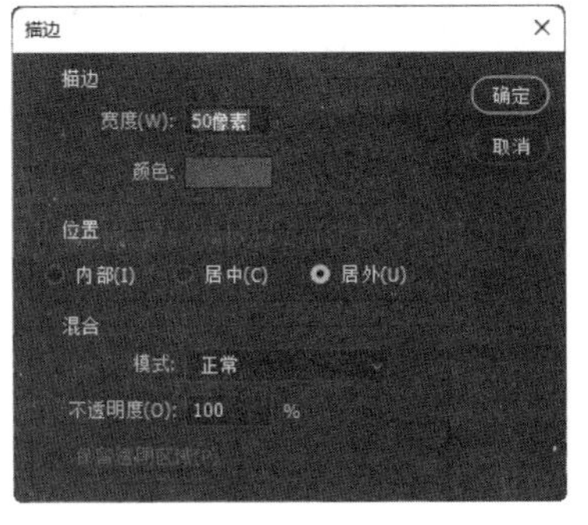

图 4-64 【描边】对话框

图 4-65 【描边】效果

4.5 修饰图像

修饰和美化照片，可以弥补拍摄时的缺陷，使照片看起来更加精美，下面介绍修饰工具的使用方法。

4.5.1 污点修复画笔工具

【污点修复画笔工具】可以修复图像中的污点。选择工具箱中的【污点修复画笔工具】后，其选项栏中常见的参数如图 4-66 所示，相关选项的作用见表 4-14。

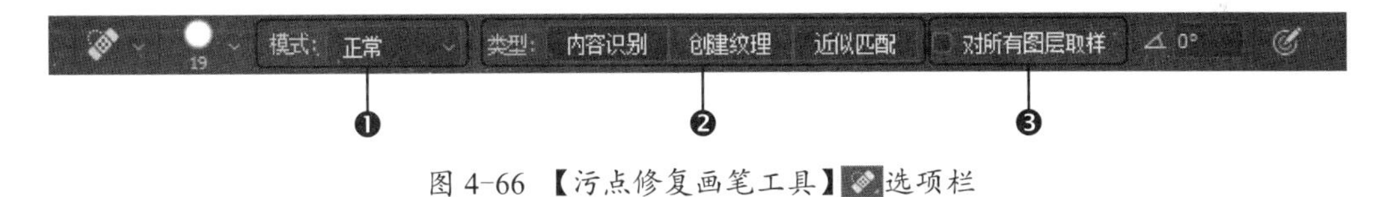

图 4-66 【污点修复画笔工具】选项栏

表 4-14 【污点修复画笔工具】操作界面中各选项的作用

选项	功能及作用
❶模式	用来设置修复图像时使用的绘画模式
❷类型	用来设置修复方法。【近似匹配】的作用是将所涂抹的区域以周围的像素进行覆盖；【创建纹理】的作用是以其他的纹理进行覆盖；【内容识别】是由软件自动分析周围图像的特点，将图像进行拼接组合后填充在该区域并进行融合，从而达到快速无缝的拼接效果
❸对所有图层取样	选中该复选框，可从所有的可见图层中提取数据；取消选中该复选框，则只能从被选取的图层中提取数据

【污点修复画笔工具】操作简单，进行图像修复时不需要进行取样，拖动鼠标在修复区域反复拖曳进行涂抹，直到污点消失即可，效果对比如图 4-67 所示。

图 4-67　修复污点图像

4.5.2 修复画笔工具

使用【修复画笔工具】时，需要先取样，再将取样图像填充到修复区域，修复图像和环境会自然融合。选择工具箱中的【修复画笔工具】后，其选项栏中常见的参数如图 4-68 所示，相关选项的作用见表 4-15。

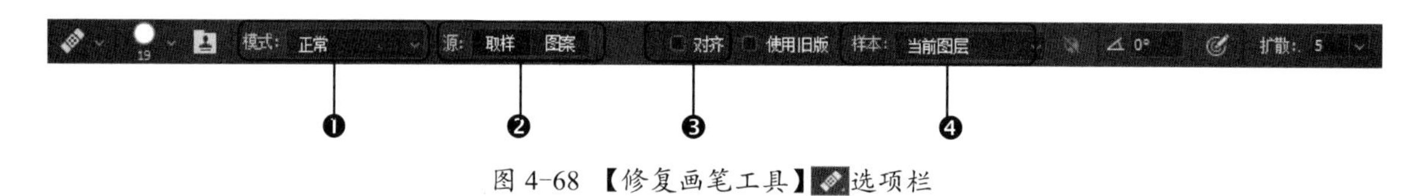

图 4-68 【修复画笔工具】选项栏

表 4-15 【修复画笔工具】操作界面中各选项的作用

选项	功能及作用
❶模式	在下拉列表中可以设置修复图像的混合模式
❷源	设置用于修复像素的源。选择【取样】选项，可以从图像的像素上取样；选择【图案】选项，可以在【图案】下拉列表中选择一个图案进行取样，效果类似于使用图案图章绘制图案
❸对齐	选中该复选框，会对像素进行连续取样，在修复过程中，取样点随修复位置的移动而变化；取消选中该复选框，则在修复过程中始终以一个取样点为起点
❹样本	如果要从当前图层及其下方的可见图层中取样，可以选择【当前和下方图层】选项；如果仅从当前图层中取样，可以选择【当前图层】选项；如果要从所有可见图层中取样，可以选择【所有图层】选项

使用【修复画笔工具】对图像的细节部分进行修复的具体操作方法如下。

步骤 01　打开“素材文件\第 4 章\印度女孩.jpg”，选择【修复画笔工具】，按住【Alt】键的同时，单击皮肤位置作为取样颜色，如图 4-69 所示。

步骤 02　释放【Alt】键，完成目标取样操作，在需要清除的对象处单击并拖动鼠标进行修复，如图 4-70 所示。

图 4-69 颜色取样

图 4-70 图像修复

4.5.3 修补工具

【修补工具】首先选择图像，再将选择的图像拖动到修复区域并融合背景，常用于大面积的图像修复，单击工具箱中的【修补工具】，选项栏中常用的参数如图 4-71 所示，相关选项的作用见表 4-16。

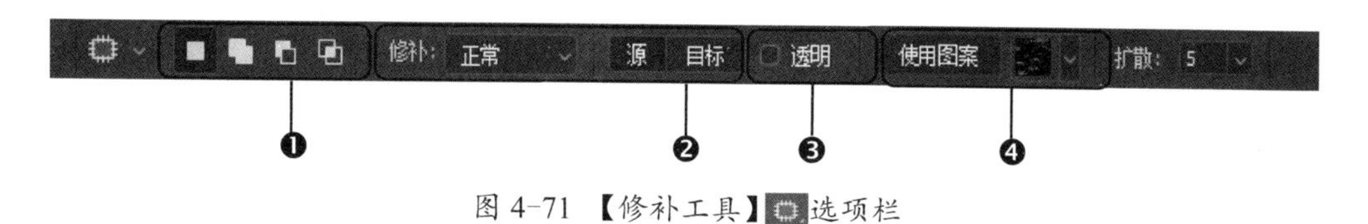

图 4-71 【修补工具】选项栏

表 4-16 【修补工具】操作界面中各选项的作用

选项	功能及作用
❶选区运算按钮	此处是针对选区的操作，可以对选区进行添加等操作
❷修补	用来设置修补方式。选择【源】选项，将选区拖至要修补的区域后，释放鼠标就会用当前选区中的图像修补原来选中的内容；选择【目标】选项，会将选中的图像复制到目标区域
❸透明	用于设置所修复图像的透明度
❹使用图案	选中该复选框，可以应用图案对所选择的区域进行修复

使用【修补工具】修补图像的具体操作方法如下。

步骤 01 打开“素材文件\第 4 章\剪影.jpg”文件，选择工具箱中的【修补工具】，在图像上拖动鼠标创建选区，如图 4-72 所示。

技能拓展

使用【魔棒工具】【快速选择工具】等工具或命令创建选区后，可以直接用【修补工具】拖动选区内的图像进行修补。

步骤 02 释放鼠标后，将【修补工具】指向选区内，拖动选区到目标采样区域，释放鼠标即可完成图像修补，如图 4-73 所示。

图 4-72　创建选区

图 4-73　修补图像

4.5.4 红眼工具

【红眼工具】可以清除人物红眼或动物红眼。选择工具箱中的【红眼工具】后，其选项栏中常见的参数如图 4-74 所示，相关选项的作用见表 4-17。

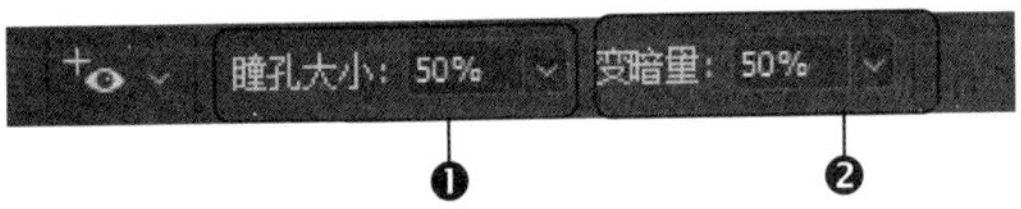

瞳孔大小：50%　变暗量：50%

❶　❷

图 4-74　【红眼工具】选项栏

表 4-17　【红眼工具】操作界面中各选项的作用

选项	功能及作用
❶瞳孔大小	可设置瞳孔（眼睛暗色的中心）的大小
❷变暗量	用来设置瞳孔的暗度

使用【红眼工具】修复红眼的具体操作方法如下。

步骤 01　打开“素材文件\第 4 章\红眼.jpg”，选择【红眼工具】，在图像中按住鼠标左键拖动出一个矩形框选中红眼部分，如图 4-75 所示。

步骤 02　释放鼠标左键即可完成红眼的消除与修正，最终效果如图 4-76 所示。

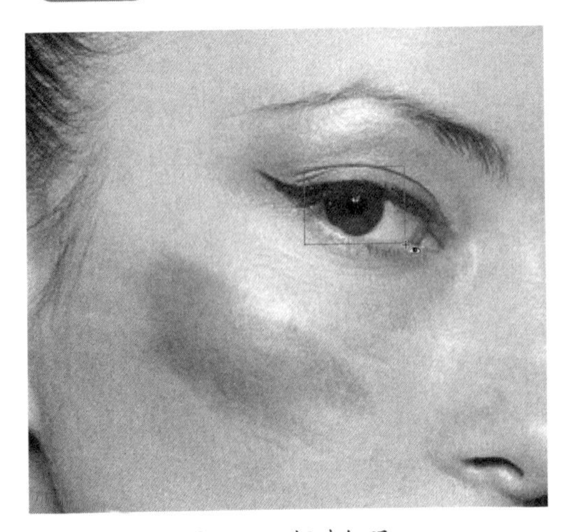

图 4-75　框选红眼

图 4-76　完成红眼修复

4.5.5 内容感知移动工具

使用【内容感知移动工具】时，需要先创建选区，再复制或移动图像。画面移动后，保持视觉上的整体和谐。选择工具箱中的【内容感知移动工具】后，其选项栏中常见的参数如图 4-77 所示，相关选项的作用见表 4-18。

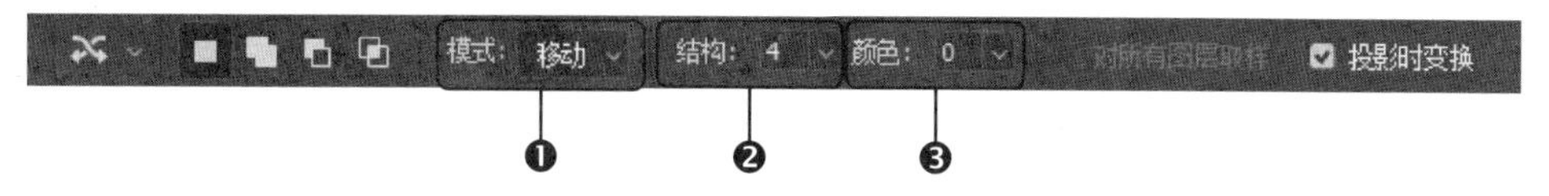

图 4-77 【内容感知移动工具】选项栏

表 4-18 【内容感知移动工具】操作界面中各选项的作用

选项	功能及作用
❶模式	包括【移动】和【扩展】两个选项，【移动】是指移动原图像的位置；【扩展】是指复制原图像的位置
❷结构	调整源结构的保留严格程度，分为 7 个级别，可以根据画面要求拖动滑块适当进行调节
❸颜色	调整可修改源色彩的程度，分为 10 个级别，可以根据画面要求拖动滑块适当进行调节

使用【内容感知移动工具】移动图像的具体操作方法如下。

步骤 01 打开"素材文件\第 4 章\单车女孩.jpg"，选择【内容感知移动工具】，在人物周围拖动鼠标创建选区，释放鼠标后，鼠标指针经过的区域转化为选区，如图 4-78 所示。

步骤 02 在选项栏中设置【模式】为扩展，向左侧拖动选区复制对象，释放鼠标后，图像将自动和周围环境进行融合，得到最佳的扩展效果，如图 4-79 所示。

图 4-78 创建选区

图 4-79 扩展图像

温馨提示

【内容感知移动工具】移动或复制图像时，因为要计算周围的像素，所以会花费较多的时间，并且在操作过程中会弹出【进程】对话框，提示用户操作正在进行，如果不想等待，可以单击【取消】按钮取消操作。

4.5.6 仿制图章工具

【仿制图章工具】可以像盖图章一样，将原图样逐步复制到其他位置中。选择工具箱中的【仿制图章工具】后，其选项栏中常见的参数如图 4-80 所示，相关选项的作用见表 4-19。

图 4-80 【仿制图章工具】选项栏

表 4-19 【仿制图章工具】操作界面中各选项的作用

选项	功能及作用
❶对齐	选中该复选框，可以连续对对象进行取样；取消选中该复选框，则每单击一次鼠标，都使用初始取样点中的样本像素。因此每次单击都被视为另一次复制
❷样本	在【样本】列表框中，可以选择取样的目标范围，分别可以设置【当前图层】【当前和下方图层】和【所有图层】3 种取样目标范围

使用【仿制图章工具】复制图像的具体操作方法如下。

步骤 01 打开“素材文件\第 4 章\水珠.jpg”，选择【仿制图章工具】，将工具指向图像窗口中要采样的目标位置，按住【Alt】键，然后单击进行采样，如图 4-81 所示。

步骤 02 采样完成后释放【Alt】键，将鼠标指针指向图像中的目标位置，拖动鼠标进行涂抹即可逐步复制图像，如图 4-82 所示。

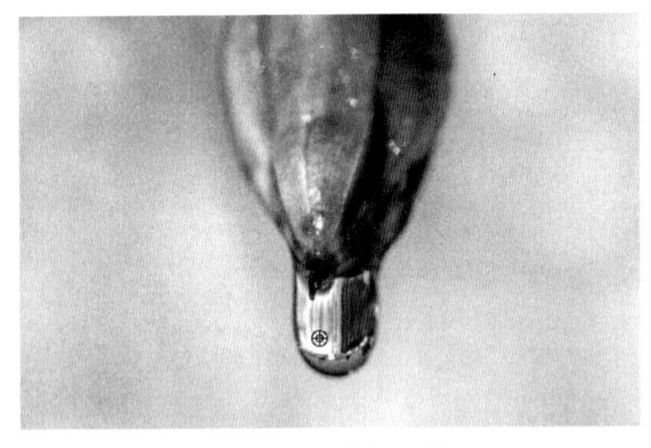

图 4-81 原点取样

图 4-82 复制对象

温馨提示

使用【仿制图章工具】复制对象时，十字线标记点为原始取样点，该工具常用于修复、掩盖图像中呈现点状分布的瑕疵区域。

4.5.7 图案图章工具

【图案图章工具】可以将图案复制到图像中。选择工具箱中的【图案图章工具】后，其选项栏中常见的参数如图 4-83 所示，相关选项的作用见表 4-20。

图 4-83 【图案图章工具】选项栏

表 4-20 【图案图章工具】操作界面中各选项的作用

选项	功能及作用
❶对齐	选中该复选框，可以保持图案与原始图案的连续性，即使多次单击也不例外；取消选中该复选框，则每次单击都重新应用图案
❷印象派效果	选中该复选框，则对绘画选取的图像产生模糊、朦胧化的印象派效果

温馨提示

【图案图章工具】与【仿制图章工具】的区别是，【仿制图章工具】主要复制的是图像的效果，而【图案图章工具】是将图案或自定义的图案复制到图像中。

课堂范例——眼镜中的世界

步骤 01 打开“素材文件\第 4 章\眼镜.jpg”，如图 4-84 所示。

步骤 02 选择【套索工具】，在白线周围拖动鼠标建立选区，如图 4-85 所示。

步骤 03 按【Shift+F5】组合键打开【填充】对话框，设置【内容】为内容识别，单击【确定】按钮，如图 4-86 所示。

图 4-84 原图

图 4-85 建立选区

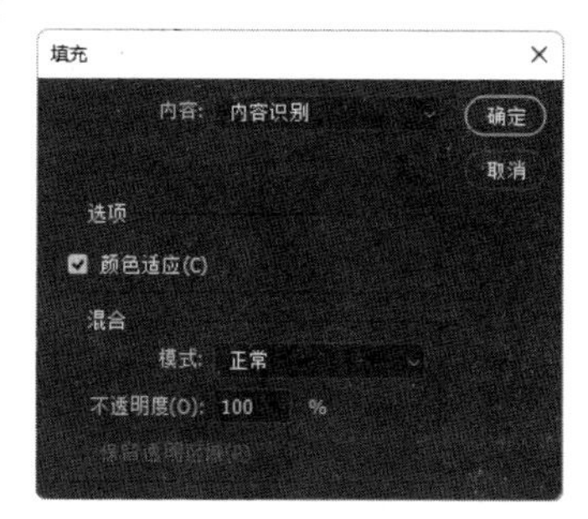

图 4-86 内容识别填充

步骤 04 按【Ctrl+D】组合键取消选区，修补效果如图 4-87 所示。

步骤 05 选择【仿制图章工具】，执行【窗口】→【仿制源】命令，打开【仿制源】面板。在【仿制源】面板中，设置【W】和【H】为 50%，如图 4-88 所示。按住【Alt】键，在眼镜框上单击，进行颜色取样，如图 4-89 所示。

图 4-87 修补效果

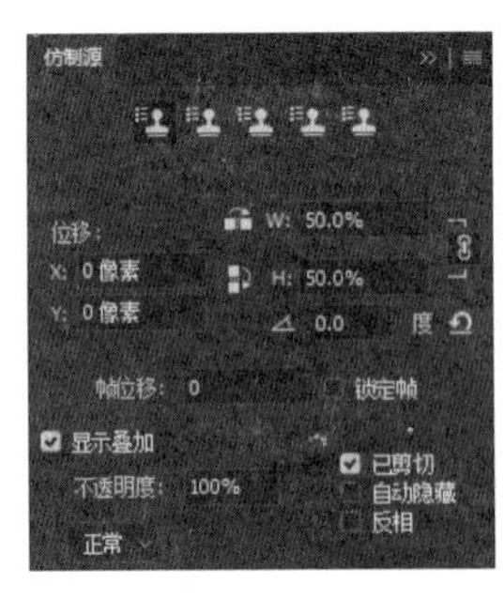

图 4-88 【仿制源】面板

图 4-89 颜色取样

步骤 06 拖动鼠标进行图像复制，如图 4-90 所示。多次释放鼠标进行复制，得到按 50% 比例缩小的边框图像，如图 4-91 所示。

图 4-90 复制图像

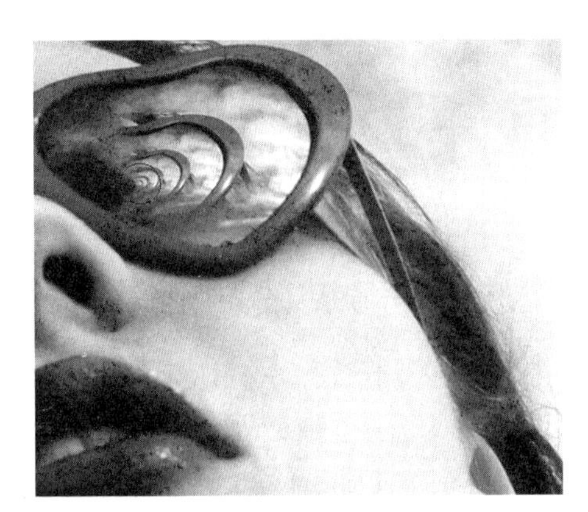

图 4-91 多次复制图像

4.6 擦除图像

使用【橡皮擦工具】、【背景橡皮擦工具】和【魔术橡皮擦工具】可以对图像中的部分区域进行擦除。

4.6.1 橡皮擦工具

【橡皮擦工具】可以擦除图像。选择工具箱中的【橡皮擦工具】后，其选项栏中常见的参数如图 4-92 所示，相关选项的作用见表 4-21。

图 4-92 【橡皮擦工具】选项栏

表 4-21 【橡皮擦工具】操作界面中各选项的作用

选项	功能及作用
❶模式	在模式中可以选择橡皮擦的种类。选择【画笔】选项，可创建柔边擦除效果；选择【铅笔】选项，可创建硬边擦除效果；选择【块】选项，擦除的效果为块状
❷不透明度	设置工具的擦除强度，100% 的不透明度可以完全擦除像素，较低的不透明度将部分擦除像素
❸流量	用于控制工具的涂抹速度
❹抹到历史记录	选中该复选框后，【橡皮擦工具】就具有记录画笔历史的功能

温馨提示

使用【橡皮擦工具】时，当作用于背景图层时，被擦除区域将以背景色填充；当作用于普通图层时，擦除区域将显示为透明。

4.6.2 背景橡皮擦工具

【背景橡皮擦工具】用于擦除图像背景，擦除的图像将变为透明。选择工具箱中的【背景橡皮擦工具】后，其选项栏中常见的参数如图 4-93 所示，相关选项的作用见表 4-22。

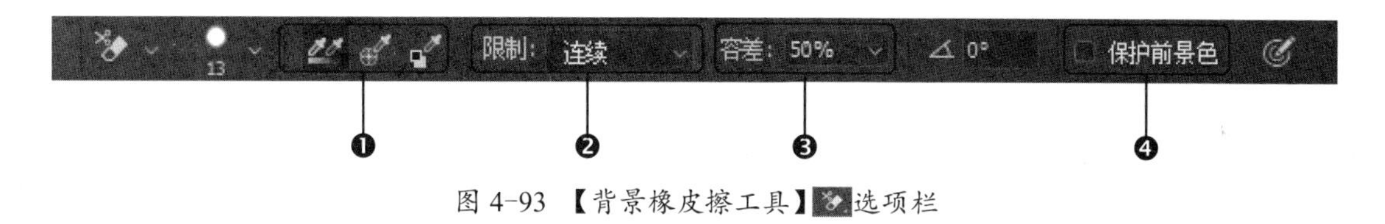

图 4-93 【背景橡皮擦工具】选项栏

表 4-22 【背景橡皮擦工具】操作界面中各选项的作用

选项	功能及作用
❶取样	用来设置取样方式。单击【取样：连续】按钮，在拖动鼠标时可连续对颜色进行取样，凡是出现在光标中心十字线内的图像都会被擦除；单击【取样：一次】按钮，只擦除包含第一次单击点颜色的图像；单击【取样：背景色板】按钮，只擦除包含背景色的图像
❷限制	定义擦除时的限制模式。选择【不连续】选项，可擦除出现在光标下任何位置的样本颜色；选择【连续】选项，只擦除包含样本颜色并且互相连接的区域；选择【查找边缘】选项，可擦除包含样本颜色的连续区域，同时更好地保留形状边缘的锐化程度
❸容差	用来设置颜色的容差范围。低容差仅限于擦除与样本颜色非常相似的区域，高容差可擦除范围更广的颜色
❹保护前景色	选中该复选框，可防止擦除与前景色匹配的区域

温馨提示

【背景橡皮擦工具】鼠标指针中间有一个十字标记，擦除颜色边缘时，即使画笔直径覆盖了颜色及背景，但只要十字标记是在背景的颜色上，就只会擦除背景颜色。

4.6.3 魔术橡皮擦工具

【魔术橡皮擦工具】用于擦除与单击点颜色相近的图像。选择工具箱中的【魔术橡皮擦工具】后，其选项栏中常见的参数如图 4-94 所示，相关选项的作用见表 4-23。

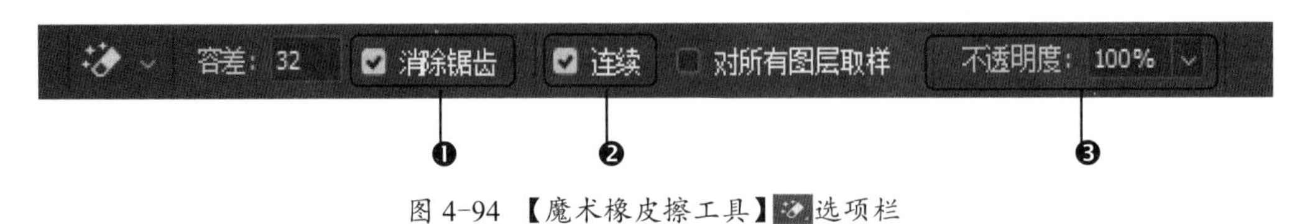

图 4-94 【魔术橡皮擦工具】选项栏

表 4-23 【魔术橡皮擦工具】操作界面中各选项的作用

选项	功能及作用
❶消除锯齿	选中该复选框，可以使擦除边缘平滑
❷连续	选中该复选框，仅擦除与单击处相邻的且在容差范围内的颜色；取消选中该复选框，则擦除图像中所有在容差范围内的颜色
❸不透明度	设置要擦除图像区域的不透明度，数值越大，则图像被擦除得越彻底

课堂范例——合成街道散步图片

步骤 01 打开“素材文件\第 4 章\街道.jpg”文件，继续打开“素材文件/第 4 章/人物.jpg”文件，并将其拖动到“街道”文档中，如图 4-95 所示。

步骤 02 选择【对象选择工具】，在人物上绘制矩形框，创建人物选区，如图 4-96 所示。

图 4-95 拖动素材文件

图 4-96 创建选区

步骤 03 使用【套索工具】，按【Shift】或【Alt】键绘制选区，对原始选区进行加选或减选操作，以达到人物选区的精准选择，如图 4-97 所示。

步骤 04 按【Shift+Ctrl+I】组合键反选选区，如图 4-98 所示。

图 4-97　调整选区

图 4-98　反选选区

步骤 05 选择【橡皮擦工具】，擦除选区图像，如图 4-99 所示，注意保留头发周围的图像。

步骤 06 按【Ctrl+D】组合键取消选区。在选项栏降低【橡皮擦工具】流量为 15%，按【[】键，减小画笔，擦除头发周围的图像，如图 4-100 所示。

图 4-99　擦除图像

图 4-100　擦除头发周围的图像

步骤 07 使用【移动工具】将人物移动到适当位置，按【Ctrl】键，单击【图层】面板底部的按钮，在【人物】图层下方新建【图层 1】，如图 4-101 所示。

步骤 08 按【D】键恢复默认前景色和背景色。选择【画笔工具】，设置【硬度】为 0，【不透明度】为 20%，【流量】为 10%，在鞋子的地方绘制阴影效果，如图 4-102 所示。

图 4-101　移动图像位置

图 4-102　绘制阴影

4.7 修改像素

【模糊工具】组和【减淡工具】组中的工具可以对图像中的像素进行编辑，常用于图像细节调整，下面分别进行介绍。

4.7.1 模糊与锐化工具

【模糊工具】可以柔化图像；【锐化工具】可以提高像素的清晰度。选择工具后，在图像中进行涂抹即可。这两个工具的选项栏基本相同，只是【锐化工具】多了一个【保护细节】选项，其选项栏中常见参数的作用如图 4-103 所示，相关选项的作用见表 4-24。

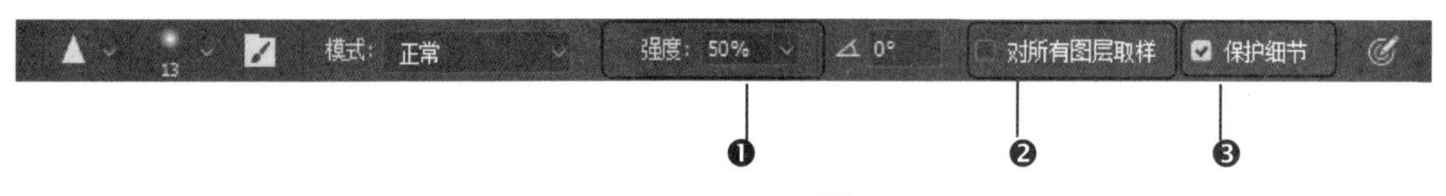

图 4-103 【锐化工具】选项栏

表 4-24 【锐化工具】操作界面中各选项的作用

选项	功能及作用
❶强度	用来设置工具的强度
❷对所有图层取样	如果文档中包含多个图层，选中该复选框，表示对所有可见图层中的数据进行处理；取消选中该复选框，则只处理当前图层中的数据
❸保护细节	选中该复选框，可以防止颜色发生色相偏移，在对图像进行加深时能更好地保护原图像的色调

使用【模糊工具】和【锐化工具】处理图像后，效果对比如图 4-104 所示。

图 4-104 模糊与锐化图像

4.7.2 减淡与加深工具

【减淡工具】可以让图像的颜色减淡；【加深工具】可以让图像的颜色加深。这两个工具的选项栏相同，其选项栏中常见的参数如图 4-105 所示，相关选项的作用见表 4-25。

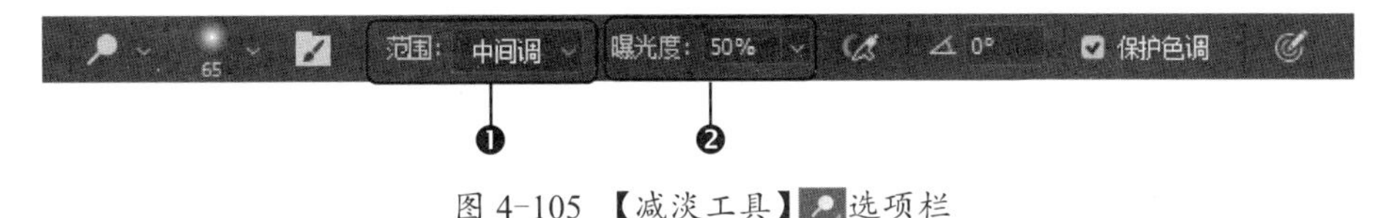

图 4-105 【减淡工具】选项栏

表 4-25 【减淡工具】操作界面中各选项的作用

选项	功能及作用
❶范围	可选择要修改的色调。选择【阴影】选项，可处理图像的暗色调；选择【中间调】选项，可处理图像的中间调；选择【高光】选项，则处理图像的亮部色调
❷曝光度	可以为【减淡工具】或【加深工具】指定曝光度。该值越高，效果越明显

4.7.3 涂抹工具

【涂抹工具】使图像产生手指涂抹的画面效果。选择工具箱中的【涂抹工具】后，其选项栏中常见的参数如图 4-106 所示，相关选项的作用见表 4-26。

图 4-106 【涂抹工具】选项栏

表 4-26 【涂抹工具】操作界面中各选项的作用

选项	功能及作用
手指绘画	选中该复选框，可以在涂抹时添加前景色；取消选中该复选框，则使用每个描边起点处光标所在位置的颜色进行涂抹

4.7.4 海绵工具

【海绵工具】可以调整图像的鲜艳度。在选项栏中可以设置【模式】【流量】等参数来进行饱和度的调整。选择工具箱中的【海绵工具】后，其选项栏中常见的参数如图 4-107 所示，相关选项的作用见表 4-27。

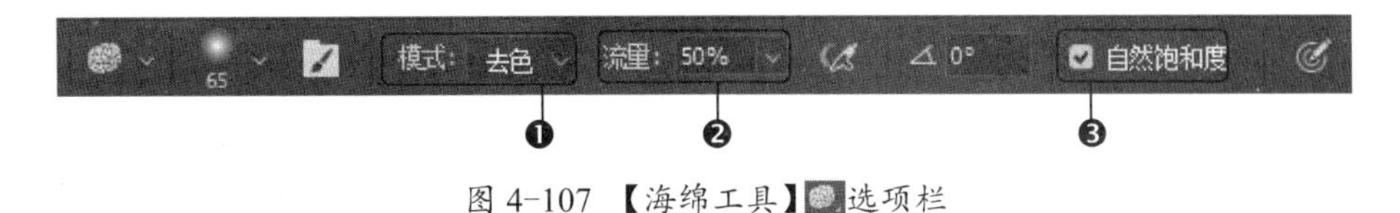

图 4-107 【海绵工具】选项栏

表 4-27 【海绵工具】操作界面中各选项的作用

选项	功能及作用
❶模式	选择【加色】选项，就是增加颜色的饱和度；选择【去色】选项，就是降低颜色的饱和度

续表

选项	功能及作用
❷流量	用于设置【海绵工具】的作用强度
❸自然饱和度	选中该复选框，可以得到最自然的加色或减色效果

历史记录工具

历史记录工具包括【历史记录画笔工具】和【历史记录艺术画笔工具】。

4.8.1 历史记录画笔工具

【历史记录画笔工具】可以逐步恢复图像，或者将图像恢复为原样。该工具需要配合【历史记录】面板一同使用。

在【历史记录】面板中，历史记录画笔的源所处的步骤，就是【历史记录画笔工具】恢复的图像状态。

4.8.2 历史记录艺术画笔工具

【历史记录艺术画笔工具】涂抹图像后，会形成一种特殊的艺术笔触效果。选择工具箱中的【历史记录艺术画笔工具】后，选项栏中常用参数的作用如图 4-108 所示，相关选项的作用见表 4-28。

图 4-108 【历史记录艺术画笔工具】选项栏

表 4-28 【历史记录艺术画笔工具】操作界面中各选项的作用

选项	功能及作用
❶样式	可以选择一个选项来控制绘画描边的形状，包括【绷紧短】【绷紧中】和【绷紧长】等
❷区域	用来设置绘画描边所覆盖的区域。该值越高，覆盖的区域越大，描边的数量也越多
❸容差	容差值可以限定可应用绘画描边的区域。低容差可在图像中的任何地方绘制无数条描边，高容差会将绘画描边限定在与源状态或快照中的颜色明显不同的区域

课堂范例——制作艺术旋转镜头效果

步骤 01 打开“素材文件\第 4 章\向日葵.jpg”，如图 4-109 所示。

步骤 02　执行【图像】→【调整】→【照片滤镜】命令，设置【颜色】为洋红，【密度】为 25%，单击【确定】按钮，如图 4-110 所示。

图 4-109　原图

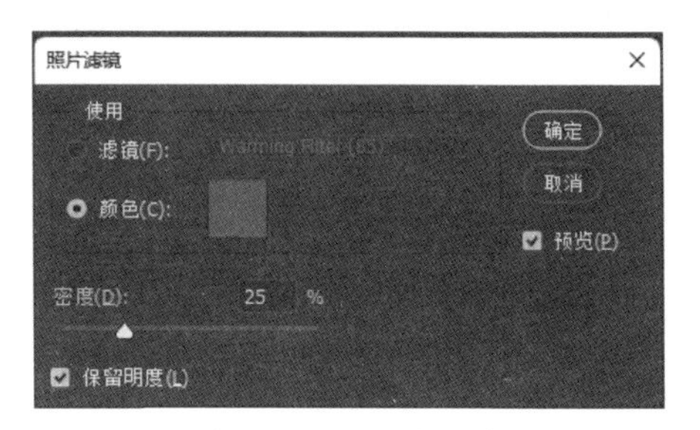

图 4-110　设置照片滤镜效果

步骤 03　执行【滤镜】→【模糊】→【径向模糊】命令，设置【数量】为 10，【模糊方法】为【旋转】，单击【确定】按钮，如图 4-111 所示。

步骤 04　执行【窗口】→【历史记录】命令，打开【历史记录】面板，设置历史记录画笔的源到【照片滤镜】的步骤，如图 4-112 所示。

步骤 05　选择【历史记录画笔工具】，在人物边缘位置涂抹，如图 4-113 所示。

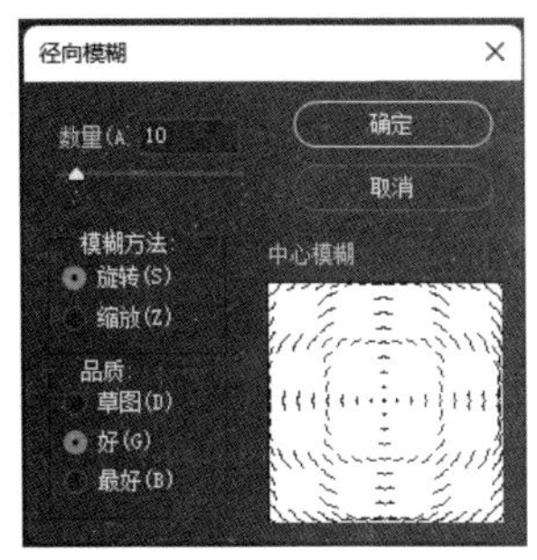

图 4-111　执行径向模糊命令　图 4-112　打开历史记录面板　图 4-113　在人物边缘位置拖动鼠标

步骤 06　逐步恢复图像，如图 4-114 所示。

步骤 07　选择【历史记录艺术画笔工具】，在选项栏中，设置【模式】为变亮，【样式】为绷紧中，在图像背景处拖动鼠标创建艺术效果，如图 4-115 所示。

图 4-114　逐步恢复图像

图 4-115　创建艺术效果

4.9 图像的变换与变形

缩放、旋转、斜切、扭曲是图像变换的基本方式，其中缩放和旋转称为变换操作，斜切和扭曲称为变形操作。下面分别进行介绍。

4.9.1 变换中心点

执行变换命令时，对象周围会出现一个定界框，定界框中央有一个中心点，周围有控制点。默认情况下，中心点位于对象的中心，用于定义对象的变换中心，通过拖动可以移动它的位置，如图 4-116 所示。

图 4-116　移动变换中心点

若变换对象太小，无法直接移动变换中心，加按【Alt】键即可。

4.9.2 缩放变换

执行【编辑】→【变换】→【缩放】命令，显示定界框，将鼠标指针放在定界框四周的控制点上，当鼠标指针变为↗形状时，单击并拖动鼠标可缩放对象。如果要不等比例缩放，则在缩放时同时按住【Shift】键；如果要以中心为基点不等比例缩放，则在缩放时同时按住【Shift+Alt】组合键，如图 4-117 所示。

图 4-117　缩放变换

4.9.3 旋转变换

执行【编辑】→【自由变换】命令，显示定界框，将鼠标指针放在定界框外，当鼠标指针变为↻形状时，单击并拖动鼠标可以旋转对象，操作完成后，在定界框内双击确认，如图4-118所示。

4.9.4 斜切变换

执行【编辑】→【变换】→【斜切】命令，显示变换框，将鼠标指针放在变换框外侧，当鼠标指针变为▷或▷形状时，单击并拖动鼠标可以沿垂直或水平方向斜切对象，如图4-119所示。

图4-118 旋转变换

图4-119 斜切变换

4.9.5 扭曲变换

执行【编辑】→【变换】→【扭曲】命令，显示变换框，将鼠标指针放在变换框周围的控制点上，当鼠标指针变为▷形状时，单击并拖动鼠标可以扭曲对象，如图4-120所示。

温馨提示

可按【Ctrl+T】组合键进入自由变换状态，按住【Ctrl】键拖动控制点即可扭曲变换。

4.9.6 透视变换

执行【编辑】→【变换】→【透视】命令，显示变换框，将鼠标指针放在变换框周围的控制点上，当鼠标指针变为▷形状时，单击并拖动鼠标可进行透视变换，如图4-121所示。

图4-120 扭曲变换

图4-121 透视变换

4.9.7 变形对象

执行【编辑】→【变换】→【变形】命令，添加拆分线形成网格，将鼠标指针放在网格内，当鼠标指针变为▶形状时，单击并拖动鼠标可进行变形变换，如图 4-122 所示。

温馨提示

执行【编辑】→【自由变换】命令，或者按【Ctrl+T】组合键，可以进入自由变换状态，在变换框内右击，可以弹出快捷菜单，选择相应的变换命令即可。

图 4-122 变形操作

4.9.8 操控变形

操控变形功能强大，就像在木偶的关节上放置图钉，调节图钉就可以改变木偶的肢体动作。

温馨提示

单击一个图钉后，按【Delete】键可将其删除。此外，按住【Alt】键单击图钉也可以将其删除。如果要删除所有图钉，可在变形网格上右击，在弹出的快捷菜单中选择【移去所有图钉】选项。

4.9.9 内容识别缩放

该命令可以让主体对象不随周围图形的缩放而变形，能大大提升设计效率，具体操作方法如下。

步骤 01 打开“素材文件\第 4 章\戴花女孩.psd”，删除【图层 1】，用【套索工具】圈出大致选区，单击【通道】面板底部的【将选区存储为通道】按钮将选区存为【Alpha 1】，如图 4-123 所示。

步骤 02 按【Ctrl+D】组合键取消选区，单击【背景】图层右侧的按钮，将其变为【图层 0】。再执行【编辑】→【内容识别缩放】命令，在选项栏中设置保护【Alpha 1】，如图 4-124 所示。

步骤 03 拖动缩放控制杆，会看到人物主体不会变形，如图 4-125 所示。

步骤 04 双击确定，按【C】键切换到【裁剪工具】裁掉透明区域，最终效果如图 4-126 所示。

图 4-123 创建选区并储存

图 4-124 设置内容识别缩放

图 4-125 执行缩放

图 4-126 裁掉透明区域

课堂范例——调整天鹅肢体动作

步骤 01 打开“素材文件\第 4 章\天鹅.psd”，选择【图层 1】，如图 4-127 所示。

步骤 02 执行【编辑】→【操控变形】命令，在天鹅图像上显示变形网格，在天鹅关键位置单击，添加图钉，如图 4-128 所示。

图 4-127 选择图层

图 4-128 显示变形网格并添加图钉

步骤 03 拖动图钉，改变天鹅的肢体动作，如图 4-129 所示。

步骤 04 单击选项栏中的【提交操控变形】按钮✓，确认变换，效果如图 4-130 所示。

图 4-129 拖动图钉

图 4-130 确认操控变形

步骤 05 执行【编辑】→【变换】→【缩放】命令，进入缩放变换状态，如图 4-131 所示。拖动左下角的变换点放大天鹅，效果如图 4-132 所示。

图 4-131 进入缩放状态

图 4-132 最终效果

课堂问答

通过本章的讲解，大家对图像的绘制与修饰有了一定的了解，下面列出一些常见的问题供学习参考。

问题 1：如何将前景色添加到色板中？

步骤 01 单击前景色，在弹出的【拾色器（前景色）】对话框中单击【添加到色板】按钮，如图 4-133 所示，在弹出的【色板名称】对话框中输入色板名称，单击【确定】按钮，如图 4-134 所示。

步骤 02 打开【色板】面板就会看到新建的颜色在最下面，如图 4-135 所示。

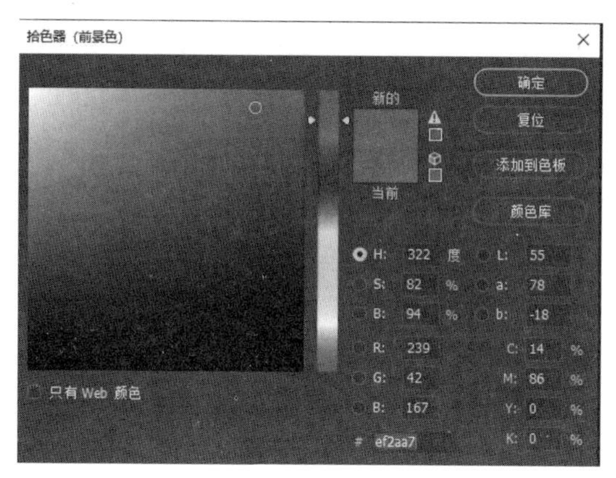

图 4-133 【拾色器（前景色）】对话框

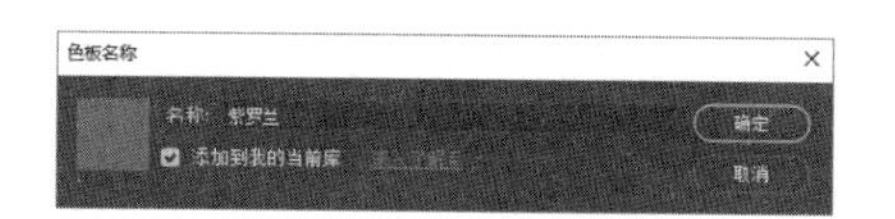

图 4-134 【色板名称】对话框

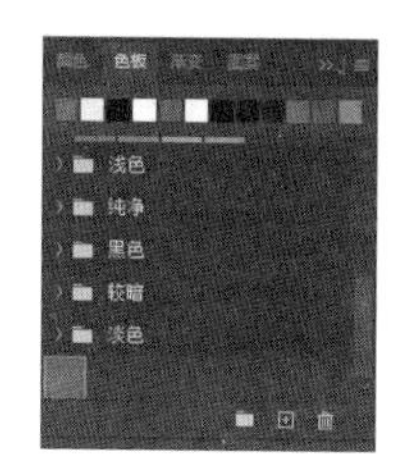

图 4-135 【色板】面板

问题 2：使用【历史记录画笔工具】恢复图像失败，是什么原因？

答：如果在图像处理过程中更改了图像大小、画布大小和分辨率等参数，【历史记录画笔工具】将不能通过对应像素恢复原始图像。

问题 3：【模糊工具】和【锐化工具】为什么会使图像模糊和清晰，可以转换吗？

答：【模糊工具】是使用图像色彩模糊的工具，减小像素间的色彩反差，使图像变得模糊；【锐化工具】是使图像色彩锐化的工具，也就是增大像素间的反差，使图像变得清晰。可以相互转换，但是尽量避免多次转换，减少颜色信息的损失。

上机实战——给图像添加气球

为了帮助读者巩固本章知识点，下面讲解一个技能综合案例。

效果展示

思路分析

如果图像的背景比较单一，画面带给人的整体冲击力就不够强烈。可以给这样的图像添加一些装饰，就会得到完全不同的感受。

本例首先新建画笔，然后在【画笔设置】面板中设置画笔属性，最后在图像背景中绘制有层次感的图像，得到最终效果。

制作步骤

步骤 01 打开“素材文件\第 4 章\气球.png”文件，执行【图像】→【裁切】命令，清除透明像素，如图 4-136 所示。

步骤 02 执行【编辑】→【定义画笔预设】命令，打开【画笔名称】对话框，设置画笔名称，单击【确定】按钮，如图 4-137 所示，将其保存为预设画笔。

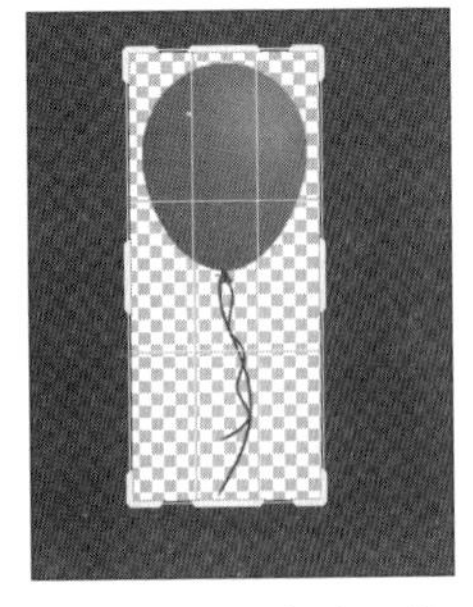

图 4-136 裁剪图像

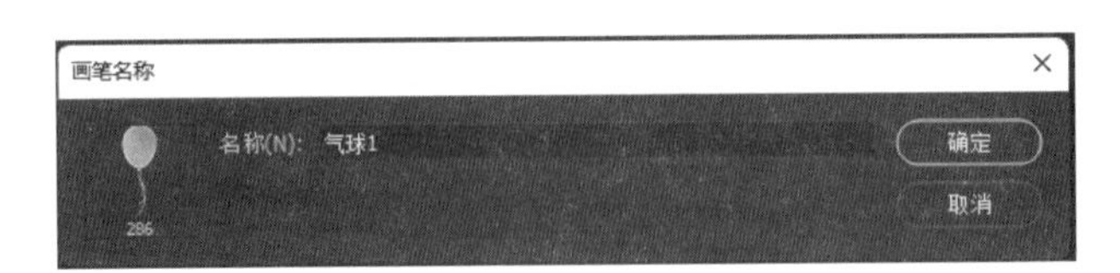

图 4-137 设置画笔

步骤 03 按【F5】键打开【画笔设置】面板，单击【画笔笔尖形状】，单击选中前面定义的【气球 1】画笔，设置【大小】为 280 像素，【间距】为 360%，如图 4-138 所示。

步骤 04 选中【形状动态】复选框，设置【大小抖动】为 82%，【最小直径】为 12%，如图 4-139 所示。

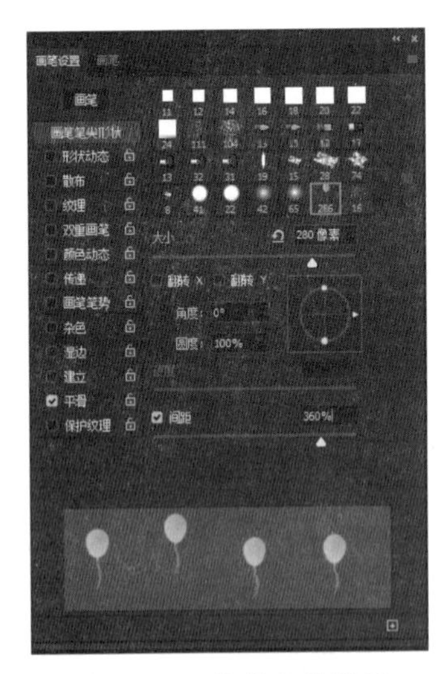

图 4-138 设置画笔间距

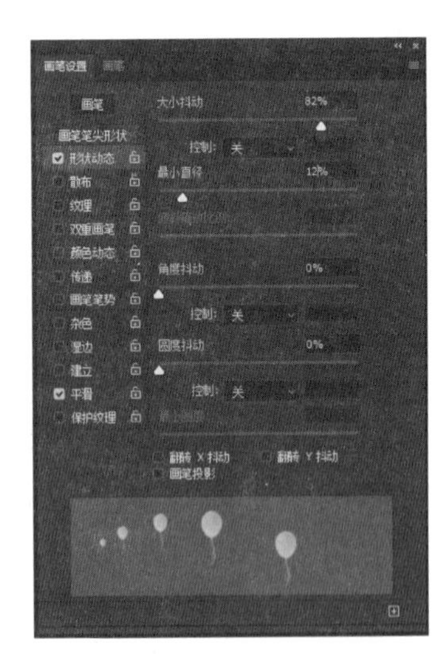

图 4-139 设置形状动态

步骤 05 选中【散布】复选框，设置为 365%，如图 4-140 所示。

步骤 06 选中【颜色动态】复选项，选中【应用每笔尖】复选框，设置前景/背景抖动为 37%，【色相抖动】为 62%，【饱和度抖动】为 5%，【亮度抖动】为 3%，【纯度】为 8%，如图 4-141 所示。

步骤 07 打开“素材文件\第 4 章\蓝色.jpg，新建【图层 1】，选择【画笔工具】，设置前景色为红色，背景色为黄色，绘制气球图像，如图 4-142 所示。

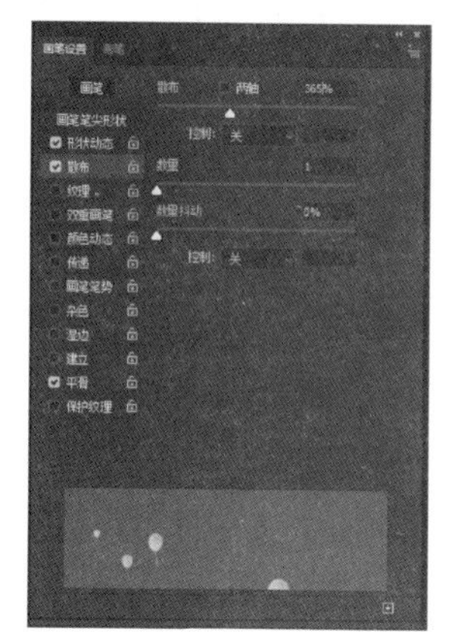

图 4-140　设置【散布】

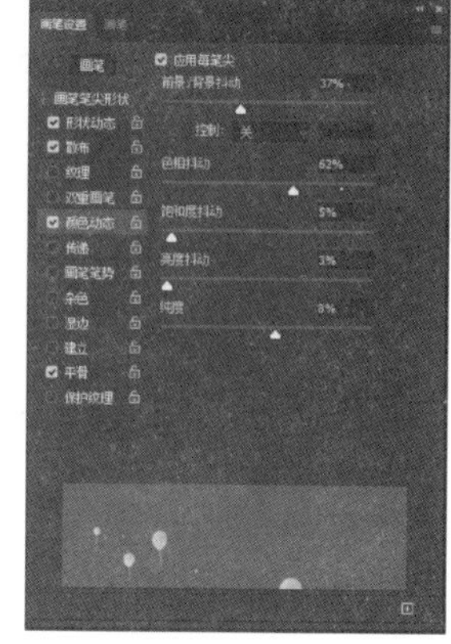

图 4-141　设置【颜色动态】

图 4-142　最终效果

同步训练——为人物添加艳丽妆容

为了增强读者的动手能力，下面安排一个同步训练案例。

图解流程

思路分析

如今彩妆已经成为一种潮流，艳丽而不俗气的彩妆可以提升人的气质。使用 Photoshop，我们可以为人物图像添加彩妆。

本例首先使用【颜色替换工具】为人物添加唇彩和发色，然后继续使用【颜色替换工具】为人物添加眼影，最后使用【画笔工具】为人物添加腮红，完成效果制作。

关键步骤

步骤 01 打开“素材文件\第 4 章\卷发.jpg”，设置前景色为洋红色（#ff00ff），选择工具箱中的【颜色替换工具】，选择合适的画笔大小，在嘴唇上涂抹，进行颜色替换。选择【混合器画笔工具】，在色彩边缘处涂抹，混合色彩，使色彩更加自然，如图 4-143 所示。

步骤 02 用【减淡工具】在下嘴唇位置拖动鼠标，创建高光效果，如图 4-144 所示。

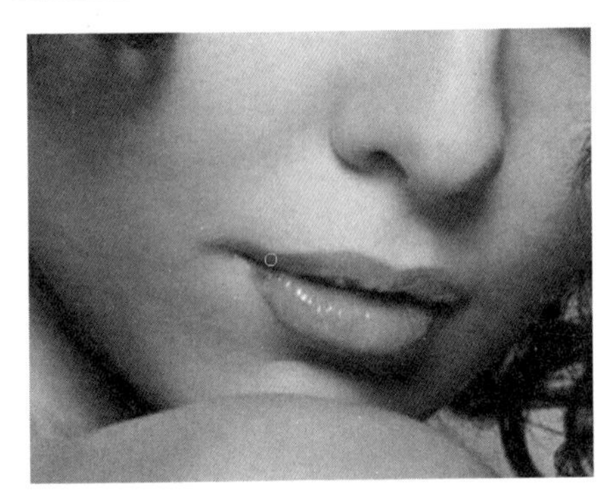

图 4-143 混合图像

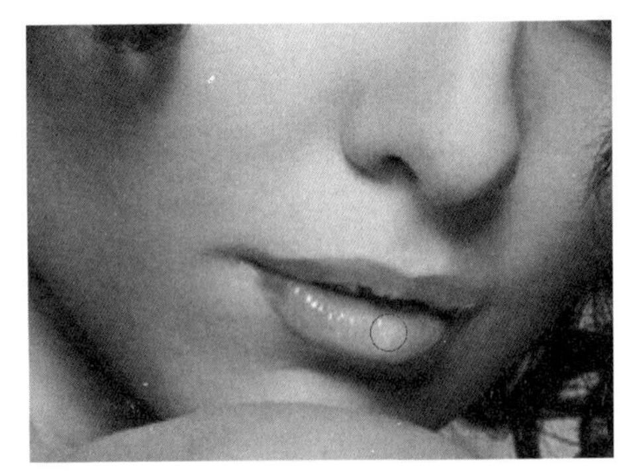

图 4-144 减淡图像

步骤 03 选择【颜色替换工具】在人物头发位置涂抹，按【Shift+Ctrl+N】组合键新建【图层 1】，更改图层混合模式为【叠加】，如图 4-145 所示。

步骤 04 设置前景色为绿色（#00ff00），选择【画笔工具】，选择合适的画笔大小，在上眼皮处绘制眼影；设置前景色为黄色（#ffff00），选择【画笔工具】，选择合适的画笔大小，在下眼皮处绘制眼影。

步骤 05 选择【颜色替换工具】在人物头发位置涂抹，更改【图层 1】的不透明度为 80%。

步骤 06 按【Shift+Ctrl+N】组合键新建【图层 2】，更改图层混合模式为【叠加】，选择【画笔工具】，在选项栏中选择【柔边圆】画笔，设置【大小】为 150 像素，【硬度】为 0%，如图 4-146 所示。

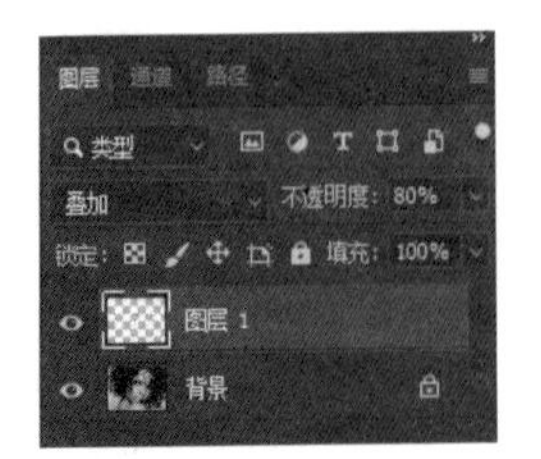

图 4-145 新建并混合图层

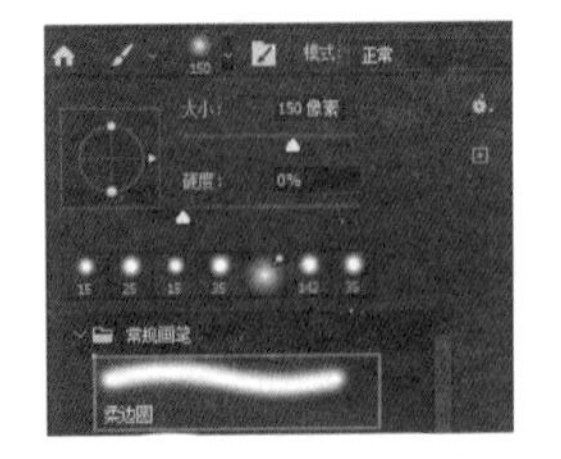

图 4-146 设置画笔

步骤 07 分别在人物两腮处单击，绘制腮红图像，如图 4-147 所示。更改【图层 2】的不透明度为 55%，如图 4-148 所示。

图 4-147 绘制腮红

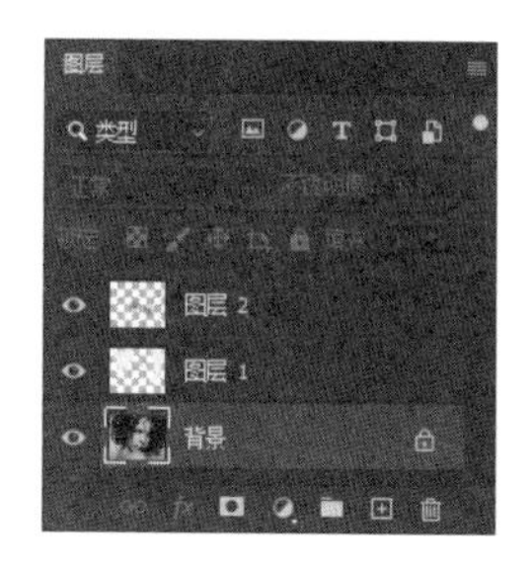

图 4-148 降低图层不透明度

步骤 08 在【图层】面板中单击【背景】图层，选择【历史记录画笔工具】，在选项栏中设置【不透明度】为 20%，在嘴唇处涂抹，减淡过艳的唇彩。

知识能力测试

本章讲解了图像的绘制与修饰的常用工具，为对知识进行巩固，布置了相应的练习题。

一、填空题

1. 画笔的颜色是由________决定的，所以在使用画笔时，应先设置好所需要的颜色。

2. 在 Photoshop 2022 中，默认情况下，前景色为______，背景色为______。

3. 缩放和旋转称为______操作，斜切和扭曲称为________操作。

二、选择题

1. 在 Photoshop 2022 中提供的图像修补工具中，通过（　　）可以快速消除动物写真中的红眼现象。

A.【污点修复画笔工具】　　B.【修复画笔工具】

C.【修补工具】　　D.【红眼工具】

2. 使用（　　），可以参照画面中周围的环境、光源，对多余的部分进行剪切、粘贴的修整，使画面移动后，视觉上比较和谐。

A.【内容感知移动工具】　　B.【模糊工具】

C.【海绵工具】　　D.【涂抹工具】

3. 执行变换命令时，默认情况下，中心点位于对象的（　　），用于定义对象的变换中心，通过拖动可以移动它的位置。

A. 中心　　B. 中线　　C. 边角　　D. 起点

三、简答题

1. 请简单回答【图案图章工具】与【仿制图章工具】的区别。

2.【历史记录画笔】和【历史艺术记录画笔工具】的主要作用是什么？哪种情况下应该选择【历史艺术记录画笔工具】？

Photoshop 2022

第5章 图层的基本应用

在Photoshop 2022中，图层就像翻开的一页页纸张，正因为有了图层，才使得Photoshop具有强大的图像处理效果与艺术加工的功能。通过本章的学习，读者可以了解图层的概念及掌握图层的基本操作。

学习目标

- 了解图层的基础知识
- 掌握图层的基础操作
- 掌握图层组的应用
- 了解图层不透明度和混合模式
- 熟练添加图层样式
- 掌握调整图层的应用

5.1 图层的基础知识

图层是Photoshop中很重要的一部分。通过图层，用户可以设定图像的合成效果，或者编辑图层的一些特效来丰富图像的艺术效果。

5.1.1 认识图层的功能作用

图层就如同堆叠在一起的透明纸，每一张纸上面都保存着不同的图像，可以透过上面图层的透明区域看到下面图层的内容。每个图层中的对象都可以单独处理，而不会影响其他图层中的内容，图层可以移动，也可以调整前后顺序。

5.1.2 熟悉【图层】面板

【图层】面板中显示了图像中的所有图层、图层组和图层效果，可以使用【图层】面板上的相关功能来完成一些图像编辑任务，例如，创建、隐藏、复制和删除图层等。执行【窗口】→【图层】命令（快捷键为【F7】），可以打开【图层】面板，如图5-1所示，相关选项的作用见表5-1。

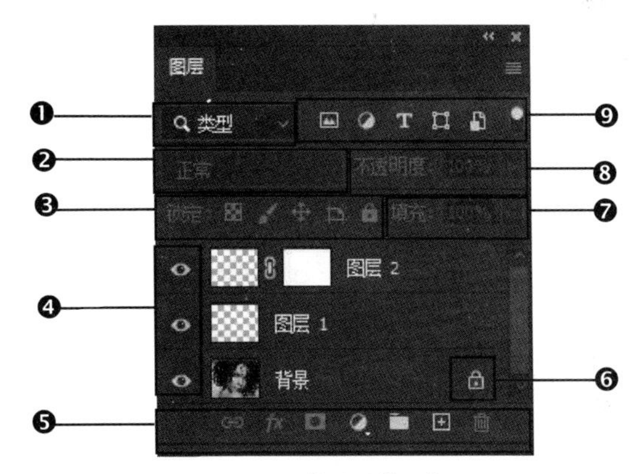

图5-1 【图层】面板

表5-1 【图层】操作界面中各选项的作用

选项	功能及作用
❶选取图层类型	当图层数量较多时，可在选项下拉列表中选择一种图层类型（包括名称、效果、模式、属性、颜色等），让【图层】面板只显示此类图层，隐藏其他类型的图层
❷设置图层混合模式	用来设置当前图层的混合模式，使之与下面的图像产生混合
❸锁定按钮	用来锁定当前图层的属性，使其不可编辑，包括透明像素、图像像素和位置
❹图层显示标志	显示该标志的图层为可见图层，单击它可以隐藏图层。隐藏的图层不能编辑
❺快捷图标	图层操作的常用快捷按钮，主要包括【链接图层】【添加图层样式】【创建新图层】【删除图层】等按钮
❻锁定标志	显示该图标时，表示图层处于锁定状态
❼填充	设置当前图层的填充不透明度，它与图层的不透明度类似，但只影响图层中绘制的像素和形状的不透明度，不会影响图层样式的不透明度

续表

选项	功能及作用
❽不透明度	设置当前图层的不透明度，使之呈现透明状态，从而显示出下面图层中的内容
❾打开/关闭图层过滤	单击该按钮，可以启动或停用图层过滤功能

5.2 图层的基础操作

图层的基础操作包括新建、复制、删除、合并图层，以及图层顺序调整等，这些操作都可以通过【图层】菜单中的相应命令或在【图层】面板中完成。下面介绍常用的操作。

5.2.1 创建图层

新建的图层一般位于当前图层的上面，单击【图层】面板下方的【创建新图层】按钮⊞，即可在当前图层的上面新建一个图层，如图 5-2 所示。

图 5-2 单击【创建新图层】按钮⊞得到新图层

技能拓展

新建图层快捷键为【Shift+Ctrl+N】。按住【Ctrl】键的同时单击【创建新图层】按钮⊞，可在当前图层的下面新建一个图层，但是【背景】图层除外。

5.2.2 重命名图层

新建图层时，默认名称为【图层 1】【图层 2】……为了方便对图层进行管理，一般需要对图层进行重新命名，具体操作方法如下。

在【图层】面板中，直接双击图层名称，这时图层名称就进入可编辑状态，如图 5-3 所示，然后修改名称，按【Enter】键确认重命名操作，效果如图 5-4 所示。

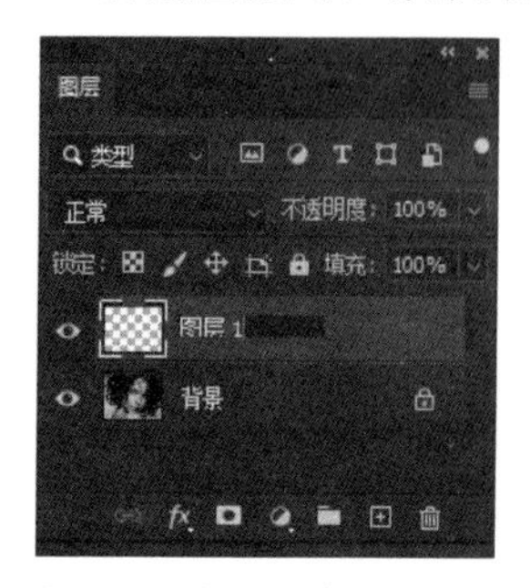

图 5-3 进入文字编辑状态

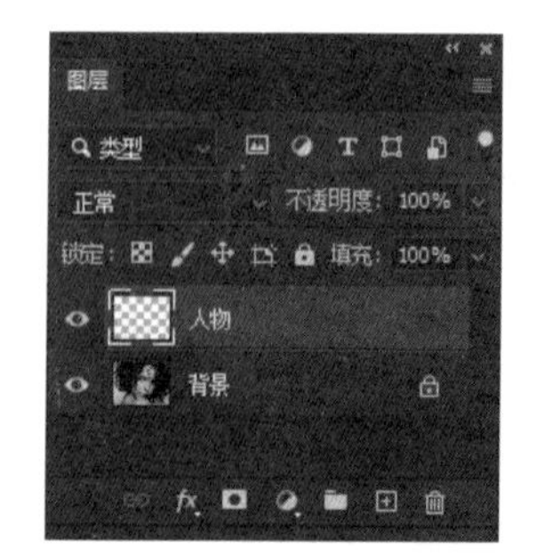

图 5-4 输入新名称确认操作

技能拓展

执行【图层】→【新建】→【通过拷贝的图层】命令或按【Ctrl+J】组合键，可以将选区内容复制到新图层；执行【图层】→【新建】→【通过剪切的图层】命令或按【Shift+Ctrl+J】组合键，可以将选区内容剪切到新图层。

5.2.3 选择图层

单击【图层】面板中的一个图层即可选择该图层，它会成为当前图层，这个是最基本的选择方法，其他图层的选择方法及相关作用见表 5-2。

表 5-2 图层的选择方法及作用

选择方法	作用
选择多个图层	如果要选择多个相邻的图层，可以单击第一个图层，按住【Shift】键单击最后一个图层；如果要选择多个不相邻的图层，可按住【Ctrl】键单击这些图层
选择所有图层	执行【选择】→【所有图层】命令，即可选择【图层】面板中所有的图层
查找图层	执行【选择】→【查找图层】命令，即可按名称、效果、模式、属性、颜色、智能对象、选定、画板等查找图层
隔离图层	执行【选择】→【隔离图层】命令，把选定图层单独显示，编辑时不受其他图层的影响，编辑完成后再次执行这个命令即可取消隔离
取消选择图层	如果不想选择任何图层，可以在面板中最下面一个图层下方的空白处单击，也可以执行【选择】→【取消选择图层】命令

5.2.4 复制和删除图层

复制图层可将选定的图层进行复制，得到一个与原图层相同的图层。当某个图层不再需要时，可将其删除以最大程度降低图像文件的大小。具体操作方法如下。

步骤 01 在【图层】面板中，选择需要复制的图层，如【背景】图层，拖动到面板底部的【创建新图层】按钮处，如图 5-5 所示。

步骤 02 即可得到【背景 拷贝】图层，如图 5-6 所示。

图 5-5 选择图层拖动

图 5-6 复制图层

步骤 03 在【图层】面板中，选择需要删除的图层，如【图层 1】，拖动到面板底部的【删除图层】按钮🗑处，如图 5-7 所示，即可删除【图层 1】，如图 5-8 所示。

图 5-7　选择图层拖动

图 5-8　删除图层

技能拓展

在【图层】面板中选定需要删除的图层，按【Delete】键可以快速删除该图层。

5.2.5 显示与隐藏图层

图层缩览图左侧的【指示图层可见性】图标👁用于控制图层的可见性。有该图标的图层为可见的图层，如图 5-9 所示。无该图标的图层为隐藏的图层，如图 5-10 所示。在该图标处单击，可以切换隐藏或显示状态。

图 5-9　显示图层

图 5-10　隐藏图层

技能拓展

在【图层】面板中，按住【Alt】键单击图层缩览图左侧的【指示图层可见性】图标👁，可以在图像文件中仅显示该图层中的图像；再次按住【Alt】键单击该图标，则重新显示刚才隐藏的所有图层，若按住【Alt】键单击图层缩览图或图层名称，则会最大化显示该图层。

5.2.6 调整图层顺序

在【图层】面板中，图层是按照创建的先后顺序排列的，将一个图层拖动到另外一个图层的上面（或下面），如图 5-11 所示，即可调整图层的堆叠顺序，如图 5-12 所示。改变图层顺序会影响图像的显示效果。

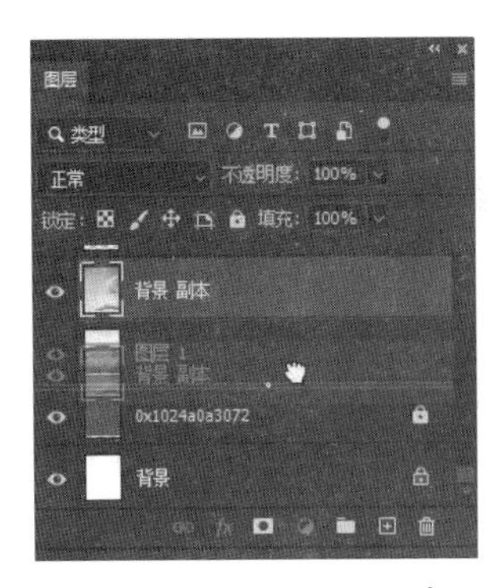

图 5-11 调整图层顺序

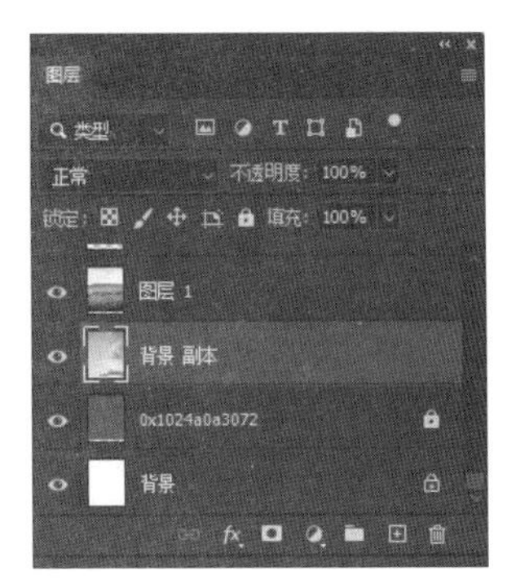

图 5-12 新图层顺序

5.2.7 链接和取消图层

如果要同时处理多个图层，可以将这些图层链接在一起。在【图层】面板中选择两个或多个图层，单击【链接图层】按钮，如图 5-13 所示，即可将它们链接在一起，如图 5-14 所示。再次单击该按钮，可以取消图层链接。

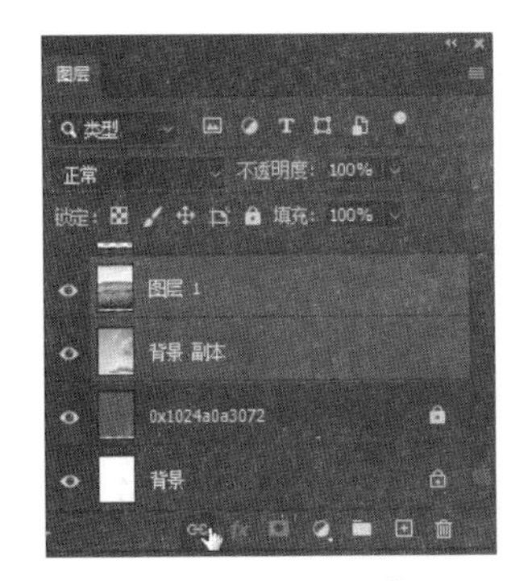

图 5-13 选择图层并单击按钮

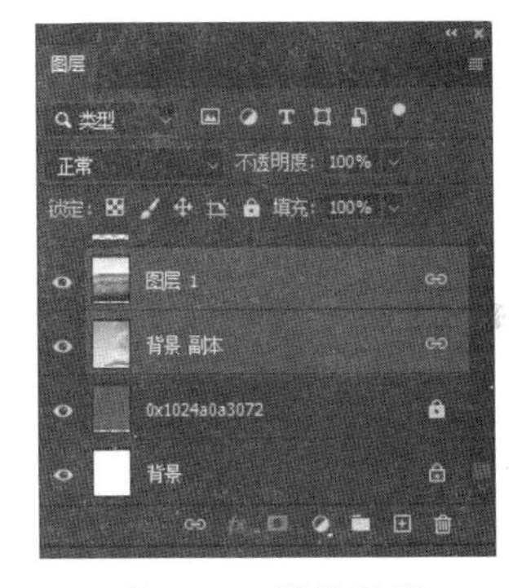

图 5-14 链接图层

5.2.8 锁定图层

图层被锁定后，将限制图层编辑的内容和范围，被锁定的内容将不会受到编辑图层中其他内容的影响。【图层】面板的锁定组中提供了 5 个不同功能的锁定按钮，如图 5-15 所示，相关选项的作用见表 5-3。

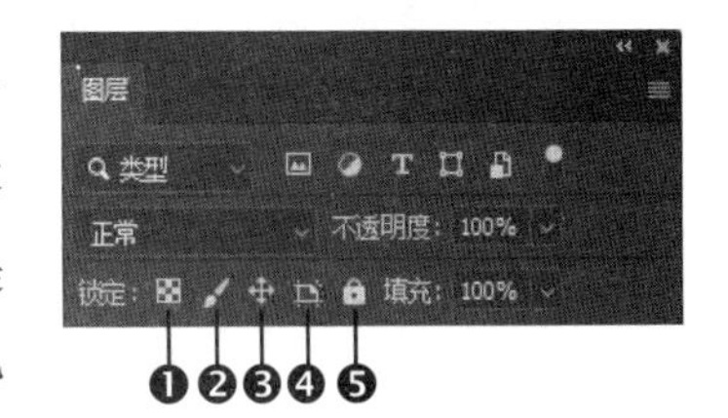

图 5-15 【锁定】按钮

表 5-3 【锁定】操作界面中各选项的作用

选项	功能及作用
❶锁定透明像素	单击该按钮，则图层或图层组中的透明像素被锁定。当使用绘制工具绘图时，将只对图层非透明的区域（有图像的像素部分）生效
❷锁定图像像素	单击该按钮，可以将当前图层保护起来，使之不受任何填充、描边和其他绘图操作影响

续表

选项	功能及作用
❸锁定位置	用于锁定图像的位置，使之不能对图层内的图像进行移动、旋转、翻转和自由变换等操作，但可以对图层内的图像进行填充、描边和其他绘图操作
❹防止在画板和画框内外自动嵌套	画板相当于一个大的文件夹，包含图层和图层组。当图层或图层组移出画板边缘时，图层或图层组会在图层视图中移出画板。为了防止这种情况发生，可以在图层视图中开启该按钮
❺锁定全部	单击该按钮，图层会全部被锁定，不能移动位置、不可执行任何图像编辑操作，也不能更改图层的不透明度和图像的混合模式

5.2.9 栅格化图层

如果要使用绘画工具和滤镜编辑文字图层、形状图层、矢量蒙版或智能对象等包含矢量数据的图层，需要先将其栅格化，使图层中的内容转换为栅格图像，才能够进行相应的编辑。选择需要栅格化的图层，执行【图层】→【栅格化】下拉菜单中的命令，或者右击该层，在弹出的快捷菜单中选择【栅格化图层】选项即可。

5.2.10 合并图层

图层、图层组和图层样式的增加会占用计算机的内存和暂存盘，从而导致计算机的运算速度变慢。故可将相同属性的图层进行合并，不仅便于管理，还可减少占用的磁盘空间，以加快操作速度。

1. 合并图层

如果要合并两个或多个图层，可以在【图层】面板中将它们选中，如图 5-16 所示，执行【图层】→【合并图层】命令，合并后的图层使用上面图层的名称，如图 5-17 所示。

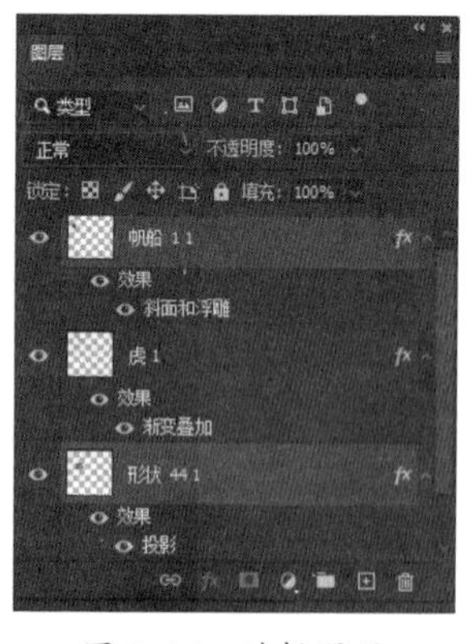

图 5-16　选择图层

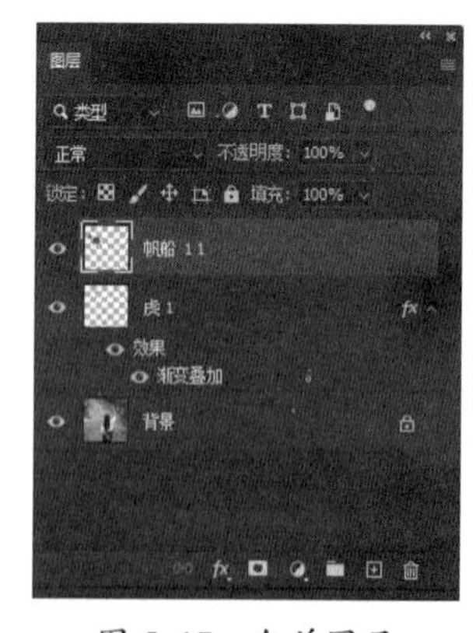

图 5-17　合并图层

技能拓展

也可按【Ctrl+E】组合键合并选中的图层。若想要与它下面的图层合并，也可以选择该图层后按【Ctrl+E】组合键，或者执行【图层】→【向下合并】命令，合并后的图层使用下面图层的名称及图层样式。

2. 合并可见图层

如果要合并所有可见的图层，可以执行【图层】→【合并可见图层】命令，或者按【Shift+Ctrl+E】

组合键，它们会合并到【背景】图层中。

3. 拼合图层

如果要将所有图层都拼合到【背景】图层中，可以执行【图层】→【拼合图像】命令。如果有隐藏的图层，则会弹出一个提示，询问是否删除隐藏的图层。

4. 盖印图层

盖印是一种特殊的图层合并方法，它可以将多个图层中的图像内容合并到一个图层中，并保持原有图层完好无损。如果既要得到某些图层的合并效果，又要保持原图层的完整性，盖印是最佳的解决办法。

按【Alt+Shift+Ctrl+E】组合键可以盖印所有可见图层，在【图层】面板最上方自动创建图层，如图 5-18 所示。按【Alt+Ctrl+E】组合键可以盖印多个选定图层或链接图层，如图 5-19 所示，Photoshop 2022 将自动创建一个包含合并内容的新图层，如图 5-20 所示。

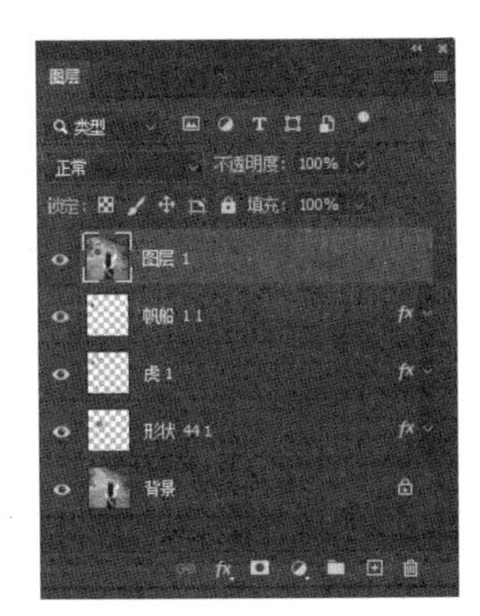

图 5-18 盖印图层

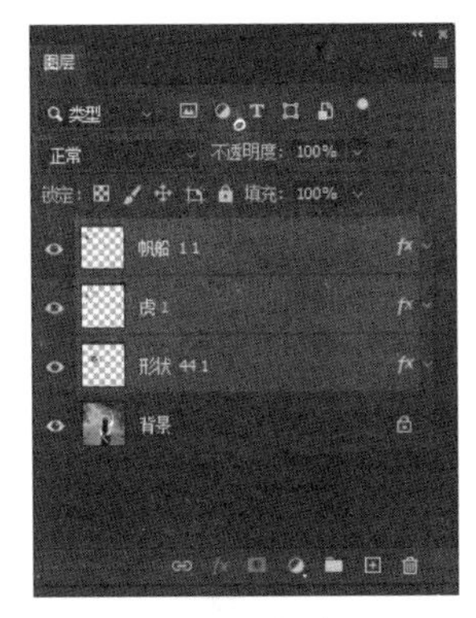

图 5-19 选择多图层

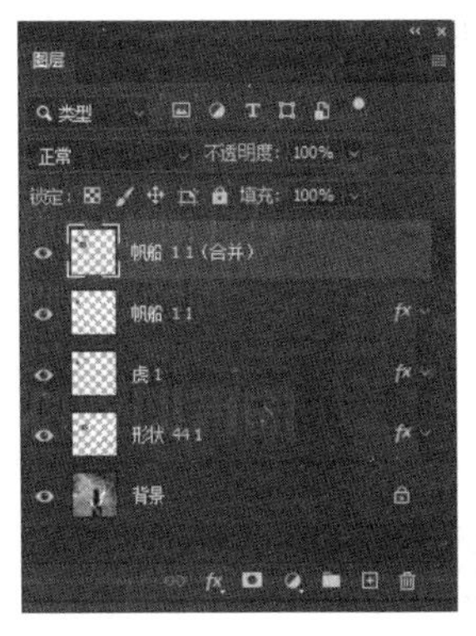

图 5-20 盖印选择图层

5.2.11 对齐和分布图层

在编辑图像文件时，常需要将图层中的对象进行对齐操作或按一定的距离进行平均分布，下面分别进行介绍。

1. 对齐图层

如果要将多个图层中的图像内容对齐，可以在【图层】面板中选择图层，然后执行【图层】→【对齐】命令，在弹出的子菜单中选择相应的对齐命令，相关作用见表 5-4。

表 5-4 对齐命令各选项的作用

选项	功能及作用
顶对齐	所选图层对象将以位于最上方的对象为基准，进行顶部对齐
垂直居中	所选图层对象将以位置居中的对象为基准，进行垂直居中对齐
底对齐	所选图层对象将以位于最下方的对象为基准，进行底部对齐

续表

选项	功能及作用
左对齐	所选图层对象将以位于最左侧的对象为基准，进行左对齐
水平居中	所选图层对象将以位于中间的对象为基准，进行水平居中对齐
右对齐	所选图层对象将以位于最右侧的对象为基准，进行右对齐

2. 分布图层

进行图层分布操作需要先选择好要进行分布操作的图层，然后执行【图层】→【分布】下拉菜单中的命令进行操作，相关作用见表 5-5。

表 5-5　分布命令各选项的作用

选项	功能及作用
按顶分布	可均匀分布各链接图层或所选择的多个图层的位置，使它们最上方的像素间相隔同样的距离
垂直居中分布	可均匀分布各链接图层或所选择的多个图层的位置，使它们垂直方向的像素间相隔同样的距离
按底分布	可均匀分布各链接图层或所选择的多个图层的位置，使它们最下方的像素间相隔同样的距离
按左分布	可均匀分布各链接图层或所选择的多个图层的位置，使它们最左侧的像素间相隔同样的距离
水平居中分布	可均匀分布各链接图层或所选择的多个图层的位置，使它们水平方向的像素间相隔同样的距离
按右分布	可均匀分布各链接图层或所选择的多个图层的位置，使它们最右侧的像素间相隔同样的距离

选择需要对齐和分布的图层后，单击【移动工具】选项栏中的相应按钮，可以快速对齐和分布图层对象。

课堂范例——添加小花装饰

步骤 01　打开“素材文件\第 5 章\海底.jpg”，如图 5-21 所示。

步骤 02　选择【魔棒工具】，在选项栏中单击【添加到选区】按钮，在右下角的黄色花朵上单击创建选区，如图 5-22 所示。

图 5-21　原图

图 5-22　创建选区

步骤 03 按【Ctrl+J】组合键复制图层，自动生成【图层 1】，如图 5-23 所示。

步骤 04 双击【图层 1】文本，更改图层名称为“中花”，如图 5-24 所示。

步骤 05 再按【Ctrl+J】组合键复制图层，命名为“小花”，如图 5-25 所示。

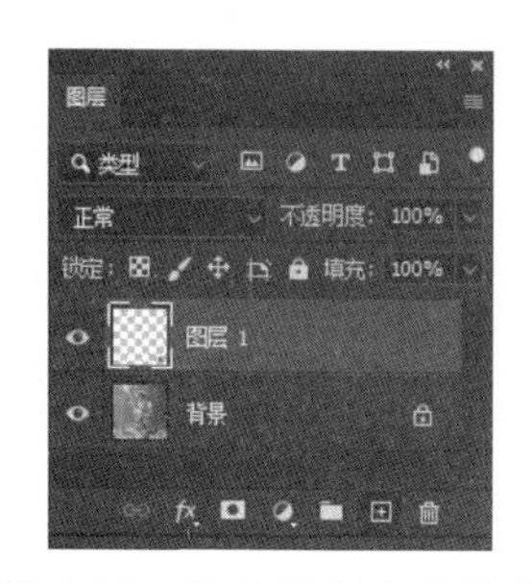

图 5-23 通过复制生成图层

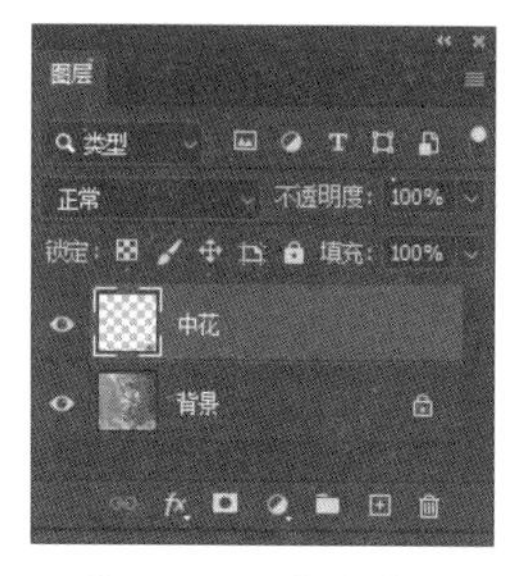

图 5-24 图层更名

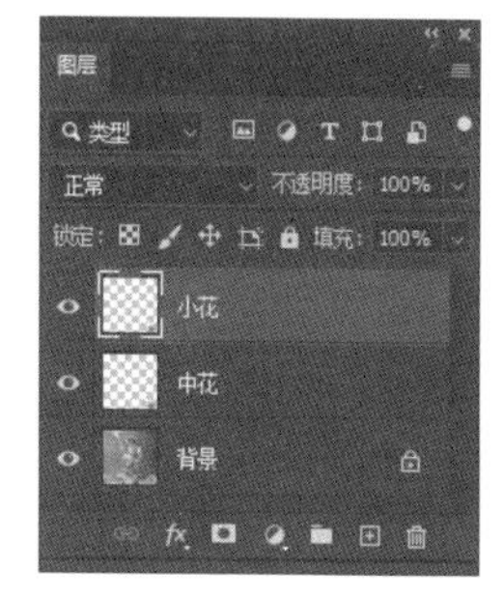

图 5-25 复制图层

步骤 06 单击选择【中花】图层，如图 5-26 所示。移动到左侧适当位置，如图 5-27 所示。

步骤 07 执行【编辑】→【变换】→【扭曲】命令，扭曲变换图像，效果如图 5-28 所示。

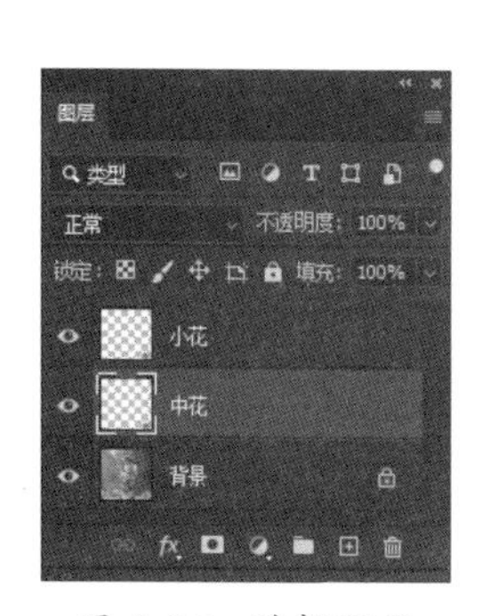

图 5-26 选择图层

图 5-27 移动图像

图 5-28 变换图像

步骤 08 单击选择【小花】图层，如图 5-29 所示。移动到右侧适当位置，如图 5-30 所示。

步骤 09 执行【编辑】→【变换】→【变形】命令，变形图像，效果如图 5-31 所示。

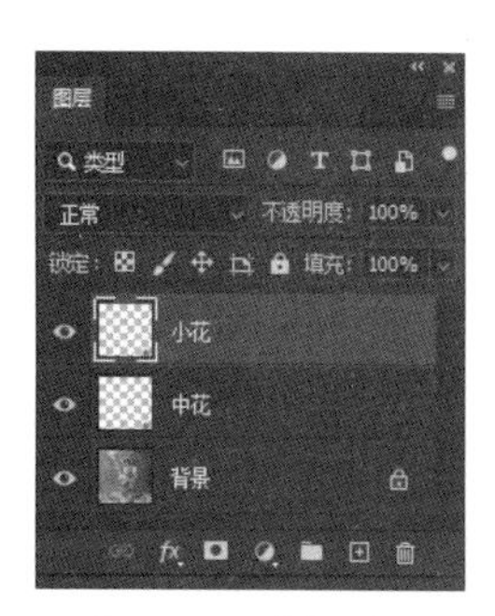

图 5-29 选择图层

图 5-30 移动图像

图 5-31 变形图像

5.3 图层组的应用

图层组可以像普通图层一样进行编辑，例如，进行移动、复制、链接、对齐和分布。使用图层组来管理图层，可以使图层操作更加容易。

5.3.1 创建图层组

单击【图层】面板下方的【创建新组】按钮▣，即可新建组。

将选中的图层拖入图层组内，可将其添加到图层组中，如图 5-32 所示。将图层组中的图层拖出组外，可将其从图层组中移除，如图 5-33 所示。

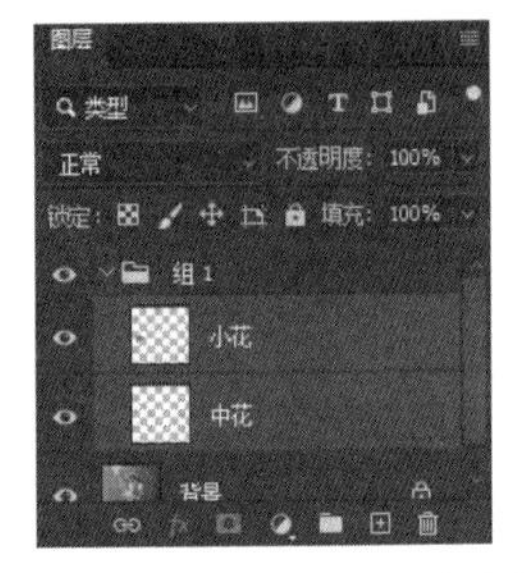

图 5-32　将图层移入图层组

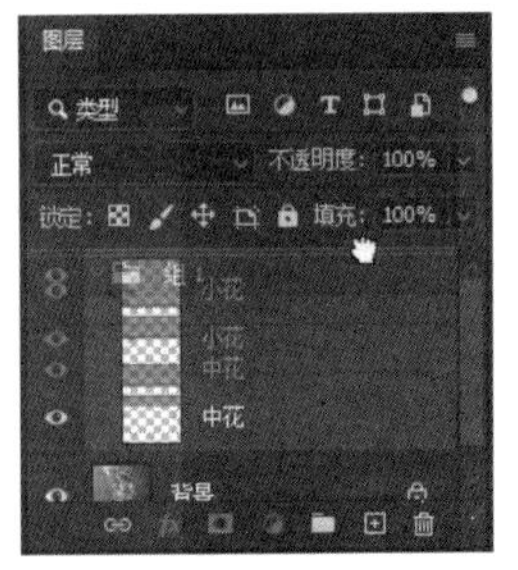

图 5-33　将图层移出图层组

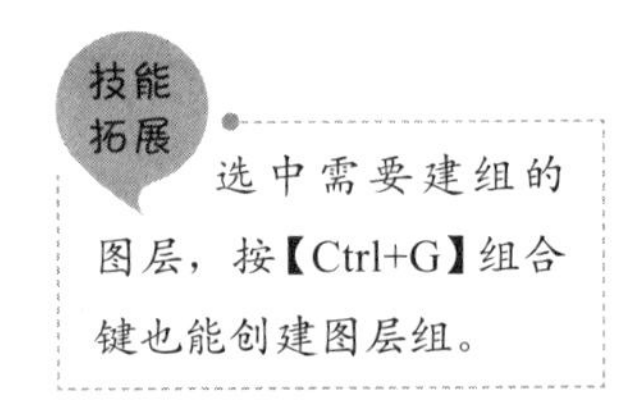

5.3.2 取消图层组

如果不需要使用图层组进行图层管理，可以将其取消，并保留图层，选择该图层组，执行【图层】→【取消图层编组】命令，或者按【Shift+Ctrl+G】组合键即可。

5.3.3 删除图层组

如果要删除图层组及组中的图层，可以将图层组拖动到【图层】面板的【删除图层】按钮▣上。

5.4 图层不透明度和混合模式

设置图层不透明度可以让图层中的内容产生透明效果。在【图层】面板中，图层之间使用叠加方式形成的颜色显示方式称为图层混合模式，应用图层混合模式可以制作出许多特殊效果。

5.4.1 图层不透明度

【图层】面板中有两个控制图层不透明度的选项:【不透明度】和【填充】。其中，【不透明度】用于控制图层、图层组中绘制的像素和形状的不透明度，如果对图层应用了图层样式，则图层样式的不透明度也会受到该值的影响；【填充】只影响图层中绘制的像素和形状的不透明度，不会影响图层样式的不透明度。

技能拓展

按下键盘上的数字即可快速更改图层的不透明度。例如，按下【3】，不透明度会变为30%；按下【33】，不透明度会变为33%；按下【0】，不透明度会恢复为100%。

5.4.2 图层混合模式

在【图层】面板中选择一个图层，单击【不透明度】左侧的按钮，在打开的下拉列表中可以选择一种混合模式，混合模式分为6组，如图5-34所示，相关选项的作用见表5-6。

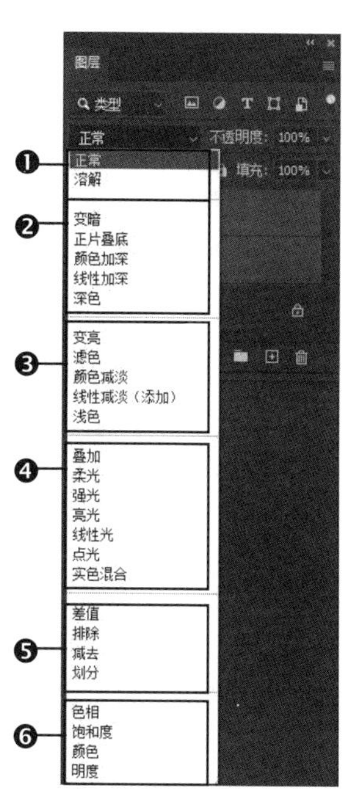

图5-34 混合模式

表5-6 混合模式操作界面中各选项的作用

选项	功能及作用
❶组合	该组中的混合模式需要降低图层的不透明度才能产生作用
❷加深	该组中的混合模式可以使图像变暗，在混合过程中，当前图层中的白色将被底色较暗的像素替代
❸减淡	该组与加深模式产生的效果相反，它们可以使图像变亮。在使用这些混合模式时，图像中的黑色会被较亮的像素替换，而任何比黑色亮的像素都可能加亮底层图像
❹对比	该组中的混合模式可以增强图像的反差。在混合时，50%的灰色会完全消失，任何亮度值高于50%灰色的像素都可能加亮底层图像，亮度值低于50%灰色的像素则可能使底层图像变暗
❺比较	该组中的混合模式可以比较当前图像与底层图像，然后将相同的区域显示为黑色，不同的区域显示为灰度等级或彩色。如果当前图层中包含白色，白色的区域会使底层图像反相，而黑色不会对底层图像产生影响
❻色彩	使用该组混合模式时，Photoshop会将色彩分为色相、饱和度和亮度3种成分，然后再将其中的一种或两种应用在混合后的图像中

课堂范例——浪漫花海场景

步骤01 打开“素材文件\第5章\牡丹.jpg”和“素材文件\第5章\紫色花海.jpg”，如图5-35和图5-36所示。

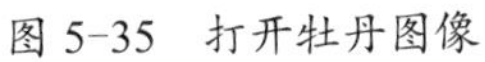
图 5-35　打开牡丹图像

图 5-36　打开紫色花海图像

步骤 02　拖动“紫色花海.jpg”到“牡丹.jpg”文件中，如图 5-37 所示。按【Ctrl+T】组合键执行自由变换操作，增高图像，如图 5-38 所示。

图 5-37　拖动图像

图 5-38　增高图像

步骤 03　在【图层】面板左上角的【设置图层的混合模式】下拉列表中选择【滤色】选项，图层混合效果如图 5-39 所示。

步骤 04　按【Ctrl+J】组合键复制图层，生成【图层 1 拷贝】，滤色效果更加突出，如图 5-40 所示。

图 5-39　设置图层混合模式效果

图 5-40　两层滤色图层混合效果

步骤 05　更改【图层 1 拷贝】图层混合模式为【实色混合】，效果如图 5-41 所示。

步骤 06　在【图层】面板中，更改【不透明度】为 20%，减淡混合效果，如图 5-42 所示。

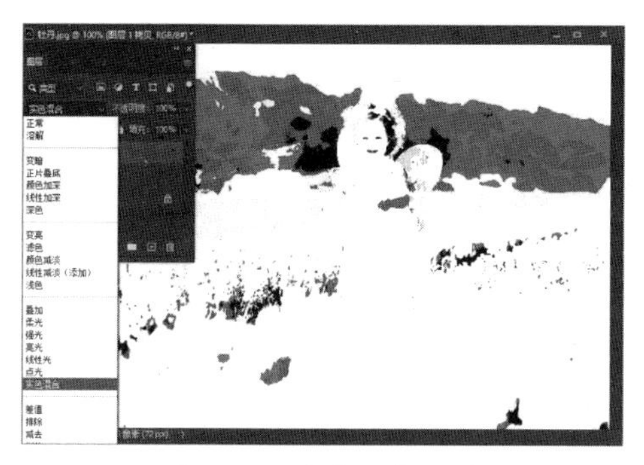

图 5-41 实色混合效果

图 5-42 更改图层不透明度效果

5.5 图层样式

应用图层样式，可以使对象产生发光、阴影和立体感等特殊效果，下面对图层样式进行详细介绍。

5.5.1 添加图层样式

如果要为图层添加样式，可以选择此图层，然后采用下面任意一种方法打开【图层样式】对话框，进行效果的设定。

方法 01 执行【图层】→【图层样式】命令，在弹出的子菜单中选择一个效果命令，即可打开【图层样式】对话框，并进入相应效果的设置面板。

方法 02 在【图层】面板中单击【添加图层样式】按钮 fx，在打开的下拉列表中选择一个效果命令，即可打开【图层样式】对话框，并进入相应效果的设置面板。

方法 03 双击需要添加效果的图层，打开【图层样式】对话框，在该对话框左侧选择需要添加的效果，即可切换到该效果的设置面板。

5.5.2 混合选项

【混合选项】可以设定图层中图像与下面图层中图像混合的效果。【混合选项】包括【常规混合】【高级混合】【混合颜色带】3 个选项，其参数含义见表 5-7。

表 5-7 【混合选项】各选项的作用

选项	功能及作用
常规混合	【常规混合】栏中可以设定混合模式和不透明度，其效果等同于在【图层】面板中进行的设定
高级混合	【高级混合】栏中可以对填充不透明度、颜色通道、挖空等混合选项进行设置，通过组合调整得到更绚丽的混合效果

续表

选项	功能及作用
混合颜色带	【混合颜色带】栏可以通过调整色阶值来指定颜色像素的显示，并且可以控制不同通道中的颜色像素。拖动【本图层】色阶滑杆上的滑块，设定色阶范围，当前图层图像中包含在该色阶范围中的像素将显示。拖动【下一图层】色阶滑杆上的滑块，设定色阶范围，下面图层图像中包含在该色阶范围中的像素将显示

5.5.3 斜面和浮雕

【斜面和浮雕】可以使图像产生立体的浮雕效果，是极为常用的一种图层样式。斜面和浮雕效果如图 5-43 所示，参数设置如图 5-44 所示，相关选项的作用见表 5-8。

图 5-43　斜面和浮雕效果

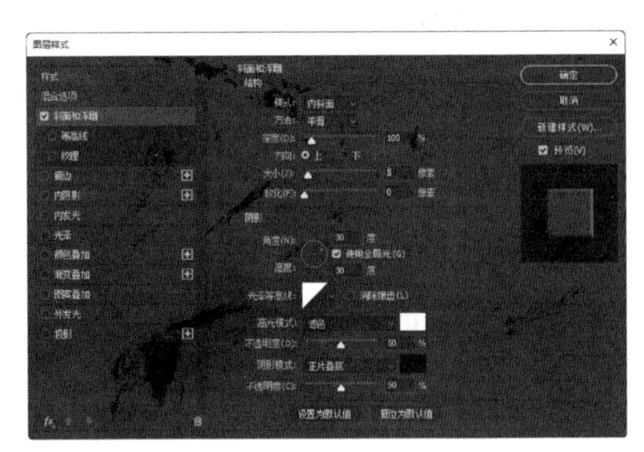

图 5-44　斜面和浮雕参数设置

表 5-8　斜面和浮雕参数设置界面中各选项的作用

选项	功能及作用
样式	在该选项下拉列表中可以选择斜面和浮雕的 5 种样式
方法	用于选择一种创建浮雕的方法
深度	用于设置浮雕斜面的应用深度，该值越高，浮雕的立体感越强
方向	定位光源角度后，可通过该选项设置高光和阴影的位置
大小	用于设置斜面和浮雕中阴影面积的大小
软化	用于设置斜面和浮雕的柔和程度，该值越高，效果越柔和
角度/高度	【角度】选项用于设置光源的照射角度，【高度】选项用于设置光源的高度
光泽等高线	为斜面和浮雕表面添加光泽，创建具有光泽感的金属外观浮雕效果
消除锯齿	可以消除由于设置了光泽等高线而产生的锯齿
高光模式	用于设置高光的混合模式、颜色和不透明度
阴影模式	用于设置阴影的混合模式、颜色和不透明度

5.5.4 描边

【描边】可以使用颜色、渐变或图案描边图层，对于硬边形状（如文字等）特别有用。设置选项主要有【大小】【位置】和【填充类型】，描边效果如图 5-45 所示，参数设置如图 5-46 所示，相关选项的作用见表 5-9。

图 5-45 描边效果

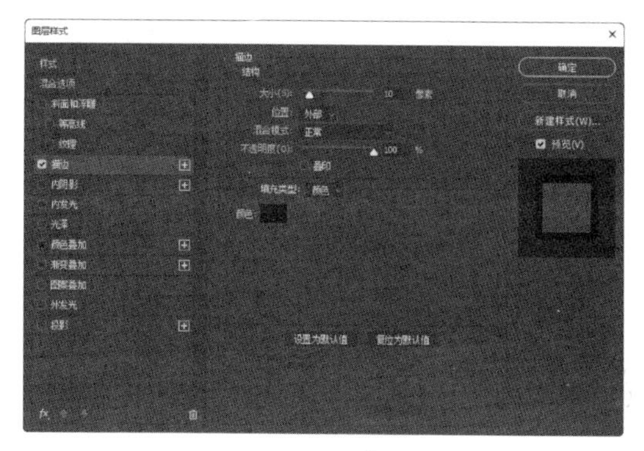

图 5-46 描边参数设置

表 5-9 描边参数设置界面中各选项的作用

选项	功能及作用
大小	用于调整描边的宽度，该值越大，描边越粗
位置	用于调整对图层对象进行描边的位置，有【外部】【内部】和【居中】3 个选项
填充类型	用于指定描边的填充类型，有【颜色】【渐变】和【图案】3 种

5.5.5 内阴影

【内阴影】可以在紧靠图层内容的边缘内添加阴影，使图层内容产生凹陷效果。该样式通过【阻塞】选项来控制阴影边缘的渐变程度。【阻塞】可以在模糊之前收缩内阴影的边界。【阻塞】与【大小】选项相关，【大小】值越高，可设置的【阻塞】范围也就越大，内阴影效果如图 5-47 所示，参数设置如图 5-48 所示。

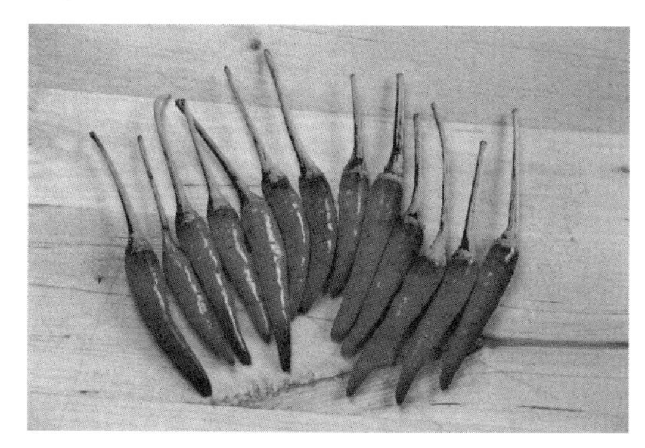

图 5-47 内阴影效果

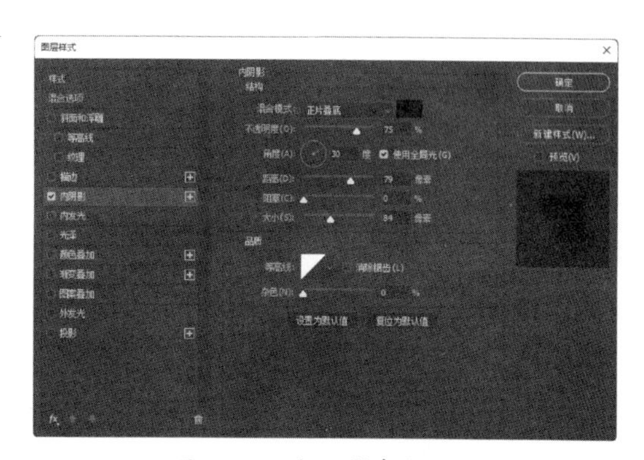

图 5-48 内阴影参数设置

5.5.6 内发光

【内发光】可以在物体内侧创建发光效果。【内发光】效果中除【源】和【阻塞】外，其他选项大部分都与【外发光】效果相同，内发光效果如图 5-49 所示，参数设置如图 5-50 所示，相关选项的作用见表 5-10。

图 5-49　内发光效果

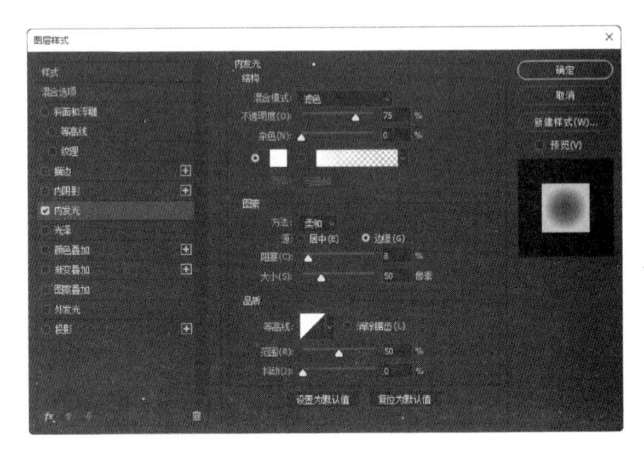

图 5-50　内发光参数设置

表 5-10　内发光设置界面中各选项的作用

选项	功能及作用
源	用于控制发光源的位置。选中【居中】单选按钮，表示应用从图层内容的中心发出的光，此时如果增加【大小】值，发光效果会向图像的中央收缩；选中【边缘】单选按钮，表示应用从图层内容的内部边缘发出的光，此时如果增加【大小】值，发光效果会向图像的中央扩展
阻塞	用于在模糊之前收缩内发光的杂边边界

5.5.7 光泽

【光泽】通常用于创建金属表面的光泽外观。该效果没有特别的选项，但可以通过选择不同的【等高线】来改变光泽的样式。光泽效果如图 5-51 所示，参数设置如图 5-52 所示。

图 5-51　光泽效果

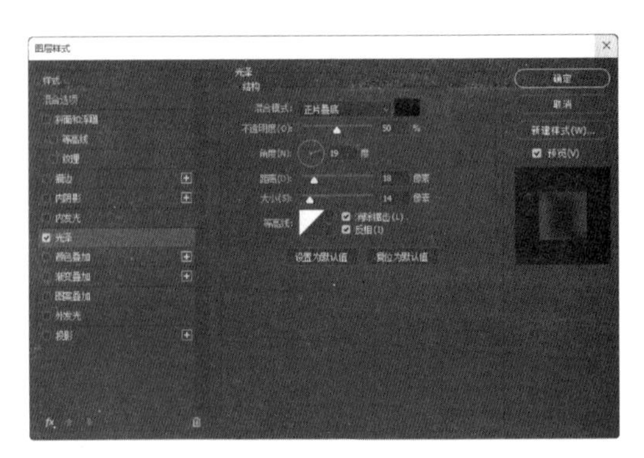

图 5-52　光泽参数设置

5.5.8 【颜色叠加】/【渐变叠加】/【图案叠加】

【颜色叠加】【渐变叠加】和【图案叠加】可以分别在图层上叠加指定的颜色、渐变和图案，通过设置不同的参数，可以控制叠加效果，效果如图 5-53 所示。

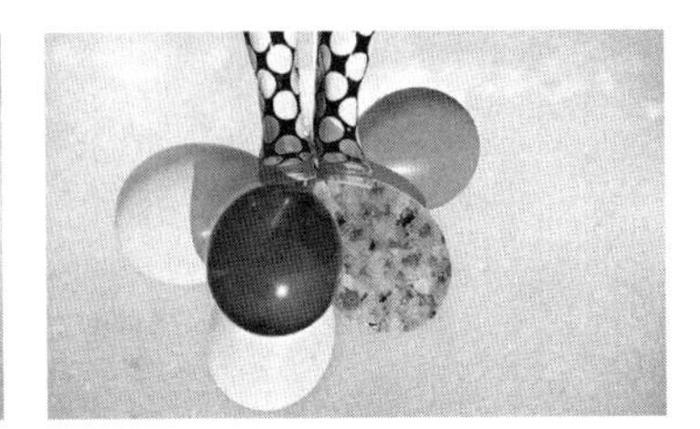

图 5-53 颜色、渐变和图案叠加

5.5.9 外发光

【外发光】是在图层对象边缘外产生发光效果，效果如图 5-54 所示，参数设置如图 5-55 所示，相关选项的作用见表 5-11。

图 5-54 外发光效果

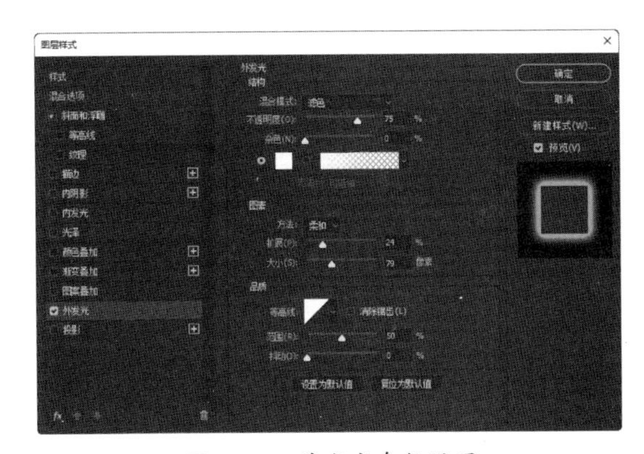

图 5-55 外发光参数设置

表 5-11 外发光参数设置界面中各选项的作用

选项	功能及作用
混合模式/不透明度	【混合模式】用于设置发光效果与下面图层的混合模式；【不透明度】用于设置发光效果的不透明度，该值越低，发光效果越弱
杂色	可以在发光效果中添加随机的杂色，使光晕呈现颗粒感
发光颜色	【杂色】选项下面的颜色和颜色条用于设置发光颜色
方法	用于设置发光的方法，以控制发光的准确程度
扩展/大小	【扩展】用于设置发光范围的大小；【大小】用于设置光晕范围的大小

5.5.10 投影

【投影】可以为对象添加阴影效果，阴影的透明度、边缘羽化和投影角度等都可以在【图层样式】对话框中设置。投影效果如图 5-56 所示，参数设置如图 5-57 所示，相关选项的作用见表 5-12。

图 5-56 投影效果

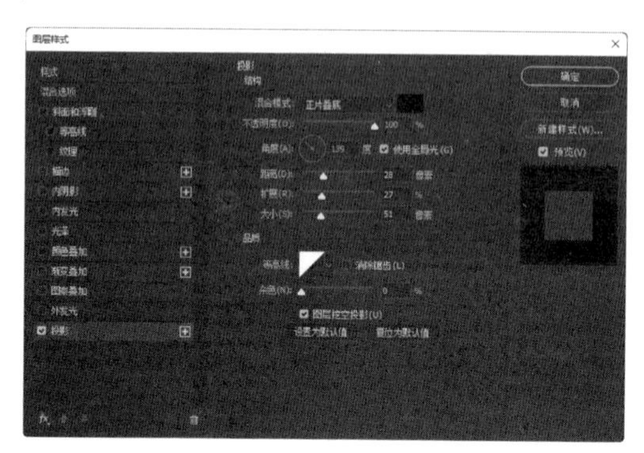

图 5-57 投影参数设置

表 5-12 投影参数设置界面中各选项的作用

选项	功能及作用
混合模式	用于设置投影与下面图层的混合模式，默认为【正片叠底】模式
投影颜色	在【混合模式】后面的颜色框中，可设定阴影的颜色
不透明度	设置图层效果的不透明度，【不透明度】值越大，图像效果就越明显。可直接在后面的数值框中输入数值进行精确调节，或者拖动滑动栏中的三角形滑块
角度	设置光照角度，可确定投下阴影的方向与角度。当选中后面的【使用全局光】复选框时，可将所有图层对象的阴影角度统一
距离	设置阴影偏移的幅度，距离越大，层次感越强；距离越小，层次感越弱
扩展	设置模糊的边界，【扩展】值越大，模糊的部分就越小，可调节阴影的边缘清晰度
大小	设置模糊的边界，【大小】值越大，模糊的部分就越大
等高线	设置阴影的明暗部分，可单击下拉按钮选择预设效果，也可单击预设效果，弹出【等高线编辑器】对话框重新进行编辑。等高线可设置暗部与高光部
消除锯齿	混合等高线边缘的像素，使投影更加平滑。该复选框对于尺寸小且具有复制等高线的投影最有用
杂色	为阴影增加杂点效果，【杂色】值越大，杂点越明显
图层挖空投影	用于控制半透明图层中投影的可见性。选中该复选框后，如果当前图层的填充不透明度小于100%，则半透明图层中的投影不可见

5.5.11 图层样式的编辑

创建好图层样式后，还可以对图层样式进行编辑，包括复制、删除和隐藏图层样式等，下面分别进行介绍。

1. 复制图层样式

选择添加了图层样式的图层，执行【图层】→【图层样式】→【拷贝图层样式】命令复制效果，选择其他图层，执行【图层】→【图层样式】→【粘贴图层样式】命令，可以将效果粘贴到该图层中。

技能拓展

按住【Alt】键将效果图标从一个图层拖动到另外一个图层，可以将该图层的所有效果都复制到目标图层；如果只需要复制一个效果，可按住【Alt】键拖动该效果的名称至目标图层；如果没有按住【Alt】键，则可以将效果转移到目标图层，原图层不再有效果。

2. 删除图层样式

当对创建的样式效果不满意时，可以在【图层】面板中清除图层样式。删除图层样式的方法有两种，下面分别进行介绍。

方法 01 选择需要删除图层样式的图层（如【图层 1】）并右击，在弹出的快捷菜单中选择【清除图层样式】选项。

方法 02 直接将图层后的 fx 图标拖到【图层】面板右下角的【删除图层】按钮上。

3. 隐藏图层样式

在【图层】面板中，如果要隐藏一个效果，可单击该效果前的【切换单一图层效果可见性】图标；如果要隐藏一个图层中的所有效果，可单击该图层【效果】前的【切换所有图层效果可见性】图标。

如果要隐藏文档中所有图层的效果，可以执行【图层】→【图层样式】→【隐藏所有效果】命令。

课堂范例——制作艺术轮廓

步骤 01 打开“素材文件\第 5 章\少女.jpg”，选择【套索工具】，沿着人物拖动鼠标创建选区，如图 5-58 所示。

步骤 02 按【Ctrl+J】组合键复制图像，生成【图层 1】，如图 5-59 所示。

图 5-58 创建选区

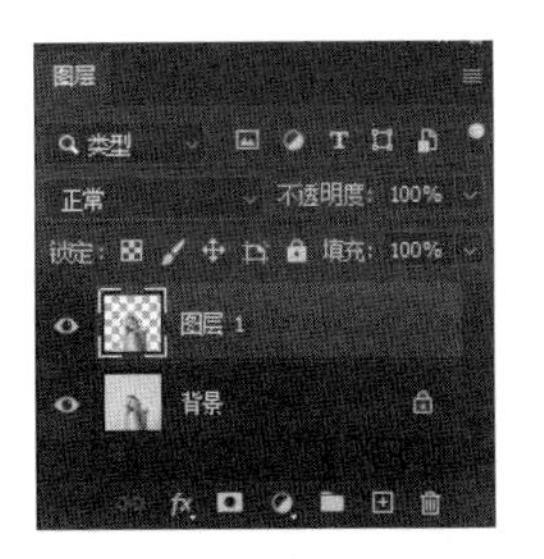

图 5-59 复制图像

步骤 03 双击该图层，打开【图层样式】对话框，选中【内阴影】复选框，设置【混合模式】为正片叠底，【不透明度】为 75%，【角度】为 70 度，【距离】为 21 像素，【阻塞】为 0%，【大小】为 21 像素，单击右上角的【设置阴影颜色】色块，如图 5-60 所示。

步骤 04 弹出【拾色器（内阴影颜色）】对话框，如图 5-61 所示。

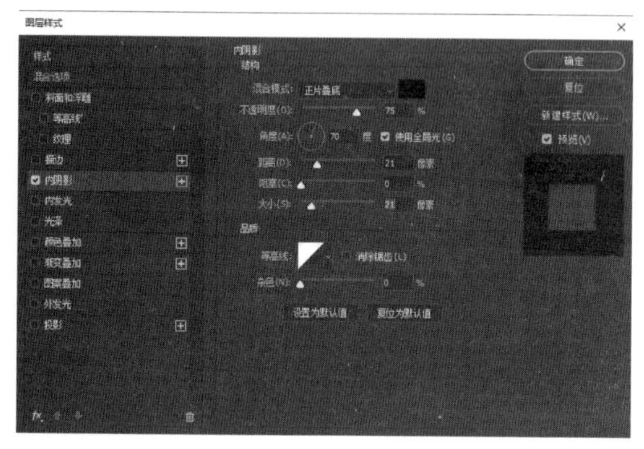

图 5-60 【内阴影】参数设置

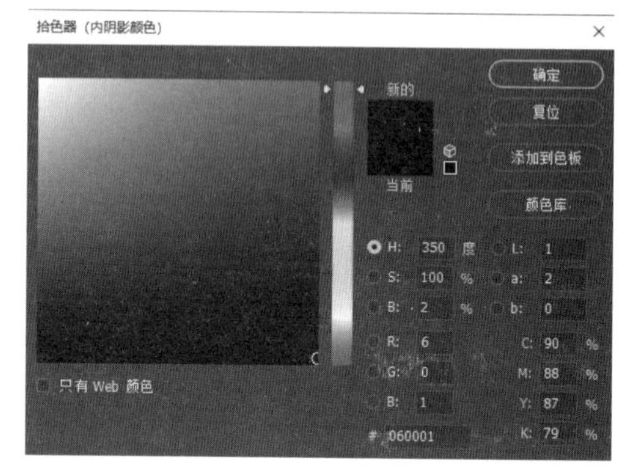

图 5-61 【拾色器（内阴影颜色）】对话框

步骤 05 移动鼠标指针到图像中，鼠标指针会自动变为【吸管工具】，在蝴蝶的深蓝色区域单击吸取颜色，如图 5-62 所示。返回【拾色器（内阴影颜色）】对话框，单击【确定】按钮。

步骤 06 在【图层样式】对话框中选中【内发光】复选框，设置【混合模式】为滤色，【不透明度】为 75%，【阻塞】为 0%，【大小】为 35 像素，【等高线】为锥形，【范围】为 50%，【抖动】为 0%，如图 5-63 所示。

图 5-62 【吸管工具】

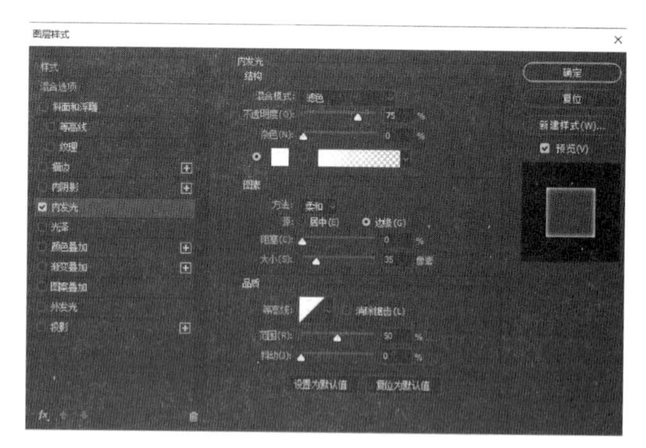

图 5-63 【内发光】参数设置

步骤 07 通过前面的操作，得到内发光效果，如图 5-64 所示。单击【设置发光颜色】色块，如图 5-65 所示。弹出【拾色器（内发光颜色）】对话框。

步骤 08 移动鼠标指针到图像中，指针自动变为【吸管工具】，在蝴蝶浅蓝色区域单击吸取颜色，如图 5-66 所示。在【拾色器（内发光颜色）】对话框单击【确定】按钮。

图 5-64 内发光效果

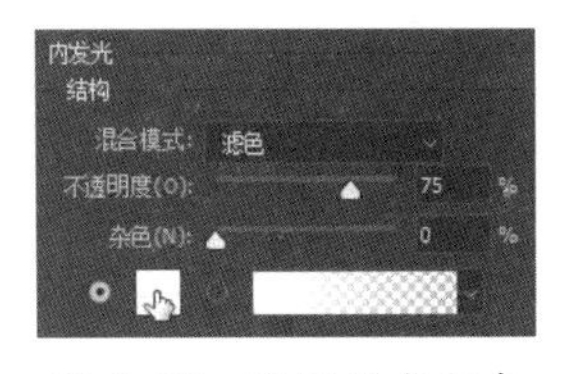

图 5-65 设置发光颜色

图 5-66 吸取内发光颜色

步骤 09 在【图层样式】对话框中选中【描边】复选框，设置【大小】为 8 像素，【颜色】为黑色，单击【确定】按钮，如图 5-67 所示。描边效果如图 5-68 所示。

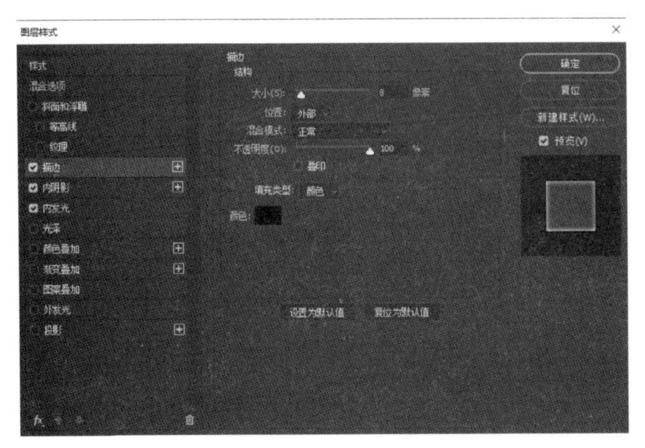

图 5-67 设置描边选项

图 5-68 描边效果

5.6 图层的其他应用

在操作过程中，不仅可以对图层进行复制、锁定等基本编辑，还可以对它进行更加复杂的应用，以实现各种功能应用，包括创建剪贴蒙版图层、填充图层、调整图层等。

5.6.1 创建剪贴蒙版图层

图层剪贴蒙版，以底层图层上的对象作为蒙版区域，上层图层中的对象在蒙版区域内部将被显示，在蒙版区域外部则被隐藏。在【图层】面板中可以创建剪贴蒙版，具体操作方法如下。

步骤 01 打开“素材文件\第 5 章\月亮.psd”，该文件有两个图层，如图 5-69 所示。

步骤 02 打开“素材文件\第 5 章\情侣.jpg”，如图 5-70 所示。

图 5-69　打开月亮文件

图 5-70　打开情侣文件

步骤 03　将情侣图像拖动到月亮图像中，如图 5-71 所示。

步骤 04　执行【图层】→【创建剪贴蒙版】命令，如图 5-72 所示。

图 5-71　拖动图层

图 5-72　执行【创建剪贴蒙版】命令

步骤 05　拖动图层，将对象移动到适当位置，如图 5-73 所示。

步骤 06　按【Ctrl+T】组合键执行自由变换操作，适当缩小图像，如图 5-74 所示。

图 5-73　移动图层

图 5-74　缩小图像

按【Alt+Ctrl+G】组合键可以快速创建剪贴蒙版，再次按【Alt+Ctrl+G】组合键可以释放剪贴蒙版。

5.6.2 填充图层

创建填充图层，可以为目标图像添加色彩、渐变或图案填充效果，这是一种保护性色彩填充，并不会改变图像自身的颜色。下面以渐变填充为例，讲解创建填充图层的具体操作方法。

步骤 01 打开“素材文件\第 5 章\矢量人物.psd”，单击选中【背景】图层，如图 5-75 所示。

步骤 02 在【图层】面板中，执行【图层】→【新建填充图层】→【渐变】命令，打开【新建图层】对话框，单击【确定】按钮，如图 5-76 所示。

图 5-75 打开文件并选择图层

图 5-76 【新建图层】对话框

步骤 03 打开【渐变填充】对话框，设置渐变色为黄色到透明渐变，【样式】为线性，【角度】为 90 度，单击【确定】按钮，如图 5-77 所示。

步骤 04 渐变填充图层效果如图 5-78 所示。

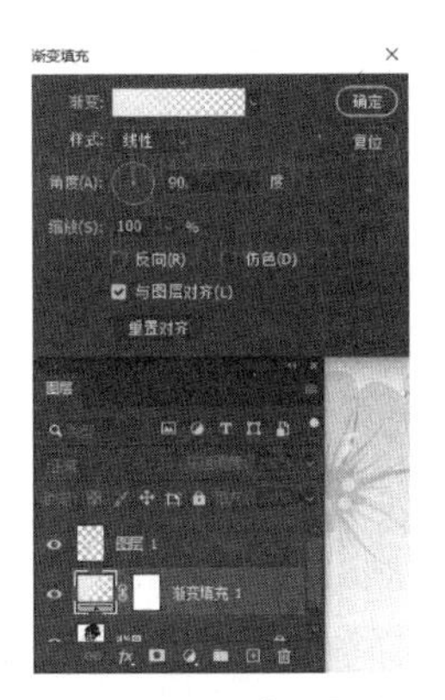

图 5-77 【渐变填充】对话框

图 5-78 渐变填充图层效果

5.6.3 创建调整图层

执行【窗口】→【调整】命令，即可打开【调整】面板，如图 5-79 所示。在【调整】面板中，Photoshop 将 16 种调整命令集中到一起，单击要创建的调整命令图标，即可在当前图层上方创建一个调整图层，并且会自动切换到该调整命令的面板以便用户进行设置，如图 5-80 所示。调整图层效果如图 5-81 所示，相关选项的作用见表 5-13。

图 5-79 【调整】面板

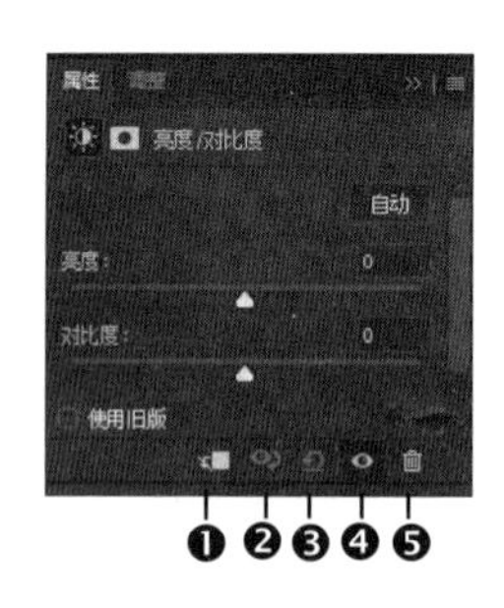

图 5-80 【属性】面板

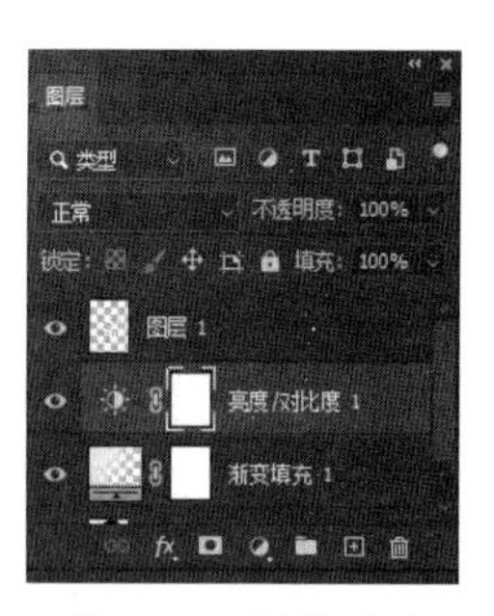

图 5-81 调整图层

表 5-13 【属性】操作界面中各选项的作用

选项	功能及作用
❶此调整影响下面的所有图层	单击该按钮，用户设置的调整图层效果将影响下面的所有图层
❷按此按钮可查看上一状态	单击该按钮，可在图像窗口中快速切换原图像与设置调整图层后的效果
❸复位到调整默认值	单击该按钮，可以将设置的调整参数恢复到默认值
❹切换图层可见性	单击该按钮，可隐藏用户创建的调整图层，再次单击可以显示调整图层
❺删除此调整图层	单击该按钮，将会弹出询问对话框，询问是否删除调整图层，单击【是】按钮即可删除相应的调整图层

5.6.4 创建智能对象图层

智能对象的缩览图右下角会显示智能对象图标，常用的创建智能对象的方法如下。

方法 01 执行【文件】→【打开智能对象】命令，打开【打开】对话框，选择一个文件作为智能对象打开。

方法 02 在文档中置入智能对象：打开一个文件后，执行【文件】→【置入嵌入对象】命令，可以将另外一个文件作为智能对象置入当前文档。

方法 03 在【图层】面板中选择一个或多个图层，执行【图层】→【智能对象】→【转换为智能对象】命令，将它们打包到一个智能对象中，如图 5-82 所示。生成智能对象图层，如图 5-83 所示。

图 5-82 选择图层

图 5-83 转换为智能对象图层

在 Photoshop 2022 中，智能对象图层能转回图层。在智能对象图层上右击，在弹出的快捷菜单中选择【转换为图层】选项，如图 5-84 所示，就将其转换为【图层 2 - 智能对象组】图层组，被转换回来的图层就在里面，如图 5-85 所示。

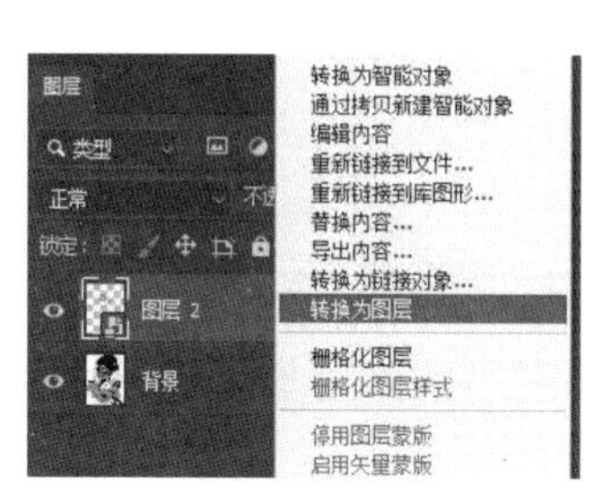

图 5-84 转为图层

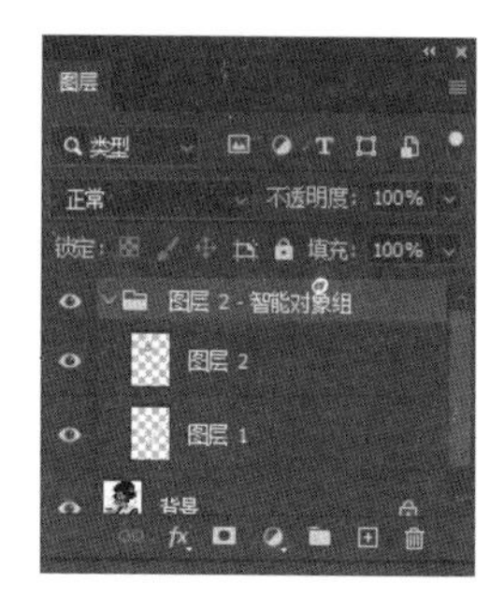

图 5-85 智能对象转为图层结果

5.6.5 创建图层复合

图层复合是【图层】面板状态的快照，它记录了当前文档中图层的可见性、位置和外观（包括图层的不透明度、混合模式及图层样式等），通过图层复合可以快速地在文档中切换不同版面的显示状态，比较适合展示多种设计方案。

【图层复合】面板用于创建、编辑、显示和删除图层复合。执行【窗口】→【图层复合】命令，即可打开【图层复合】面板，如图 5-86 所示，相关选项的作用见表 5-14。

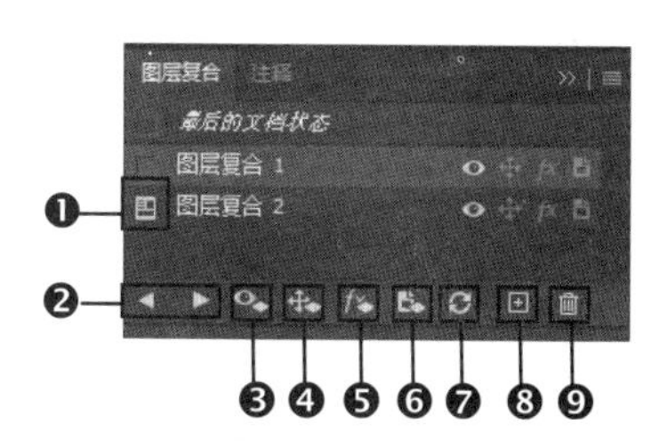

图 5-86 【图层复合】面板

表 5-14 【图层复合】操作界面中各选项的作用

选项	功能及作用
❶图层复合	显示该图层的图层复合为当前使用的图层复合
❷应用选中的上/下一个图层复合	切换到上/下一个图层复合
❸更新所选图层复合和图层的可见性	更新所选图层复合和图层的显隐
❹更新所选图层复合和图层的位置	更新所选图层复合和图层的位置
❺更新所选图层复合和图层的外观	更新所选图层复合和图层的图层样式
❻针对所选图层和图层复合，更新智能对象的图层复合选区	更新智能对象的图层复合选区
❼更新图层复合	如果更改了图层复合的配置，可单击该按钮进行更新
❽创建新的图层复合	用于创建一个新的图层复合
❾删除图层复合	用于删除当前创建的图层复合

课堂范例——创建虚边效果

步骤 01 打开“素材文件\第 5 章\玫瑰.jpg”文件，使用【椭圆选框】工具在图像中创建选区，如图 5-87 所示。

步骤 02 按【Shift+F6】组合键，执行羽化命令，设置【羽化半径】为 100 像素，单击【确定】按钮，如图 5-88 所示。

图 5-87 创建选区

图 5-88 执行羽化命令

步骤 03 按【Shift+Ctrl+I】组合键反向选区，如图 5-89 所示。

步骤 04 执行【图层】→【新建填充图层】→【渐变】命令，弹出【新建图层】对话框，单击【确定】按钮，如图 5-90 所示。

图 5-89 反向选区

图 5-90 新建图层

步骤 05 渐变为黑白渐变，【样式】为径向，【角度】为 90 度，【缩放】为 1%，单击【确定】按钮，如图 5-91 所示。

步骤 06 更改图层混合模式为【叠加】，显示最终效果，如图 5-92 所示。

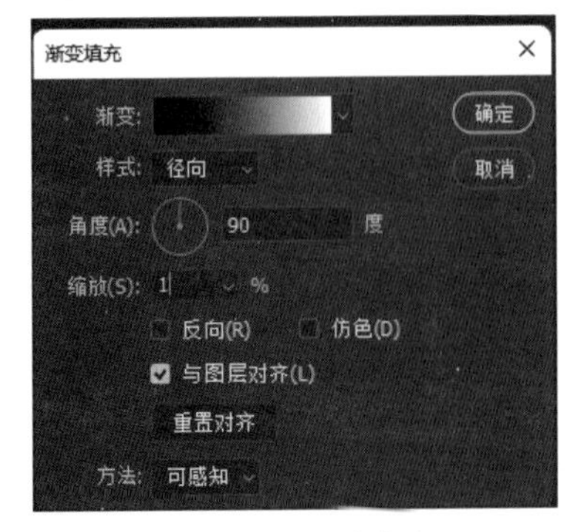

图 5-91 设置渐变

图 5-92 更改图层混合模式

课堂问答

通过本章的讲解，大家对图层的基本应用有了一定的了解，下面列出一些常见的问题供学习参考。

问题 1：如何查找和隔离图层？

答：在制作图像文件时，如果图层太多，通常不能快速找到指定的图层，Photoshop的查找和隔离图层功能能够快速选择和隔离指定图层，具体操作方法如下。

步骤 01 打开“素材文件\第 5 章\蝴蝶仙子.psd”，该文件有 7 个图层，如图 5-93 所示。

步骤 02 在【图层】面板中设置左侧的【选取滤镜类型】为名称，输入“鲜花”，得到目标图层，如图 5-94 所示。应用图层过滤后，单击【图层】面板右侧的【打开或关闭图层过滤】按钮，可以恢复默认的图层效果，如图 5-95 所示。

图 5-93　打开文件

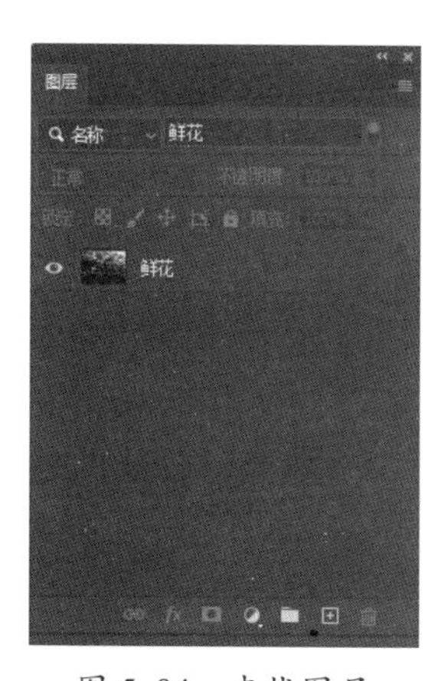

图 5-94　查找图层

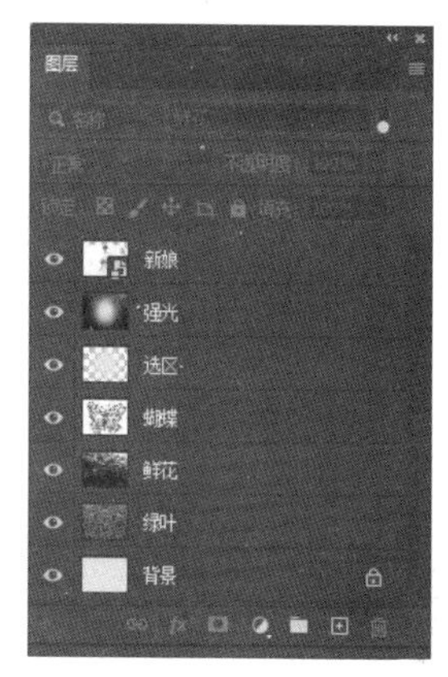

图 5-95　关闭图层过滤

步骤 03 在【图层】面板中，选中需要隔离的图层，在图像中右击，在弹出的快捷菜单中选择【隔离图层】选项，如图 5-96 所示。通过前面的操作，【图层】面板中只显示指定图层，选择【移动工具】移动图层，不会影响其他图层，如图 5-97 所示。

图 5-96　选择【隔离图层】命令

图 5-97　移动图层

问题 2：调整图层有什么作用？

答：图像色彩与色调的调整方式有两种，一种是通过菜单中的【调整】命令进行调整，另一种就是通过调整图层来操作。但是通过【调整】命令，会直接修改所选图层中的像素。调整图层可以达到同样的效果，但不会修改图像像素，也称为非破坏性调整，并且能使用图层混合、图层不透明度、剪贴蒙版等功能，得到更丰富的效果。

上机实战——合成翱翔的女巫

为了帮助读者巩固本章知识点，下面讲解一个技能综合案例。

效果展示

思路分析

合成在空中翱翔的女巫画面，画面需要富有动感，整体场景协调，具体方法如下。

本例首先拼合素材图像，接下来通过【图层样式】添加外发光效果，应用【动感模糊】命令得到动感效果，最后微调画面得到最终效果。

制作步骤

步骤 01 打开“素材文件\第 5 章\翅膀.jpg”，选择【魔棒工具】，在选项栏中设置【容差】为 10，然后在白色背景处单击创建选区，如图 5-98 所示。

步骤 02 执行【选择】→【反向】命令，反向选中翅膀，如图 5-99 所示。

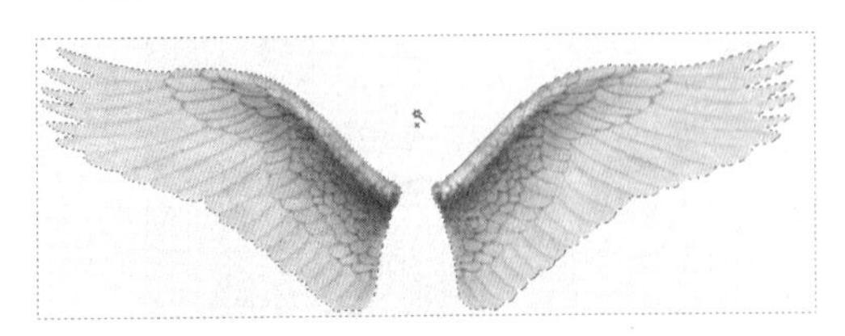

图 5-98　创建选区

图 5-99　反向选区

步骤 03 打开“素材文件\第 5 章\蓝天.jpg”，选择【移动工具】，单击并拖动翅膀至新打开的文件中，如图 5-100 所示。打开“素材文件\第 5 章\女巫.jpg”，选择【快速选择工具】，拖动鼠标选中女巫，如图 5-101 所示。

图 5-100 拖动图像

图 5-101 选中女巫

步骤 04 拖动女巫到蓝天文件中，如图 5-102 所示。执行【编辑】→【变换】→【水平翻转】命令，移动到左侧适当位置，如图 5-103 所示。

图 5-102 拖动图像

图 5-103 水平翻转图像

步骤 05 在【图层】面板中，更改【图层 1】为翅膀，【图层 2】为女巫，如图 5-104 所示。单击选中【翅膀】图层，按【Ctrl+T】组合键执行自由变换操作，旋转和缩小图像，如图 5-105 所示。

步骤 06 在【图层】面板中，双击【翅膀】图层，打开【图层样式】对话框，选中【外发光】复选框，设置【混合模式】为滤色，【发光颜色】为黄色，【不透明度】为 75%，【扩展】为 5%，【大小】为 40 像素，【范围】为 50%，【抖动】为 0%，单击【确定】按钮，如图 5-106 所示。

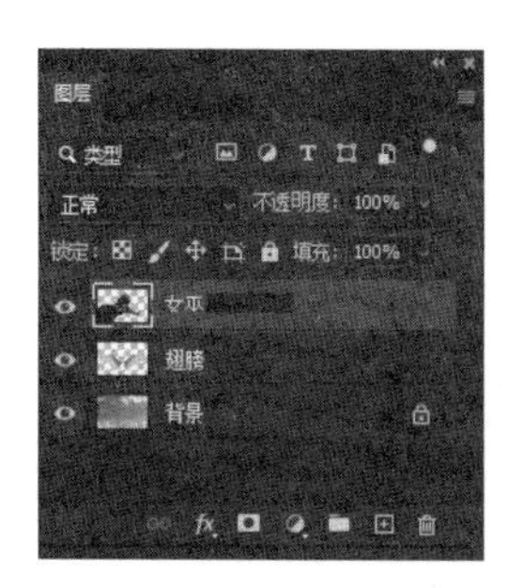

图 5-104 更改图层名称

图 5-105 变换翅膀图层

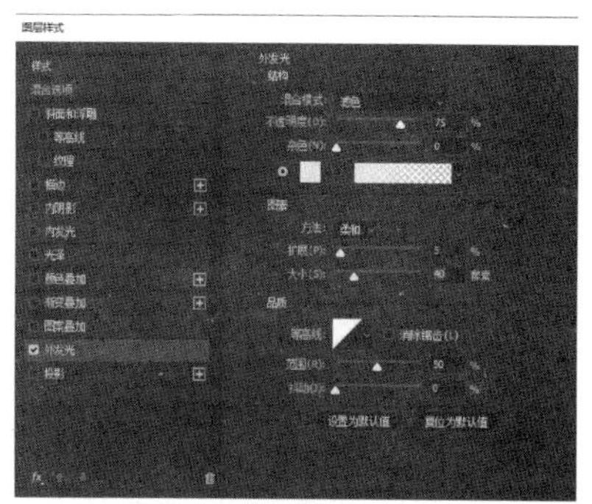

图 5-106 设置外发光选项

步骤 07 通过前面的操作，为翅膀添加外发光效果，如图 5-107 所示。单击选中【女巫】图层，执行【图像】→【调整】→【曲线】命令，打开【曲线】对话框，拖动调整曲线形状，单击【确定】按钮，如图 5-108 所示。

图 5-107 外发光效果

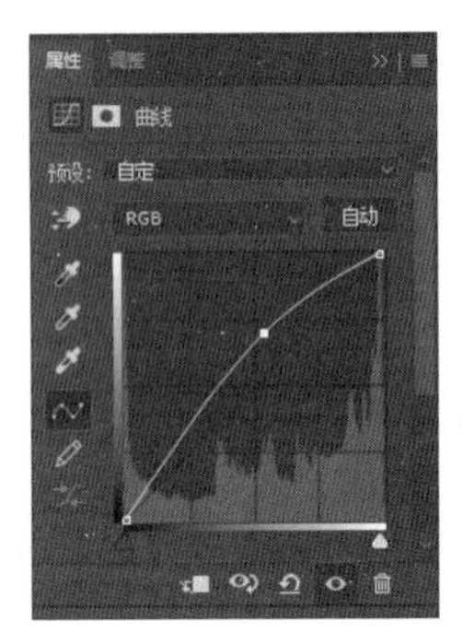

图 5-108 调整曲线形状

步骤 08 通过前面的操作，调亮女巫图像，如图 5-109 所示。

步骤 09 在【图层】面板中，选中【女巫】和【翅膀】图层，按【Alt+Ctrl+E】组合键盖印选择图层，生成【女巫（合并）】图层，如图 5-110 所示，将其重命名为“动态”。

图 5-109 调亮图像

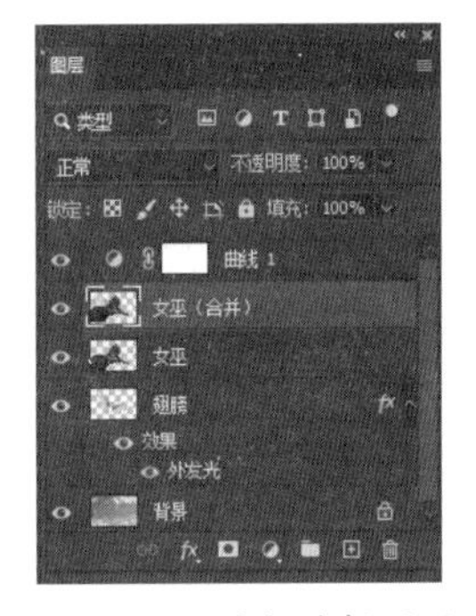

图 5-110 盖印选择图层

步骤 10 执行【滤镜】→【模糊】→【动感模糊】命令，在【动感模糊】对话框中，设置【角度】为 60 度，【距离】为 80 像素，单击【确定】按钮，如图 5-111 所示。通过前面的操作，得到动感模糊效果，如图 5-112 所示。

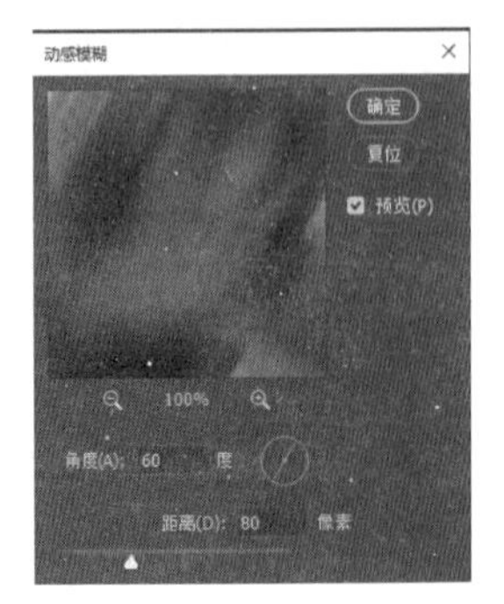

图 5-111 【动感模糊】对话框

图 5-112 【动感模糊】效果

步骤 11 拖动【动态】图层到【翅膀】图层下方，如图 5-113 所示。使用【移动工具】向下方移动适当位置，效果如图 5-114 所示。

图 5-113 调整图层顺序

图 5-114 移动位置

步骤 12 更改【动态】图层不透明度为 50%，如图 5-115 所示。降低图层不透明度后，效果如图 5-116 所示。

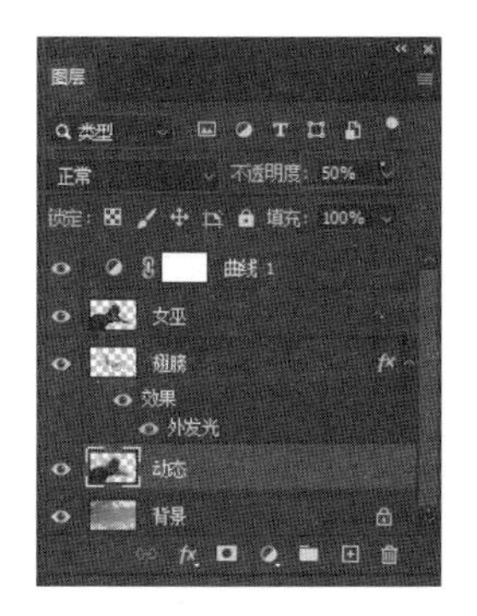

图 5-115 调整不透明度

图 5-116 图像效果

步骤 13 选中除【背景】图层外的所有图层，如图 5-117 所示。按【Ctrl+T】组合键执行自由变换操作，适当缩小图像，如图 5-118 所示。最终效果如图 5-119 所示。

图 5-117 选择图层

图 5-118 缩小图像

图 5-119 最终效果

同步训练——合成场景并设置展示方案

为了增强读者的动手能力，下面安排一个同步训练案例。

图解流程

思路分析

Photoshop图层混合可以生成炫目的特殊效果，这些效果在现实场景中通常不能见到，还可以把多个效果制作为展示方案进行比较，下面讲解具体操作方法。

本例首先拼合素材图像，接下来通过图层混合模式混合图层，通过复制图层加强效果，最后创建两个展示方案，完成制作。

关键步骤

步骤 01 打开“素材文件\第 5 章\枫林.jpg”和“素材文件\第 5 章\眼睛.jpg”，拖动眼睛图像到枫林图像中，更改图层名称为【眼睛】。更改【眼睛】图层混合模式为【叠加】，效果如图 5-120 所示。

步骤 02 按【Ctrl+J】组合键复制【眼睛】图层，增加图像亮度，如图 5-121 所示。

图 5-120　混合图层

图 5-121　复制图层

步骤03　打开“素材文件\第5章\吹泡泡.jpg”，拖动到枫林图像中，更改图层名称为【吹泡泡】，更改图层混合模式为【滤色】。

步骤04　单击【图层复合】面板中的【创建新的图层复合】按钮，如图5-122所示，在打开的【新建图层复合】对话框中，设置【名称】为【方案1】，单击【确定】按钮，如图5-123所示。

图5-122　创建图层复合

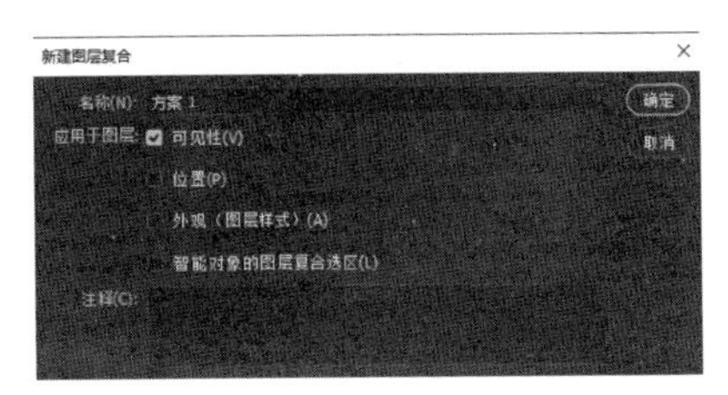

图5-123　【新建图层复合】对话框

步骤05　通过前面的操作，新建【方案1】图层，该图层复合记录了【图层】面板中图层的当前显示状态，如图5-124所示。

步骤06　单击【眼睛】和【眼睛 拷贝】图层前面的【指示图标可见性】图标，隐藏这两个图层，如图5-125所示。

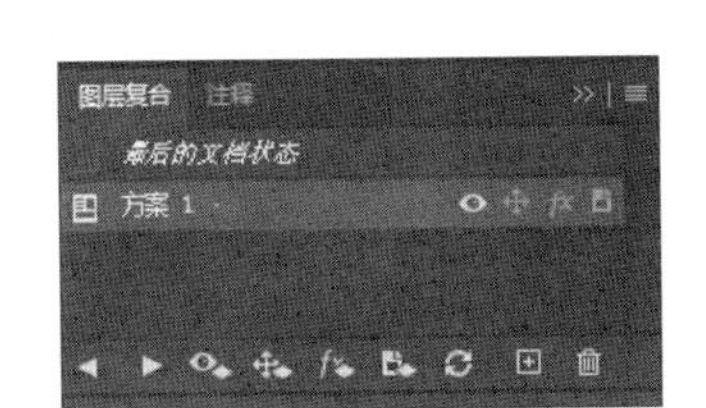

图5-124　新建方案1

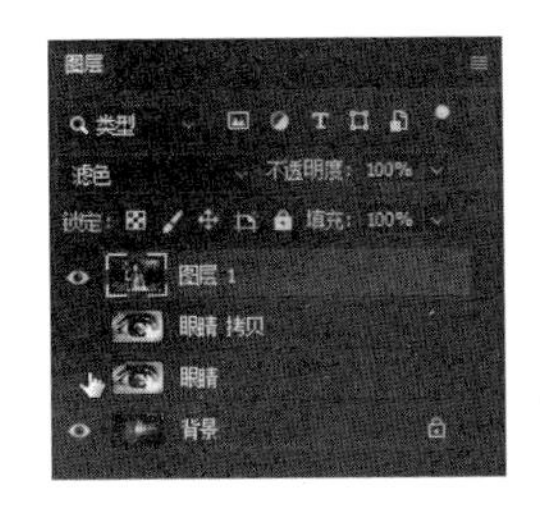

图5-125　隐藏图层

步骤07　再次单击【图层复合】面板中的【创建新的图层复合】按钮，在打开的【新建图层复合】对话框中，设置【名称】为【方案2】，单击【确定】按钮。

步骤08　通过前面的操作，新建【方案2】图层，该图层复合记录了【图层】面板中图层的当前显示状态（隐藏【眼睛】和【眼睛 拷贝】图层）。

步骤09　在【图层复合】面板中，单击目标方案前方的【图层复合】图标（例如【方案1】前面的【图层复合】图标），如图5-126所示。可以切换到相应的展示方案，如图5-127所示。

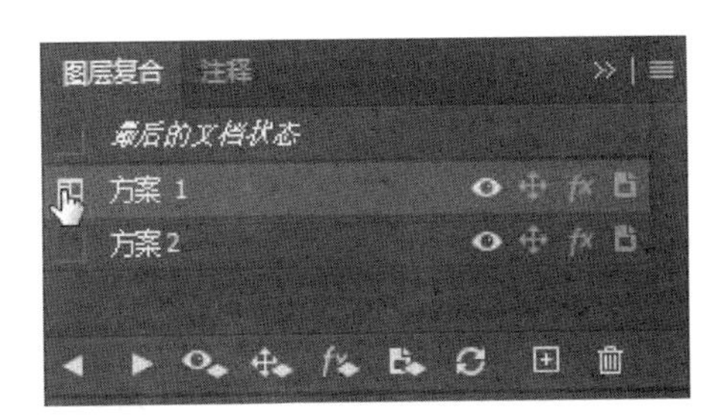

图5-126　切换到方案1

图5-127　方案1效果

知识能力测试

本章讲解了图层的基本应用，为对知识进行巩固和考核，布置了相应的练习题。

一、填空题

1. 通过图层，用户可以设定图像的________，或者编辑图层的一些特效来丰富图像的艺术效果。

2. 相同属性的图层可以________，不仅便于管理，还可减少占用的磁盘空间，以加快操作速度。

3. 创建填充图层，可以为目标图像添加色彩、渐变或图案填充效果，这是一种保护性色彩填充，并不会改变________的颜色。

二、选择题

1. 包含矢量数据的图层，需要先将其(　　)，使图层中的内容转换为栅格图像，才能够进行相应的编辑。

A. 合并　　B. 链接　　C. 复制　　D. 栅格化

2. 盖印的快捷键是(　　)。

A.【Ctrl+E】　　B.【Alt+Shift+Ctrl+E】　　C.【Alt+Ctrl+E】　　D.【Alt+Shif+E】

3. (　　)，以底层图层上的对象形状作为蒙版区域，上层图层中的对象在蒙版区域内部将被显示，在蒙版区域外部则被隐藏。

A. 图层组　　B. 图层剪贴蒙版　　C. 快速蒙版　　D. 调整图层

三、简答题

1. 请简单回答在Photoshop 2022 中有哪些图层类型。

2. 请简单回答背景图层和普通图层有什么区别，在Photoshop 2022 中它们之间如何相互转换。

Photoshop 2022

第6章 蒙版和通道的技术运用

蒙版可以保护图像的选择区域，并可将部分图像处理成透明或半透明效果。通道是存储不同类型信息的灰度图像。通过本章的学习，大家可以了解什么是蒙版和通道，以及它们的主要用途。

学习目标

- 掌握快速蒙版的创建与编辑方法
- 掌握图层蒙版的创建与编辑方法
- 掌握矢量蒙版的创建与编辑方法
- 掌握剪贴蒙版的创建与编辑方法
- 掌握通道的基本操作
- 掌握通道的计算

6.1 蒙版基本操作

Photoshop提供了几种蒙版：快速蒙版、图层蒙版、矢量蒙版和剪贴蒙版，下面分别进行介绍。

6.1.1 创建快速蒙版

快速蒙版是一种临时蒙版，其作用主要是用来创建选区及修改选区。当退出快速蒙版时，透明部分就转换为选区，而蒙版就不存在了。

使用快速蒙版处理图像前，首先要创建快速蒙版，创建快速蒙版的具体操作方法如下。

步骤 01 打开"素材文件\第 6 章\彩球.jpg"，使用【快速选择工具】在图像中拖动创建选区，如图 6-1 所示。

步骤 02 按【Q】键或单击工具箱中的【以快速蒙版模式编辑】按钮，切换到快速蒙版编辑模式。选区外的范围被红色蒙版遮挡，如图 6-2 所示。

图 6-1 创建选区

图 6-2 快速蒙版状态

步骤 03 再次单击工具箱中的【以标准模式编辑】按钮，或者按【Q】键可以退出快速蒙版。

温馨提示

进入快速蒙版的快捷键是【Q】，退出快速蒙版的快捷键也是【Q】。在快速蒙版状态时，当用白色【画笔工具】涂抹时，表示增加原选区的大小，当用黑色【画笔工具】涂抹时，表示减少原选区的大小。

6.1.2 【蒙版】面板

在Photoshop 2022 中，蒙版参数可以在【属性】面板中进行设置，执行【窗口】→【属性】命令，可以打开【属性】面板，如图 6-3 所示，相关选项的作用见表 6-1。

表 6-1 【属性】操作界面中各选项的作用

选项	功能及作用
❶蒙板预览框	通过预览框可查看蒙版形状，且在其后显示当前创建的蒙版类型
❷密度	拖动滑块可以控制蒙版的不透明度，即蒙版的遮盖强度
❸羽化	拖动滑块可以控制柔化蒙版边缘的程度
❹快速图标	单击按钮，可将蒙版载入为选区；单击按钮，可将蒙版效果应用到图层中；单击按钮，可停用或启用蒙版；单击按钮，可删除蒙版
❺添加蒙板	为添加像素蒙板、为添加矢量蒙板
❻选择并遮住	单击该按钮，可以打开【选择并遮住】对话框，通过快速选择、调整边缘画笔等工具制作或调整蒙版
❼颜色范围	单击该按钮，可以打开【颜色范围】对话框，通过在图像中取样并调整颜色容差可修改蒙版范围
❽反相	可反转蒙版的遮盖区域

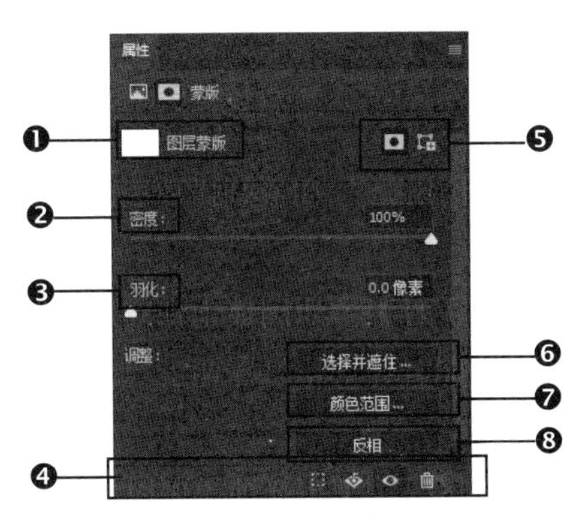

图 6-3 【属性】面板

6.1.3 图层蒙版

图层蒙版附加在目标图层上，用于控制图层中的部分区域是隐藏还是显示。其原理是亮度决定透明度，亮度越低图层越透明，反之就越不透明，即蒙版是黑色处就完全透明，蒙版是白色处就完全不透明，蒙版是灰色处根据灰色半透明。通过使用图层蒙版，可以在图像处理中制作出特殊的效果，而且可以保护素材（若是操作失误或效果不理想，可以删除图层蒙版而不影响原图层）。

1. 创建图层蒙版

在【图层】面板中创建图层蒙版的方法主要有以下几种。

方法 01　执行【图层】→【图层蒙版】→【显示全部】命令，创建显示图层内容的白色蒙版。执行【图层】→【图层蒙版】→【隐藏全部】命令，创建隐藏图层内容的黑色蒙版。如果图层中有透明区域，执行【图层】→【图层蒙版】→【从透明区域】命令，创建隐藏透明区域的图层蒙版。

方法 02　创建选区后，单击【图层】面板下方的【添加图层蒙版】按钮，创建显示选区内图像的蒙版；按住【Alt】键单击【添加图层蒙版】按钮，则创建隐藏图层内容的黑色蒙版。

2. 停用 / 启用图层蒙版

对于已经通过蒙版进行编辑的图层，如果需要查看原图效果，可以通过【停用】命令暂时隐藏蒙版效果。除在【蒙版】面板中进行操作外，还可以执行【图层】→【图层蒙版】→【停用】命令进行停用，此时图层蒙版缩览图上会出现一个红叉，如图 6-4 所示。

执行【图层】→【图层蒙版】→【启用】命令，可重新启用图层蒙版，如图 6-5 所示。

图 6-4　停用图层蒙版

图 6-5　启用图层蒙版

技能拓展

按住【Shift】键的同时，单击该蒙版的缩览图，可快速关闭该蒙版。按住【Shift】键的同时，若再次单击该缩览图，则显示蒙版。

3. 应用图层蒙版

通过在蒙版的【属性】面板中单击【应用蒙版】按钮，可将设置的蒙版应用到当前图层中，即将蒙版与图层中的图像合并。还可以执行【图层】→【图层蒙版】→【应用】命令，来应用图层蒙版。

4. 删除图层蒙版

如果不需要创建的蒙版效果，可以将其删除。除在【蒙版】面板中进行操作外，删除蒙版的其他常用方法有以下几种。

方法 01　执行【图层】→【图层蒙版】→【删除】命令。

方法 02　在【图层】面板中选择该蒙版的缩览图，并将其拖动至面板底部的【删除图层】按钮处。

5. 复制与转移蒙版

按住【Alt】键拖动图层蒙版缩览图至目标图层，可以将蒙版复制到目标图层。如果直接将蒙版拖至目标图层，则可将该蒙版转移到目标图层，原图层将不再有蒙版。

6. 链接与取消链接蒙版

创建图层蒙版后，蒙版缩览图和图像缩览图中间有一个链接图标，它表示蒙版与图像处于链接状态，此时进行变换操作，蒙版会与图像一同变换。

执行【图层】→【图层蒙版】→【取消链接】命令，或者单击链接图标，可以取消链接，取消后可以单独变换图像和蒙版。

课堂范例——笑靥如花

步骤 01　打开“素材文件\第 6 章\人物.jpg”和“素材文件\第 6 章\花朵.jpg”，如图 6-6 和图 6-7 所示。

图 6-6 打开人物文件

图 6-7 打开花朵文件

步骤 02 拖动花朵图像到人物图像中，如图 6-8 所示。执行【编辑】→【变换】→【顺时针旋转 90 度】命令，将图像移动到适当位置，如图 6-9 所示。

图 6-8 合并图像

图 6-9 顺时针旋转

步骤 03 在【图层】面板中，单击【添加图层蒙版】按钮，为【图层 1】添加图层蒙版，如图 6-10 所示。

步骤 04 选择【画笔工具】，确保前景色为黑色，在背景处涂抹，隐藏部分图像，如图 6-11 所示。

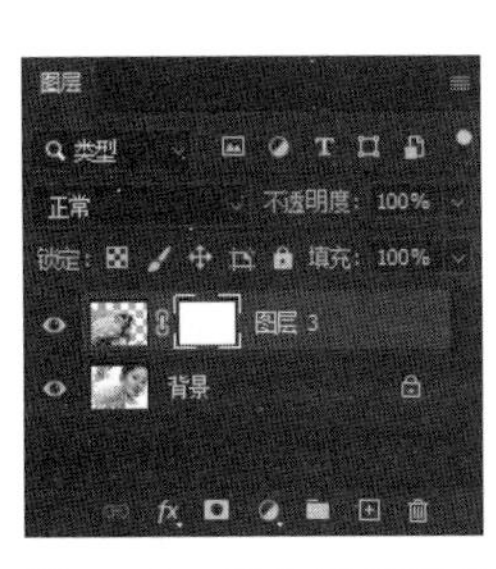

图 6-10 添加图层蒙版

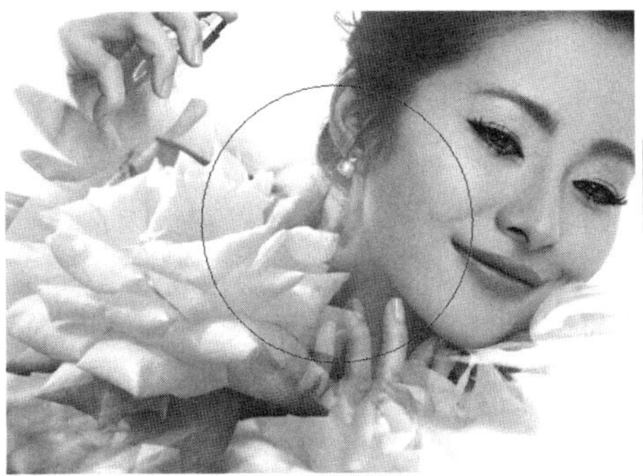

图 6-11 修改图层蒙版

步骤 05 右击图层蒙版缩略图，在弹出的快捷菜单中选择【应用图层蒙版】选项，如图 6-12 所示。通过前面的操作，将蒙版转换为普通图层，如图 6-13 所示。

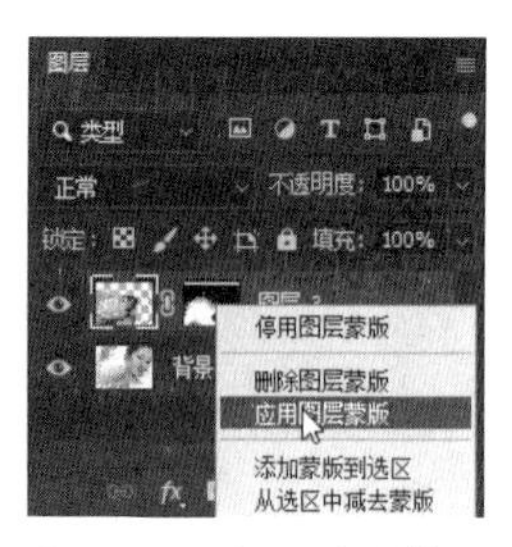

图 6-12 应用图层蒙版

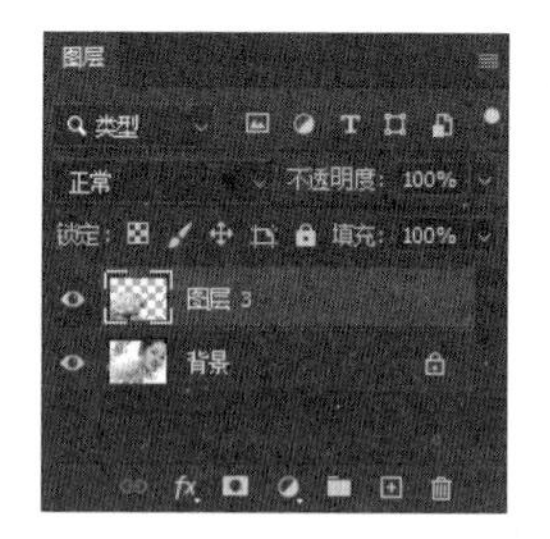

图 6-13 将蒙版转为普通层

6.1.4 矢量蒙版

矢量蒙版则将矢量图形引入蒙版中，它不仅丰富了蒙版的多样性，还提供了一种可以在矢量状态下编辑蒙版的特殊方式。

1. 创建矢量蒙版

在【图层】面板中创建矢量蒙版的方法主要有以下几种。

方法 01 执行【图层】→【矢量蒙版】→【显示全部】命令，创建显示图层内容的矢量蒙版。执行【图层】→【矢量蒙版】→【隐藏全部】命令，创建隐藏图层内容的矢量蒙版。

方法 02 创建路径后，执行【图层】→【矢量蒙版】→【当前路径】命令，或者按住【Ctrl】键，单击【图层】面板中的【添加图层蒙版】按钮，可创建矢量蒙版，路径外的图像会被隐藏。

创建矢量蒙版后，可以对矢量蒙版进行应用、停用、链接、删除等操作，操作方法与图层蒙版相同。

2. 编辑矢量蒙版

创建矢量蒙版后，可以使用路径编辑工具移动或修改路径形状，从而改变蒙版的遮盖区域。使用【路径选择工具】选择路径，执行【编辑】→【变换路径】命令下的命令，可以对矢量蒙版进行各种变换操作。

3. 矢量蒙版转换为图层蒙版

选择矢量蒙版所在的图层，执行【图层】→【栅格化】→【矢量蒙版】命令，可将其栅格化，转换为图层蒙版。

课堂范例——月牙边框

步骤 01 打开“素材文件\第 6 章\花朵背景.jpg”和“素材文件\第 6 章\女孩.jpg”，如图 6-14 和图 6-15 所示。

步骤 02 拖动女孩图像到花朵背景图像中，如图 6-16 所示。执行【窗口】→【形状】命令，打开【形状】面板，单击右上角的扩展按钮，在弹出的菜单中执行【旧版形状及其他】命令，载入旧版形状，如图 6-17 所示。

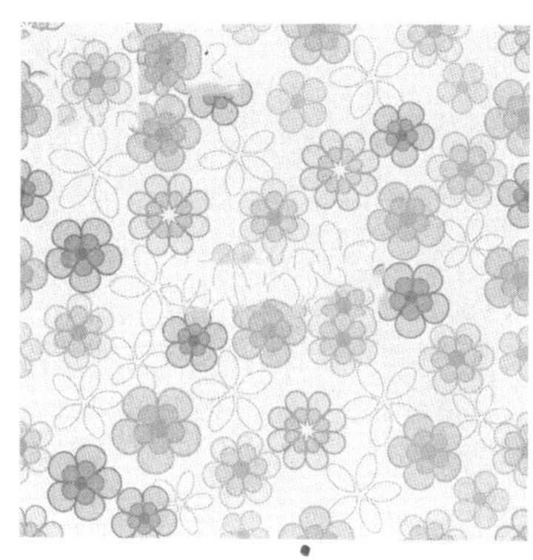

图 6-14 花朵背景

图 6-15 女孩

图 6-16 合并图像

步骤 03 选择【自定形状工具】，在选项栏中选择【路径】选项，单击【形状】右侧的下拉按钮，打开【形状】下拉面板，选择【旧版形状及其他】→【所有旧版默认形状】→【艺术纹理】→【艺术效果 8】选项，拖动鼠标绘制路径，如图 6-18 所示。

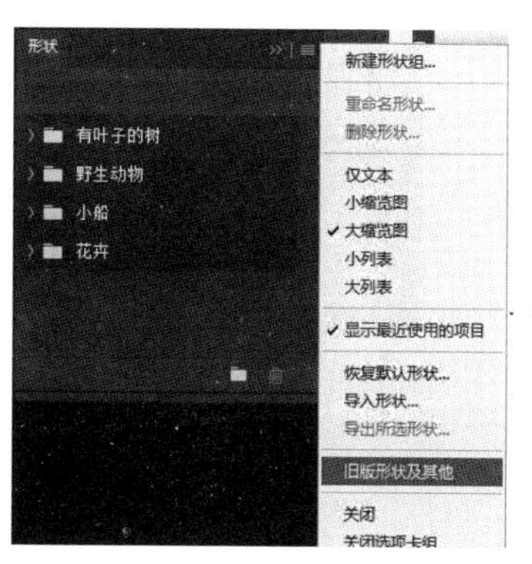

图 6-17 载入旧版形状

图 6-18 选择形状绘制矢量图形

步骤 04 执行【图层】→【矢量蒙版】→【当前路径】命令，即可创建矢量蒙版，路径区域外的图像会被蒙版遮盖，如图 6-19 所示。

步骤 05 使用【路径选择工具】选择路径，如图 6-20 所示。执行【编辑】→【变换路径】→【变形】命令，进入路径变换状态，如图 6-21 所示。

图 6-19 创建矢量蒙版

图 6-20 选择路径

图 6-21 路径变换状态

步骤 06 拖动变换点调整路径形状，如图 6-22 所示。在选项栏中单击【提交变换】按钮，效果如图 6-23 所示。

图 6-22 调整路径形状

图 6-23 确认变换

步骤 07 右击矢量蒙版缩览图，在弹出的快捷菜单中选择【栅格化矢量蒙版】选项，如图 6-24 所示。通过前面的操作，将矢量蒙版转换为图层蒙版，如图 6-25 所示。

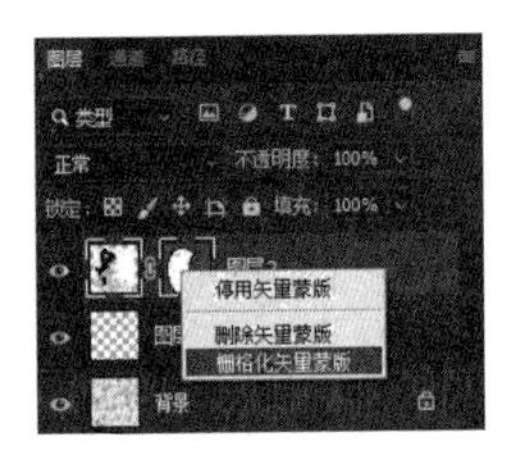

图 6-24 选择命令

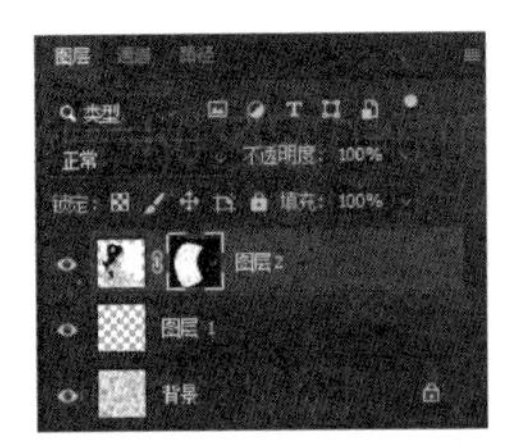
图 6-25 栅格化矢量蒙版

6.1.5 剪贴蒙版

剪贴蒙版是通过下方图层的形状来限制上方图层的显示状态，达到一种剪贴画的效果。它的最大优点是可以通过一个图层来控制多个图层的可见内容，而图层蒙版和矢量蒙版都只控制一个图层。

课堂范例——制作可爱的头像效果

步骤 01 打开“素材文件\第 6 章\黄花.jpg”，如图 6-26 所示。选择【快速选择工具】，拖动鼠标选中黄色花蕊，按【Ctrl+J】组合键复制图层，生成【图层 1】，如图 6-27 所示。

图 6-26 打开素材

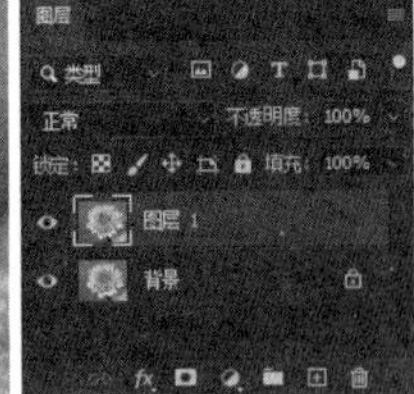
图 6-27 创建选区并复制图层

步骤 02　打开“素材文件\第 6 章\女童.jpg”，拖动到黄花图像中，如图 6-28 所示。

步骤 03　生成【图层 2】。确保【图层 2】处于选中状态，如图 6-29 所示。

图 6-28　打开素材

图 6-29　选中图层

步骤 04　执行【图层】→【创建剪贴蒙版】命令，创建剪贴蒙版，如图 6-30 所示。

步骤 05　在【图层】面板中，最上面的剪贴图层缩览图缩进，并且带有一个向下的箭头，基底图层名称带一条下划线，如图 6-31 所示。

图 6-30　剪贴蒙版效果

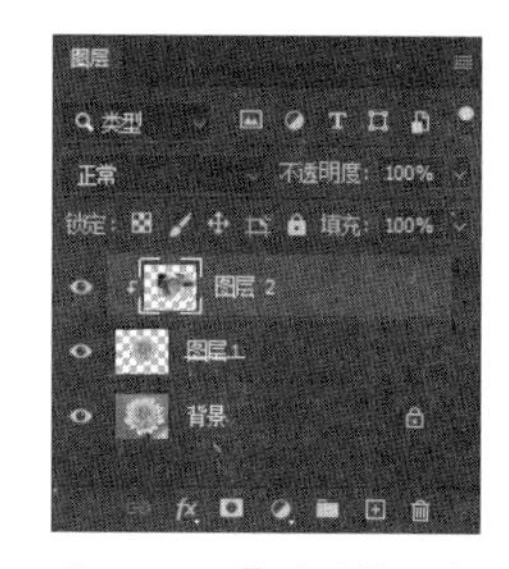

图 6-31　【图层】面板

步骤 06　按【Ctrl+T】组合键执行自由变换操作，拖动变换点缩小图像，如图 6-32 所示。

步骤 07　按【Enter】键确认变换，移动到中间位置，如图 6-33 所示。

图 6-32　变换图像

图 6-33　移动图像

技能拓展

按住【Alt】键不放，将鼠标指针移动到剪贴图层和基底图层之间，单击即可创建剪贴蒙版。选择基底图层上方的剪贴图层，执行【图层】→【释放剪贴蒙版】命令，或者按【Alt+Ctrl+G】组合键，可以快速释放剪贴蒙版。

6.2 认识通道

通道的主要功能是存储颜色信息和选区，虽然没有通过菜单的形式表现出来，但是它所表现的存储颜色信息和选择范围的功能是非常强大的。

6.2.1 通道类型

通道作为图像的组成部分，与图像的格式是密不可分的。图像颜色模式决定了通道的数量和模式，Photoshop 提供了 3 种类型的通道：颜色通道、Alpha 通道和专色通道。下面就来了解这几种通道的特征和用途。

1. 颜色通道

颜色通道就像是摄影胶片，它们记录了图像的内容和颜色信息。图像的颜色模式不同，颜色通道的数量也不相同。每个颜色通道都是一幅灰度图像，只代表一种颜色的明暗变化。例如，一幅 RGB 颜色模式的图像，其通道就显示为 RGB、红、绿、蓝 4 个通道，如图 6-34 所示。在 CMYK 颜色模式下有 5 个通道，分别为 CMYK、青色、洋红、黄色、黑色，如图 6-35 所示。在 Lab 颜色模式下有 4 个通道，分别为 Lab、明度、a、b，如图 6-36 所示。

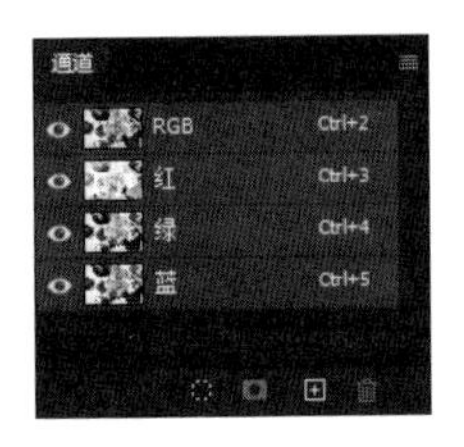

图 6-34 RGB 颜色通道

图 6-35 CMYK 颜色通道

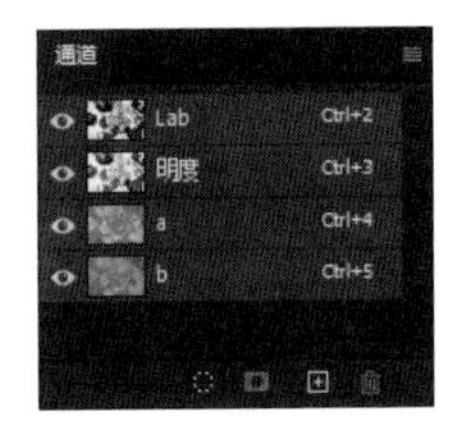

图 6-36 Lab 颜色通道

温馨提示

灰度模式图像的颜色通道只有一个，用于保存图像的灰度信息；位图模式图像的颜色通道只有一个，用来表示图像的黑白两种颜色；索引颜色模式图像的颜色通道只有一个，用于保存调色板中的位置信息。

2. Alpha 通道

Alpha 通道是储存选区的通道，它是利用颜色的灰阶亮度来储存选区的，是灰度图像，只能以黑、白、灰来表现图像。默认情况下，白色为选区部分，黑色为非选区部分，中间的灰度表示具有一定透明效果的选区。

Alpha 通道有 3 种用途，一是用于保存选区；二是可以将选区存储为灰度图像，这样就可以利用画笔、加深、减淡等工具及各种滤镜，通过编辑Alpha通道来修改选区；三是可以从Alpha通道中载入选区。

3. 专色通道

专色通道是一种特殊的通道，用来存储印刷用的专色。专色是特殊的预混油墨，如金属金银色油墨、荧光油墨等，它们用于替代或补充普通的印刷色油墨。通常情况下，专色通道都是以专色的名称来命名的。

每一种专色都有其本身固定的色相，所以它解决了印刷中颜色传递准确性的问题。在印刷图像时，有的CMYK四色印刷油墨无法呈现的效果就可以用专色来呈现。在【拾色器】对话框中单击【颜色库】按钮，里面的颜色就是专色，其颜色都有对应的专色编号，其中最有名的是PANTONE系列专色。

6.2.2 通道面板

【通道】面板可以创建、保存和管理通道，打开一个图像时，Photoshop会自动创建该图像的颜色信息的通道。执行【窗口】→【通道】命令，即可打开【通道】面板，如图 6-37 所示，相关选项的作用见表 6-2。

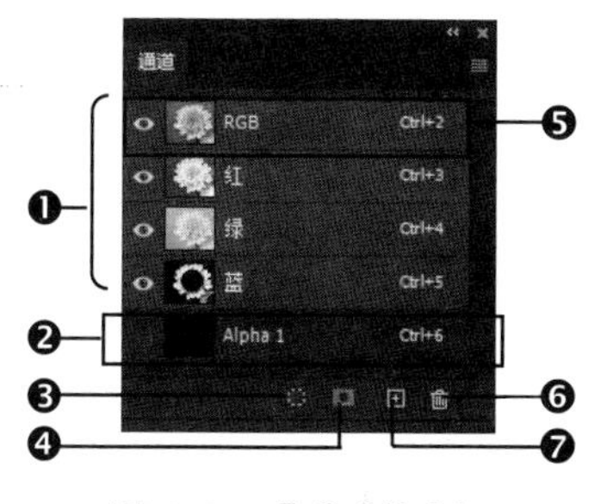

图 6-37 【通道】面板

表 6-2 【通道】操作界面中各选项的作用

选项	功能及作用
❶颜色通道	用于记录图像颜色信息的通道
❷ Alpha 通道	用来保存选区的通道
❸将通道作为选区载入	单击该按钮，可以载入所选通道内的选区
❹将选区存储为通道	单击该按钮，可以将图像中的选区保存在通道内
❺复合通道	面板中最先列出的是复合通道，在复合通道下可同时预览和编辑所有颜色通道
❻删除当前通道	单击该按钮，可以删除当前选择的通道，但复合通道不能删除
❼创建新通道	单击该按钮，可以创建Alpha通道

6.3 通道的基本操作

了解通道的基础知识后，接下来介绍有关通道的基本操作，包括通道的创建、复制、删除、重命名等。

6.3.1 选择通道

通道中包含灰度图像，可以像编辑任何图像一样使用绘画工具、修饰工具、选区工具等对它们进行处理。单击目标通道，可将其选中。文档窗口会显示所选通道的灰度图像，例如，选择【红】通道的效果如图 6-38 所示；选择【绿】通道的效果如图 6-39 所示。

图 6-38 选择红色通道

图 6-39 选择绿色通道

6.3.2 创建Alpha通道

在【通道】面板中单击【创建新通道】按钮，即可创建一个新通道。也可通过单击【通道】面板右上角的扩展按钮，在弹出的菜单中执行【新建通道】命令，在打开的【新建通道】对话框中设置新建通道的名称、色彩指示和颜色。

6.3.3 复制通道

在编辑通道内容之前，可以复制需要编辑的通道，创建一个备份。复制通道的方法与复制图层类似，单击并拖曳通道至【通道】面板底部的【创建新通道】按钮上即可。

6.3.4 显示和隐藏通道

通过【通道】面板中的【指示通道可见性】按钮，可以将单个通道暂时隐藏，此时图像中有关该通道的信息也被隐藏，再次单击才可显示。原图像和隐藏【蓝】通道的对比效果如图 6-40 所示。

图 6-40 原图像和隐藏蓝通道的对比效果

6.3.5 重命名通道

双击【通道】面板中一个通道的名称，在显示的文本框中可以为它输入新的名称。但复合通道和颜色通道不能重命名。

6.3.6 删除通道

复合通道不能复制，也不能删除。颜色通道可以复制（复制出来的颜色通道属于 Alpha 通道），但是如果删除了，图像就会自动转换为多通道模式。将目标通道拖到【删除当前通道】按钮上即可删除。

6.3.7 通道和选区的转换

通道与选区是可以互相转换的，可以把选区存储为通道，也可以把通道作为选区载入。在文档中创建选区，在【通道】面板中单击【将选区存储为通道】按钮，可将选区保存到Alpha通道中，如图 6-41 所示。

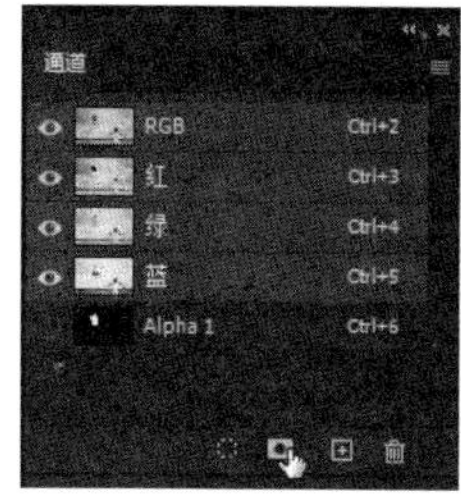

图 6-41　将选区存储为通道

在【通道】面板中选择要载入选区的通道，单击面板下方的【将通道作为选区载入】按钮（或按住【Ctrl】键的同时单击通道缩览图），可以载入通道中的选区，图 6-42 所示为载入【红】通道的选区。

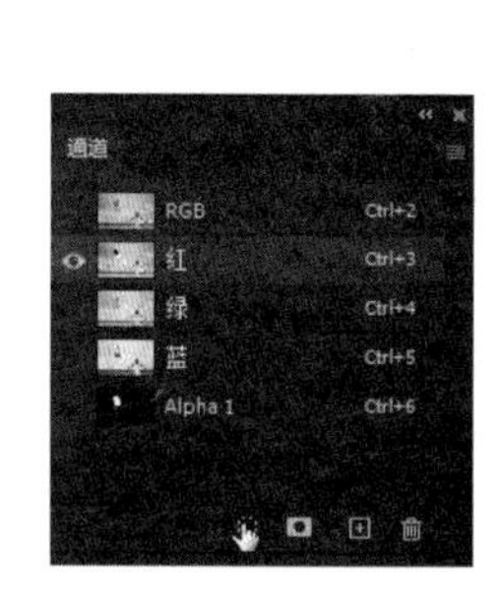

图 6-42　载入【红】通道

6.3.8 分离和合并通道

在Photoshop 2022中，可以将通道拆分为几个灰度图像，同时也可以将通道组合在一起。将两个图像分别进行拆分，然后选择性地将部分通道组合在一起，可以得到意想不到的图像合成效果。

1. 分离通道

分离通道操作可以将通道拆分为灰度文件，最大程度地保留了原图像的色阶，因此存储了更加丰富的灰度颜色信息。

> 温馨提示
>
> 【分离通道】命令分离通道的数量取决于当前图像的色彩模式。例如，对RGB模式的图像执行分离通道操作，可以得到R、G和B 3个单独的灰度图像。单个通道出现在单独的灰度图像窗口，新窗口中的标题栏显示原文件名，以及通道的缩写或全名。

2. 合并通道

合并通道操作可以将分离的单独通道图像合并为一个整体，该方法常用于调整图像的整体色调。

> 温馨提示
>
> 使用【分离通道】命令生成的灰度文件，只有在未改变这些文件尺寸的情况下，才可以进行合并通道操作，否则【合并通道】命令将不可用。

课堂范例——给图像换色

步骤01 打开“素材文件\第6章\花纹.jpg”，如图6-43所示。单击【通道】面板右上角的扩展按钮▤，在弹出的菜单中选择【分离通道】命令，如图6-44所示。

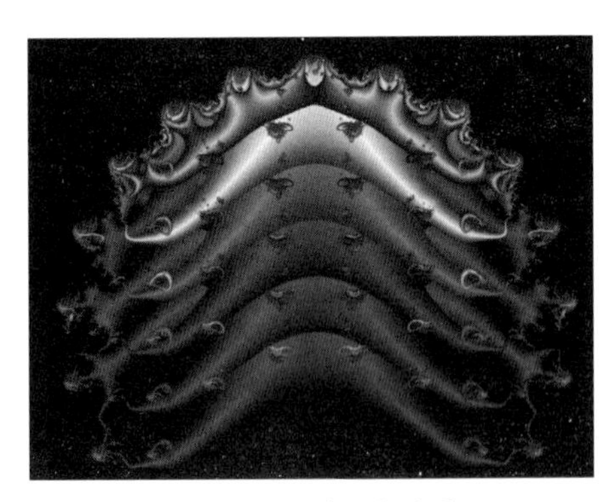

图6-43 “花纹”原图

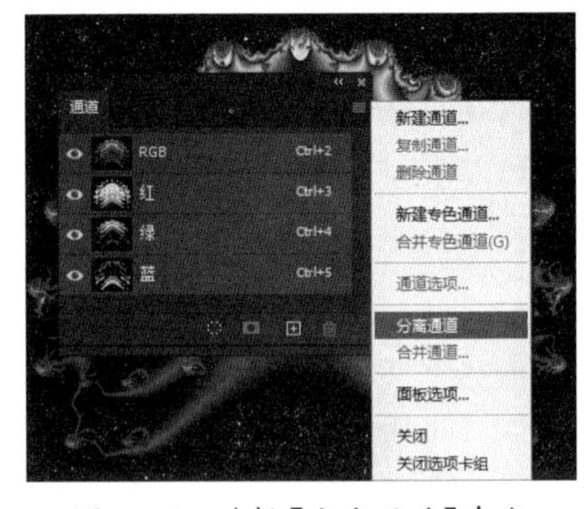

图6-44 选择【分离通道】命令

步骤02 在图像窗口中可以看到已将原图像分离为3个单独的灰度图像，如图6-45所示。

步骤03 单击【通道】面板右上角的扩展按钮▤，在弹出的菜单中执行【合并通道】命令，如图6-46所示。

步骤04 打开【合并通道】对话框，在【模式】下拉列表中选择【RGB颜色】选项，单击【确定】按钮，如图 6-47 所示。

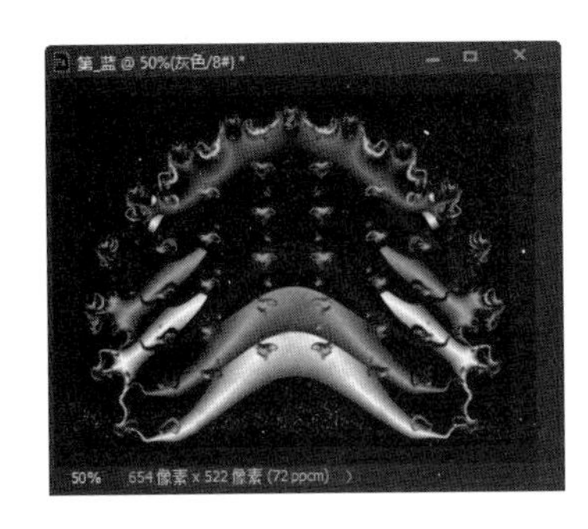

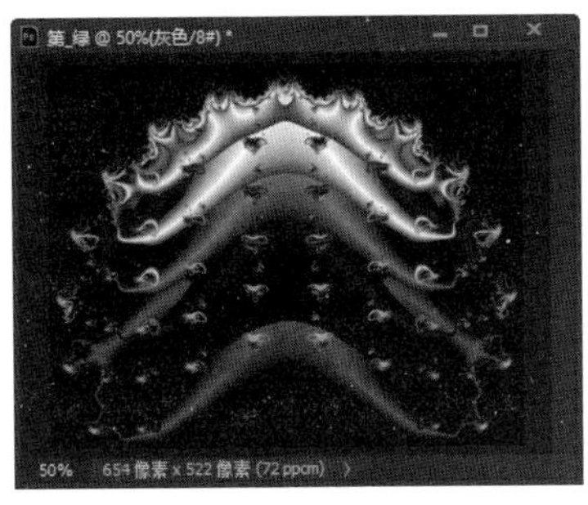

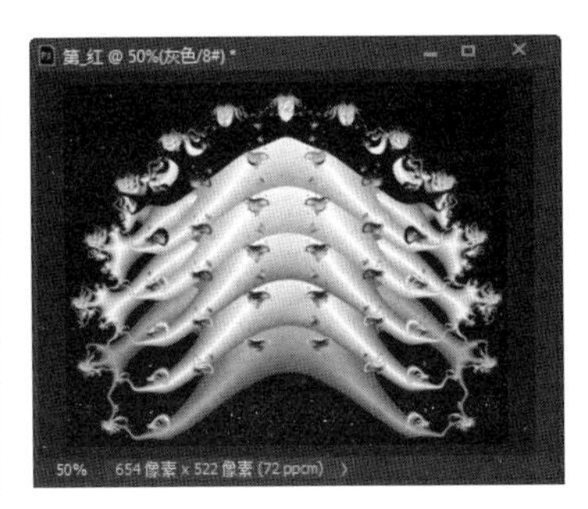

图 6-45　分离通道效果

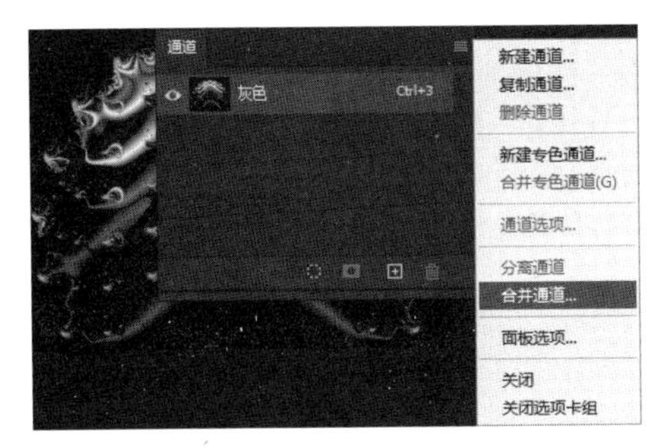

图 6-46　选择【合并通道】命令

图 6-47　【合并通道】对话框

步骤 05　弹出【合并RGB通道】对话框，设置各个颜色通道对应的图像文件，单击【确定】按钮，如图 6-48 所示。合并通道效果如图 6-49 所示。

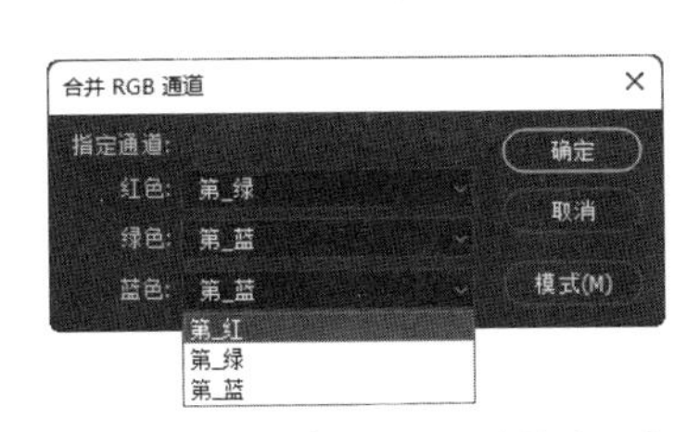

图 6-48　【合并RGB通道】对话框

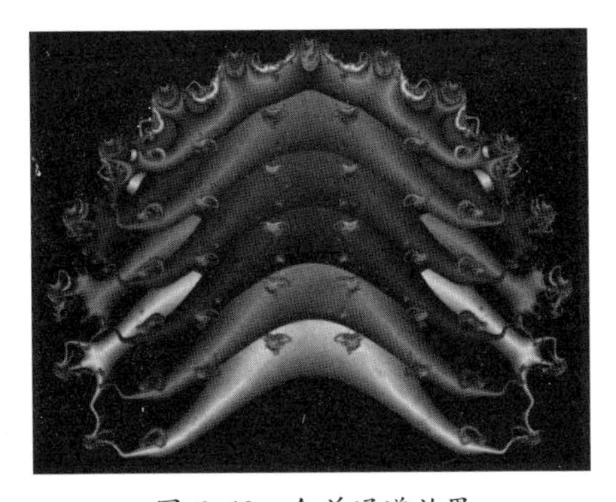

图 6-49　合并通道效果

6.4 通道的计算

通道计算功能可将两个不同图像中的两个通道混合起来，或者把同一幅图像中的两个通道混合起来，一般用于生成特效。

6.4.1 【应用图像】命令

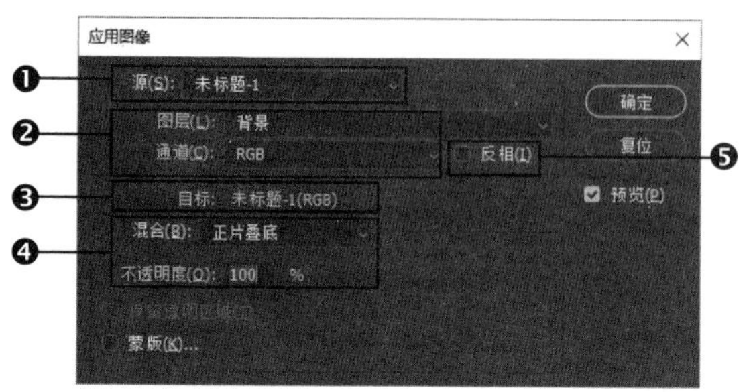

图 6-50 【应用图像】对话框

【应用图像】命令可以将原始图像的图层和通道（源）与目标图像的图层和通道（目标）混合，产生特殊的图像效果。执行【图像】→【应用图像】命令，可以打开【应用图像】对话框，如图 6-50 所示，相关选项的作用见表 6-3。

表 6-3 【应用图像】操作界面中各选项的作用

选项	功能及作用
❶源	单击右侧的下拉按钮，在弹出的下拉列表中可以选择用于混合的源图像
❷图层和通道	【图层】选项用于设置源图像需要混合的图层，当只有一个图层时，就显示背景图层。【通道】选项用于选择源图像中需要混合的通道
❸目标	显示目标图像
❹混合和不透明度	【混合】选项用于选择混合模式。【不透明度】选项用于设置【源】中选择的通道或图层的透明度
❺反相	选中该复选框，可以得到反相的混合效果

6.4.2 【计算】命令

【计算】命令也可以混合通道，它与【应用图像】命令的区别在于，使用【计算】命令混合出来的图像以黑、白、灰显示，并且通过【计算】对话框中【结果】选项的设置，可将混合的结果输出为通道、文档或选区。

课堂范例——蒙太奇效果

步骤 01 打开“素材文件\第 6 章\向日葵.jpg”和“素材文件\第 6 章\甜梦.jpg”，如图 6-51 和图 6-52 所示。

图 6-51 向日葵

图 6-52 甜梦

步骤 02 执行【图像】→【应用图像】命令，打开【应用图像】对话框，设置【源】为向日葵.jpg，【混合】为变亮，单击【确定】按钮，如图 6-53 所示。

步骤 03 通过前面的操作，得到通道混合效果，如图 6-54 所示。

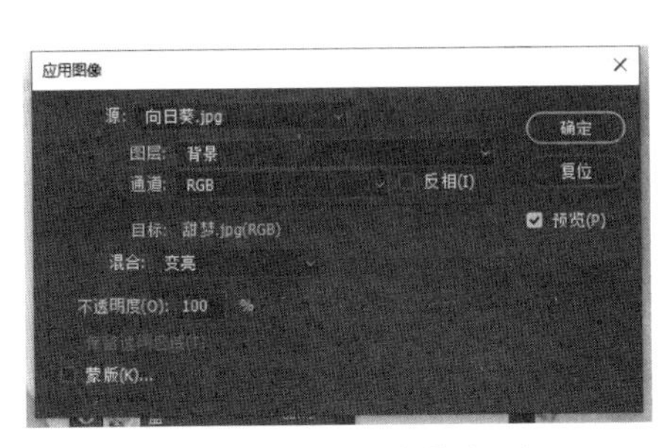

图 6-53 【应用图像】对话框

图 6-54 通道混合效果

步骤 04 执行【图像】→【计算】命令，打开【计算】对话框，在【源 1】栏中设置【通道】为蓝，在【源 2】栏中设置【通道】为红，【混合】为正片叠底，设置【结果】为选区，单击【确定】按钮，如图 6-55 所示。

步骤 05 通过前面的操作，得到目标选区，如图 6-56 所示。

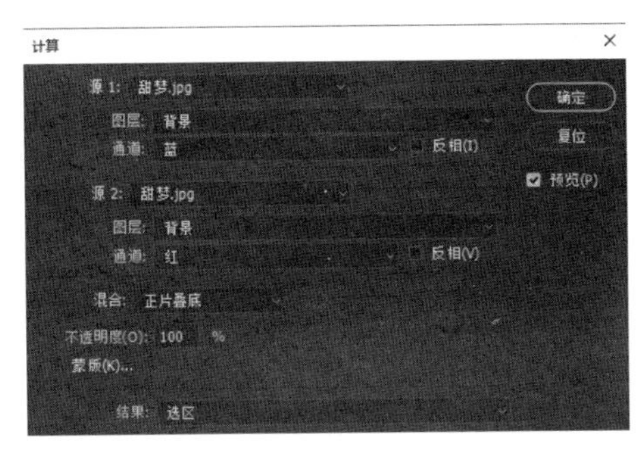

图 6-55 【计算】对话框

图 6-56 得到目标选区

步骤 06 按【Ctrl+J】组合键复制图层，生成【图层 1】，更改图层混合模式为【颜色加深】，如图 6-57 所示。

步骤 07 通过前面的操作，得到更加鲜明的图像效果，如图 6-58 所示。

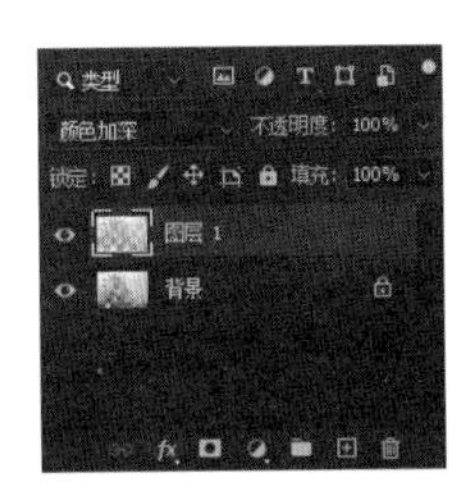

图 6-57 【图层】面板

图 6-58 最终效果

课堂问答

通过本章的讲解，大家对蒙版和通道的技术运用有了一定的了解，下面列出一些常见的问题供学习参考。

问题 1：在【应用图像】对话框的【源】下拉列表中，为什么找不到需要混合的文件？

答：使用【应用图像】和【计算】命令进行操作时，如果是两个文件之间进行通道合成，需要确保两个文件有相同的文件大小和分辨率，否则将找不到需要混合的文件。

问题 2：在【图层】面板中，如何简单区别矢量蒙版和图层蒙版？

答：在【图层】面板中，矢量蒙版缩览图的隐藏区域默认为灰色，图层蒙版缩览图的隐藏区域默认为纯黑。

上机实战——改变图像色调

为了帮助读者巩固本章知识点，下面讲解一个技能综合案例。

效果展示

素材

效果

思路分析

在 Photoshop 中，可以将通道拆分为几个灰度图像，同时也可以将通道组合在一起，用户可以将图像的通道进行拆分，然后选择性地将部分通道组合在一起，可以得到特殊的图像色调效果。

制作步骤

步骤 01 打开“素材文件\第 6 章\花束.jpg”文件，单击【通道】面板中的扩展按钮，在弹出的菜单中选择【分离通道】命令，如图 6-59 所示。

步骤 02 在图像窗口中可以看到已将原图像分离为 3 个单独的灰度图像，如图 6-60 所示。

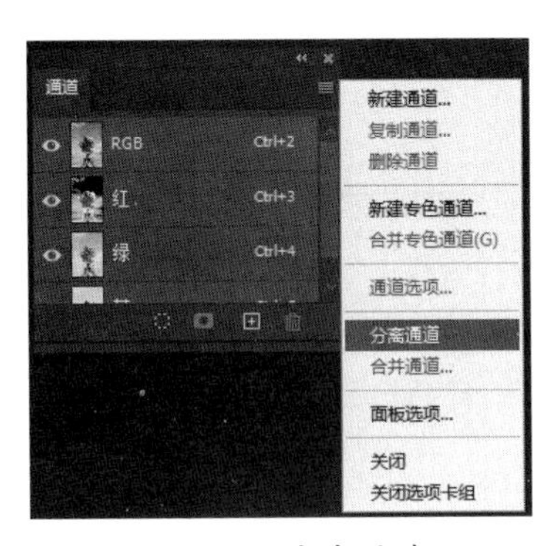

图 6-59 分离通道

图 6-60 查看效果

步骤 03 打开“素材文件\第 6 章\紫色.jpg”文件，单击【通道】面板中的扩展按钮，在弹出的菜单中选择【分离通道】命令，如图 6-61 所示。

步骤 04 在图像窗口中可以看到已将原图像分离为 3 个单独的灰度图像，图像窗口中出现 6 个灰度文件，单击“紫色.jpg_蓝”文件窗口，如图 6-62 所示。

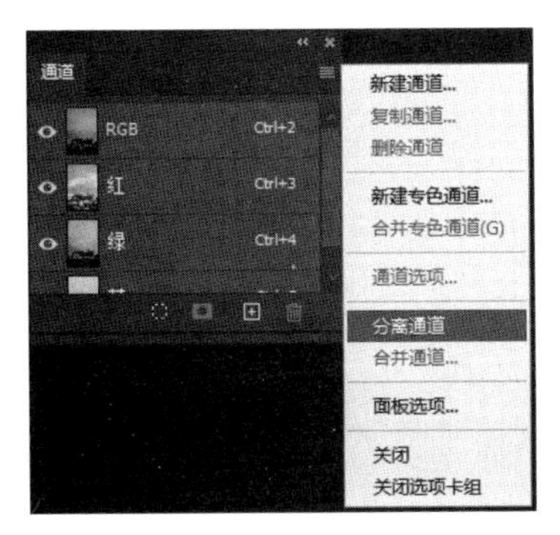

图 6-61 分离通道

图 6-62 查看效果

步骤 05 单击【通道】面板右上角的扩展按钮，在打开的快捷菜单中选择【合并通道】命令，如图 6-63 所示。

步骤 06 打开【合并通道】对话框，在【模式】下拉列表中选择“RGB 颜色”，单击【确定】按钮，如图 6-64 所示。

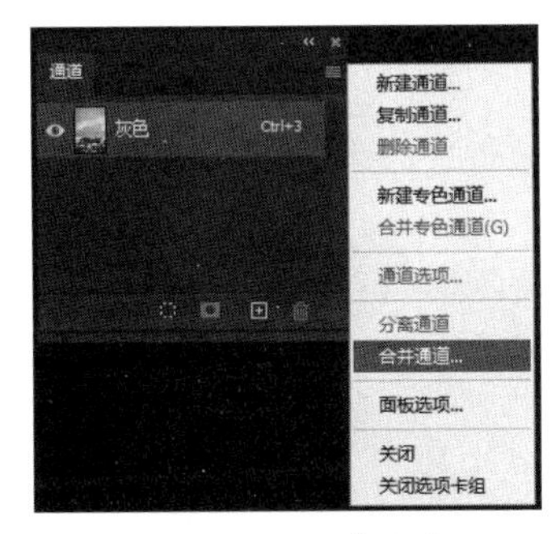

图 6-63 合并通道

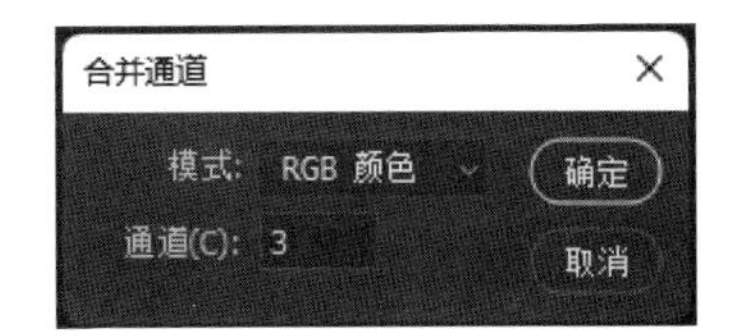

图 6-64 设置【合并通道】

步骤 07 打开【合并 RGB 通道】对话框，设置【红色】为“紫色.jpg_绿”，设置【绿色】为“紫色.jpg_蓝”，设置【蓝色】为“紫色.jpg_红”，单击【确定】按钮，如图 6-65 所示。

步骤 08 合并通道后，图像色调如图 6-66 所示。

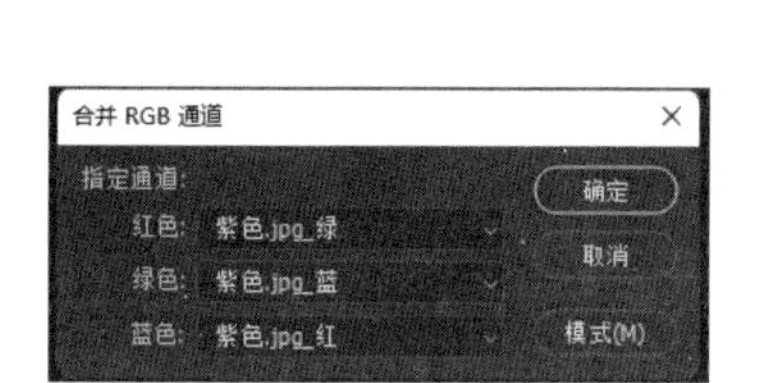

图 6-65 设置【合并 RGB 通道】

图 6-66 最终效果

同步训练——制作浪漫的场景效果

为了增强读者的动手能力，下面安排一个同步训练案例。

图解流程

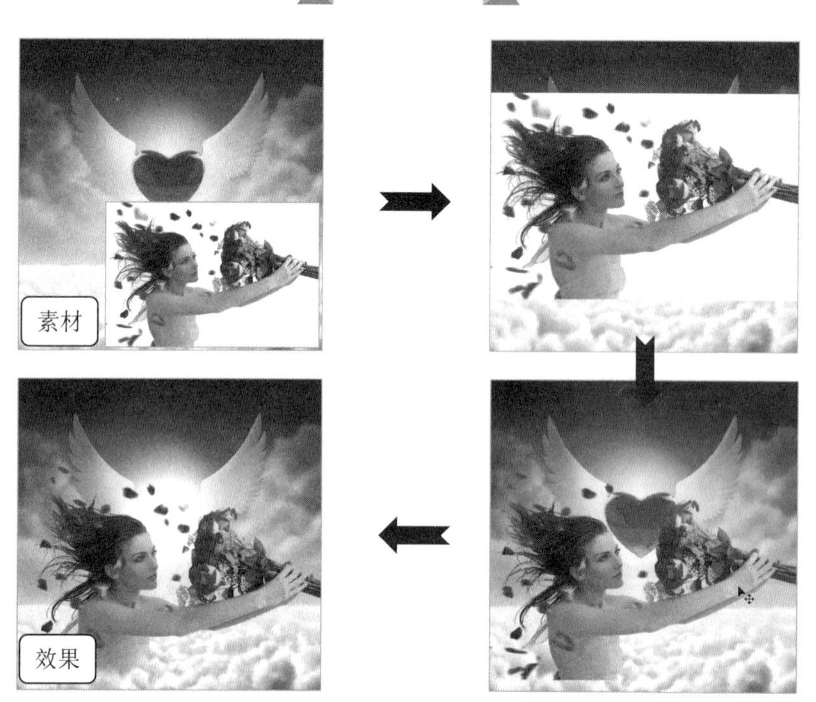

思路分析

置身浪漫场景中，可以使人变得温柔，铺以玫瑰花、云海、翅膀等对象，在Photoshop中可以轻松打造浪漫场景，下面讲解具体操作方法。

本实例首先拼合素材，接下来使用图层蒙版融合图像，最后适当变换图像角度，得到最终效果。

关键步骤

步骤 01 打开“素材文件\第 6 章\翅膀.jpg”和“素材文件\第 6 章\玫瑰.jpg”文件。

步骤 02 拖动“玫瑰 .jpg”到“翅膀 .jpg”文件中，单击【背景】图层右侧的【锁定】按钮，将背景图层转换为普通图层，如图 6-67 所示。

步骤 03 新建【图层 2】，填充白色，移动到【图层】面板最下方，单击选择【图层 1】，更改图层混合模式为【深色】，向下方移动图像，如图 6-68 所示。

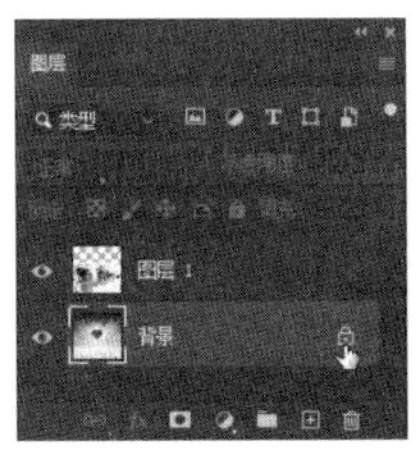

图 6-67　将背景图层转换为普通图层

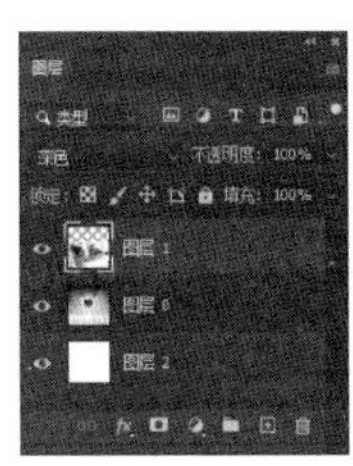

图 6-68　更改图层混合模式

步骤 04 在【图层】面板中，单击【添加图层蒙版】按钮，为【图层 1】添加图层蒙版，选择【画笔工具】，使用黑色柔边画笔在人物下方涂抹，融合图像。

步骤 05 在【图层】面板中，单击【添加图层蒙版】按钮，为【图层 0】添加图层蒙版，选择【画笔工具】，使用黑色柔边画笔在红色心形位置涂抹，淡化图像，如图 6-69 所示。

步骤 06 在【图层】面板中，单击选择【图层 1】，按【Ctrl+T】组合键，执行自由变换操作，适当旋转图像，最终效果如图 6-70 所示。

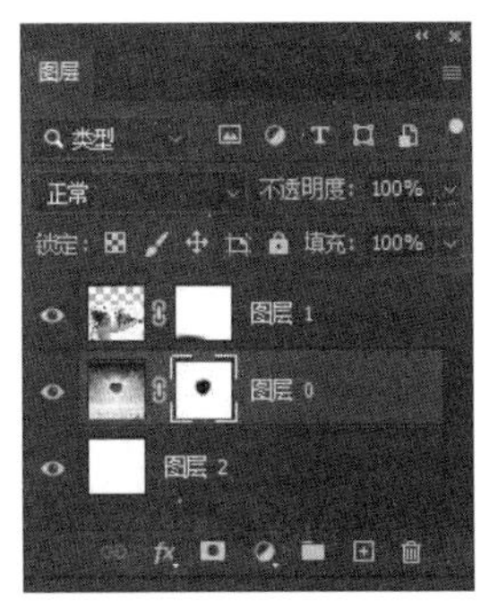

图 6-69　调整图层蒙版

图 6-70　旋转图像

知识能力测试

本章讲解了蒙版和通道的技术运用，为对知识进行巩固和考核，请读者完成以下练习题。

一、填空题

1. 图层蒙版附加在________上，用于控制图层中的部分区域是隐藏还是显示。

2.【通道】面板可以创建、保存和管理通道，打开一个图像时，Photoshop 会自动创建该图像的________。

3. 剪贴蒙版是通过下方图层的形状来限制上方图层的________，达到一种剪贴画的效果。

二、选择题

1. 以下通道数量最少的是（　　）模式。

A. RGB　　B. CMYK　　C. Lab　　D. 灰度

2. 创建矢量蒙版后，可以使用路径编辑工具移动或修改（　　），从而改变蒙版的遮盖区域。

A. 颜色信息　　B. 路径形状　　C. 图像大小　　D. 路径

3. 通道中包含（　　）图像，可以像编辑任何图像一样使用绘画工具、修饰工具、选区工具等对它们进行处理。

A. 灰度　　B. RGB　　C. CMYK　　D. 专色

三、简答题

1. 图层蒙版的原理是什么？有什么作用？

2. 什么是PANTONE色卡？它的主要作用是什么？

Photoshop 2022

第7章 路径的绘制与编辑

Photoshop 2022 中的路径工具可以绘制出多种形状的矢量图形，并且可以对绘制的图像进行编辑。本章主要介绍路径的绘制与编辑方法。

学习目标

- 理解路径的本质
- 掌握路径的绘制方法
- 掌握路径的编辑方法

7.1 认识路径

路径是一系列点连续起来的线段或曲线。可以沿着这些线段或曲线填充颜色，或者进行描边，从而绘制出图像。

7.1.1 路径的概念

路径不是图像中的像素，只是用来绘制图形或选择图像的一种依据。利用路径可以编辑不规则图形，建立不规则选区，还可以对路径进行描边、填充来制作特殊的图像效果。通常路径是由锚点、路径线段及方向线组成的。

直线路径如图 7-1 所示，曲线路径如图 7-2 所示。

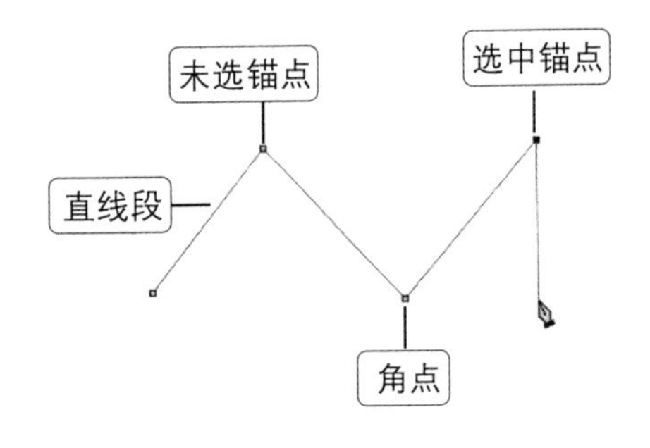

图 7-1　直线路径

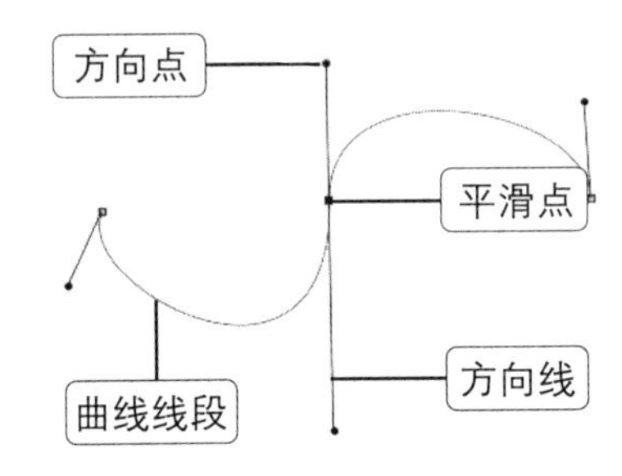

图 7-2　曲线路径

1. 锚点

锚点又称为节点。在绘制路径时，线段与线段之间由锚点连接，锚点本身具有直线或曲线属性。当锚点显示为白色空心时，表示该锚点未被选取；当锚点显示为黑色实心时，表示该锚点为当前选取的点。

2. 路径线段

两个锚点之间连接的部分称为路径线段。如果路径线段两端的锚点都带有直线属性，则该路径线段为直线；如果任意一端的锚点带有曲线属性，则该路径线段为曲线。当改变锚点的属性时，通过该锚点的路径线段也会被影响。路径线段的轮廓，用于控制绘制图形的形状。

3. 方向线

当选取带有曲线属性的锚点时，锚点的两侧便会出现方向线。用鼠标拖动方向线末端的方向点，即可改变曲线段的弯曲程度。

7.1.2 路径面板

执行【窗口】→【路径】命令，打开【路径】面板，当创建路径后，【路径】面板上就会自动创建一个新的工作路径，如图 7-3 所示，相关选项的作用见表 7-1。

图 7-3 【路径】面板

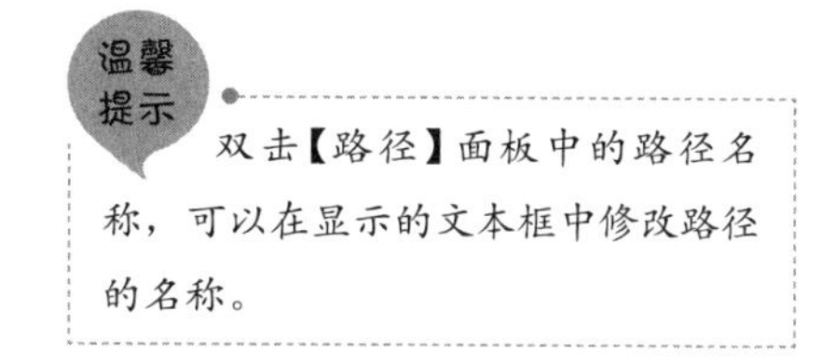

表 7-1 【路径】操作界面中各选项的作用

选项	功能及作用
❶ 路径/工作路径/矢量蒙版	显示当前文档中包含的路径、临时路径和矢量蒙版
❷用前景色填充路径	用前景色填充路径区域
❸用画笔描边路径	用画笔工具对路径进行描边
❹ 将路径作为选区载入	将当前选择的路径转换为选区
❺从选区生成工作路径	从当前的选区中生成工作路径
❻添加蒙版	从当前路径创建蒙版
❼创建新路径	创建新的路径层
❽删除当前路径	删除当前选择的路径

7.1.3 绘图模式

在 Photoshop 中，使用钢笔和形状等矢量工具可以创建不同类型的对象，包括工作路径、形状图层和像素图形，分别如图 7-4、图 7-5 和图 7-6 所示。

图 7-4 工作路径

图 7-5 形状图层

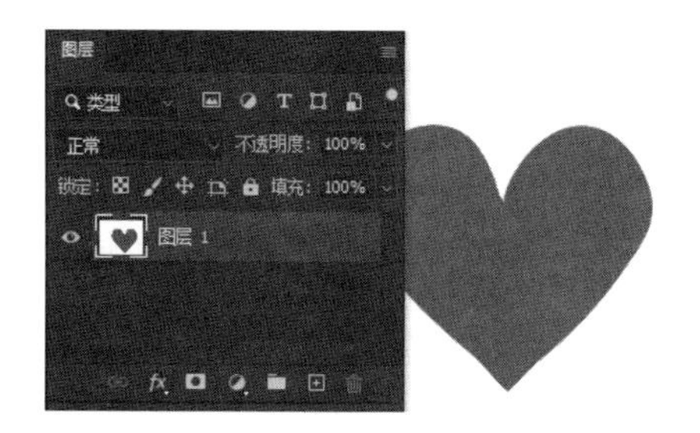

图 7-6 像素图形

1. 工作路径

在选项栏中选择【路径】选项并绘制路径后，可以单击【选区】【蒙版】【形状】按钮，将路径转换为选区、矢量蒙版或形状图层。

2. 形状图层

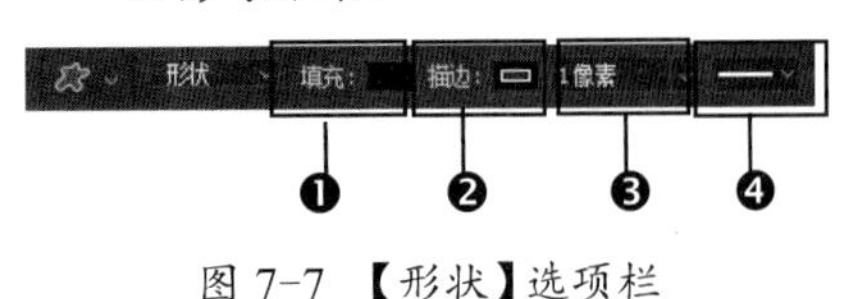

图 7-7 【形状】选项栏

在选项栏中选择【形状】选项后，可以在【填充】下拉面板及【描边】下拉面板中单击按钮，然后选择填充和描边的类型，如图 7-7 所示，相关选项的作用见表 7-2。

表 7-2 【形状】选项栏操作界面中各选项的作用

选项	功能及作用
❶ 设置形状填充类型	单击该按钮，在下拉面板中可以分别选择【无颜色】、【纯色】、【渐变】、【图案】4 种填充类型。如果要自定义填充颜色，可单击按钮，打开【拾色器（填充颜色）】对话框进行调整
❷ 设置形状描边类型	单击该按钮，在打开的下拉面板中可用纯色、渐变和图案为图形进行描边
❸设置形状描边宽度	单击下拉按钮，打开下拉面板，拖动滑块可以调整描边宽度
❹ 设置形状描边类型	单击下拉按钮，打开下拉面板，在该面板中可以设置描边类型

3. 像素图形

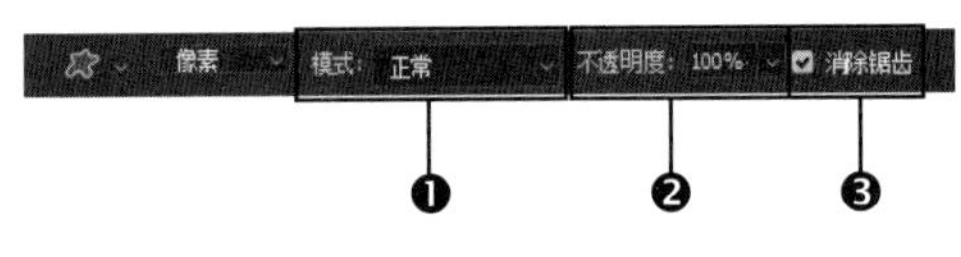

图 7-8 【像素】选项栏

在选项栏中选择【像素】选项后，可以为绘制的图像设置混合模式和不透明度。【像素】选项栏如图 7-8 所示，相关选项的作用见表 7-3。

表 7-3 【像素】选项栏操作界面中各选项的作用

选项	功能及作用
❶ 模式	可以设置混合模式，让绘制的图像与下方其他图像产生混合效果
❷ 不透明度	可以为图像指定不透明度，使其呈现透明效果
❸消除锯齿	可以平滑图像的边缘，消除锯齿

7.2 创建路径

创建路径的工具主要有两种：一种是钢笔工具，包括【钢笔工具】和【自由钢笔工具】；另一种是形状工具，下面分别进行介绍。

7.2.1 钢笔工具

【钢笔工具】是最常用的一种路径绘制工具，一般情况下，它可以在图像上快速创建各种不同形状的路径。选择工具箱中的【钢笔工具】，或者按【P】键选择【钢笔工具】后，其选项栏中常见的参数如图 7-9 所示，相关选项的作用见表 7-4。

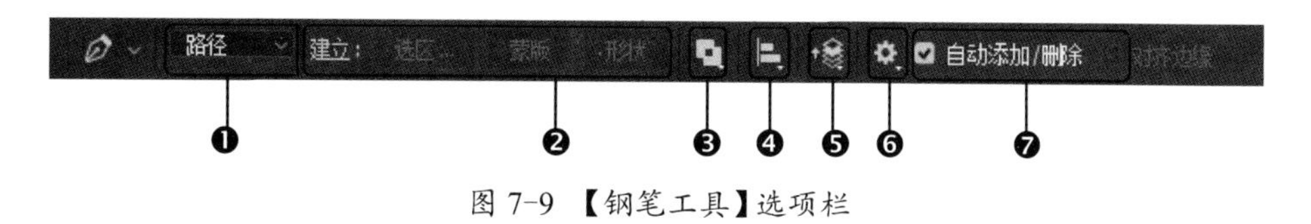

图 7-9 【钢笔工具】选项栏

表 7-4 【钢笔工具】操作界面中各选项的作用

选项	功能及作用
❶绘制方式	包括 3 个选项，分别为【形状】【路径】【像素】。选择【形状】选项，可以创建一个形状图层；选择【路径】选项，绘制的路径则会保存在【路径】面板中；选择【像素】选项，则会在图层中为绘制的形状填充前景色
❷建立	包括【选区】【蒙版】和【形状】3 个选项，单击相应的按钮，可以将路径转换为相应的对象
❸路径操作	单击【路径操作】按钮，将打开下拉列表，选择【合并形状】，新绘制的图形会添加到现有的图形中；选择【减去图层形状】，可从现有的图形中减去新绘制的图形；选择【与形状区域相交】，得到的图形为新图形与现有图形的交叉区域；选择【排除重叠区域】，得到的图形为合并路径中排除重叠的区域
❹路径对齐方式	可以选择多个路径的对齐方式，包括【左对齐】【水平居中对齐】【右对齐】等
❺路径排列方式	选择路径的排列方式，包括【将形状置为顶层】【将形状前移一层】等选项
❻设置其他钢笔和路径选项	单击【设置】按钮，可以打开下拉面板，设置描边的粗细及颜色；选中【橡皮带】复选框，在绘制路径时，可以显示路径外延
❼自动添加/删除	选中该复选框，则【钢笔工具】就具有了智能增加和删除锚点的功能。将【钢笔工具】放在选取的路径上，鼠标指针即可变为形状，表示可以增加锚点；将【钢笔工具】放在选中的锚点上，鼠标指针即可变为形状，表示可以删除此锚点

1. 绘制直线路径

使用【钢笔工具】可以绘制直线路径，根据路径节点依次单击即可，具体操作步骤如下。

步骤 01 在图像窗口中单击鼠标，确定路径的起始点，在下一目标处单击，即可在这两点间创建一条直线段，通过相同操作依次确定路径的相关节点，如图 7-10 所示。

步骤 02 可以将鼠标指针放置在路径的起始点上，当指针变成形状时，单击即可创建一条闭合路径，如图 7-11 所示。

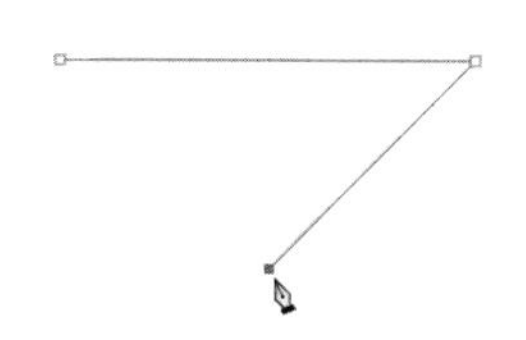

图 7-10 绘制直线路径

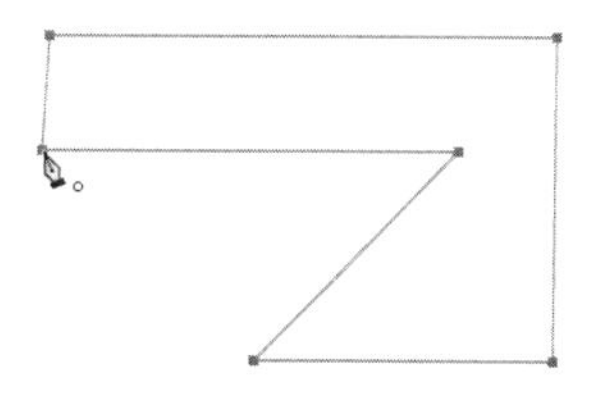

图 7-11 闭合直线路径

技能拓展

在单击确定路径的锚点位置时，若同时按住【Shift】键，线段会以 45 度角的倍数移动方向。

2. 绘制曲线路径

使用【钢笔工具】绘制曲线路径的具体操作方法如下。

步骤 01　在图像窗口中单击，确定路径的起点，在下一目标处单击并拖动鼠标，拖出锚点，两个锚点间的线段即为曲线路径，如图 7-12 所示。

步骤 02　通过相同操作依次确定路径的相关节点，可以将鼠标指针放置在路径的起点上，当鼠标指针变为形状时，单击即可创建一条闭合路径，如图 7-13 所示。

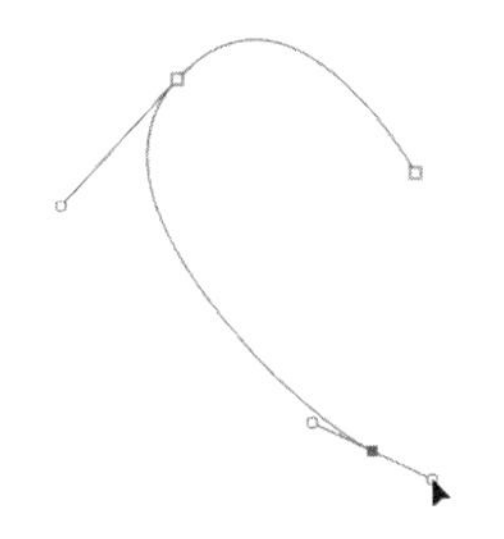

图 7-12　绘制曲线路径

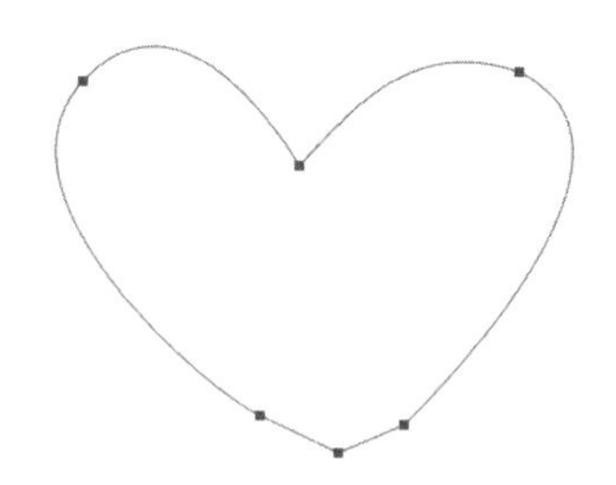

图 7-13　闭合曲线路径

技能拓展

在绘制路径时按住【Ctrl】键，这时鼠标指针将呈形状，拖动锚点，即可改变路径的形状。

7.2.2 自由钢笔工具

【自由钢笔工具】进行路径绘制时如同钢笔在纸上绘画一样，拖动鼠标即可绘制自由路径。选择工具箱中的【自由钢笔工具】，其选项栏中常见的参数如图 7-14 所示，相关选项的作用见表 7-5。

图 7-14　【自由钢笔工具】选项栏

表 7-5　【自由钢笔工具】操作界面中各选项的作用

选项	功能及作用
磁性的	选中该复选框，在绘制路径时，可仿照【磁性套索工具】的用法设置平滑的路径曲线，对创建具有轮廓的图像的路径很有帮助

使用【自由钢笔工具】创建路径的具体操作方法如下。

步骤 01　在图像中单击确定起点，按住鼠标左键进行移动，如图 7-15 所示。

步骤 02　绘制出形状后，释放鼠标结束路径的创建，如图 7-16 所示。

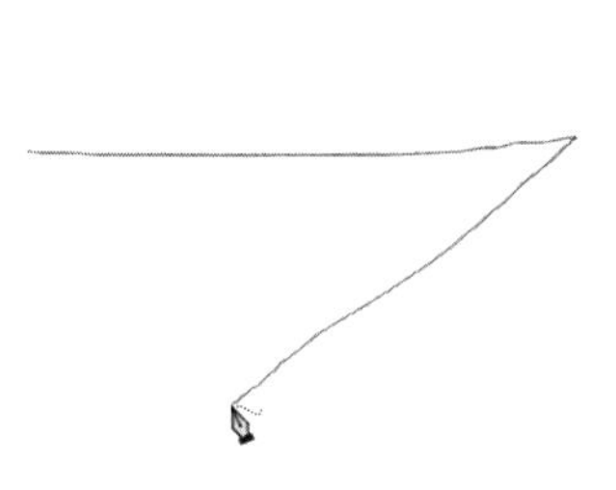

图 7-15　拖动鼠标左键

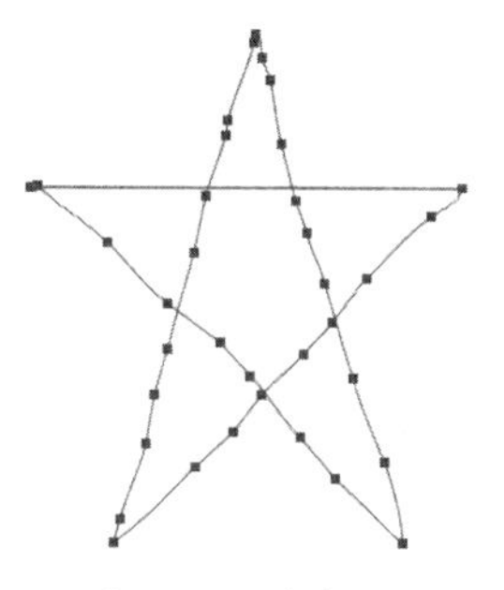

图 7-16　完成绘制

7.2.3 绘制预设路径

工具箱中的形状工具组中预设了很多常用的路径样式，每种样式都可以通过选项栏中的设置来得到不同效果的路径形状，下面分别进行介绍。

1. 矩形工具

【矩形工具】用于绘制矩形或正方形，通过【矩形工具】绘制路径时，只需要选择【矩形工具】，然后在图像窗口中拖动鼠标，即可绘制出相应的矩形路径。

单击选项栏中的按钮，打开下拉面板，在面板中可以设置矩形的创建方法，如图 7-17 所示，相关选项的作用见表 7-6。

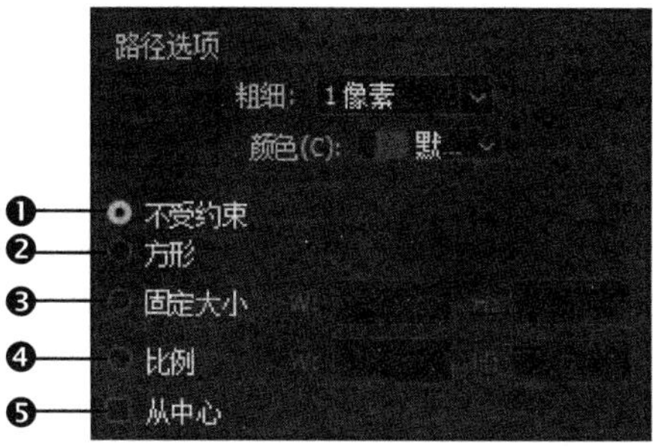

表 7-6 【矩形工具】操作界面中各选项的作用

选项	功能及作用
❶不受约束	拖动鼠标创建任意大小的矩形
❷方形	拖动鼠标创建任意大小的正方形
❸固定大小	选中该单选按钮并在它右侧的文本框中输入数值（W 为宽度，H 为高度），此后单击时，只创建预设大小的矩形
❹比例	选中该单选按钮并在它右侧的文本框中输入数值，此后拖动鼠标时，无论创建多大的矩形，矩形的宽度和高度都保持预设的比例
❺从中心	以任何方式创建矩形时，鼠标在画面中的单击点即为矩形的中心，拖动鼠标时矩形将由内向外扩展

路径选项
粗细：1像素
颜色(C)：默...
❶ 不受约束
❷ 方形
❸ 固定大小
❹ 比例
❺ 从中心

图 7-17 【矩形工具】下拉面板

2. 圆角矩形工具

【圆角矩形工具】用于创建圆角矩形。它的使用方法及选项都与【矩形工具】相同，只是多了一个【半径】选项，通过【半径】来设置倒角的幅度，数值越大，产生的圆角效果越明显。图 7-18

所示【半径】分别为 80px 和 200px 创建的圆角矩形路径。

图 7-18 【半径】为 80px 和 200px 创建的圆角矩形路径

3. 椭圆工具

【椭圆工具】用于绘制椭圆或圆形。其使用方法与【矩形工具】的操作方法相同，只是绘制的形状不同。

使用【矩形工具】和【椭圆工具】绘制路径时，按住【Shift】键拖动鼠标则可以创建正方形和圆形。

4. 多边形工具

【多边形工具】用于绘制多边形和星形，通过在选项栏中设置边数的数值来创建多边形图形。单击其选项栏中的按钮，打开下拉面板，如图 7-19 所示，相关选项的作用见表 7-7。在图像中创建多边形描边后的效果，如图 7-20 所示。

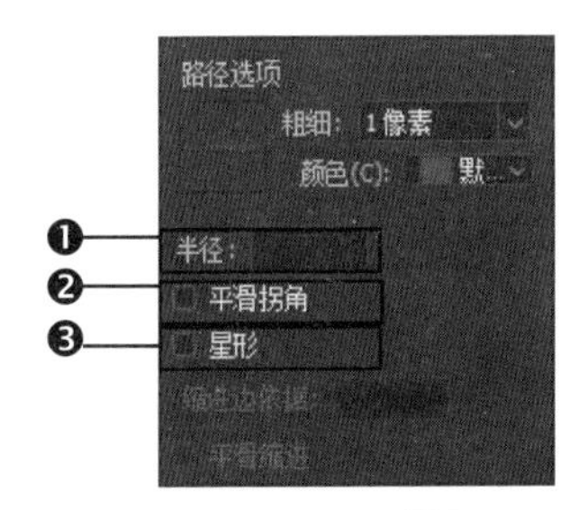

图 7-19 【多边形工具】下拉面板

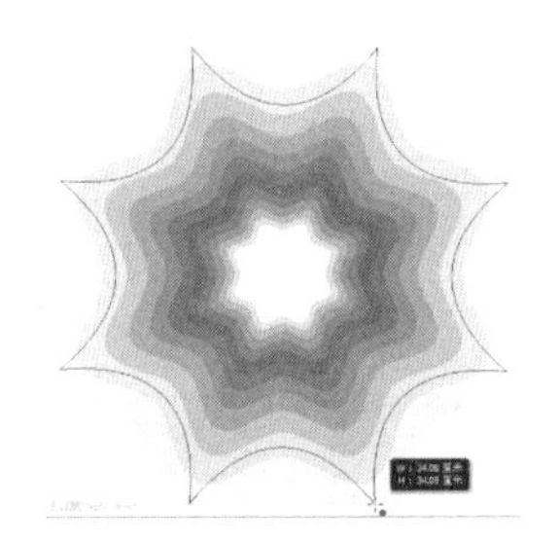

图 7-20 绘制多边形

表 7-7 【多边形工具】操作界面中各选项的作用

选项	功能及作用
❶半径	设置多边形或星形的半径长度，单击并拖动鼠标时将创建指定半径值的多边形或星形
❷平滑拐角	创建具有平滑拐角的多边形和星形
❸星形	选中该复选框可以创建星形。在【缩进边依据】选项中可以设置星形边缘向中心缩进的数量，该值越大，缩进量越大。选中【平滑缩进】复选框，可以使星形的边平滑地向中心缩进

温馨提示

在【多边形工具】下拉面板中，选中【星形】复选框后，【缩进边依据】和【平滑缩进】选项才可用。设置星形的形状与尖锐度，是以百分比的方式设置内外半径比的。例如，当边为5，【缩进边依据】设置为50%时，就可得到标准的五角星。

5. 直线工具

【直线工具】用于创建直线和带有箭头的线段。使用【直线工具】绘制直线时，首先在选项栏中的【粗细】选项中设置线的宽度，单击鼠标并拖动，释放鼠标后即可绘制一条直线段。单击其选项栏中的按钮，打开下拉面板，如图7-21所示，在图像中创建直线描边后的效果如图7-22所示。相关选项的作用见表7-8。

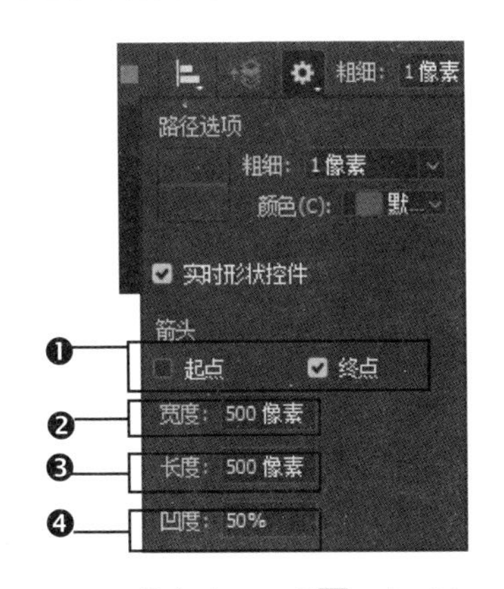

图7-21 【直线工具】下拉面板

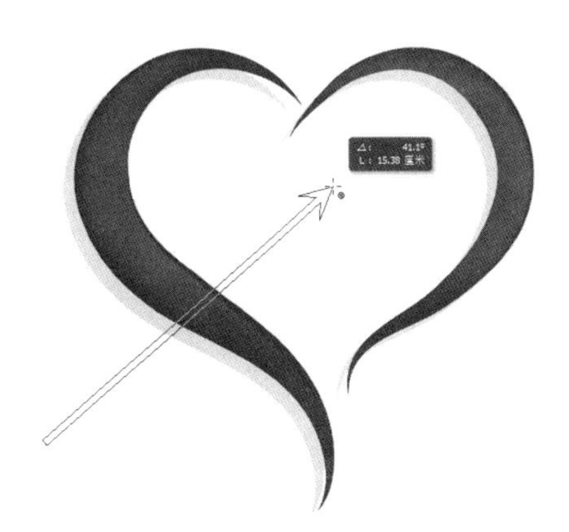

图7-22 绘制带箭头的直线

表7-8 【直线工具】操作界面中各选项的作用

选项	功能及作用
❶起点/终点	选中【起点】复选框，可在直线的起点添加箭头；选中【终点】复选框，可在直线的终点添加箭头；两个复选框都选中，则起点和终点都会添加箭头
❷宽度	用于设置箭头的宽度
❸长度	用于设置箭头的长度
❹凹度	用于设置箭头的凹陷程度，范围为-50%~50%。该值为0%时，箭头尾部平齐；该值大于0%时，箭头向内凹陷；该值小于0%时，箭头向外凸出

6. 自定形状工具

【自定形状工具】可以创建Photoshop预设的形状、自定义的形状或外部提供的形状。选择该工具后，需要在选项栏中单击【形状】右侧的下拉按钮，在打开的【形状】下拉面板中选择一种形状，如图7-23所示，单击并拖动鼠标即可创建图像。

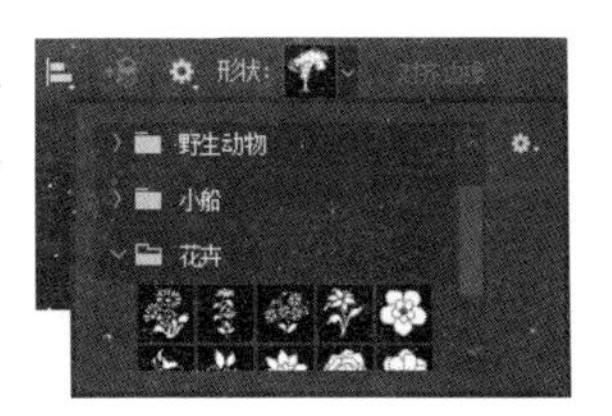

图7-23 【自定形状工具】选项设置

> **温馨提示**
> 使用矩形、圆形、多边形、直线和自定形状工具时，绘制图形的过程中按下键盘中的空格键并拖动鼠标，可以移动图形。

课堂范例——绘制云朵曲线

步骤 01 新建一个Photoshop空白文档，选择【钢笔工具】，在选项栏中，选择【路径】选项，单击确定路径起点，如图 7-24 所示。

步骤 02 在下一目标处单击并拖动鼠标，两个锚点间的线段为曲线段，如图 7-25 所示。

步骤 03 按住【Alt】键切换为【转换点工具】，单击锚点，平滑锚点转换为角锚点，如图 7-26 所示。

步骤 04 在下一目标处单击并拖动鼠标，定义下一锚点，如图 7-27 所示。

图 7-24 指定路径起点

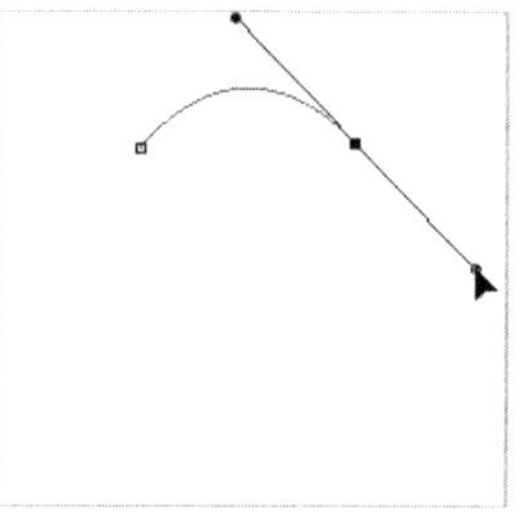

图 7-25 绘制曲线段

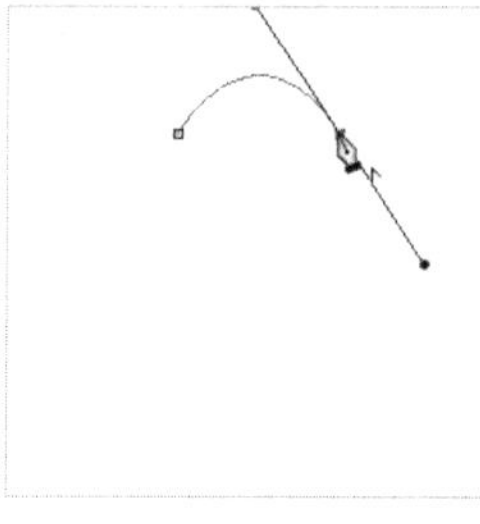

图 7-26 转换锚点类型

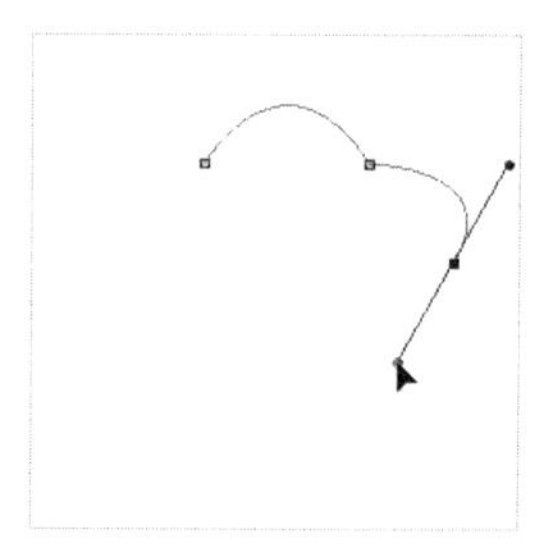

图 7-27 定义锚点

步骤 05 使用相同的方法定义其他锚点，继续绘制锚点，如图 7-28 所示。

步骤 06 将鼠标指针放置在路径的起始点上，指针会变成形状，如图 7-29 所示。

步骤 07 单击并拖动鼠标，闭合路径，如图 7-30 所示。

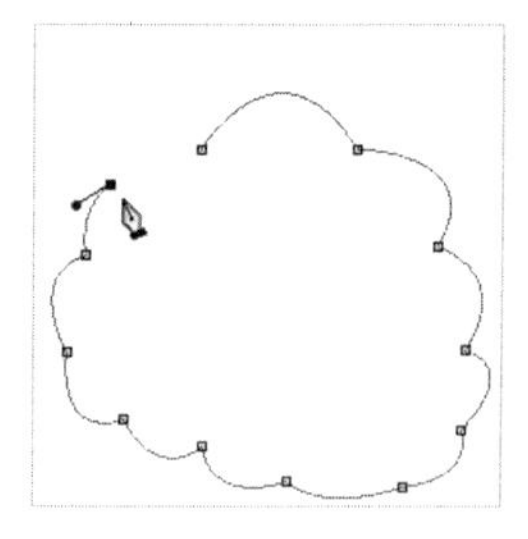

图 7-28 绘制锚点

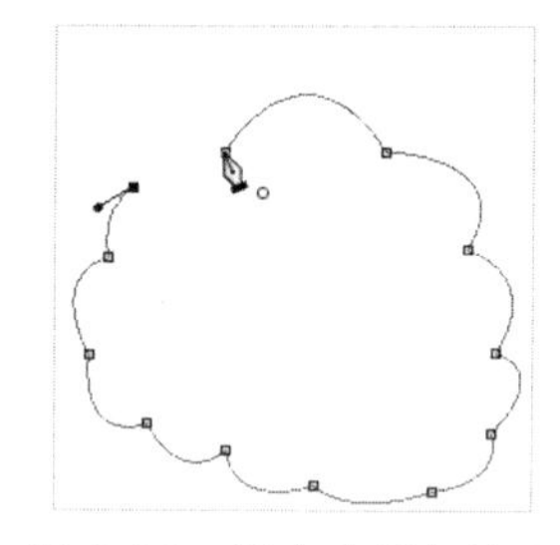

图 7-29 指向路径起始点

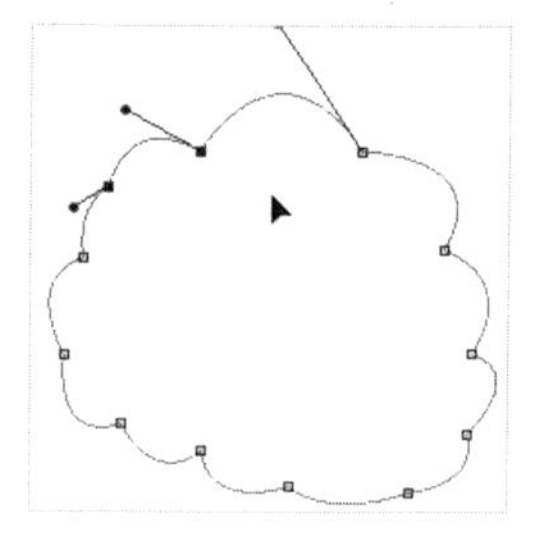

图 7-30 闭合路径

7.3 【路径】的编辑

创建路径后，可以对路径进行编辑，包括修改路径、路径合并、变换路径、描边和填充路径等。

7.3.1 选择与移动锚点

使用【路径选择工具】单击可以选择路径。

使用【直接选择工具】单击一个锚点即可选择该锚点，选中的锚点为实心方块，未选中的锚点为空心方块。单击一个路径线段，可以选择该路径线段。

选择锚点、路径线段和路径后，按住鼠标左键不放并拖动，即可将其移动。

7.3.2 添加和删除锚点

选择【添加锚点工具】，将鼠标指针放在路径上，当鼠标指针变为形状时，单击即可添加一个锚点，如图 7-31 所示。选择【删除锚点工具】，将鼠标指针放在锚点上，当鼠标指针变为形状时，单击即可删除该锚点，如图 7-32 所示。

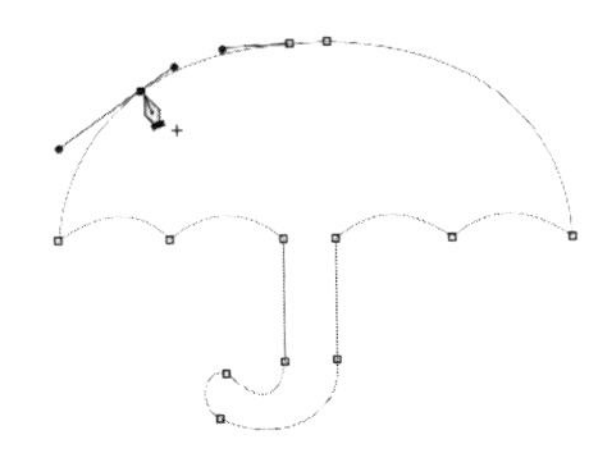

图 7-31 添加锚点

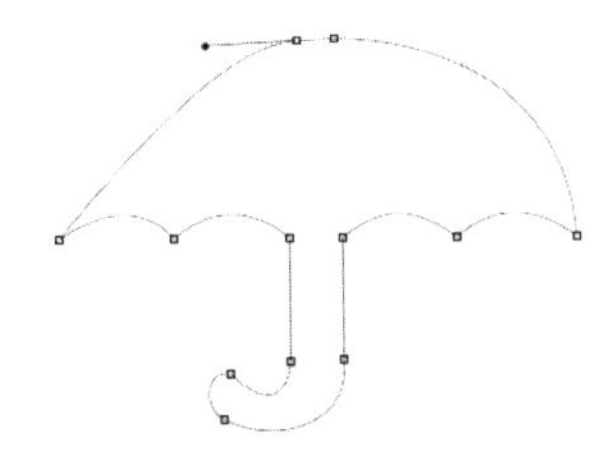

图 7-32 删除锚点

技能拓展

使用【直接选择工具】选择锚点后，按【Delete】键也可以将其删除，但该锚点两侧的路径线段也会同时被删除。

7.3.3 转换锚点类型

【转换点工具】用于转换锚点的类型，选择该工具后，将鼠标指针放在锚点上，如果当前锚点为平滑点，如图 7-33 所示，单击鼠标可将其转换为角点，如图 7-34 所示。

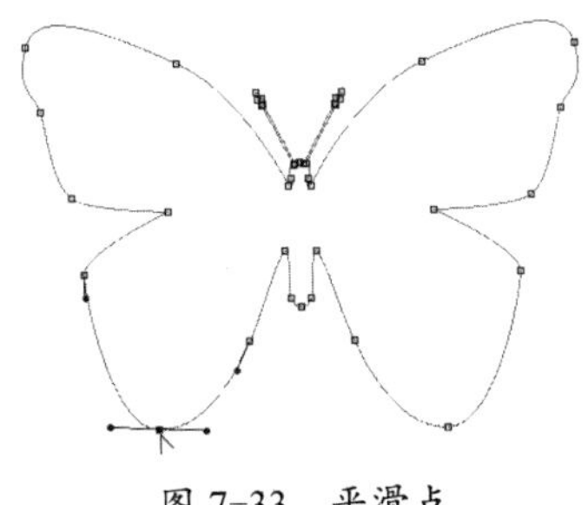

图 7-33 平滑点

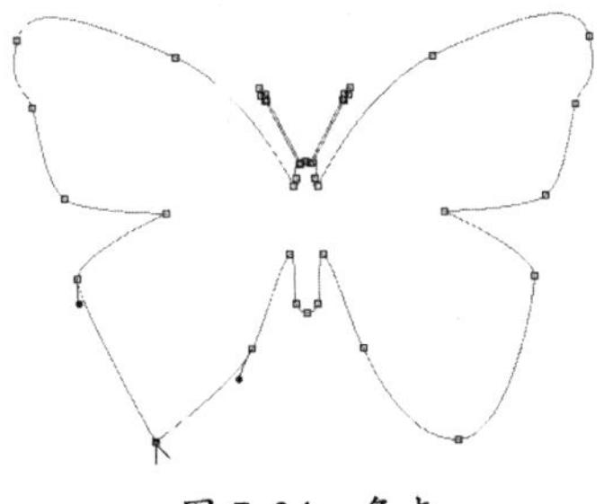

图 7-34 角点

如果当前锚点为角点，如图 7-35 所示，单击并拖动鼠标可将其转换为平滑点，如图 7-36 所示。

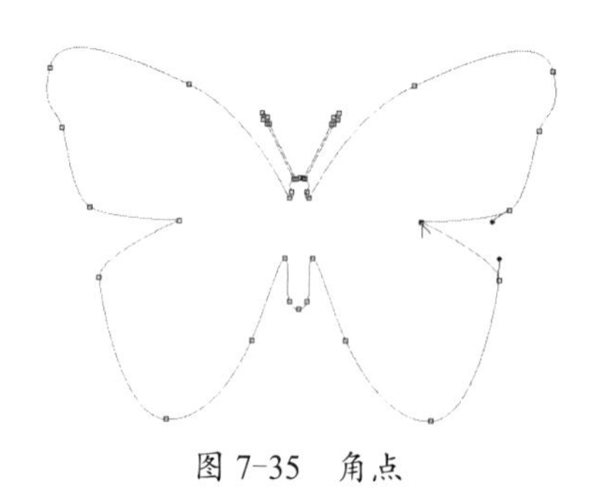

图 7-35 角点

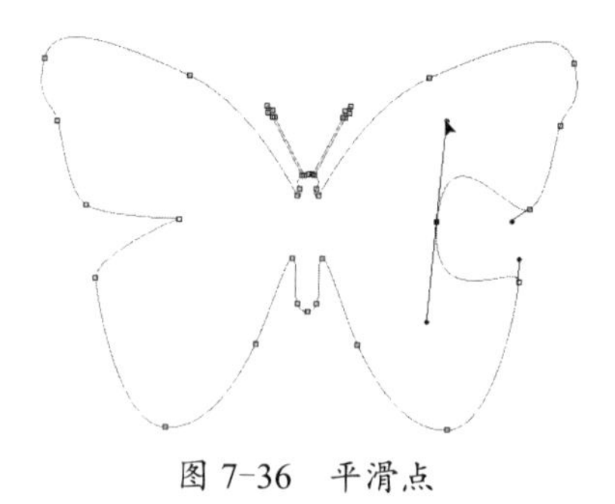

图 7-36 平滑点

技能拓展

将【钢笔工具】放置到路径上时，【钢笔工具】即可临时切换为【添加锚点工具】；将【钢笔工具】放置到锚点上，【钢笔工具】将变成【删除锚点工具】；如果此时按住【Alt】键，则【删除锚点工具】又会变成【转换点工具】；在使用【钢笔工具】时，如果按住【Ctrl】键，【钢笔工具】又会切换到【直接选择工具】。

7.3.4 路径合并

在绘制复杂的路径形状时，可以使用路径合并功能，以创建出需要的路径形状，合并路径的具体操作方法如下。

步骤 01 选择【自定形状工具】，拖动鼠标绘制两个重叠的形状，如图 7-37 所示。在选项栏中单击【路径操作】按钮，选择【与形状区域相交】选项，如图 7-38 所示。

步骤 02 再次单击【路径操作】按钮，选择【合并形状组件】选项，如图 7-39 所示。最终效果如图 7-40 所示。

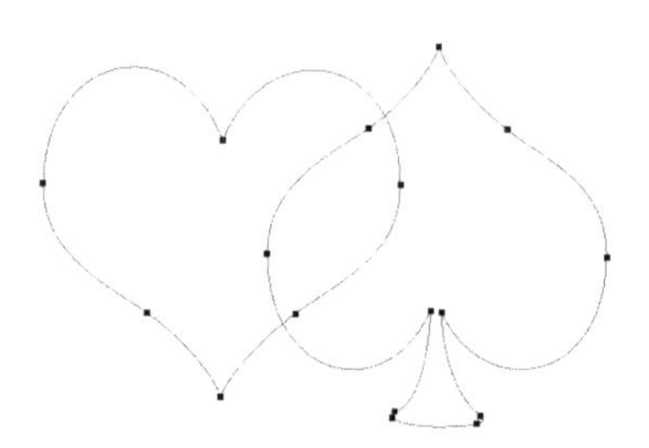

图 7-37 绘制重叠形状

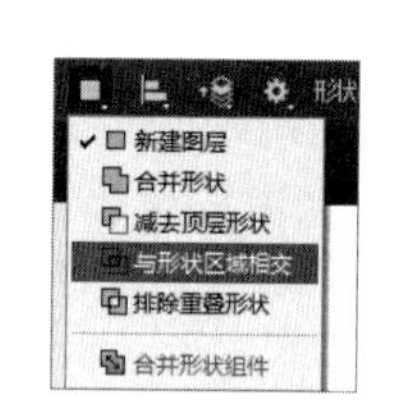

图 7-38 选择命令

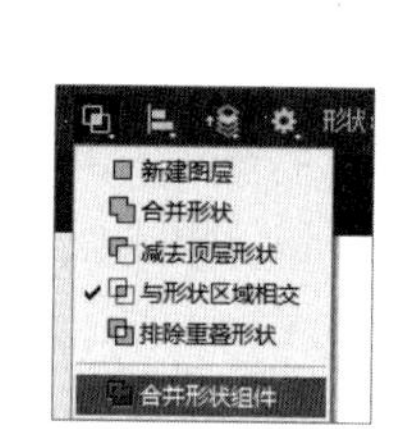

图 7-39 合并形状

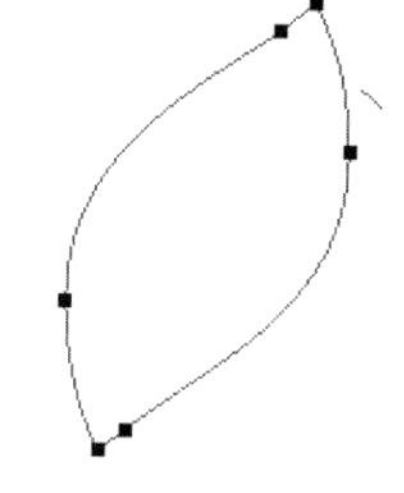

图 7-40 最终效果

7.3.5 变换路径

选择路径后，执行【编辑】→【变换路径】下拉菜单中的命令可以显示定界框，拖动控制点即可对路径进行缩放、旋转、斜切、扭曲等变换操作。变换路径的方法与变换图像的方法相同，按【Ctrl+T】组合键可以进入自由变换路径状态。

7.3.6 描边和填充路径

在【路径】面板中，可以直接将颜色、图案填充至路径中，或者直接用设置的前景色对路径进行描边，具体操作方法如下。

步骤 01 打开“素材文件\第 7 章\盆花.jpg”文件，选择【自定形状工具】，在图像中绘制路径，如图 7-41 所示。

步骤 02 设置前景色为蓝色（#118ede），单击【路径】面板底部的【用前景色填充路径】按钮，如图 7-42 所示。

图 7-41 绘制路径　　图 7-42 填充路径

步骤 03 设置前景色为橙色（#ebd424），选择【画笔工具】，在选项栏中设置【大小】为 20 像素，单击【路径】面板底部的【用画笔描边路径】按钮，如图 7-43 所示。

步骤 04 通过前面的操作，得到路径的描边效果，在【路径】面板的空白区域单击，隐藏工作路径，如图 7-44 所示。

图 7-43 描边路径　　图 7-44 最终效果

> **温馨提示**
> 按住【Alt】键的同时，单击面板底部的按钮，将弹出对话框。例如，按住【Alt】键的同时单击【路径】面板底部的【用前景色填充路径】按钮、【用画笔描边路径】按钮等都会弹出相应的对话框，在对话框中可以设置相关参数。

7.3.7 路径和选区的互换

路径除可以直接使用路径工具来创建外，还可以将创建好的选区转换为路径，而且创建的路径也可以转换为选区。

1. 将选区转换为路径

创建选区后，单击【路径】面板底部的【从选区生成工作路径】按钮，即可将创建的选区转换为路径。

2. 将路径转换为选区

当绘制好路径后，单击【路径】面板底部的【将路径作为选区载入】按钮，就可以将路径直接转换为选区。

7.3.8 复制路径

按住【Alt】键，此时鼠标指针呈形状，单击并向外拖动，即可移动并复制选择的路径。通过这种方式复制的子路径在同一路径中。

在【路径】面板中，单击需要复制的路径，将其拖动到面板底部的【创建新路径】按钮上即可生成新路径。

7.3.9 隐藏和显示路径

在【路径】面板的灰色空白区域单击，可以快速隐藏当前图像窗口中显示的路径。如果需要显示隐藏的工作路径，只需在【路径】面板中单击该路径的名称即可。

7.3.10 调整路径顺序

绘制多个路径后，路径是按前后顺序重叠放置的，在选项栏中单击【路径排列方式】按钮，在打开的下拉菜单中选择目标命令，可以调整路径的堆叠顺序。

课堂范例——为卡通小猴添加眼睛和尾巴

步骤 01 打开“素材文件\第 7 章\小猴.jpg”，如图 7-45 所示。选择【椭圆工具】，在选项栏中选择【路径】选项，按住【Shift】键，拖动鼠标绘制正圆形，如图 7-46 所示。

步骤 02 在【路径】面板中，拖动【工作路径】到【创建新路径】按钮上，如图 7-47 所示。存储为【工作路径】，生成【路径 1】，如图 7-48 所示。

图 7-45 原图

图 7-46 绘制正圆形

图 7-47 存储工作路径

温馨提示

新路径以【工作路径】的形式存储在【路径】面板中。【工作路径】是临时的，如果没有存储【工作路径】，当再次开始绘图时，新的路径将取代【工作路径】。

将【工作路径】拖动到【路径】面板底部的【创建新路径】按钮上，可以存储【工作路径】，并自动命名为“路径 1”。前面讲的将【工作路径】重命名后也将自动保存路径。

步骤 03 使用【路径选择工具】选中圆形，按【Ctrl+C】组合键复制图形，按【Ctrl+V】组合键原位粘贴图形，如图 7-49 所示。执行【编辑】→【变换路径】→【缩放】命令，缩小路径，如图 7-50 所示。

图 7-48 生成【路径 1】

图 7-49 复制粘贴图形

图 7-50 缩小路径

步骤 04 按【Ctrl+V】组合键再次粘贴图形，移动到下方并压扁图形，如图 7-51 所示。使用【路径选择工具】选中左侧的 3 个圆形，按住【Alt】键拖动到右侧，复制图形，如图 7-52 所示。

步骤 05 使用【路径选择工具】选中右下角的扁圆，向右侧移动，如图 7-53 所示。按住【Shift】键，使用【路径选择工具】依次单击选中上方的两个正圆，如图 7-54 所示。

图 7-51 粘贴并压扁图形

图 7-52 复制图形

图 7-53 移动图形

步骤 06 设置前景色为黑色，在【路径】面板中，单击【用前景色填充路径】按钮，如图 7-55 所示。填充路径效果如图 7-56 所示。

图 7-54　选中图形

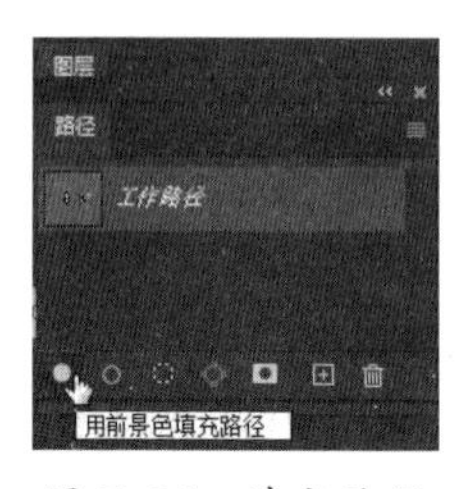

图 7-55　填充路径

图 7-56　填充路径效果

步骤 07　使用【路径选择工具】依次单击选中上方的两个小正圆，设置前景色为白色，使用相同的方法填充路径，效果如图 7-57 所示。

步骤 08　使用【路径选择工具】依次单击选中下方的两个扁圆，设置前景色为红色（#ff0000），使用相同的方法填充路径，效果如图 7-58 所示。

步骤 09　执行【窗口】→【形状】命令，打开【形状】面板，单击右上角的扩展按钮，在弹出的菜单中执行【旧版形状及其他】命令，载入旧版形状，如图 7-59 所示。

图 7-57　填充眼白路径效果

图 7-58　填充腮红路径效果

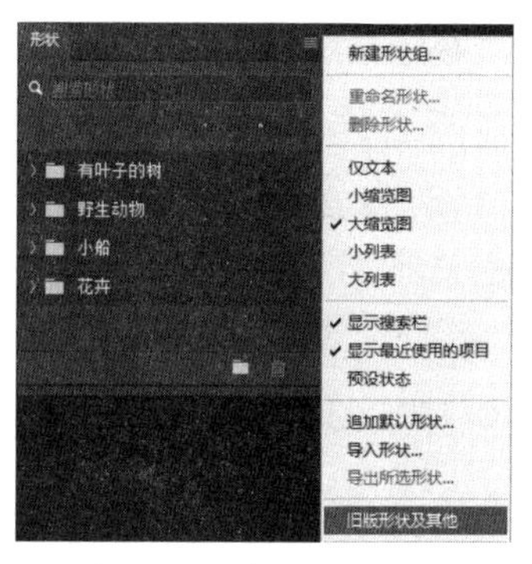

图 7-59　载入旧版形状

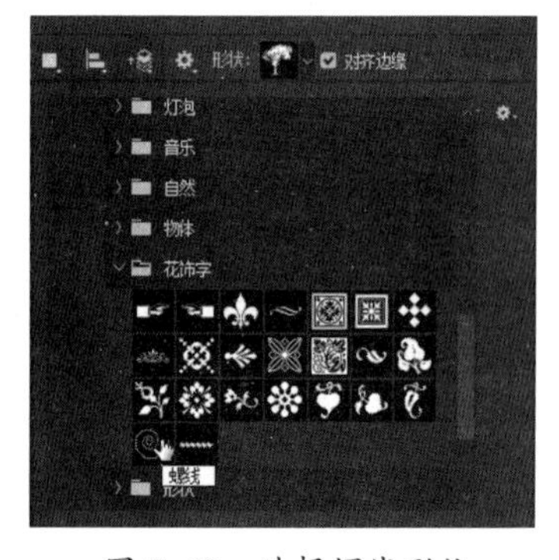

图 7-60　选择螺线形状

图 7-61　绘制图形

步骤 10　选择【自定形状工具】，在选项栏中单击【形状】右侧的下拉按钮，打开【形状】下拉面板，选择【旧版形状及其他】→【所有旧版默认形状】→【花饰字】→【螺线】选项，如图 7-60 所示。

步骤 11　在图像中拖动鼠标绘制螺线图形，如图 7-61 所示。执行【编辑】→【变换路径】→【旋转】命令，旋转路径，如图 7-62 所示。

步骤 12　使用【直接选择工具】选中锚点，调整细节，如图 7-63 所示。设置前景色为黑色，在【路径】面板中，单击【用前景色填充路径】按钮，效果如图 7-64 所示。

图 7-62　旋转路径

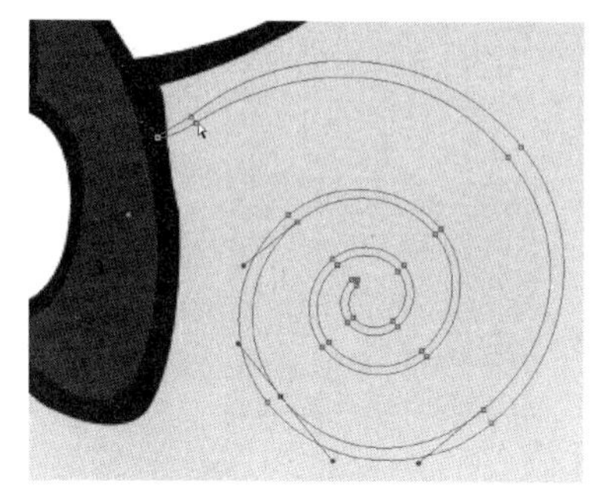

图 7-63　调整细节

图 7-64　填充路径

步骤 13　在【路径】面板中，单击其他空白位置隐藏路径，如图 7-65 所示。最终效果如图 7-66 所示。

图 7-65　隐藏路径

图 7-66　最终效果

课堂问答

通过本章的讲解，大家对路径的绘制与编辑有了一定的了解，下面列出一些常见的问题供学习参考。

问题 1：如何创建剪贴路径？

将图像置入另一个应用程序时，如果只想使用该图像的一部分，例如，只需要使用前景对象而排除背景对象，则可以使用图像剪贴路径命令分离前景对象，使其他图像区域变得透明。创建剪贴路径的具体操作方法如下。

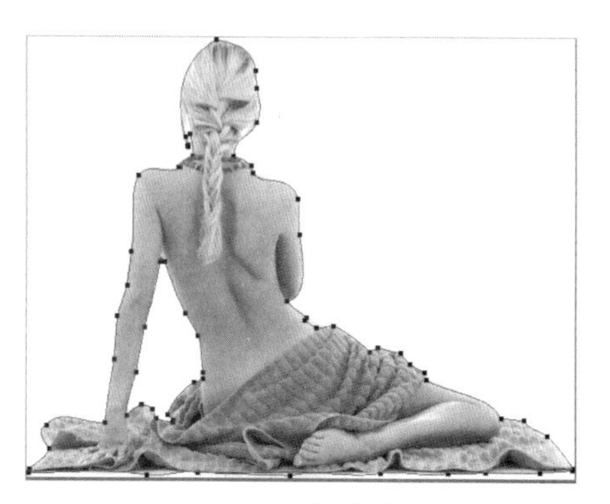

图 7-67　创建路径

步骤 01　打开“素材文件\第 7 章\背影.jpg”，创建路径如图 7-67 所示。在【路径】面板中，拖动【工作路径】到【创建新路径】按钮上，存储为【工作路径】，如图 7-68 所示。

步骤 02　单击【路径】面板右上角的扩展按钮，在弹出的菜单中执行【剪贴路径】命令，如图 7-69 所示。

步骤 03 打开【剪贴路径】对话框，在【展平度】文本框中输入适当的数值，也可以将【展平度】值保留为空白，以便使用打印机的默认值打印图像，完成设置后，单击【确定】按钮，如图 7-70 所示。

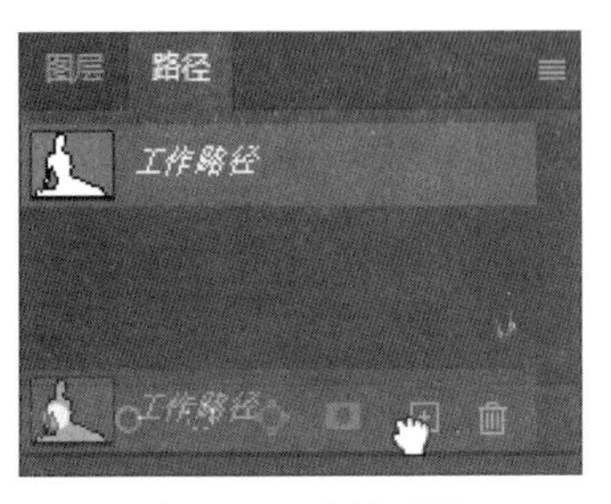

图 7-68 存储路径

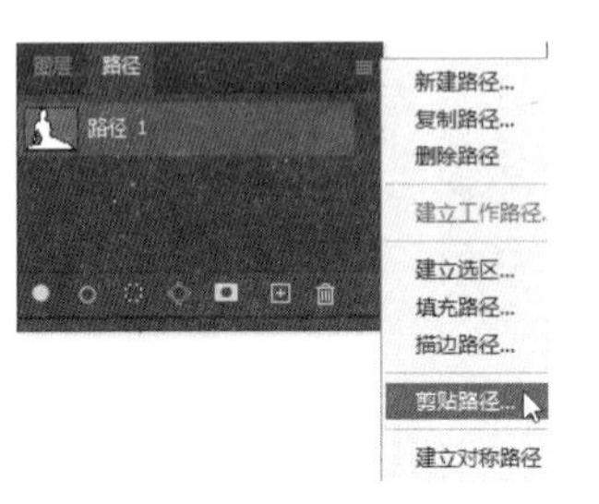

图 7-69 选择命令

图 7-70 【剪贴路径】对话框

问题 2：绘制圆角矩形后，如何修改该图形的半径值？

答：如果对绘制矩形的圆角不满意，可以在【属性】面板中进行修改，具体操作方法如下。

步骤 01 打开“素材文件\第 7 章\矩形.jpg”文件，选择【圆角矩形工具】，在选项栏中，设置【半径】为 155 像素，创建路径，如图 7-71 所示。

步骤 02 在【属性】面板中，单击【将角半径值链接到一起】按钮，设置【左上角半径】为 100 像素，如图 7-72 所示。修改后的圆角矩形如图 7-73 所示。当然也可以直接拖拉四边的图标修改半径。

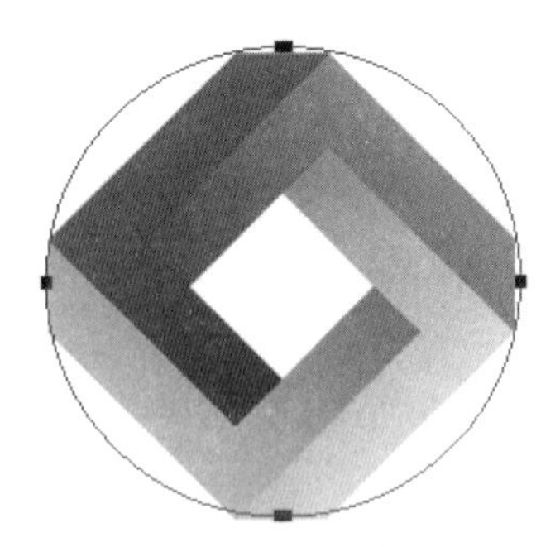

图 7-71 绘制圆角矩形

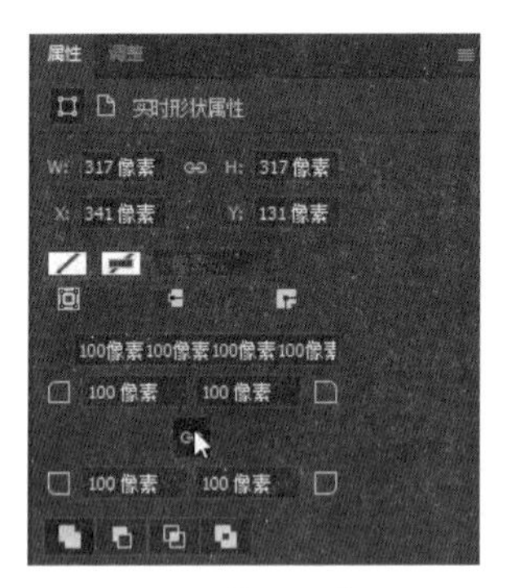

图 7-72 【属性】面板

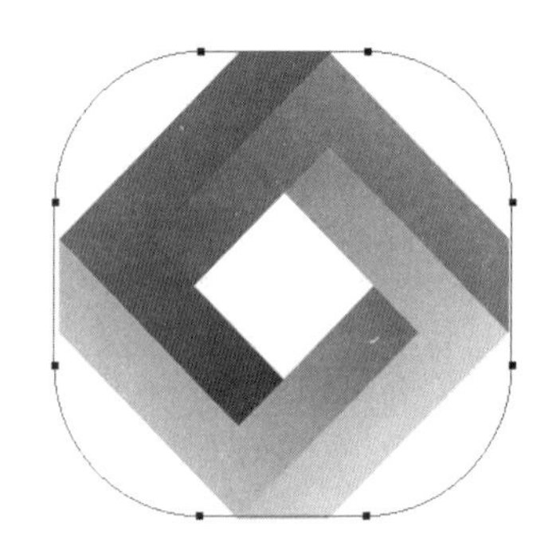

图 7-73 修改后效果

上机实战——更换图像背景

通过本章的学习，为了让读者能巩固本章知识点，下面讲解一个技能综合案例，使大家对本章的知识有更深入的了解。

效果展示

思路分析

【钢笔工具】是非常重要的抠图工具，常用于抠取不规则形状的对象轮廓，它抠取的对象边缘光滑，不会出现锯齿状边缘，常用于印刷品对象的去底。

本例首先使用【钢笔工具】沿着人物创建路径，然后将路径转换为选区，最后通过【贴入】命令更改人物背景，得到最终效果。

制作步骤

步骤 01 打开“素材文件\第 7 章\黄裙.jpg”文件，如图 7-74 所示。

步骤 02 选择【钢笔工具】，在选项栏中，选择【路径】选项，在图像中单击定义起点，如图 7-75 所示。

图 7-74 原图

图 7-75 定义起始点

步骤 03 在下一节点处，单击并拖动鼠标创建平滑节点，如图 7-76 所示。按住【Alt】键，在节点上单击更改节点类型为尖角，如图 7-77 所示。

图 7-76　创建平滑点

图 7-77　更改节点类型

步骤 04　在下一节点处，单击并拖动鼠标创建平滑节点，如图 7-78 所示。按住【Alt】键，在节点上单击更改节点类型为尖角，如图 7-79 所示。

图 7-78　创建下一个平滑点

图 7-79　更改节点类型

步骤 05　在脸部依次单击创建脸部节点，如图 7-80 所示。在额头处，单击并拖动鼠标创建平滑节点，如图 7-81 所示。

图 7-80　创建脸部节点

图 7-81　创建平滑节点

步骤 06　按住【Alt】键，在节点上单击更改节点类型为尖角，如图 7-82 所示。在前额头发位置单击并拖动创建节点，按住【Alt】键，在节点上单击更改节点类型为尖角，如图 7-83 所示。

图 7-82 更改节点类型

图 7-83 创建前额节点

步骤 07 使用相同的方法，创建右侧所有节点，如图 7-84 所示。沿着人物创建节点，在起点处单击封闭路径，如图 7-85 所示。

图 7-84 创建右侧节点

图 7-85 创建封闭路径

步骤 08 按【Ctrl+Enter】组合键载入路径选区，如图 7-86 所示。按【Shift+Ctrl+I】组合键，反向选区，如图 7-87 所示。

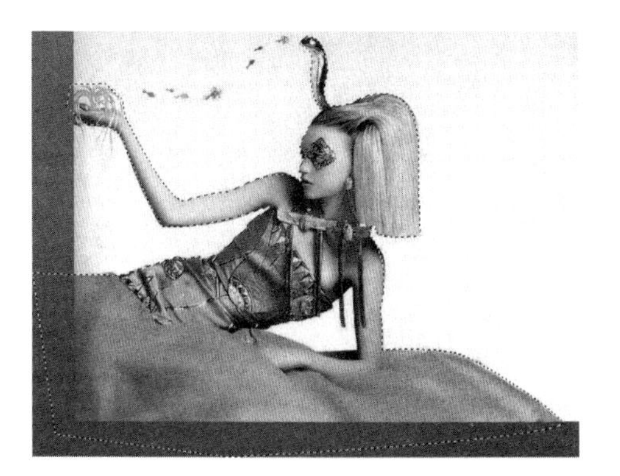

图 7-86 将路径转换为选区

图 7-87 反向选区

步骤 09 执行【选择】→【修改】→【平滑】命令，设置【取样半径】为 10 像素，单击【确定】按钮，如图 7-88 所示。

步骤 10 打开"素材文件\第 7 章\背景.jpg"文件，按【Ctrl+A】组合键全选图像，按【Ctrl+C】组合键复制图像，如图 7-89 所示。

图 7-88 平滑选区

图 7-89 打开素材图像

步骤 11 切换回黄裙图像中，执行【编辑】→【选择性粘贴】→【贴入】命令，系统将根据选区自动创建图层蒙版，如图 7-90 所示。

步骤 12 结合【画笔工具】和【魔棒工具】修改图层蒙版，涂掉多余的图像，使图像结合更加自然，如图 7-91 所示。

图 7-90 贴入图像

图 7-91 调整蒙版

同步训练——为图像添加装饰物

为了增强读者的动手能力，下面安排一个同步训练案例。

图解流程

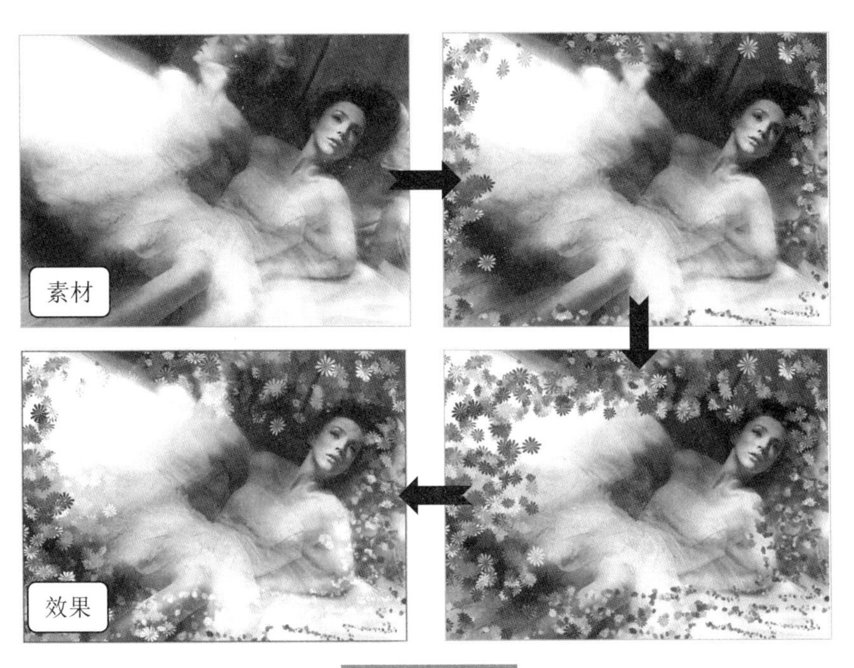

思路分析

为图像添加装饰可以增加画面立体感，还可以起到丰富画面的作用，使平淡的图像更加具有吸引力，具体操作方法如下。

本例首先使用【自定形状工具】绘制图形，然后使用【画笔工具】描边路径，调整路径大小后继续描边路径，最后使用图层混合和图层蒙版完善画面，完成效果制作。

关键步骤

步骤 01 打开"素材文件\第 7 章\倾斜人物.jpg"文件。选择【自定形状工具】，在选项栏中选择【路径】选项，载入【画框】形状组后，选择【边框 8】选项，如图 7-92 所示。

步骤 02 拖动鼠标绘制路径，按【Ctrl+T】组合键执行自由变换操作，适当放大路径，如图 7-93 所示。

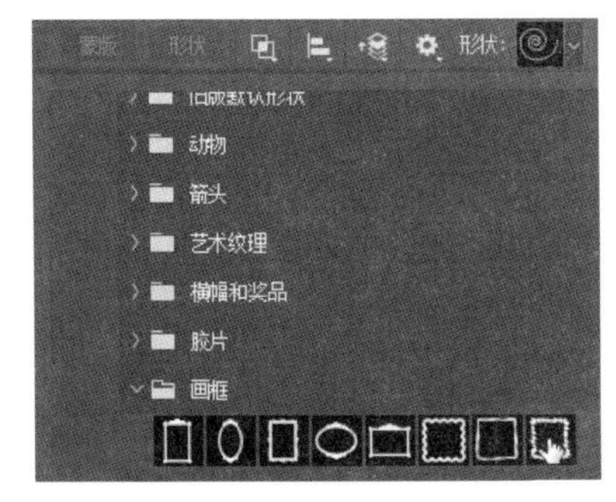

图 7-92 选择边框

图 7-93 放大路径

步骤 03 选择【画笔工具】，在选项栏中单击右侧的下拉按钮，打开【画笔预设】选取器，单击右上角的【设置】按钮，在弹出的菜单中选择【旧版画笔】选项，载入旧版画笔，选择【旧版画笔】→【特殊效果画笔】→【杜鹃花串】画笔，如图 7-94 所示。

步骤 04 按【F5】键打开【画笔设置】面板，选择【画笔笔尖形状】选项，设置【间距】为 140%，如图 7-95 所示。

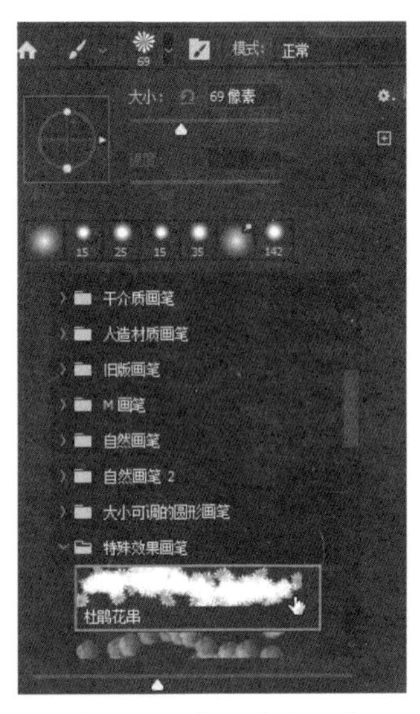

图 7-94　载入特殊画笔

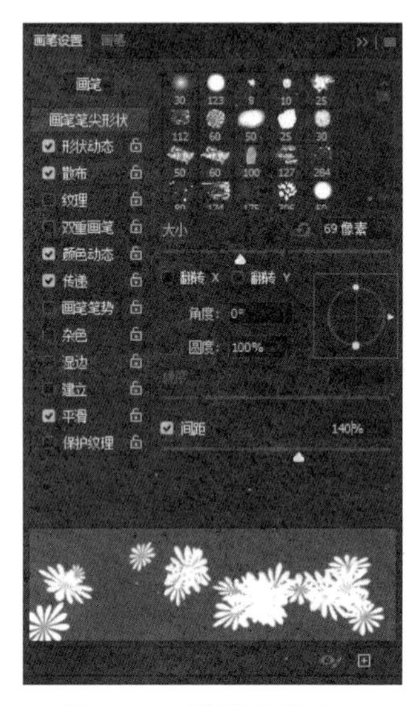

图 7-95　设置画笔间距

步骤 05 选中【形状动态】复选框，设置【大小抖动】为 100%。选中【散布】复选框，选中【两轴】复选框，设置【散布】为 173%。选中【颜色动态】复选框，设置【前景/背景抖动】为 100%，【色相抖动】为 46%，【饱和度抖动】为 27%，【亮度抖动】为 0%，【纯度】为 0%。

步骤 06 在【图层】面板中，新建【图层 1】。设置前景色为洋红色（#dc11de），在【路径】面板中，将【工作路径】拖动到【创建新路径】按钮上，存储为【路径 1】。单击【用画笔描边路径】按钮，如图 7-96 所示。通过前面的操作，得到图像描边效果，如图 7-97 所示。

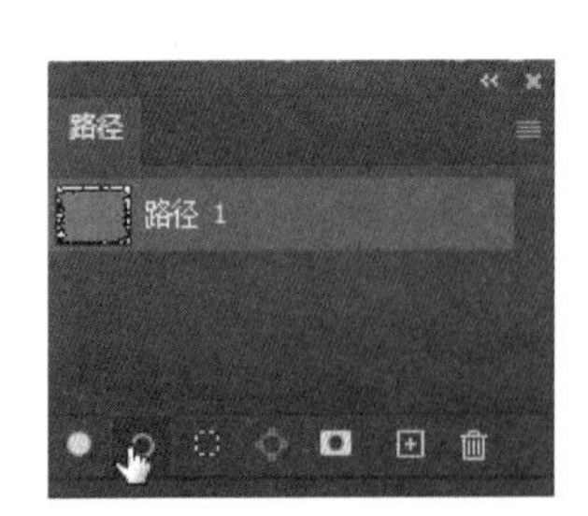

图 7-96　【路径】面板

图 7-97　描边路径效果

步骤 07 在【路径】面板中，单击其他空白位置隐藏路径。在【路径】面板中，拖动【路径 1】到【创建新路径】按钮上，生成【路径 1　拷贝】，按【Ctrl+T】组合键执行自由变换操作，适当缩小路径。

步骤 08 在【图层】面板中，新建【图层 2】。在【路径】面板中，单击【用画笔描边路径】按钮。在【路径】面板中，单击其他空白位置隐藏路径。

步骤 09 更改【图层 2】图层混合模式为【划分】。为【图层 2】添加图层蒙版，使用黑色【画笔工具】涂抹蒙版，显示被遮挡的脸部。

知识能力测试

本章讲解了路径的绘制与编辑，为对知识进行巩固和考核，请读者完成以下练习题。

一、填空题

1. 通常路径是由__________、__________及__________组成的。

2. 形状工具组中预设了很多常用的__________，每种样式都可以通过选项栏中的设置来得到不同效果的路径形状。

3. 使用【直接选择工具】单击一个锚点即可选择该锚点，选中的锚点为__________，未选中的锚点为__________。

二、选择题

1. 执行【窗口】→【路径】命令，打开【路径】面板，当创建路径后，【路径】面板上就会自动创建一个新的（　　）。

A. 工作路径　　B. 路径 1　　C. 子路径　　D. 复合路径

2. 在 Photoshop 中，使用钢笔和形状等矢量工具可以创建（　　）种不同类型的对象。

A. 2　　B .3　　C. 4　　D. 5

3. 在【路径】面板的灰色空白区域单击，可以快速（　　）当前图像窗口中显示的路径。

A. 隐藏　　B. 选择　　C. 反选　　D. 进入

三、简答题

1.【路径选择工具】和【直接选择工具】有什么区别？

2. 在 Photoshop 中如何调整路径顺序？

Photoshop 2022

第8章 文字的输入与编辑

在进行图像处理与设计中，经常需要输入文字内容，Photoshop 2022提供了强大的文字编辑功能，本章主要介绍文字基础知识、创建文字、编辑文字，以及文字的其他操作等。

学习目标

- 了解文字基础知识
- 掌握文字创建方法
- 掌握文字编辑方法
- 掌握文字的其他操作

8.1 文字基础知识

文字是传达信息的重要手段，在图像的处理和特效的制作中，可以创建各种奇特的文字效果，为图像增色。

8.1.1 文字类型

在Photoshop中，文字按输入属性可分为点文字和段落文字。点文字的文字行是独立的，即文字行的长度随文本的增加而变长，不会自动换行，需要按【Enter】键进行换行。而段落文字需要先绘制一个文本框，然后在文本框中输入文字，文字会根据文本框的宽度自动换行。

8.1.2 文字工具选项栏

在输入文字前，需要在工具选项栏或【字符】面板中设置字符的属性，包括字体、大小、文字颜色等。【文字工具】选项栏中常见的参数如图8-1所示，相关选项的作用见表8-1。

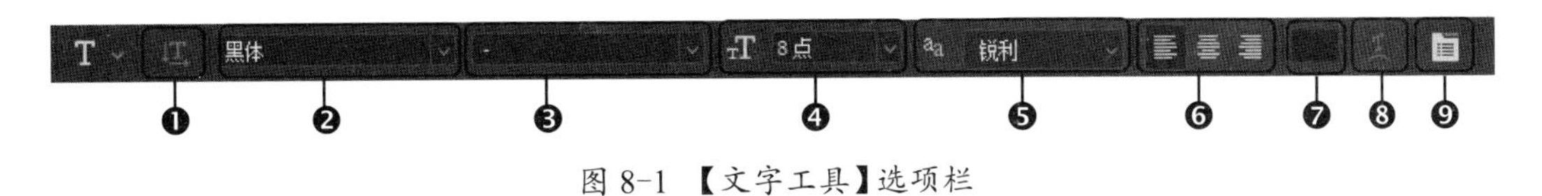

图8-1 【文字工具】选项栏

表8-1 【文字工具】操作界面中各选项的作用

选项	功能及作用
❶更改文本方向	如果当前文字为横排文字，单击该按钮，则可将其转换为直排文字；如果当前文字为直排文字，单击该按钮，则可将其转换为横排文字
❷设置字体	在该选项下拉列表中可以选择字体
❸字体样式	用来为字符设置样式，包括Regular（规则的）、Italic（斜体）、Bold（粗体）和Bold Italic（粗斜体）。该选项只对部分英文字体有效
❹字体大小	可以选择字体的大小，或者直接输入数值来进行调整
❺消除锯齿的方法	为文字消除锯齿选择一种方法，Photoshop会通过部分地填充边缘像素来产生边缘平滑的文字，使文字的边缘混合到背景中而看不出锯齿。选项中包含【无】【锐利】【犀利】【浑厚】和【平滑】
❻文本对齐	根据输入文字时光标的位置来设置文本的对齐方式，包括左对齐文本、居中对齐文本和右对齐文本
❼文本颜色	单击颜色块，可以在打开的【拾色器（文本颜色）】对话框中设置文字的颜色
❽文本变形	单击该按钮，在打开的【变形文字】对话框中为文本添加变形样式，创建变形文字
❾显示/隐藏字符面板和段落面板	单击该按钮，可以显示或隐藏【字符】和【段落】面板

8.2 创建文字

文字的创建方式很多，包括点文字、段落文字、文字选区，下面将对文字的创建进行详细的讲解。

8.2.1 创建点文字

点文字适用于单字、单行或单列文字的输入。在文件窗口中输入文本行时，点文字行会随着文字的输入向窗口右侧延伸，不会自动换行，需要按【Enter】键进行换行。

> **技能拓展**
>
> 在输入文字时，单击 3 次鼠标可以选择一行文字；单击 4 次鼠标可以选择整个段落；按【Ctrl+A】组合键可以选择全部文字。

8.2.2 创建段落文字

创建段落文字时，会自动生成文本框，在该框中录入文字后，Photoshop 会根据文本框的大小、长宽自动换行，具体操作方法如下。

步骤 01 打开“素材文件\第 8 章\雪花.jpg”，选择【横排文字工具】T，在图像中单击并拖动鼠标，此时会出现一个定界框，释放鼠标即出现一个文本框，如图 8-2 所示。

步骤 02 在选项栏中设置文字属性，在文本框中输入文字，当文字到达文本框边界时会自动换行，也可以直接复制其他文档中的文字，如图 8-3 所示。

图 8-2 创建段落文本框

图 8-3 输入段落文字

步骤 03 当输入的段落文字超出文本框所能容纳的文字数量时，文本框右下角会出现一个溢流图标⊞，用于提醒用户有文本没有显示出来。改变文本框的大小可以显示出隐藏的文本，如图 8-4 所示。

步骤 04 单击选项栏中的【提交所有当前编辑】按钮☑，或者按【Ctrl+Enter】组合键确认段落文字的输入，如图 8-5 所示。

图 8-4 改变文本框大小

图 8-5 确认文字输入

8.2.3 创建文字选区

文字蒙版工具可以将输入的文字直接转换为选区，包括【横排文字蒙版工具】和【直排文字蒙版工具】。创建文字选区的具体操作方法如下。

步骤 01 打开“素材文件\第 8 章\口红.jpg”，选择【直排文字蒙版工具】，在选项栏中设置文字属性，在画面中单击创建文字输入点并输入文字，如图 8-6 所示。

步骤 02 按【Ctrl+Enter】组合键确认创建文字选区，如图 8-7 所示。

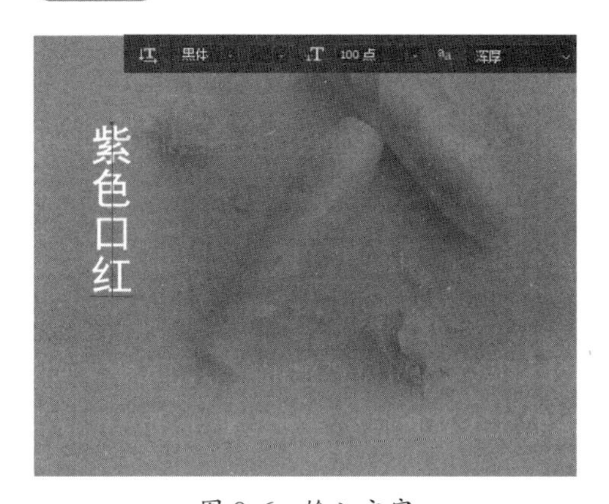

图 8-6 输入文字

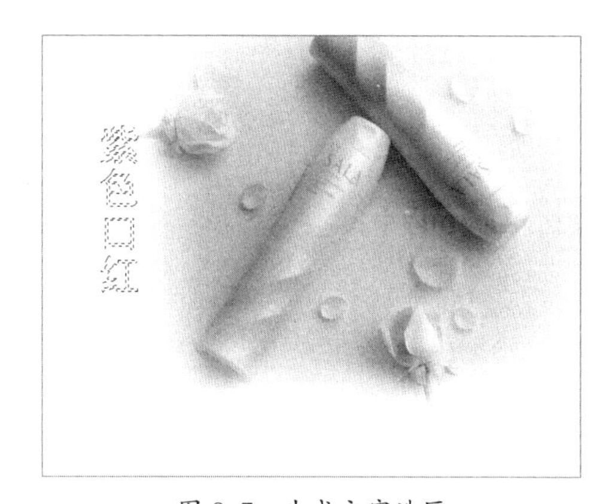

图 8-7 生成文字选区

8.3 编辑文字

在图像中输入文字后，不仅可以调整字体的颜色、大小，还可以对已输入的文字进行其他编辑处理，包括文字的拼写检查、栅格化文字，以及将文字转换为路径等操作。

8.3.1 【字符】面板

【字符】面板中提供了比工具选项栏更多的选项，单击选项栏中的【切换字符和段落面板】按钮或执行【窗口】→【字符】命令，都可以打开【字符】面板，其常见的参数如图 8-8 所示，【字符】属性设置效果如图 8-9 所示，相关选项的作用见表 8-2。

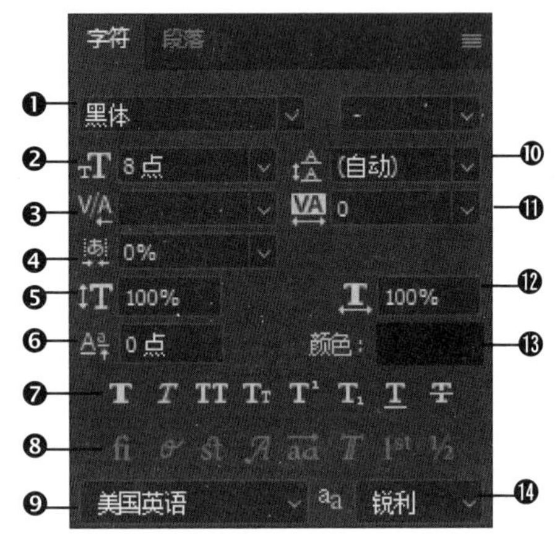

图 8-8 【字符】面板

图 8-9 【字符】属性设置效果

表 8-2 【字符】操作界面中各选项的作用

选项	功能及作用
❶搜索和选择字体	在下拉列表中可以选择需要的字体，选择不同字体选项将得到不同的文本效果，选中的文本将应用当前选中的字体
❷设置字体大小	在下拉列表中选择文字大小值，也可以在文本框中输入文字大小值，对文字的大小进行设置
❸设置两个字符间的字距微调	在下拉列表中可以选择预设的字距微调值，若要手动调整字距微调，则可在其后的文本框中直接输入一个数值或从该下拉列表中选择需要的选项。若选择了文本范围，则无法手动对文本进行字距微调，需要使用字距调整进行设置
❹设置所选字符的比例间距	选中需要进行比例间距设置的文字，在其下拉列表中选择需要变换的间距百分比，百分比越大，比例间距越大
❺垂直缩放	选中需要进行缩放的文字后，垂直缩放的文本框显示默认值 100%，可以在文本框中输入任意数值，对选中的文字进行垂直缩放
❻设置基线偏移	在该选项中可以对文字的基线位置进行设置，输入不同的数值设置基线偏移的程度，输入负值可以将基线向下偏移，输入正值则可以将基线向上偏移
❼设置字体样式	通过单击面板中的按钮可以对文字进行仿粗体、仿斜体、全部大写字母、小型大写字母、上标、下标、下划线、删除线等设置
❽Open Type 字体	包含了当前 PostScript 和 TrueType 字体不具备的功能，如花饰字和自由连字

续表

选项	功能及作用
❾对所选字符进行有关连字符和拼写规则的语言设置	Photoshop使用语言词典检查连字符连接
❿设置行距	该选项对多行的文字间距进行设置，可以在下拉列表中选择固定的行距值，也可以在文本框中直接输入数值进行设置，输入的数值越大则行间距越大
⓫设置所选字符的字距调整	选中需要设置的文字后，在其下拉列表中选择合适的字距数值
⓬水平缩放	选中需要进行缩放的文字后，水平缩放的文本框显示默认值为100%，可以在文本框中输入任意数值，对选中的文字进行水平缩放
⓭设置文本颜色	在面板中直接单击颜色块可以弹出【拾色器（文本颜色）】对话框，在该对话框中选择合适的颜色即可完成对文本颜色的设置
⓮设置消除锯齿的方法	该选项用于设置消除锯齿的方法

8.3.2 【段落】面板

【段落】面板主要用于设置文本的对齐方式和缩进方式等。单击【字符】面板右侧的【段落】即可激活其面板，或者执行【窗口】→【段落】命令打开【段落】面板，如图8-10所示，段落对齐和首行缩进效果如图8-11所示。相关选项的作用见表8-3。

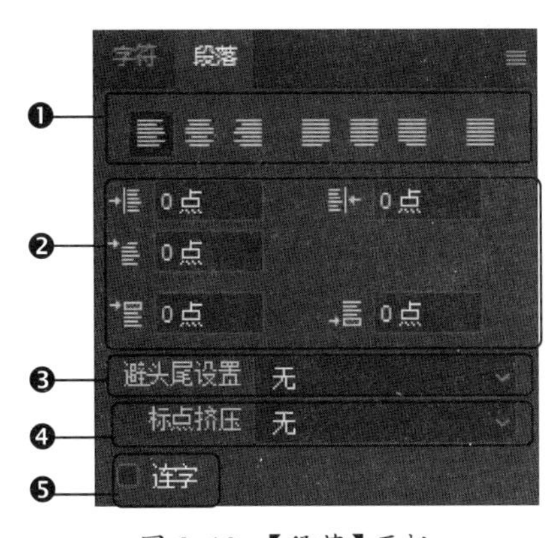

图8-10 【段落】面板

那时的 那时的 那时的

天空 天空 天空

这几天心里颇不宁静。今晚在院子里坐着乘凉，忽然想起日日走过的荷塘.

这几天心里颇不宁静。今晚在院子里坐着乘凉，忽然想起日日走过的荷塘.

图8-11 【段落】对齐和首行缩进效果

表8-3 【段落】操作界面中各选项的作用

选项	功能及作用
❶对齐方式	包括左对齐文本、居中对齐文本、右对齐文本、最后一行左对齐、最后一行居中对齐、最后一行右对齐和全部对齐
❷段落调整	包括左缩进、右缩进、首行缩进、段前添加空格和段后添加空格
❸避头尾设置	选取换行集为【无】【JIS宽松】【JIS严格】

续表

选项	功能及作用
❹标点挤压	选取内部字符间距集
❺连字	自动用连字符连接

技能拓展

调整文字大小：选择文字后，按【Shift+Ctrl+＞】组合键，能以1点为增量调大文字；按【Shift+Ctrl+＜】组合键，能以1点为增量调小文字。

调整字间距：选择文字后，按【Alt+→】组合键，可以增加字间距；按【Alt+←】组合键，可以减小字间距。

调整行间距：选择多行文字后，按【Alt+↑】组合键，可以增加行间距；按【Alt+↓】组合键，可以减小行间距。

8.3.3 点文字和段落文字的互换

在Photoshop中，点文字与段落文字可以相互转换。创建点文字后，执行【文字】→【转换为段落文本】命令，即可将点文字转换为段落文字；创建段落文字后，执行【文字】→【转换为点文本】命令，即可将段落文字转换为点文字。

8.3.4 文字变形

文字变形是指对创建的文字进行扭曲变形，例如，可以将文字变形为扇形或波浪形。选择文字图层，执行【文字】→【文字变形】命令，或者单击文字工具选项栏中的【创建文字变形】按钮，打开【变形文字】对话框，在该对话框中进行设置即可。

温馨提示

创建文字变形后，再次执行【文字】→【文字变形】命令，或者单击文字工具选项栏中的【创建文字变形】按钮，在打开的【变形文字】对话框中可修改变形样式或参数。在【变形文字】对话框的【样式】下拉列表中选择【无】选项，可取消文字变形。

8.3.5 栅格化文字

点文字和段落文字都属于矢量文字，文字栅格化后，就由矢量图变成位图了，这样有利于使用滤镜等命令制作更丰富的文字效果。文字被栅格化后，就无法返回矢量文字的可编辑状态了。

选择文字图层，执行【文字】→【栅格化文字图层】命令，文字即被栅格化。

8.3.6 创建路径文字

路径文字是指依附在路径上的文字，文字会沿着路径排列，改变路径形状时，文字排列方式随之改变。图像在输出时，路径不会被输出。创建路径文字的具体操作方法如下。

步骤 01 打开“素材文件\第 8 章\白圈.jpg”，选择【椭圆工具】，在选项栏中选择【路径】选项，拖动鼠标创建圆形路径，如图 8-12 所示。

步骤 02 选择【横排文字工具】，在选项栏中设置字体为黑体，字体大小为 100 点，将鼠标指针移动至路径上，此时鼠标指针会变成特殊形状，如图 8-13 所示。

图 8-12 创建圆形路径

图 8-13 确定文字输入点

步骤 03 单击设置文字插入点，画面中会出现闪烁的“I”，此时输入文字即可沿着路径排列，如图 8-14 所示。

步骤 04 按【Ctrl+Enter】组合键确认操作，在【路径】面板中，单击其他空白位置隐藏路径，文字效果如图 8-15 所示。

图 8-14 输入路径文字

图 8-15 确定输入并隐藏路径

8.3.7 将文字转换为工作路径

选择文字图层，执行【文字】→【创建工作路径】命令，可将文字转换为工作路径，原文字属性不变，生成的工作路径可以应用填充和描边，或者通过调整锚点得到变形文字。

8.3.8 将文字转换为形状

选择文字图层，执行【文字】→【转换为形状】命令，可将文字转换为矢量蒙版的形状，不会保留文字图层。

课堂范例——制作路径文字效果

步骤 01 打开“素材文件\第 8 章\牛油果.jpg”，执行【选择】→【主体】命令，生成选区，如图 8-16 所示。

步骤 02 执行【选择】→【修改】→【扩展】命令，打开【扩展选区】对话框，设置【扩展量】为 200 像素，单击【确定】按钮，如图 8-17 所示。

步骤 03 执行【选择】→【修改】→【平滑】命令，打开【平滑选区】对话框，设置【取样半径】为 50 像素，单击【确定】按钮，效果如图 8-18 所示。

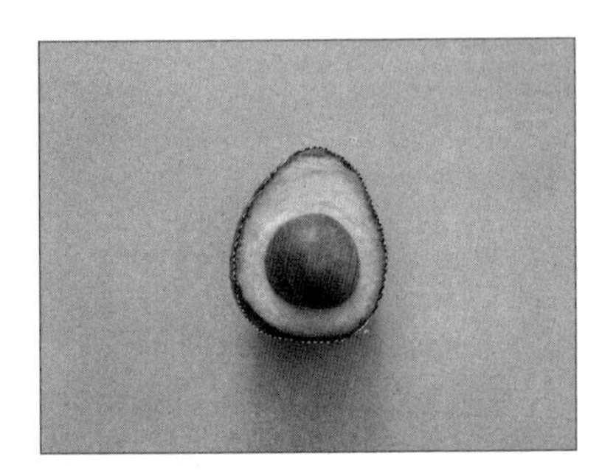

图 8-16 生成选区

图 8-17 扩展选区

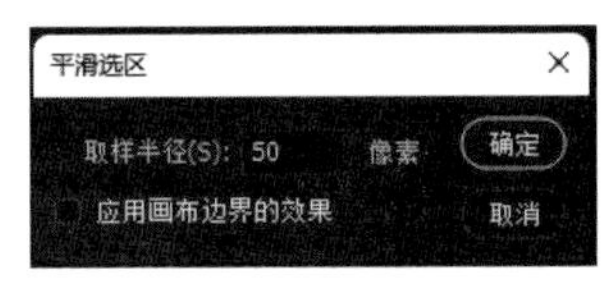

图 8-18 平滑选区

步骤 04 在工具箱中选择【矩形选框工具】，右击鼠标，在快捷菜单中选择【建立工作路径】命令，打开【建立工作路径】对话框，设置【容差】为 2.0 像素，单击【确定】按钮，如图 8-19 所示。

步骤 05 在工具箱中选择【横排文字工具】T，在路径上单击，即可将文本插入点定位到路径上，如图 8-20 所示。

步骤 06 然后输入需要的文字内容，设置字体格式，最终效果如图 8-21 所示。

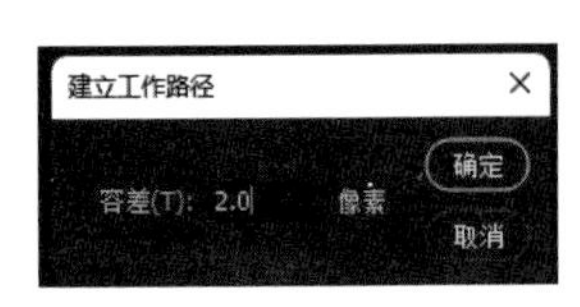

图 8-19 建立工作路径

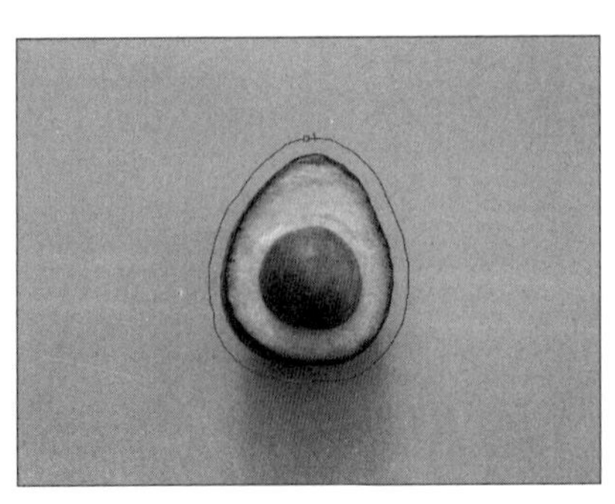

图 8-20 选择【横排文字工具】

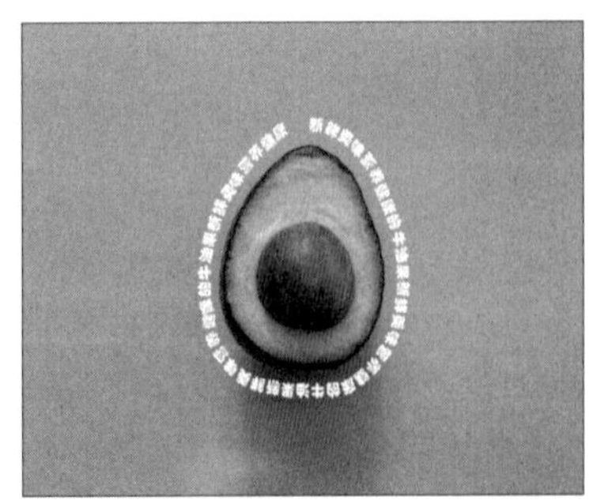

图 8-21 最终效果

8.4 文字的其他操作

文字是Photoshop 2022的重要内容，内容非常丰富，除文字编辑外，还有一些其他的操作。

8.4.1 查找和替换文本

执行【编辑】→【查找和替换文本】命令，打开【查找和替换文本】对话框，可以查找当前文本中需要修改的文字、单词、标点或字符，并将其替换为指定的内容。

8.4.2 拼写检查

如果要检查当前文本中的英文单词拼写是否有误，可以执行【编辑】→【拼写检查】命令，打开【拼写检查】对话框，检查到有错误时，Photoshop 2022 会提供修改建议。

8.4.3 更新所有文本图层

执行【文字】→【更新所有文本图层】命令，可以更新当前文件中所有文字图层的属性，可以避免重复劳动，提高工作效率。

8.4.4 替换所有缺欠字体

打开文件时，如果该文档中的文字使用了系统中没有的字体，会弹出一条警告信息，指明缺少哪些字体。出现这种情况时，可以执行【文字】→【替换所有缺欠字体】命令，使用系统中安装的字体替换文档中缺失的字体。

课堂问答

通过本章的讲解，大家对文字的输入与编辑有了一定的了解，下面列出一些常见的问题供学习参考。

问题 1：文字在输入状态下可以移动吗？

答：文字处于编辑状态时，按住【Space】键，移动鼠标到文字四周，会暂时切换到【移动工具】，拖动鼠标即可移动文字。

问题 2：Photoshop 中行末端的单词被强行断开，如何处理？

答：强制对齐段落时，Photoshop 会将行末端的单词断开至下一行，选中【段落】面板中的【连字】复选框，可以在断开的单词间显示连字标记。

上机实战——水漾面膜肌肤最爱优惠券

为了帮助读者巩固本章知识点，下面讲解一个技能综合案例。

效果展示

思路分析

优惠券是一种常用的广告形式，广泛存在于各类宣传中，它不仅能够直观地表达画面所要传达的意图，还能够起到促销的作用，下面讲解制作优惠券的具体操作方法。

本例首先使用【渐变工具】制作渐变背景效果，然后添加人物主体对象，最后使用【横排文字工具】制作有层次感的文字说明，得到最终效果。

制作步骤

步骤 01 按【Ctrl+N】组合键打开【新建文档】对话框，设置【宽度】为10厘米，【高度】为7.8厘米，【分辨率】为300像素/英寸，单击【创建】按钮，如图8-22所示。

步骤 02 选择【渐变工具】，在选项栏中单击渐变色条，打开【渐变编辑器】对话框，设置渐变色标（紫#8b56d1，白，红#ff008d），如图8-23所示。

图 8-22　原图

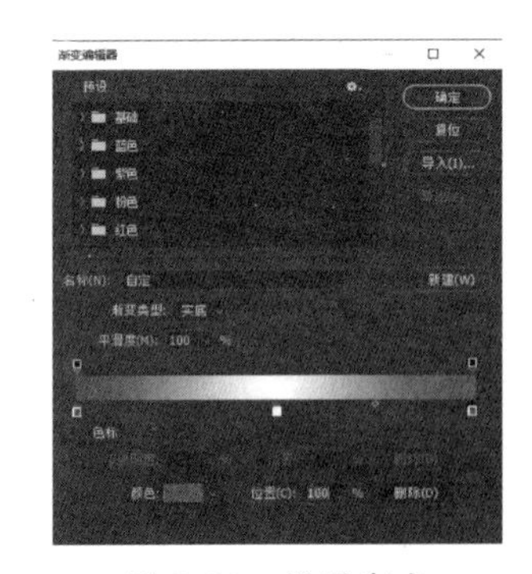

图 8-23　设置渐变

步骤 03 从上到下拖动鼠标填充渐变色，如图8-24所示。选择【横排文字工具】，拖动鼠标创建段落文本框，如图8-25所示。

图 8-24 填充渐变色

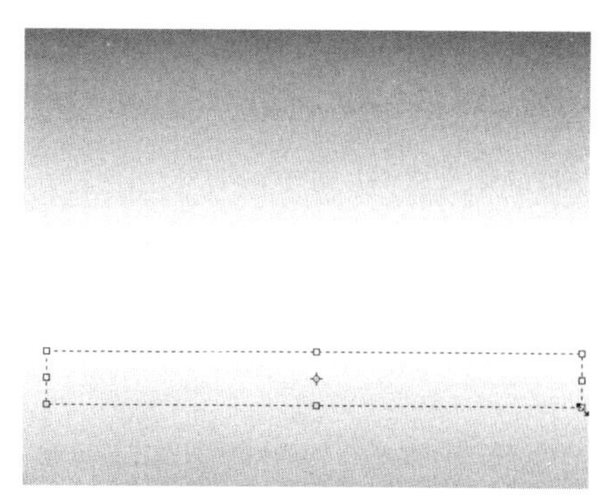

图 8-25 创建段落文本框

步骤 04 在段落文本框中输入文字，如图 8-26 所示。在【字符】面板中设置字体为黑体，字体大小为 5.6 点，文字颜色为浅红色（#f29b9b），如图 8-27 所示。

图 8-26 输入文字

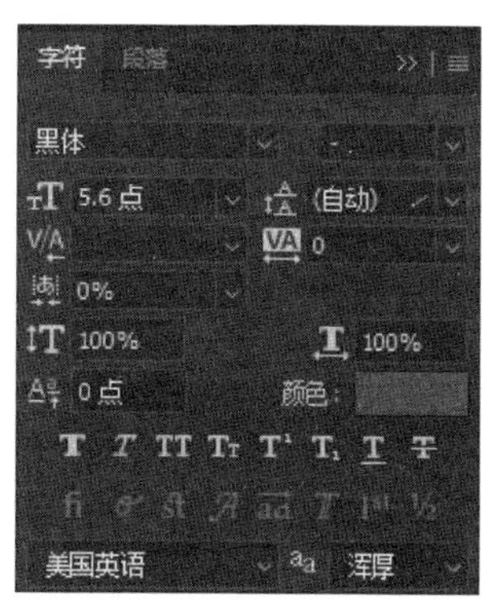

图 8-27 【字符】面板

步骤 05 打开“素材文件\第 8 章\脸谱.jpg”，拖动到当前文件中，放置到右侧适当位置，如图 8-28 所示。

步骤 06 选择【横排文字工具】T，在左侧输入文字“惊喜优惠等着您”，在选项栏中设置字体为华文琥珀，字体大小为 9 点，颜色为红色（#ff0000），如图 8-29 所示。

图 8-28 添加素材

图 8-29 输入文字

步骤 07 选中“优惠”，在选项栏中更改字体大小为 14 点，如图 8-30 所示。

步骤 08 继续使用【横排文字工具】，在下方输入文字“购买任意面膜产品两件 立减 28 元”，在选项栏中设置字体分别为华文琥珀和微软雅黑，字体大小分别为 9 点和 14 点，文字颜色为红色（#ff0000），如图 8-31 所示。

图 8-30　更改文字大小

图 8-31　输入文字

步骤 09 选中“28”，在选项栏中更改字体大小为 22 点，如图 8-32 所示。

步骤 10 在左上角输入文字“水漾面膜肌肤最爱”，在【字符】面板中设置字体为微软雅黑，字体大小为 24 点，行距为 30 点，如图 8-33 所示。

图 8-32　更改文字大小

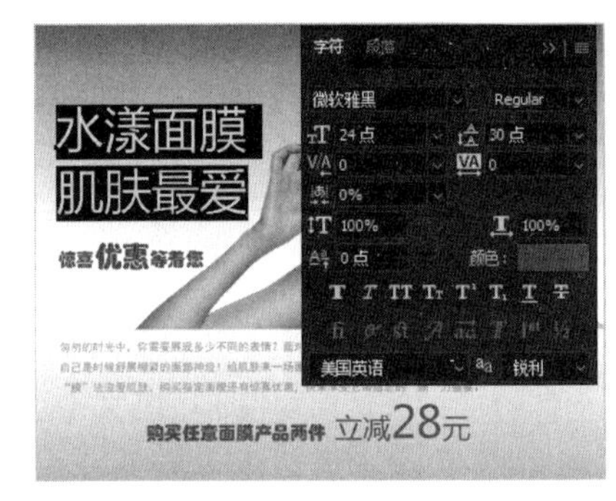

图 8-33　输入文字

步骤 11 单击【背景】图层右侧的🔒按钮，将其变为【图层 0】，如图 8-34 所示。

步骤 12 按【Ctrl+J】组合键复制图层，更改【图层 0 拷贝】图层混合模式为【颜色加深】，如图 8-35 所示。

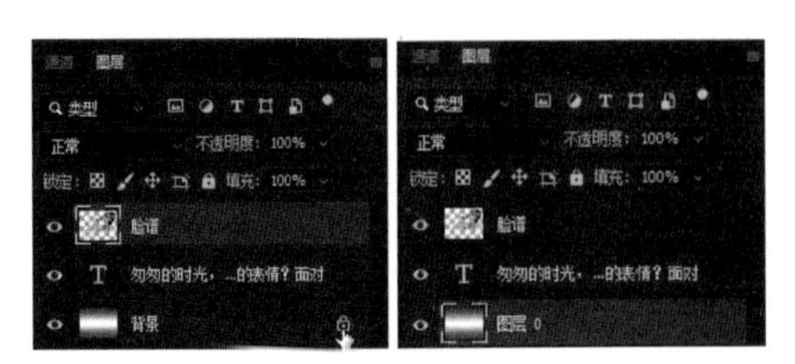

图 8-34　将背景图层转换为普通图层

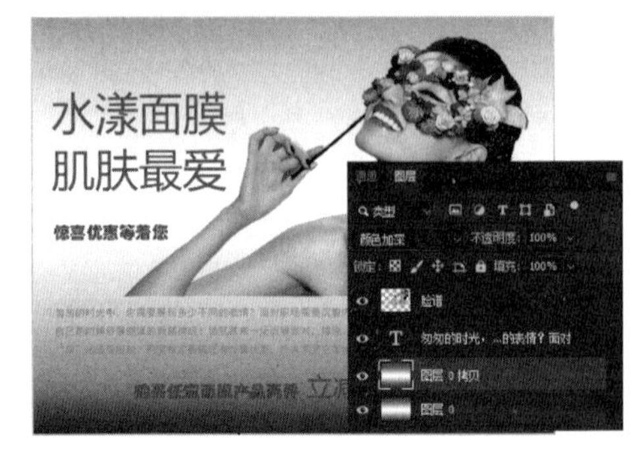

图 8-35　复制并混合图层

同步训练——母亲节活动宣传单页

为了增强读者的动手能力，下面安排一个同步训练案例。

图解流程

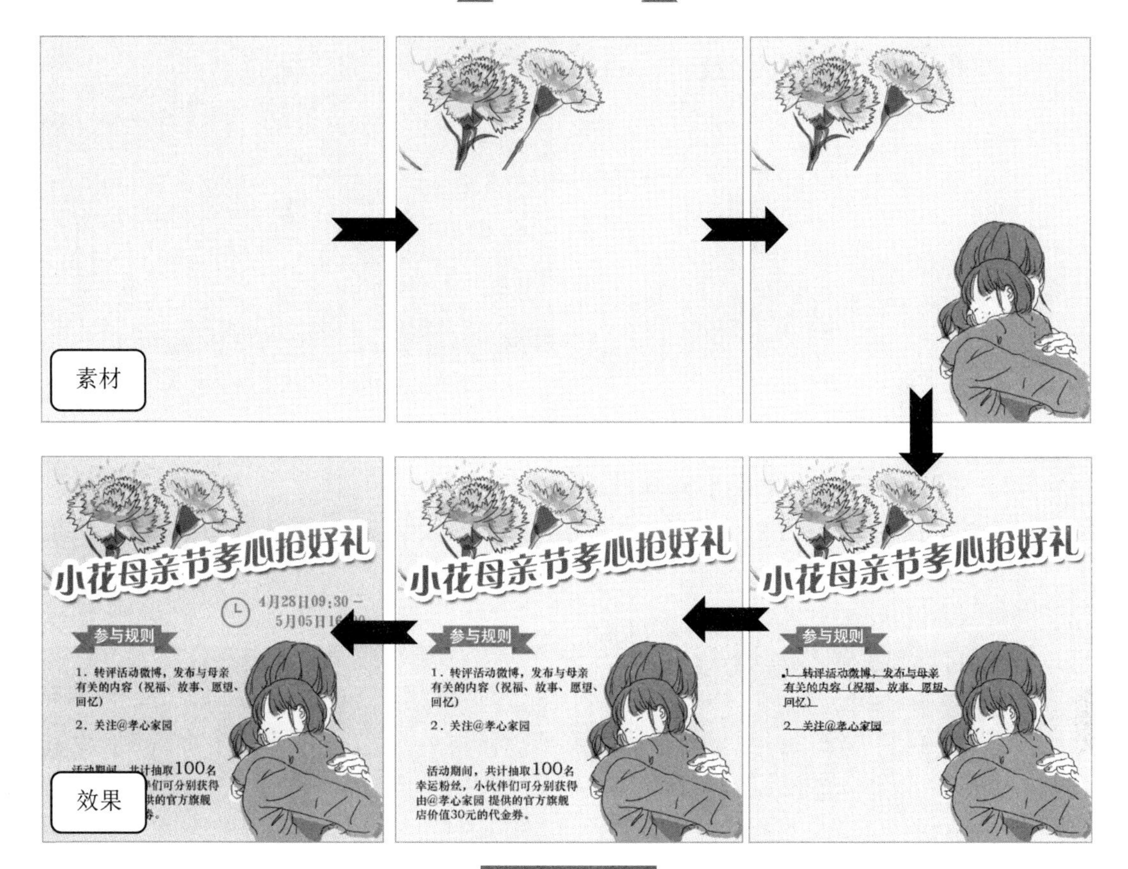

思路分析

母亲节是一个神圣的节日，每年一到母亲节，商家就会推出各式各样的促销活动，下面讲述如何制作母亲节活动宣传单页。

本例首先填充背景颜色，然后添加主体图像分割版面，最后使用【横排文字工具】T制作标题和正文，完成效果制作。

关键步骤

步骤 01 按【Ctrl+N】组合键打开【新建文档】对话框，设置【宽度】为 21 厘米，【高度】为 23 厘米，【分辨率】为 200 像素/英寸，单击【创建】按钮，为背景填充浅黄色（#fcf1e6）。

步骤 02 打开“素材文件\第 8 章\花朵.tif”，拖动到当前文件中，放置到左侧位置。打开“素材文件\第 8 章\母女.tif”，拖动到当前文件中，放置到下方位置。

步骤 03 选择【横排文字工具】T，在选项栏中设置字体为方正粗倩简体，字体大小为 56，输入文字，如图 8-36 所示。

步骤 04　双击文字图层，打开【图层样式】对话框，选中【渐变叠加】复选框，设置【角度】为 94 度，【缩放】为 150%，单击渐变色条，如图 8-37 所示。

图 8-36　设置字体

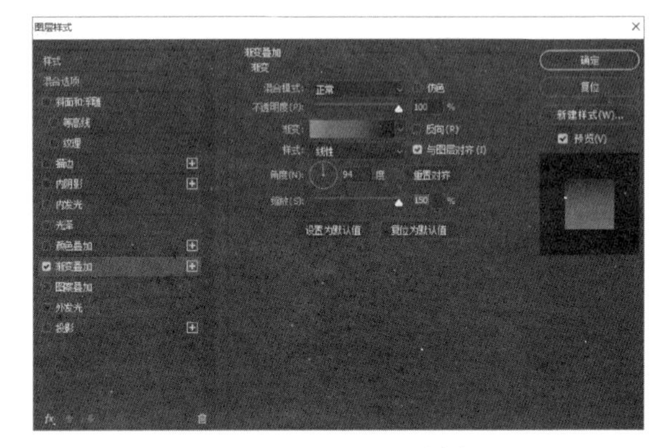

图 8-37　设置图层样式

步骤 05　打开【渐变编辑器】对话框，设置渐变色（#c21b00，#ff6600，#e86a55，#f49c8d，#f1b9b0），单击【确定】按钮，如图 8-38 所示。

步骤 06　在【图层样式】对话框中选中【描边】复选框，设置【大小】为 28 像素，【位置】为外部，【颜色】为白色，如图 8-39 所示。

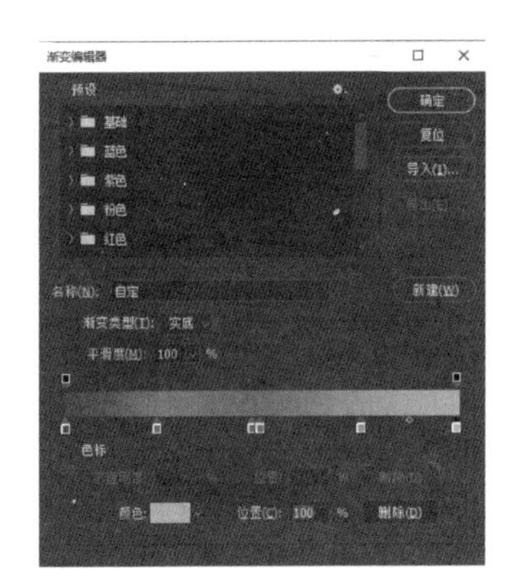

图 8-38　编辑渐变

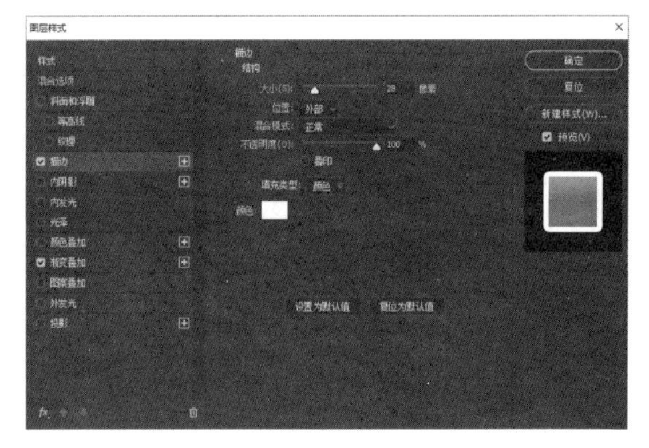

图 8-39　描边设置

步骤 07　在【图层样式】对话框中选中【投影】复选框，设置【距离】为 25 像素，【扩展】为 27%，【大小】为 25 像素，单击【确定】按钮。

步骤 08　在选项栏中单击【创建文字变形】按钮，打开【变形文字】对话框，设置【样式】为增加，【弯曲】为 58%，单击【确定】按钮。

步骤 09　打开“素材文件\第 8 章\符号 .tif”，拖动到当前文件中，放到左侧位置。

步骤 10　选择【横排文字工具】，在选项栏中设置字体为汉仪中黑简，字体大小为 27 点，输入白色文字，效果如图 8-40 所示。

步骤 11　输入黑色文字，在【字符】面板中设置字体为新宋体，字体大小为 20 点，行距为 25 点，如图 8-41 所示。

图 8-40　输入文字

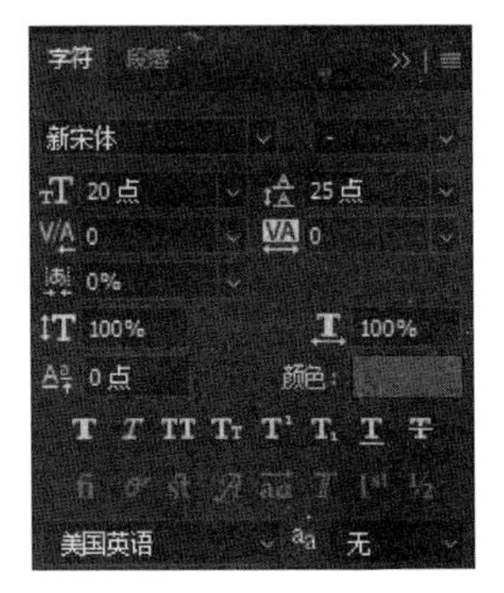

图 8-41　【字符】面板

步骤 12　继续在下方输入黑色文字，将 100 点的字体大小更改为 30 点。在【字符】面板中设置行距为 25 点。

步骤 13　打开“素材文件\第 8 章\时钟.tif”，拖动到当前文件中。

步骤 14　选择【横排文字工具】T，在选项栏中设置字体为汉仪粗宋简，字体大小为 26 点，输入橘色（#fc9685）文字。

步骤 15　新建【图层 1】，填充橙色（#fc9685），更改【图层 1】图层混合模式为【颜色加深】。

知识能力测试

本章讲解了文字的输入与编辑，为对知识进行巩固和考核，请读者完成以下练习题。

一、填空题

1. ________的文字行是独立的，即文字行的长度随文本的增加而变长，不会自动换行。

2. 文字被________后，就无法返回矢量文字的可编辑状态了。

3. 文字蒙版工具可以将输入的文字直接转换为________。

二、选择题

1. 在输入文字时，单击（　　）次鼠标可以选择一行文字；单击 4 次鼠标可以选择整个段落；按【Ctrl+A】组合键可以选择全部文字。

A. 3　　B. 2　　C. 4　　D. 1

2. 在文件窗口中输入文本行时，点文字行会随着文字的输入向窗口右侧延伸，不会自动换行，需要按（　　）键进行换行。

A.【Ctrl】　　B.【Shift】　　C.【Enter】　　D.【Space】

3. 选择文字图层，执行【文字】→【转换为形状】命令，可将文字转换为（　　）的形状，不会保留文字图层。

A. 矢量蒙版　　B. 剪贴蒙版　　C. 空白图层　　D. 工作路径

三、简答题

1. 请简单回答【栅格化文字图层】命令的作用。

2. 请回答【创建工作路径】和【转换为形状】命令有什么区别。

Photoshop 2022

第9章 图像的色彩调整

色彩可以还原真实世界，Photoshop 2022 提供了大量专业的色彩调整工具，使用这些工具可以调整色彩的色相、饱和度和明度等属性。本章主要介绍这些工具的使用方法。

学习目标

- 理解图像的颜色模式与转换原理
- 熟悉图像调整辅助知识
- 掌握图像的自动化调整方法
- 掌握图像的明暗调整方法
- 掌握图像的色彩调整方法
- 掌握图像的特殊色调调整方法

9.1 图像的颜色模式与转换

根据图像用途，可以转换色彩模式，以得到最佳的调整效果。在【图像】菜单中的【调整】子菜单中，选择色彩模式进行转换。

9.1.1 RGB颜色模式

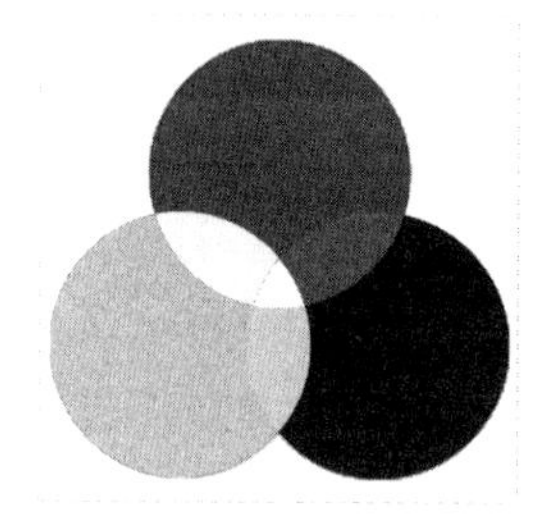

图 9-1 RGB 颜色模式

RGB 基于色光三原色，是一种加色混合模式，如图 9-1 所示。R 代表红色，G 代表绿色，B 代表蓝色，它是所有显示屏、投影设备及其他传递或过滤光线的设备所依赖的彩色模式。

就编辑图像而言，RGB 颜色模式是屏幕显示的最佳模式，计算机显示器、扫描仪、数码相机、电视、幻灯片等都采用这种模式。

9.1.2 CMYK颜色模式

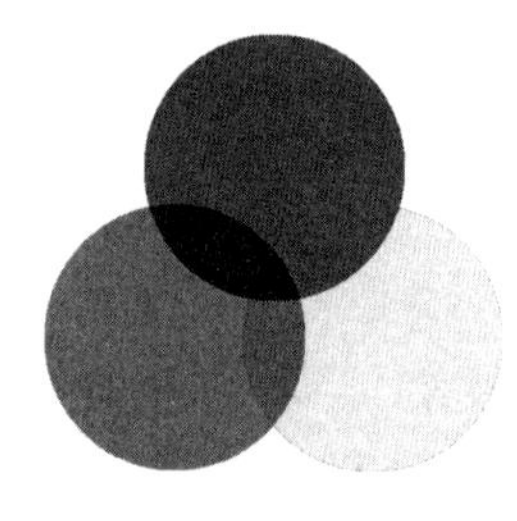

图 9-2 CMYK 颜色模式

CMYK 是一种减色混合模式，如图 9-2 所示。它是指本身不能发光，但能吸收一部分并将余下的光反射出去的色料混合，印刷用油墨、染料、绘画颜色等都属于减色混合。

CMYK 代表印刷图像时所用的印刷四色，分别是青、洋红、黄、黑。CMYK 颜色模式是打印机唯一认可的彩色模式。

9.1.3 Lab颜色模式

Lab 颜色模式是 Photoshop 进行颜色模式转换时使用的中间模式，当我们将 RGB 图像转换为 CMYK 颜色模式时，Photoshop 会先将其转换为 Lab 颜色模式，再由 Lab 转换为 CMYK 颜色模式。

Lab 颜色模式的色域最广，是唯一不依赖于设备的颜色模式。Lab 颜色模式由 3 个通道组成，一个通道是亮度，即 L；另外两个是色彩通道，用 a 和 b 来表示。a 通道包括的颜色是从深绿色到灰色再到红色；b 通道则是从亮蓝色到灰色再到黄色。因此，这种色彩混合后将产生明亮的色彩。

9.1.4 位图模式

位图模式只有纯黑和纯白两种颜色，没有中间层次，适合制作艺术样式或用于创作单色图形。

彩色图像转换为该模式后，色相和饱和度信息都会被删除，只保留亮度信息。只有灰度模式和通道图才能直接转换为位图模式。

9.1.5 灰度模式

灰度模式的图像不包含颜色，彩色图像转换为该模式后，色彩信息都会被删除。

灰度图像中的每个像素都有一个 0 到 255 之间的亮度值，0 代表黑色，255 代表白色，其他值代表了黑、白中间过渡的灰色。在 8 位图像中，最多有 256 级灰度。在 16 位和 32 位图像中，图像中的级数比 8 位图像要大得多。

9.1.6 双色调颜色模式

双色调采用一组曲线来设置各种颜色的油墨，可以得到比单一通道更多的色调层次，在打印中表现更多的细节。如果希望将彩色图像模式转换为双色调模式，则必须先将图像转换为灰度模式，再转换为双色调模式。

9.1.7 索引颜色模式

该模式使用最多 256 种颜色或更少的颜色替代全彩图像中的上百万种颜色。当转换为索引颜色时，Photoshop 将构建一个颜色查找表，用以存放并索引图像中的颜色。如果原图像中的某种颜色没有出现在该表中，则程序将选取现有颜色中最接近的一种，或使用现有颜色模拟该颜色。

通过限制【颜色】面板，索引颜色可以在保持图像视觉品质的同时减少文件大小。在这种模式下只能进行有限的编辑。若要进一步编辑，应临时转换为RGB 模式。

课堂范例——制作双色调模式图像

步骤 01 打开“素材文件\第 9 章\帽子.jpg”，如图 9-3 所示。执行【图像】→【模式】→【灰度】命令，弹出【信息】对话框，单击【扔掉】按钮，如图 9-4 所示。

图 9-3 原图

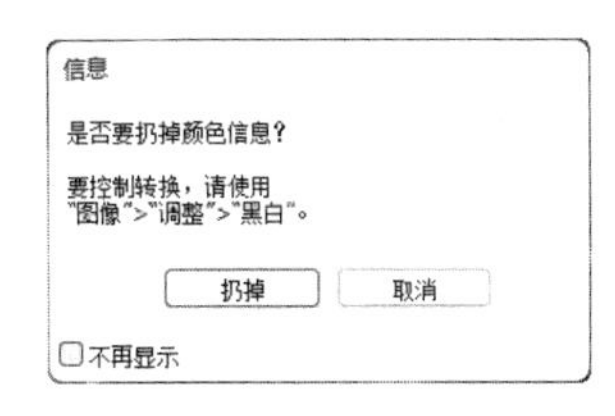

图 9-4 转灰度模式提示

步骤 02 通过前面的操作，将图像转换为灰度图像，如图 9-5 所示。

步骤 03 执行【图像】→【模式】→【双色调】命令，弹出【双色调选项】对话框，设置【类型】为双色调，单击【油墨 2】右侧的颜色块，如图 9-6 所示。

图 9-5　灰度图像

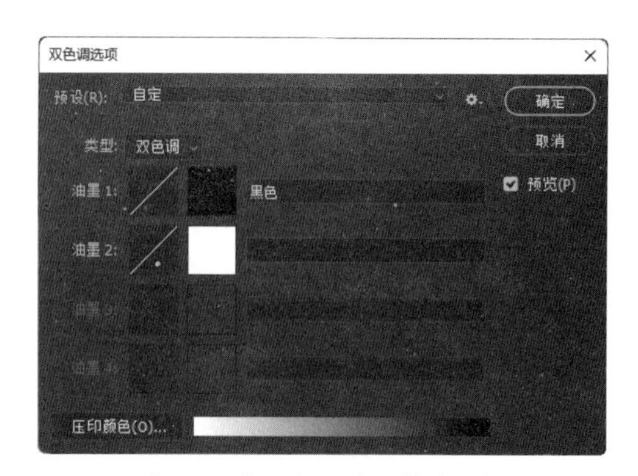

图 9-6　【双色调选项】对话框

步骤 04　弹出【拾色器（墨水 2 颜色）】对话框，设置颜色为棕色（#fbba0a），单击【确定】按钮，如图 9-7 所示。

步骤 05　返回【双色调选项】对话框中，设置【油墨 2】名称为棕色，单击【确定】按钮，如图 9-8 所示。

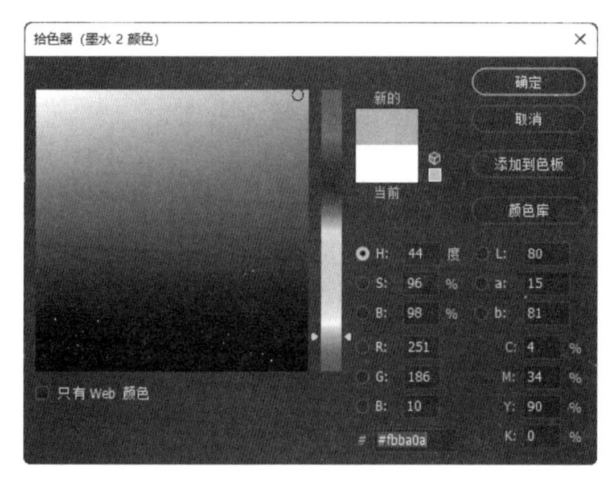

图 9-7　【拾色器（墨水 2 颜色）】对话框

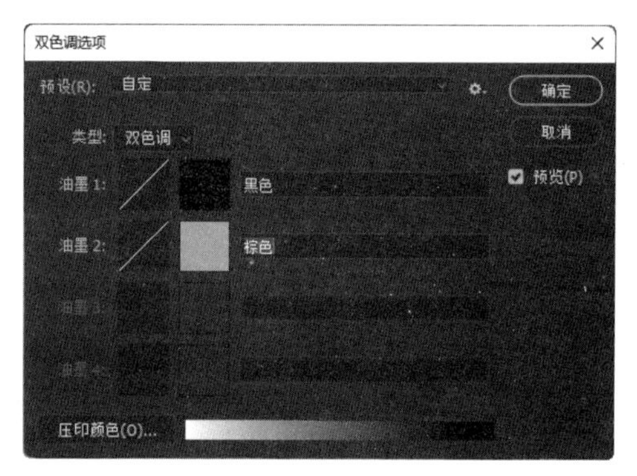

图 9-8　【双色调选项】对话框

步骤 06　通过前面的操作，将图像转换为双色调颜色模式，图像效果如图 9-9 所示。在【通道】面板中，可以看到一个【双色调】通道，如图 9-10 所示。

图 9-9　双色调图像效果

图 9-10　【通道】面板

9.2 图像调整辅助知识

在进行色彩调整之前，了解一些色彩处理的辅助知识是非常必要的，包括颜色取样器、【信息】面板、直方图等。

9.2.1 颜色取样器

【颜色取样工具】和【信息】面板是密不可分的。使用【颜色取样器工具】可以吸取像素点的颜色值，并在【信息】面板中列出颜色值，具体操作方法如下。

步骤 01 打开“素材文件\第 9 章\招财猫.jpg”文件，选择【颜色取样器工具】，在图像中依次单击创建取样点，如图 9-11 所示。

步骤 02 执行【窗口】→【信息】命令，在打开的【信息】面板中，分别列出取样点的颜色值，如图 9-12 所示。

图 9-11 创建取样点

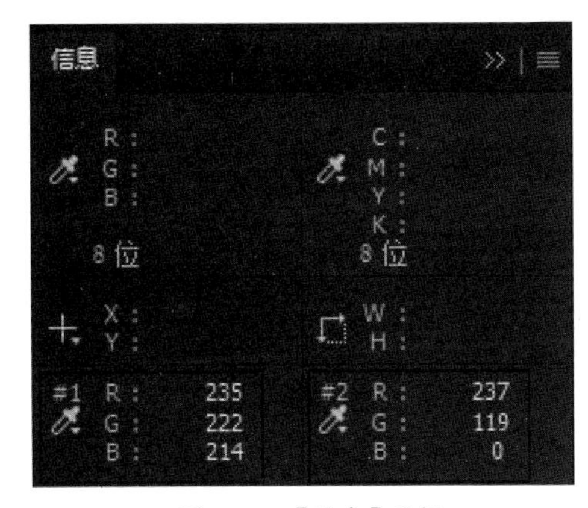

图 9-12 【信息】面板

技能拓展

按住【Alt】键单击颜色取样点，可将其删除；如果要在调整对话框处于打开的状态下删除颜色取样点，可按住【Alt+Shift】组合键单击颜色取样点；如果要删除所有颜色取样点，可单击工具选项栏中的【清除全部】按钮。

9.2.2 直方图

直方图是一种统计图，展现了像素在图像中的分布情况。通过观察直方图，可以判断出照片阴影、中间调和高光中包含的细节是否足够，以便做出正确的调整。其横轴表示亮度，最左边亮度为0，最右边亮度为 255；纵轴表示像素数量。【直方图】面板如图 9-13 所示，相关选项的作用见表 9-1。

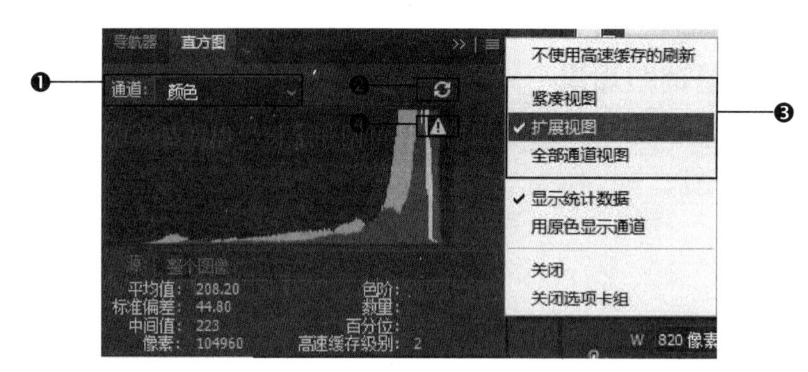

图 9-13 【直方图】面板

表 9-1 【直方图】操作界面中各选项的作用

选项	功能及作用
❶通道	从下拉列表中选择一个通道（包括颜色通道、Alpha 通道和专色通道）后，面板中会显示该通道的直方图；选择【明度】选项，可以显示复合通道的亮度或强度值；选择【颜色】选项，可以显示颜色中单个颜色通道的复合直方图
❷不使用高速缓存的刷新	单击该按钮，使用实际的图像图层重绘直方图
❸面板的显示方式	包含切换面板显示方式的命令
❹高速缓存数据警告	如果直方图显示速度较快，导致不能及时显示统计结果，面板中就会出现⚠图标

9.3 自动化调整图像

自动化是傻瓜式的图像调整方式，包括【自动色调】【自动对比度】和【自动颜色】命令，下面分别进行介绍。

9.3.1 自动色调

【自动色调】命令可以自动调整图像中的黑场和白场，将每个颜色通道中最亮和最暗的像素映射到纯白和纯黑，中间像素值按比例重新分布，从而增强图像的对比度。执行【图像】→【自动色调】命令，Photoshop 会自动调整图像。

9.3.2 自动对比度

【自动对比度】命令可以调整图像的对比度，使高光区域显得更亮，阴影区域显得更暗，增加图像之间的对比，适用于色调较灰、明暗对比不强的图像。执行【图像】→【自动对比度】命令，即可对选择的图像自动调整对比度。

9.3.3 自动颜色

【自动颜色】命令可以还原图像中各部分的真实颜色，使其不受环境色的影响。执行【图像】→【自动颜色】命令，即可自动调整图像的颜色。

9.4 图像明暗调整

在Photoshop 2022中，调整图像明暗的命令包括【亮度/对比度】【色阶】【曲线】【曝光度】【阴影/高光】等命令。

9.4.1 亮度/对比度

【亮度/对比度】命令可以一次性地调整图像中所有像素的亮度和对比度，该命令操作简单，效果明显单一。

9.4.2 色阶

【色阶】是Photoshop最为重要的调整工具之一，它可以调整图像的阴影、中间调和高光的强度级别，校正色调范围和色彩平衡。简单来说，【色阶】不仅可以调整色调，还可以调整色彩。在【色阶】对话框中，各选项的含义如图9-14所示，相关选项的作用见表9-2。

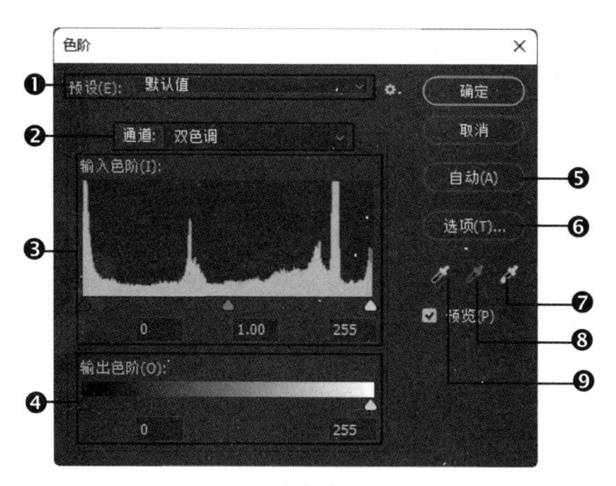

图9-14 【色阶】对话框

温馨提示 按【Ctrl+L】组合键可快速打开【色阶】对话框，按【Ctrl+Shift+L】组合键可快速打开【自动色调】对话框，按【Alt+Ctrl+Shift+L】组合键可快速打开【自动对比度】对话框，按【Ctrl+Shift+B】组合键可快速打开【自动颜色】对话框，按【Ctrl+M】组合键可快速打开【曲线】对话框。

表9-2 【色阶】操作界面中各选项的作用

选项	功能及作用
❶预设	使用预设参数进行调整

续表

选项	功能及作用
❷通道	选择一个通道进行调整
❸输入色阶	调整图像阴影、中间调和高光区域
❹输出色阶	可以限制图像的亮度范围，从而降低对比度，使图像呈现褪色效果
❺自动	应用自动颜色校正，Photoshop 会以 0.5% 的比例自动调整图像色阶
❻选项	单击该按钮，可以打开【自动颜色校正选项】对话框，在该对话框中可以设置黑色像素和白色像素的比例
❼设置白场	使用该工具在图像中单击，可以将单击点的像素调整为白色，原图中比该点亮的像素也变为白色
❽设置灰点	使用该工具在图像中单击，可根据单击点像素的亮度来调整其他中间色调的平均亮度。通常使用它来校正偏色
❾设置黑场	使用该工具在图像中单击，可以将单击点的像素调整为黑色，原图中比该点暗的像素也变为黑色

9.4.3 曲线

【曲线】命令可以调整图像的整体色调，还可以对图像中的个别颜色通道进行精确的调整，在【曲线】对话框中，各选项的含义如图 9-15 所示，相关选项的作用见表 9-3。

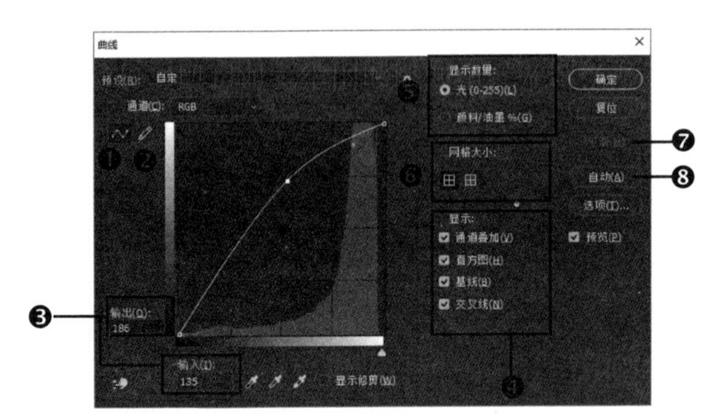

图 9-15 【曲线】对话框

技能拓展

如果图像为 RGB 模式，曲线向上弯曲时，可以将色调调亮；曲线向下弯曲时，可以将色调调暗，曲线为 S 形时，可以加大图像的对比度。在 Photoshop 对话框中按住【Alt】键时，【取消】按钮就会变为【复位】按钮，单击该按钮即可恢复对话框默认参数。

表 9-3 【曲线】操作界面中各选项的作用

选项	功能及作用
❶通过添加点来调整曲线	该按钮为按下状态时，在曲线中单击可添加新的控制点，拖动控制点改变曲线形状，即可调整图像
❷使用铅笔绘制曲线	按下该按钮后，可绘制手绘效果的自由曲线
❸输入输出	【输入】选项显示了调整前的像素值，【输出】选项显示了调整后的像素值

续表

选项	功能及作用
❹显示选项	可选择 4 个选项的内容显示在曲线中
❺显示数量	可在【光（0-255）】和【颜料/油墨 %】中任意选择一种显示数量。【光（0-255）】：曲线的右上角表示亮处，左下角表示暗处。【颜料/油墨 %】则与之相反
❻网格大小	可在 4×4 的大窗格和 10×10 的小窗格间直接切换。单击相应按钮即可切换，也可按住【Alt】键，再单击主网格进行切换
❼平滑	使用铅笔绘制曲线后，单击该按钮，可以对曲线进行平滑处理
❽自动	单击该按钮，可对图像应用【自动颜色】【自动对比度】或【自动色调】校正。具体的校正内容取决于【自动颜色校正选项】对话框中的设置

9.4.4 曝光度

照片拍摄过程中，会因为曝光过度导致图像偏白，或者因为曝光不足导致图像偏暗，这时可通过【曝光度】命令来调整图像的曝光度，使图像中的曝光度达到正常。

9.4.5 使用【阴影/高光】命令调亮草莓

【阴影/高光】命令可以分别调整图像的阴影和高光部分，特别适合快速调整逆光或顺光照片，具体操作方法如下。

步骤 01 打开“素材文件\第 9 章\草莓.jpg”，如图 9-16 所示。执行【图像】→【调整】→【阴影/高光】命令，打开【阴影/高光】对话框，在【阴影】栏中设置【数量】为 100%，单击【确定】按钮，如图 9-17 所示。

图 9-16 原图

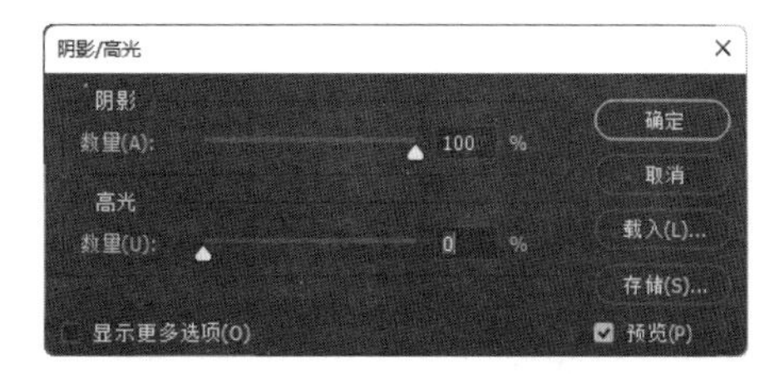

图 9-17 【阴影/高光】对话框

步骤 02 通过前面的操作，调亮阴影，如图 9-18 所示。执行【图像】→【调整】→【自动色调】命令，效果如图 9-19 所示。

图 9-18　调亮阴影

图 9-19　自动色调效果

课堂范例——打造暗角光影效果

步骤 01　打开“素材文件\第 9 章\暗角.jpg”，如图 9-20 所示。

步骤 02　执行【图像】→【调整】→【曲线】命令，打开【曲线】对话框，向上方拖动曲线，单击【确定】按钮，如图 9-21 所示。

图 9-20　原图

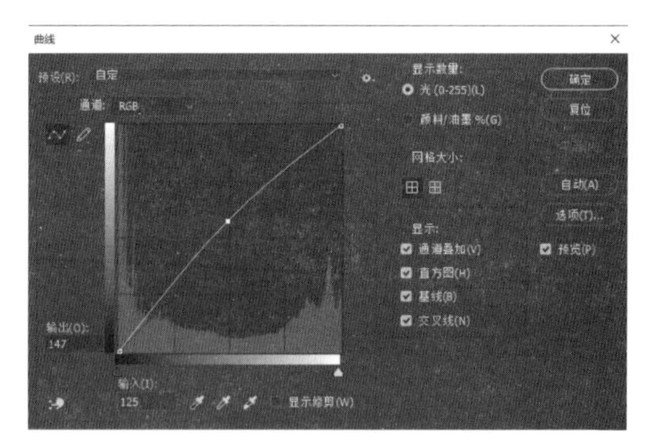

图 9-21　【曲线】对话框

步骤 03　通过前面的操作，调整图像的亮度，效果如图 9-22 所示。

步骤 04　选择【椭圆选框工具】，拖动鼠标创建椭圆选区，按【Shift+F6】组合键打开【羽化选区】对话框，设置【羽化半径】为 100 像素，单击【确定】按钮，如图 9-23 所示。

图 9-22　调整亮度

图 9-23　创建并羽化选区

步骤 05　按【Shift+Ctrl+I】组合键反向选区，如图 9-24 所示。按【Ctrl+J】组合键复制图层，生成【图层 1】，如图 9-25 所示。

图 9-24　反向选区

图 9-25　【图层】面板

步骤 06　按【Ctrl+L】组合键打开【色阶】对话框，设置【输入色阶】值为（0，0.13，255），【输出色阶】值为（0，55），单击【确定】按钮，如图 9-26 所示。

步骤 07　通过前面的操作，得到图像效果如图 9-27 所示。

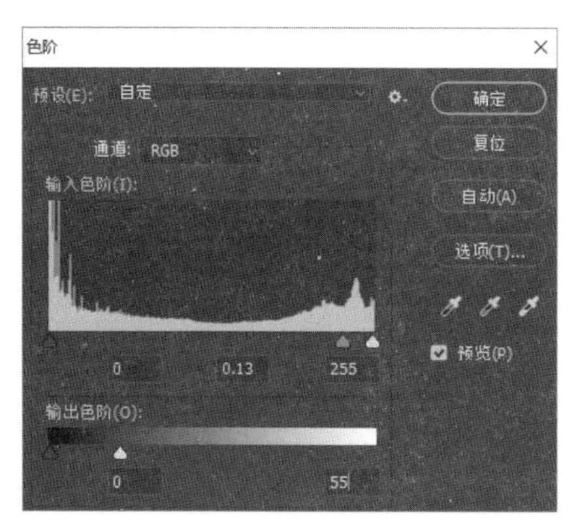

图 9-26　【色阶】对话框

图 9-27　调整色阶效果

9.5 图像色彩调整

色彩是图像处理的重点，Photoshop 提供了多种色彩和色调调整工具，包括【色相/饱和度】【自然饱和度】【色彩平衡】等命令。

9.5.1 色相/饱和度

色彩的三要素是色相（颜色的波长反射到视觉神经的感觉）、明度（颜色的明暗程度）和纯度（又称为饱和度，指颜色的鲜艳程度），人眼看到的任一彩色光都是这 3 个特性的综合效果。通常拾色器就是使用的色彩三要素模型，其中 H 表示色相，取值范围为 0~360，S 和 B 分别表示纯度和明度，取值范围为 0~100。

【色相/饱和度】命令是基于色彩三要素原理设计的，不但可以调整图像整体的颜色，还可以单独调整图中一种颜色成分的色相、饱和度和明度。【色相/饱和度】对话框如图 9-28 所示，相关选项的作用见表 9-4。

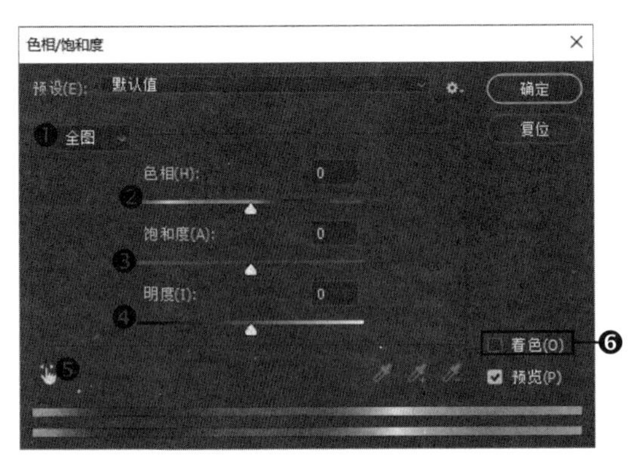

图 9-28 【色相/饱和度】对话框

按【Ctrl+U】组合键可以快速打开【色相/饱和度】对话框。

表 9-4 【色相/饱和度】操作界面中各选项的作用

选项	功能及作用
❶编辑	在下拉列表中可选择要改变的颜色，有红色、蓝色、绿色、黄色和全图
❷色相	色相是各类颜色的相貌称谓，用于改变图像的颜色。可通过在数值框中输入数值或拖动滑块来调整
❸饱和度	饱和度是指色彩的鲜艳程度，也称为色彩的纯度
❹明度	明度是指图像的明暗程度，数值越大图像越亮，数值越小图像越暗
❺图像调整工具	单击该按钮后，将鼠标指针移动至需调整的颜色区域上，单击并拖动鼠标可修改单击颜色点的饱和度，向左拖动鼠标可以降低饱和度，向右拖动鼠标则可以增加饱和度
❻着色	选中该复选框后，如果前景色是黑色或白色，则图像会转换为红色；如果前景色不是黑色或白色，则图像会转换为当前前景色的色相；变为单色图像后，可以拖动【色相】滑块修改颜色，或者拖动下面的两个滑块调整饱和度和明度

【色相/饱和度】对话框底部有两个颜色条，上面的颜色条代表调整前的颜色，下面的颜色条代表调整后的颜色。

如果在【编辑】选项中选择了一种颜色，则两个颜色条之间会出现三角形小滑块，滑块外的颜色不会被调整。

9.5.2 自然饱和度

【自然饱和度】命令用于调整颜色饱和度，它的特别之处是可以在增加饱和度的同时防止颜色过于饱和而出现溢色。

9.5.3 色彩平衡

【色彩平衡】命令（快捷键为【Ctrl+B】）将图像分为高光、中间调和阴影 3 种色调，可以调整其中一种、两种甚至全部色调的颜色。【色彩平衡】对话框如图 9-29 所示，相关选项的作用见表 9-5。

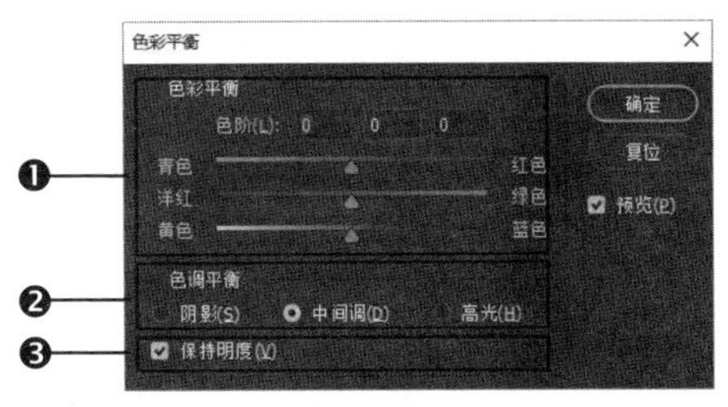

图 9-29 【色彩平衡】对话框

表 9-5 【色彩平衡】操作界面中各选项的作用

选项	功能及作用
❶色彩平衡	向图像中增加一种颜色，同时减少另一侧的补色
❷色调平衡	选择一个色调来进行调整
❸保持明度	防止图像亮度随颜色的更改而改变

9.5.4 去色和黑白

【去色】命令可以快速将彩色照片转换为灰度图像，在转换过程中，图像的颜色模式将保持不变。【黑白】命令是专门用于制作黑白照片和黑白图像的工具，它可以对各颜色的色调深浅进行控制。

温馨提示

按【Shift+Ctrl+U】组合键可以快速将彩色照片去色。

9.5.5 照片滤镜

【照片滤镜】命令可以模拟彩色滤镜，调整通过镜头传输的光的色彩平衡和色温，为图像表面添加一种颜色过滤效果。

9.5.6 通道混合器

【通道混合器】命令可以将所选的通道与我们想要调整的颜色通道混合，从而修改该颜色通道中的光线量，影响其颜色含量，从而改变色彩。

温馨提示

如果合并的通道值高于 100%，就会在总计旁边显示一个警告图标⚠，并且该值超过 100%时，有可能会损失阴影和高光细节。

9.5.7 使用【替换颜色】命令更改唇彩颜色

【替换颜色】命令用于替换图像中的某个颜色，具体操作方法如下。

步骤 01 打开“素材文件\第 9 章\红唇.jpg”，如图 9-30 所示。

步骤 02 执行【图像】→【调整】→【替换颜色】命令，打开【替换颜色】对话框，单击人物嘴唇区域，设置【颜色容差】为 134，，如图 9-31 所示。

图 9-30 原图

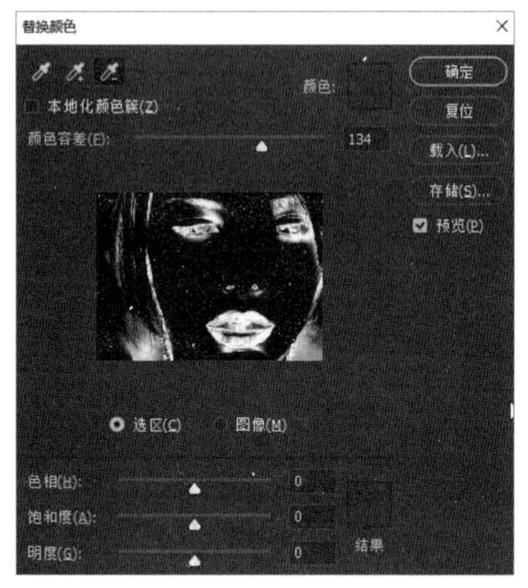

图 9-31 【替换颜色】对话框上部分

步骤 03 在【替换颜色】对话框下方设置【色相】为-58，【饱和度】为 78，如图 9-32 所示，

步骤 04 单击【确定】按钮。通过前面的操作，更改人物唇色，效果如图 9-33 所示。

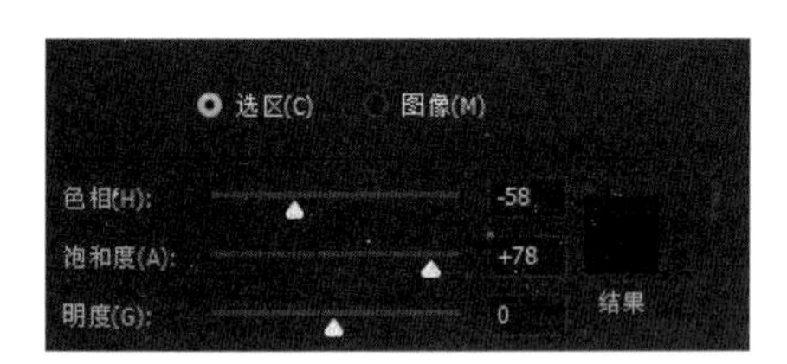

图 9-32 【替换颜色】对话框下部分

图 9-33 效果

9.5.8 可选颜色

【可选颜色】命令用于增加或减少青色、洋红、黄色和黑色油墨的百分比，使用该命令可以有选择地修改主要颜色中印刷色的含量，但不会影响其他主要颜色。

9.5.9 渐变映射

【渐变映射】命令的主要功能是将图像灰度范围投影到渐变填充色。例如，指定双色渐变作为映射渐变，图像中暗调像素将映射到渐变填充的一个端点颜色，高光像素将映射到另一个端点颜色，中间调将映射到两个端点之间的过渡颜色。

9.5.10 颜色查找

很多数字图像输入输出设备都有自己特定的色彩空间，这会导致色彩在这些设备间传送时出现不匹配的现象。【颜色查找】命令不仅可以制作特殊色调的图像，还可以让颜色在不同的设备之间精确地传送和再现。

技能拓展

读者可载入不同的3DLUT文件和摘要配置文件，尝试不同的色彩风格，用深蓝与深红色、绿色与红色、青绿与棕褐色等营造出清新、浪漫或怀旧的氛围。

9.5.11 HDR色调

【HDR色调】命令可以将全范围的HDR对比度和曝光度设置应用于图像，使图像色彩更加真实和炫丽。

9.5.12 使用【匹配颜色】命令统一色调

【匹配颜色】命令可以匹配不同图像之间、多个图层之间及多个颜色选区之间的颜色，还可以通过改变亮度和色彩范围来调整图像中的颜色，具体操作方法如下。

步骤01 打开“素材文件\第9章\少女.jpg”和“素材文件\第9章\秋千.jpg”，如图9-34和图9-35所示。

图9-34 少女

图9-35 秋千

步骤02 执行【图像】→【调整】→【匹配颜色】命令，打开【匹配颜色】对话框，设置【源】为少女.jpg，【明亮度】为100，【图层】为背景，单击【确定】按钮，如图9-36所示。秋千的色彩成分被少女图像影响，效果如图9-37所示。

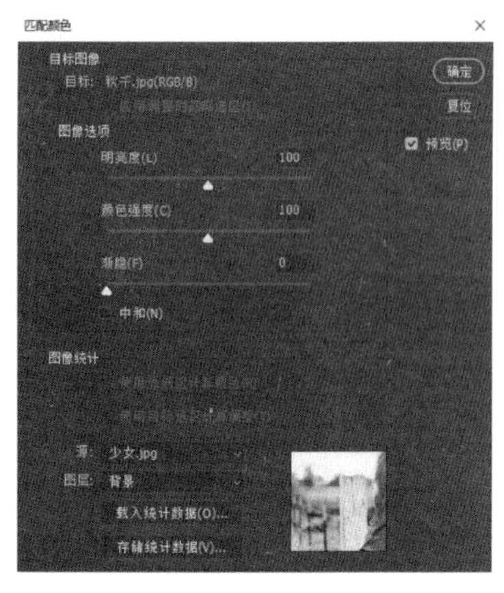

图 9-36 【匹配颜色】对话框

图 9-37 匹配颜色效果

课堂范例——调整偏色图像

步骤 01 打开“素材文件\第 9 章\两个小孩.jpg”，如图 9-38 所示，明显照片存在偏绿问题。

步骤 02 按【Ctrl+B】组合键打开【色彩平衡】对话框，设置【色调平衡】为阴影，【色阶】值为（0，-35，0），如图 9-39 所示。

图 9-38 原图

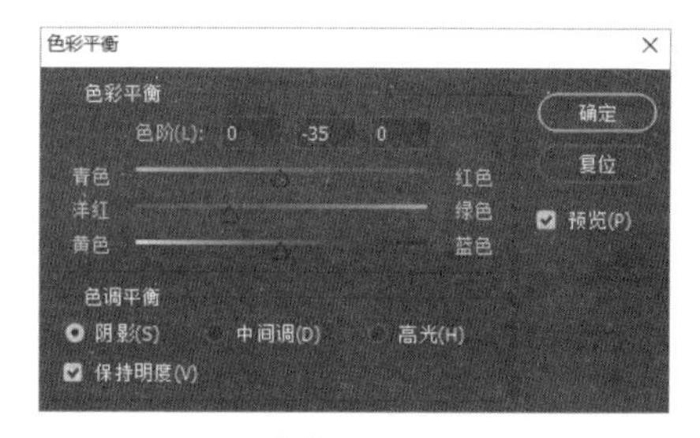

图 9-39 【色彩平衡】对话框

步骤 03 继续在【色彩平衡】对话框中设置【色调平衡】为中间调，【色阶】值为（0，-33，0），如图 9-40 所示。

步骤 04 设置【色调平衡】为高光，【色阶】值为（0，-20，0），单击【确定】按钮，如图 9-41 所示。

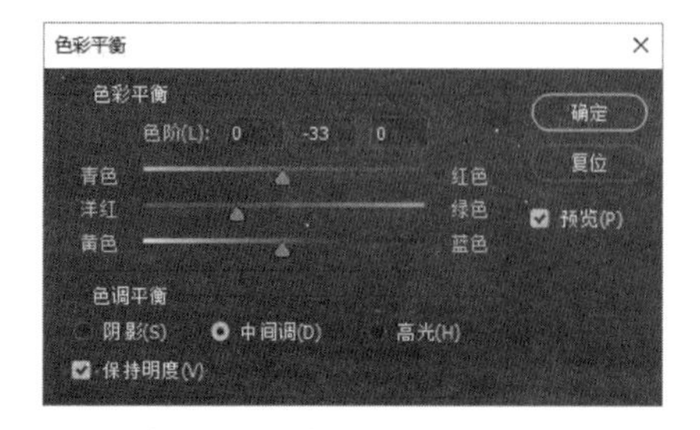

图 9-40 【色彩平衡】对话框

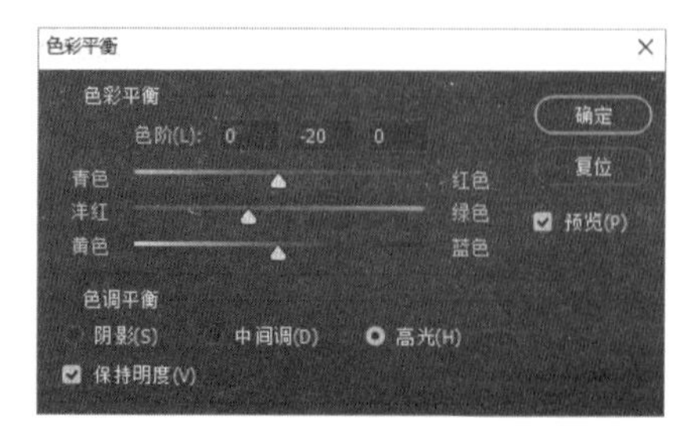

图 9-41 【色彩平衡】对话框

步骤05 通过前面的操作，校正照片偏绿的问题，效果如图 9-42 所示。

步骤06 执行【图像】→【调整】→【自然饱和度】命令，打开【自然饱和度】对话框，设置【自然饱和度】为 20,【饱和度】为 10，单击【确定】按钮。通过前面的操作，使图像更加鲜艳，效果如图 9-43 所示。

图 9-42 校正偏色效果

图 9-43 最终效果

9.6 特殊色调调整

特殊色调调整是对图像色彩进行的特殊调整，如反相、阈值、色调分离、色调均化等，下面分别进行介绍。

9.6.1 反相

【反相】命令用于制作照片底片的效果，如果是灰度图像，就将黑白互换；如果是彩色图像，就把每一种颜色都反转成该颜色的互补色。

按【Ctrl+I】组合键可以快速反相图像。

9.6.2 阈值

【阈值】命令可以将图像转换为黑白图像。指定某个色阶作为阈值，比阈值色阶亮的像素转换为白色，反之转换为黑色，适合制作单色照片或类似手绘效果的线稿。

9.6.3 色调分离

【色调分离】命令可以按照指定的色阶数减少图像的颜色（或灰度图像中的色调），从而简化图像内容。该命令适合创建大的单调区域，或者在彩色图像中产生有趣的效果。

9.6.4 色调均化

【色调均化】命令可以重新分布像素的亮度值，将最亮的值调整为白色，最暗的值调整为黑色，中间的值分布在整个灰度范围中，使它们更均匀地呈现所有范围的亮度级别（0~255）。

课堂范例——制作抽象画效果

步骤 01 打开“素材文件\第 9 章\砖墙.jpg”，置入“素材文件\第 9 章\女模特.jpg”，使用移动工具将其移动至适当的位置，按【Enter】键确认置入，如图 9-44 所示。

步骤 02 选中【女模特】图层，单击鼠标右键，在弹出的快捷菜单中选择【栅格化图层】命令栅格化图像，如图 9-45 所示。

图 9-44 置入文件

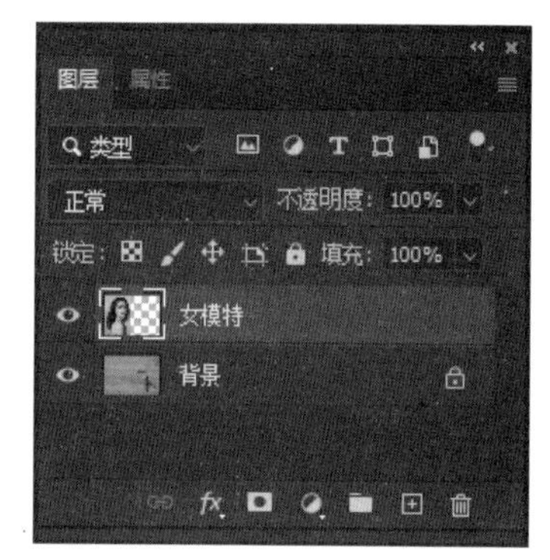

图 9-45 栅格化图层

步骤 03 执行【图像】→【调整】→【阈值】命令，弹出【阈值】对话框，设置【阈值色阶】为 105，单击【确定】按钮，如图 9-46 所示。

步骤 04 置入“素材文件\第 9 章\渐变.jpg”文件，放大图像并将其放置到人物图像的位置，如图 9-47 所示，按下【Enter】键确认置入。

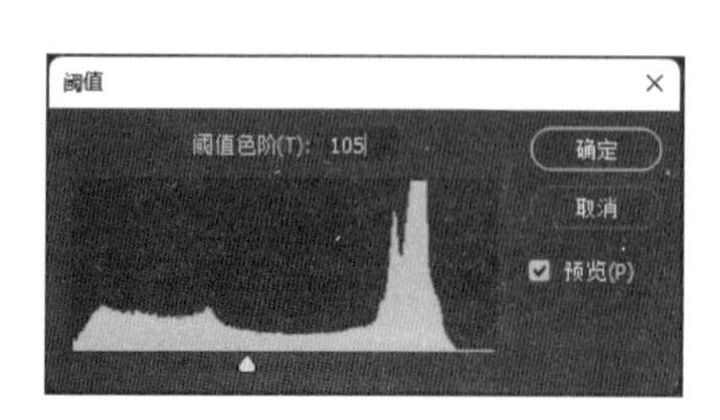

图 9-46 设置【阈值】

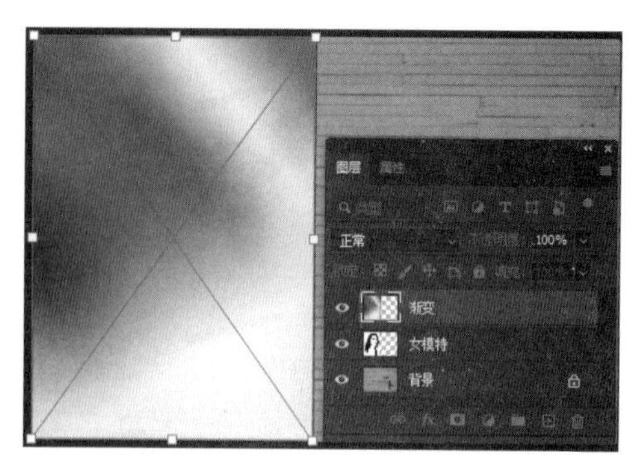

图 9-47 置入文件

步骤 05 更改图层混合模式为【滤色】，如图 9-48 所示。

步骤 06 选中【女模特】和【渐变】图层，按【Ctrl+G】组合键编组图层，得到【组 1】图层，设置【组 1】图层混合模式为【正片叠底】，效果如图 9-49 所示。

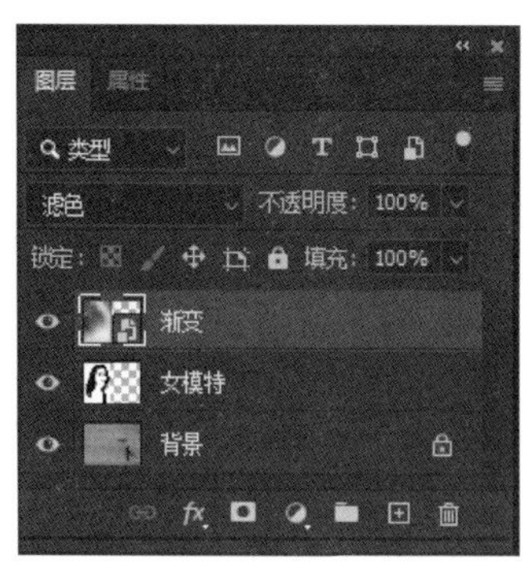

图 9-48 更改图层混合模式

图 9-49 最终效果

课堂问答

通过本章的讲解，大家对图像的色彩调整有了一定的了解，下面列出一些常见的问题供学习参考。

问题 1：调整对比度时如何避免偏色？

答：使用【曲线】和【色阶】命令增加图像的对比度时，通常还会同时增加图像的饱和度，这样就可能会引起图像偏色。避免偏色的具体操作方法如下。

步骤 01 打开“素材文件\第 9 章\建筑.jpg”，如图 9-50 所示。在【图层】面板中单击【创建新的填充或调整图层】按钮，在弹出的菜单中执行【曲线】命令，如图 9-51 所示。

图 9-50 原图

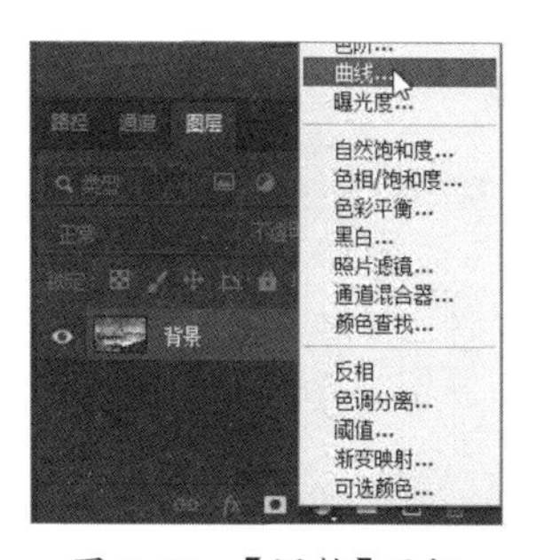

图 9-51 【调整】面板

步骤 02 在【属性】面板中，拖动曲线调整图像的对比度，如图 9-52 所示。通过前面的操作，调整图像的对比度，如图 9-53 所示。

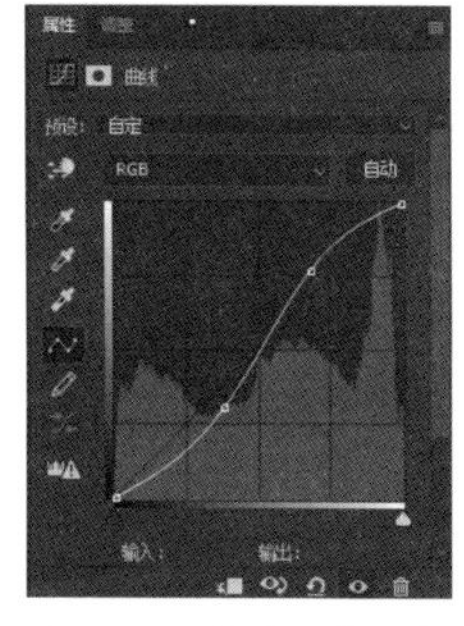

图 9-52 【属性】面板

图 9-53 曲线调整效果

步骤 03 更改【曲线 1】图层混合模式为【明度】，如图 9-54 所示。轻微的偏色问题得到纠正，如图 9-55 所示。

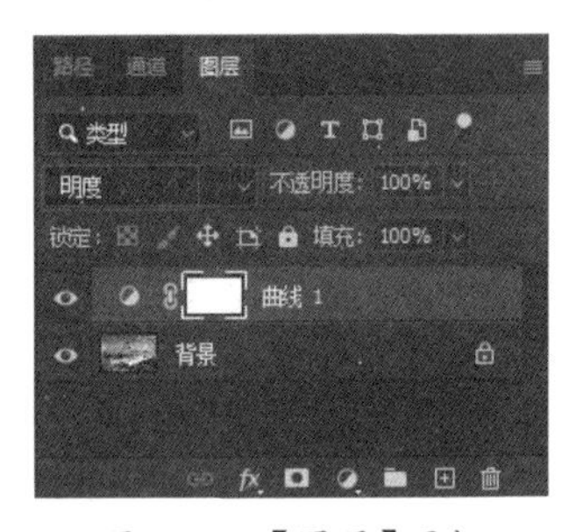

图 9-54 【图层】面板

图 9-55 最终效果

问题 2：如何从直方图中分析图像的影调和曝光情况？

答：直方图横轴表示亮度，从阴影（黑色，色阶 0）到高光（白色，色阶 255）共有 256 级亮度。直方图纵轴记录像素数量。

曝光准确的图像色调均匀，明暗层次丰富，各个亮度阶调连续，没有缺失像素，如图 9-56 所示。从直方图中可以看出，山峰基本在中心，并且从左（色阶 0）到右（色阶 255）的每个色阶都有像素分布，如图 9-57 所示。

图 9-56 原图

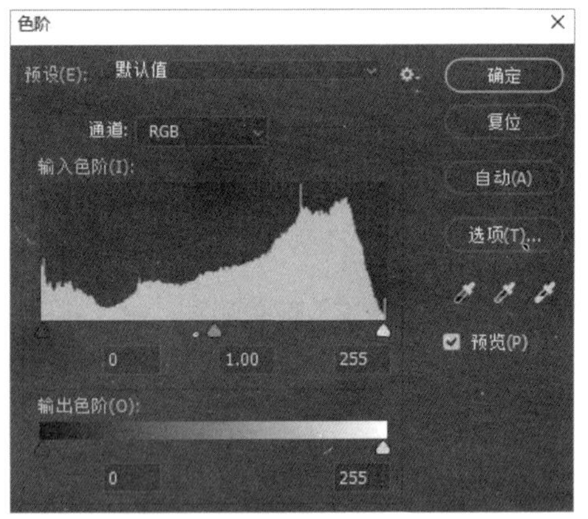

图 9-57 【色阶】命令中的直方图

上机实战——调出图像的温馨色调

为了帮助读者巩固本章知识点，下面讲解一个技能综合案例。

效果展示

思路分析

后期的调色种类很多，包括各种色彩、效果，它有固定的模式。我们在调色实践中，还可以根据照片的实际情况，进行一些另类的色调调整。下面讲解具体操作方法。

本例首先使用【色彩平衡】命令调整图像的整体色彩，接下来使用【可选颜色】命令调整图像的特定色相，最后应用蒙版和图层混合，得到最终效果。

制作步骤

步骤 01 打开“素材文件\第 9 章\图像.jpg”文件，如图 9-58 所示。在【调整】面板中，单击【创建新的色彩平衡调整图层】图层，如图 9-59 所示。

图 9-58 原图

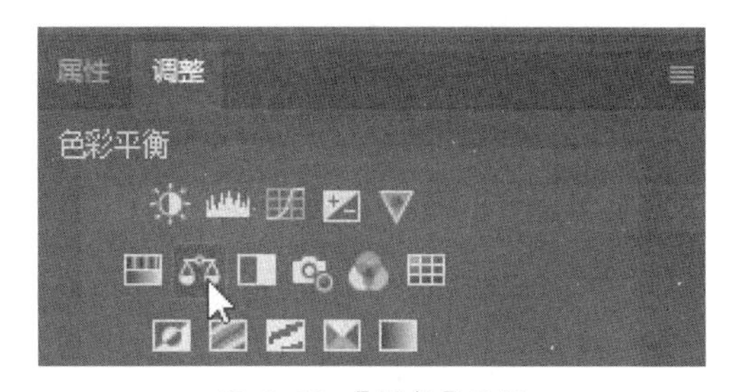

图 9-59 【调整】面板

步骤 02 在【属性】面板中，设置【色调】为阴影，设置参数值（14，0，0），如图 9-60 所示。设置【色调】为中间调，设置参数值（-13，1，19），如图 9-61 所示。设置【色调】为高光，设置参数值（51，0，47），如图 9-62 所示。

图 9-60 【属性】面板

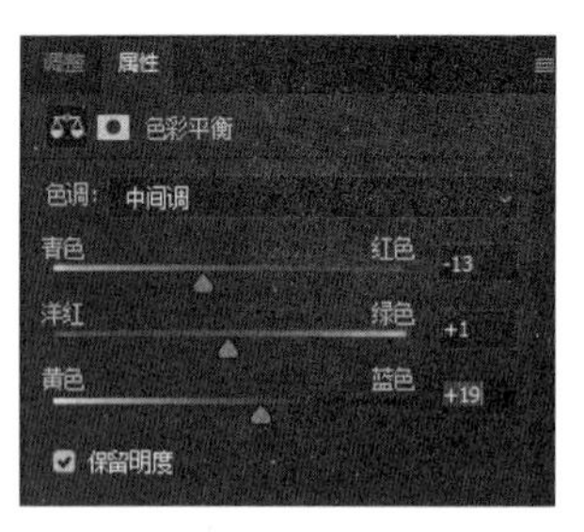

图 9-61 【属性】面板

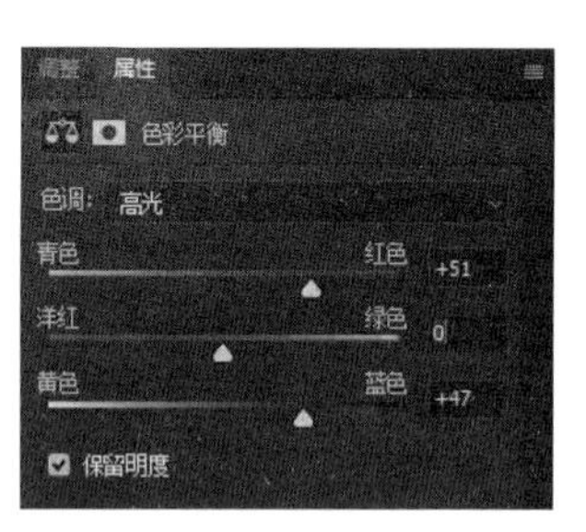

图 9-62 【属性】面板

步骤 03 通过前面的操作，得到图像的色彩效果，如图 9-63 所示。在【调整】面板中，单击【创建新的可选颜色调整图层】按钮，如图 9-64 所示。

图 9-63 【色彩平衡】调整效果

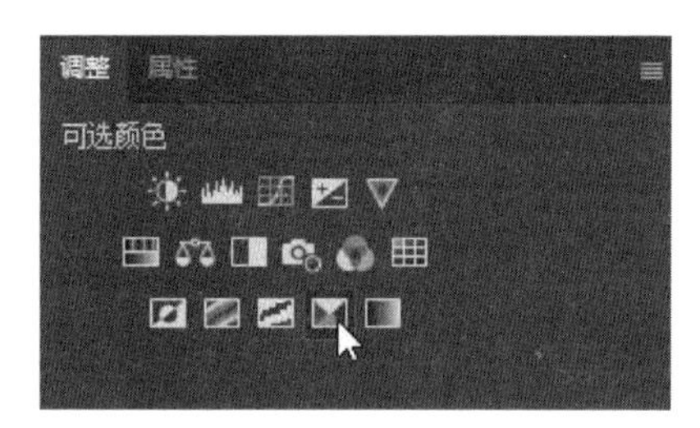

图 9-64 【调整】面板

步骤 04 在【属性】面板中，设置【颜色】为蓝色，设置颜色值（56%，-24%，1%，-46%）；设置【颜色】为洋红，设置颜色值（-82%，59%，0%，73%）；设置【颜色】为黑色，设置颜色值（0%，0%，0%，-100%），如图 9-65 所示。

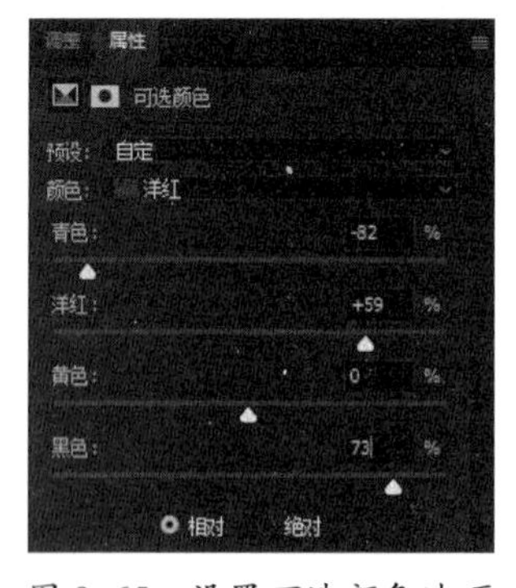

图 9-65 设置可选颜色选项

步骤 05 创建【色阶】调整图层，选择【红】通道，设置输入色阶值（20，1.16，255）；选择【绿】通道，设置输入色阶值（20，1，222）；选择【蓝】通道，设置输入色阶值（0，1.88，255），如图 9-66 所示。

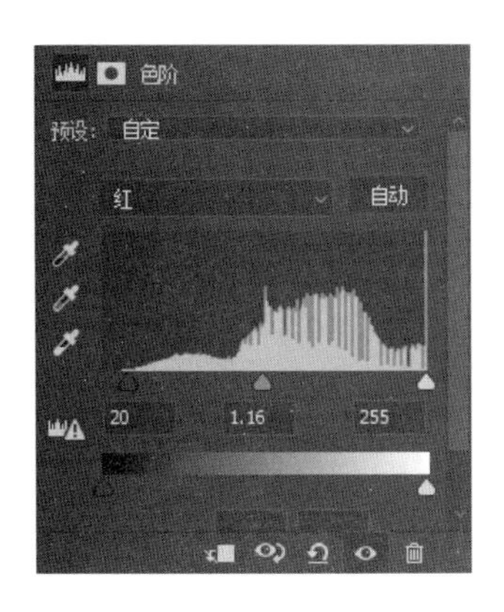

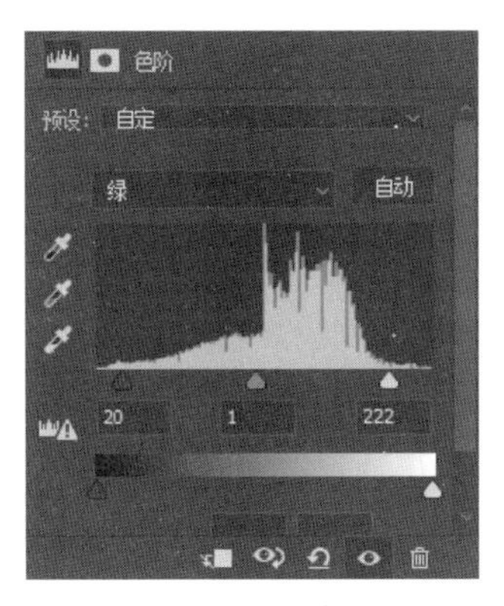

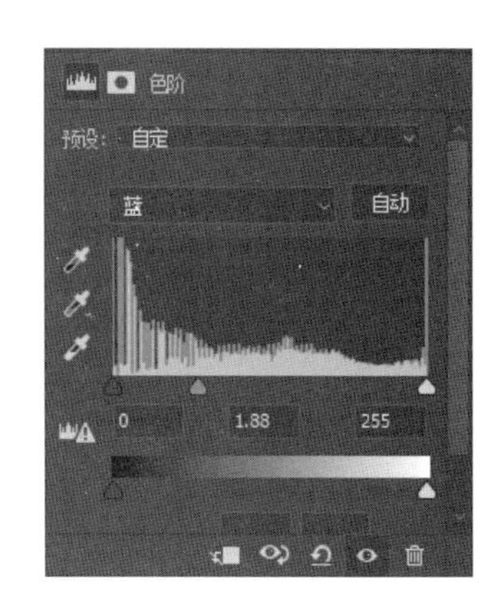

图 9-66 设置色阶值

步骤 06 通过前面的操作，得到色彩调整效果，如图 9-67 所示。使用黑色【画笔工具】在上方涂抹修改色阶蒙版，如图 9-68 所示。

图 9-67 调整图像色彩效果

图 9-68 创建并修改图层蒙版

步骤 07 按【Ctrl+J】组合键复制背景图层，移动到最上方，更改图层混合模式为【点光】，如图 9-69 所示。最终效果如图 9-70 所示。

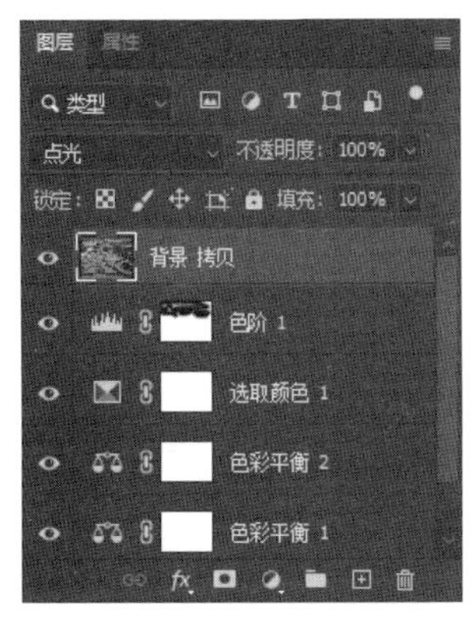

图 9-69 更改图层混合模式

图 9-70 最终效果

同步训练——调出照片的阿宝色调

为了增强读者的动手能力，下面安排一个同步训练案例。

图解流程

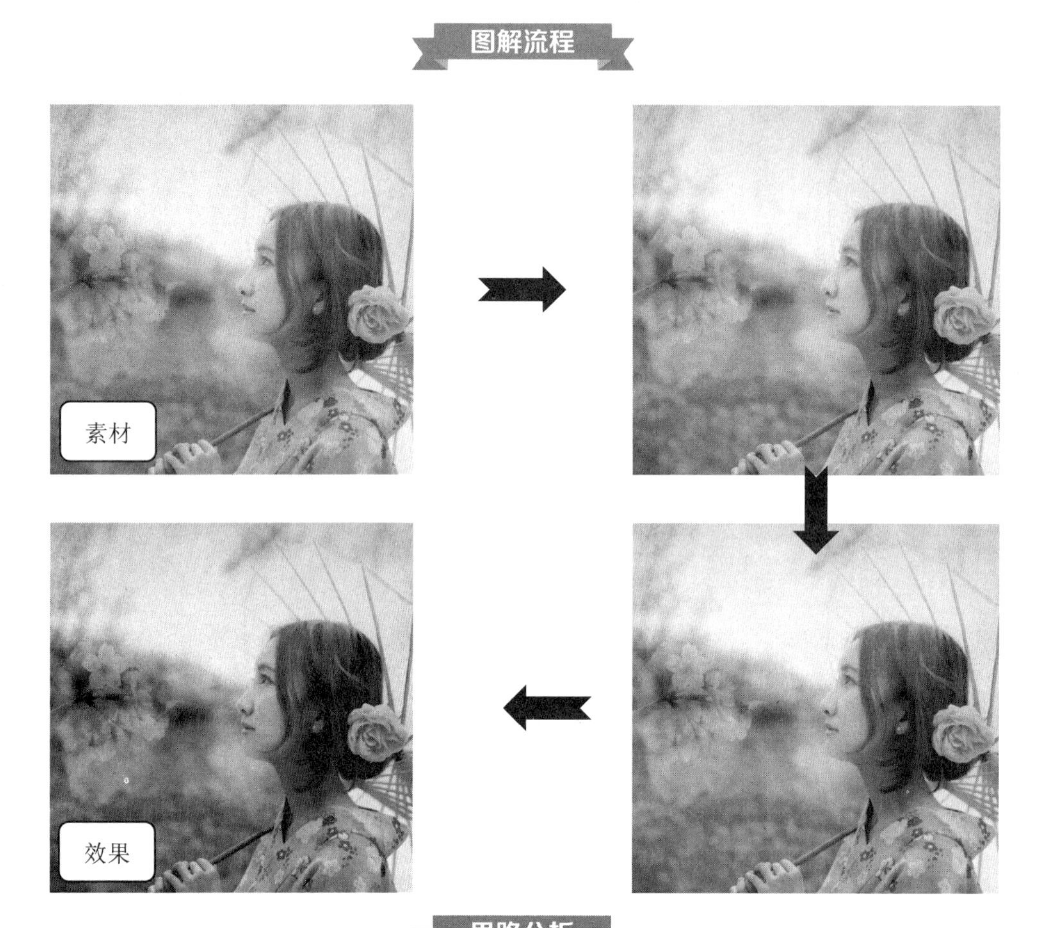

思路分析

阿宝色调整体偏于一种色相，如脸部粉红带黄，背景带蓝绿色调，整体照片色调清新透亮，下面讲解具体操作方法。

本例首先在【通道】面板中调整色彩，然后使用【自然饱和度】命令加强图像的饱和度，最后使用【色阶】命令调整对比度，完成效果制作。

关键步骤

步骤 01 打开“素材文件\第 9 章\撑伞.jpg”。在【通道】面板中，单击【绿】通道，按【Ctrl+A】组合键全选，按【Ctrl+C】组合键复制图像，单击【蓝】通道，按【Ctrl+V】组合键粘贴图像，如图 9-71 所示。

步骤 02 在【通道】面板中，单击【RGB】通道，图像效果如图 9-72 所示。

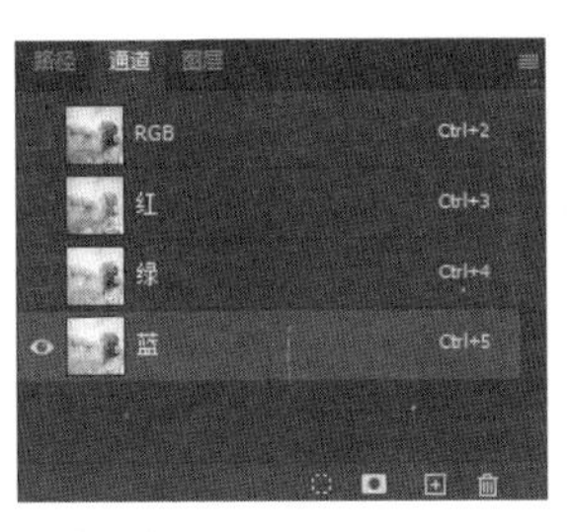

图 9-71 通道面板

图 9-72 单击【RGB】通道图像效果

步骤 03 在【调整】面板中，单击【创建新的自然饱和度调整图层】按钮▽，在【属性】面板中设置【自然饱和度】为 47，【饱和度】为 20。通过前面的操作，图像色调如图 9-73 所示。

步骤 04 在【调整】面板中，单击【创建新的色阶调整图层】按钮，在【属性】面板中设置色阶值为（104，1.4，255），调整效果如图 9-74 所示。

图 9-73 增加饱和度效果

图 9-74 调整对比度效果

知识能力测试

本章讲解了图像的色彩调整，为对知识进行巩固和考核，请读者完成以下练习题。

一、填空题

1. 位图模式只有__________和__________两种颜色，没有中间层次，适合制作艺术样式或用于创作单色图形。

2.【色阶】是 Photoshop 最为重要的调整工具之一，它可以调整图像的阴影、中间调和高光的强度级别，校正______________________。

二、选择题

1. RGB 基于色光三原色，是一种（　　）混合模式，R 代表红色，G 代表绿色，B 代表蓝色。

A. 加色　　B. 减色　　C. 双色　　D. 多色

2.（　　）是一种统计图，展现了像素在图像中的分布情况。通过观察该图，可以判断出照片阴影、中间调和高光中包含的细节是否足够，以便做出正确的调整。

A. 信息　　B. 色彩平衡　　C. 直方图　　D. 图层

3. 若图像偏黄，可以在【变化】命令里添加（　　）。

A. 红色　　B. 绿色　　C. 洋红色　　D. 蓝色

4. 调整逆光照片最好用（　　）调整。

A. 色相/饱和度　　B. 可选颜色　　C. 阴影/高光　　D. 曲线

三、简答题

1.【去色】和【黑白】命令的主要区别在哪里？

2. 如何从直方图中分析图像的影调和曝光情况？

Photoshop 2022

第10章 滤镜的应用方法

滤镜是Photoshop 2022 中最神奇的功能。结合图层和通道，可以创造出超现实的艺术效果。本章先从滤镜库开始对滤镜操作进行介绍，并介绍独立滤镜的使用方法，再分别描述多种滤镜的不同效果。

学习目标

- 掌握滤镜库的使用方法
- 掌握独立滤镜的应用方法
- 了解滤镜命令的应用范围

10.1 熟悉滤镜库

滤镜库中可以直观地查看添加滤镜后的图像效果，并且能够设置多个滤镜效果的叠加。下面将进行详细的介绍。

10.1.1 在滤镜库中预览滤镜

执行【滤镜】→【滤镜库】命令，或者使用一部分滤镜组中的滤镜时，都可以打开【滤镜库】对话框，对话框左侧是预览区，中间是 6 组可供选择的滤镜，右侧是参数设置区，如图 10-1 所示，相关选项的作用见表 10-1。

图 10-1 【滤镜库】对话框

表 10-1 【滤镜库】操作界面中各选项的作用

选项	功能及作用
❶预览	在该窗口中可以看到打开和设置后图片的变化效果
❷缩放区	该选项用于设置当前的预览大小。单击【缩小】按钮，会将打开的图像进行等比例缩小；单击【放大】按钮，会将打开的图像进行等比例放大；单击【图像缩放比】下拉按钮，在打开的下拉列表中可选择需要的图像缩放百分比
❸显示/隐藏滤镜缩览图	单击按钮，可隐藏滤镜组，将窗口空间留给图像预览区，再次单击则显示滤镜组
❹当前使用的滤镜	显示当前使用的滤镜
❺所选滤镜选项	该选项用于设置选中滤镜的各项参数
❻显示/隐藏滤镜图层、新建效果图层和删除效果图层	单击【显示/隐藏滤镜图层】按钮，可显示或隐藏设置的滤镜效果；单击【新建效果图层】按钮，可添加滤镜，该选项主要用于在图像上应用多个滤镜；单击【删除效果图层】按钮，则将当前选中的效果图层删除

10.1.2 创建效果图层并应用滤镜

滤镜库是一种直观的滤镜设置方式，具体操作方法如下。

步骤 01 打开“素材文件\第 10 章\舞女.jpg”，在【滤镜库】对话框中单击一个滤镜缩览图后（例如，单击【海报边缘】缩览图），该滤镜就会出现在对话框右下角的已应用的滤镜列表中，如图 10-2 所示。

步骤 02 单击【新建效果图层】按钮⊞，可以添加一个效果图层，添加效果图层后，可以单击要应用的另一个滤镜缩览图（如【木刻】缩览图），如图 10-3 所示。

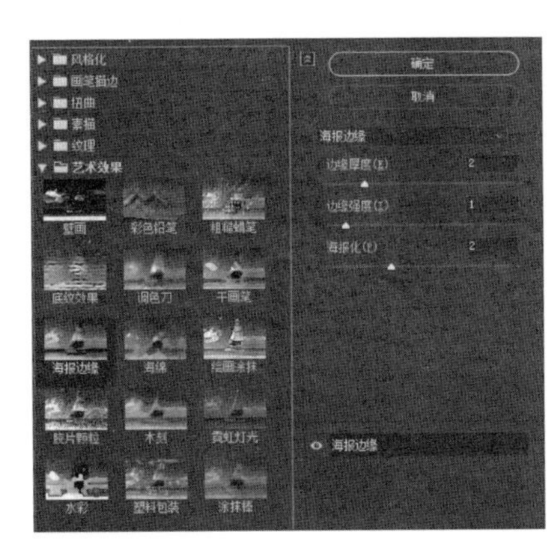

图 10-2 应用滤镜库命令

图 10-3 应用另一个滤镜

步骤 03 滤镜效果图层与图层的编辑方法相同，上下拖动效果图层可以调整它们的顺序，滤镜效果也会发生改变，如图 10-4 所示。

图 10-4 调整效果图层顺序

10.1.3 滤镜库中的滤镜命令

在【滤镜库】对话框中，包括【风格化】滤镜组中的【照亮边缘】命令、【画笔描边】滤镜组中的命令、【素描】滤镜组中的命令、【艺术效果】滤镜组中的命令，下面分别进行介绍。

1. 照亮边缘

【风格化】滤镜组中的【照亮边缘】滤镜被集成在【滤镜组】中，它可以搜索图像中颜色变化较大的区域，标识颜色的边缘，并向其添加类似霓虹灯的光亮效果。原图如图 10-5 所示，照亮边缘效果如图 10-6 所示。

图 10-5　原图

图 10-6　照亮边缘

2. 画笔描边

成角的线条：通过描边重新绘制图像，用相反的方向绘制亮部和暗部区域。原图如图 10-7 所示，成角的线条效果如图 10-8 所示。

图 10-7　原图

图 10-8　成角的线条

墨水轮廓：模拟钢笔画的风格，使用纤细的线条在原细节上重绘图像，如图 10-9 所示。

喷溅：通过模拟喷枪，使图像产生笔墨喷溅的艺术效果，如图 10-10 所示。

图 10-9　墨水轮廓

图 10-10　喷溅

喷色描边：可以使用图像的主导色，用成角的、喷溅的颜色线条重新绘制图像，产生斜纹飞溅效果。

强化的边缘：可以强调图像边缘。设置高的边缘亮度值时，强化效果类似于白色粉笔；设置低的边缘亮度值时，强化效果类似于黑色油墨。

深色线条：可以使图像产生一种很强烈的黑色阴影，利用图像的阴影设置不同的画笔长度，阴影用短线条表示，高光用长线条表示。

烟灰墨：可以使图像产生一种类似于毛笔在宣纸上绘画的效果。这种效果具有非常黑的柔化模糊边缘。

阴影线：可以保留原图像的细节和特征，同时使用模拟的铅笔阴影线添加纹理，使图像中色彩区域的边缘变粗糙。

3. 素描

【素描】滤镜组中包含了 14 种滤镜，它们可以将纹理添加到图像中，常用于模拟素描和速写等艺术效果或手绘外观。其中，大部分滤镜在重绘图像时都要使用前景色和背景色。因此设置不同的前景色和背景色，可以获得不同的效果。

半调图案：可以在保持连续色调范围的同时，模拟半调网屏效果。原图如图 10-11 所示，半调图像效果如 10-12 所示。

便条纸：可将图像简化，制作出有浮雕凹陷和颗粒感纹理的效果，如图 10-13 所示。

图 10-11 原图

图 10-12 半调图像

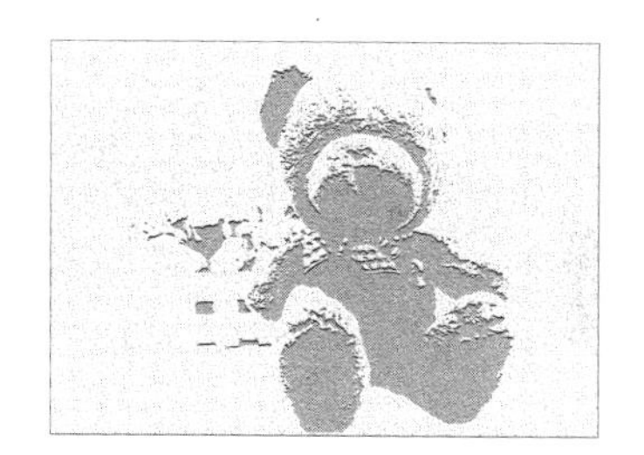

图 10-13 便条纸

粉笔和炭笔：可以重绘高光和中间调，并使用粗糙的粉笔绘制中间调的灰色背景。阴影区域用黑色对角炭笔线条替换，炭笔用前景色绘制，粉笔用背景色绘制。

铬黄渐变：可以渲染图像，创建如擦亮的铬黄表面般的金属效果，高光在反射表面上是高点，阴影则是低点。

绘图笔：使用精细的油墨线条来捕捉图像中的细节，可以模拟铅笔素描的效果。

基底凸现：可以变换图像，使之呈现浮雕的雕刻状和突出光照下变化各异的表面，图像的暗区将呈现前景色，而浅色使用背景色。

石膏效果：可以按 3D 效果塑造图像，然后使用前景色与背景色为结果图像着色，图像中的暗区凸起，亮区凹陷。

水彩画纸：这是素描滤镜组中唯一能够保留图像颜色的滤镜，就像在潮湿的纤维纸上涂抹，使颜色流动并混合，如图 10-14 所示。

撕边：可以用粗糙的颜色边缘模拟碎纸片的效果，使用前景色与背景色为图像着色。

炭笔：可以产生色调分离的涂抹效果。图像的主要边缘以粗线条绘制，而中间色调用对角边进行素描，炭笔是前景色，背景是纸张颜色。

炭精笔：可在图像上模拟浓黑和纯白的炭精笔纹理，暗区使用前景色，亮区使用背景色，如图 10-15 所示。

图章：简化图像，使之呈现出用橡皮或木制图章盖印的效果。

网状：可以模拟胶片乳胶的可控收缩和扭曲来创建图像，使之在阴影处结块，在高光处呈现轻微的颗粒化。

影印：可以模拟影印效果，大的暗区趋向于只复制边缘四周，而中间色调要么是纯黑色，要么是纯白色，如图 10-16 所示。

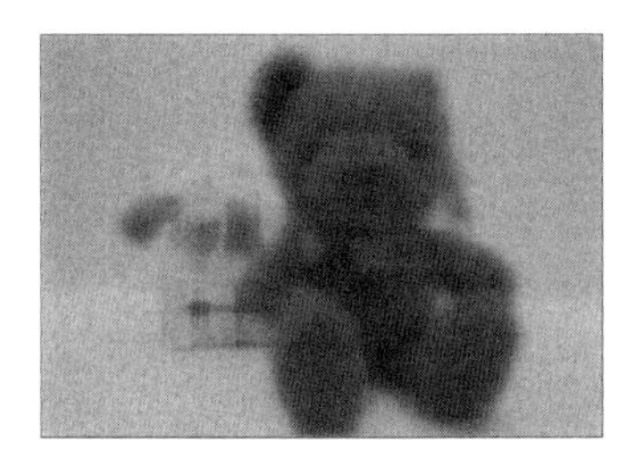

图 10-14　水彩画纸

图 10-15　炭精笔

图 10-16　影印

4. 艺术效果

【艺术效果】滤镜组中包含了 15 种滤镜，它们可以为图像添加具有艺术特色的绘制效果，可以使普通的图像具有绘画或艺术风格。

壁画：是用小块的颜色以短且圆的粗略涂抹的笔触重新绘制一种粗糙风格的图像。

彩色铅笔：可以模拟各种颜色的铅笔在图像上的绘制效果，绘制的图像中较明显的边缘将被保留。

粗糙蜡笔：可以在布满纹理的图像背景上应用彩色画笔描边，如图 10-17 所示。

底纹效果：可在带有纹理效果的图像上绘制图像，然后将最终图像效果绘制在原图像上。

调色刀：可以使图像中相近的颜色相互融合，减少细节，以产生写意效果。

干画笔：可制作用干画笔技术绘制的图像，此滤镜通过将图像的颜色范围减小为普通颜色范围来简化图像，如图 10-18 所示。

海报边缘：可以减少图像中的颜色数量，查找图像的边缘并在边缘上绘制黑的线条。

海绵：可以使图像产生类似海绵浸湿的图像效果。

绘画涂抹：可以选取各种类型的画笔来创建绘画效果，使图像产生模糊的艺术效果。

胶片颗粒：可以将平滑的图案应用在图像的阴影和中间调区域，将一种更平滑、更高饱和度的图像应用到图像的高光区域。

木刻：可以使图像看上去像是由从彩纸上剪下的边缘粗糙的剪纸片组成，高对比的图像看起来呈剪影状。

霓虹灯光：可将各种各样的灯光效果添加到图像中的对象上，得到类似霓虹灯的发光效果。

水彩：以水彩绘画风格绘制图像。

塑料包装：可以给图像涂上一层光亮的塑料，使图像表面质感强烈，如图 10-19 所示。

涂抹棒：使用较短的对角线条涂抹图像中的暗部区域，从而柔化图像，亮部区域会因变亮而丢失细节，使整个图像显示出涂抹扩散的效果。

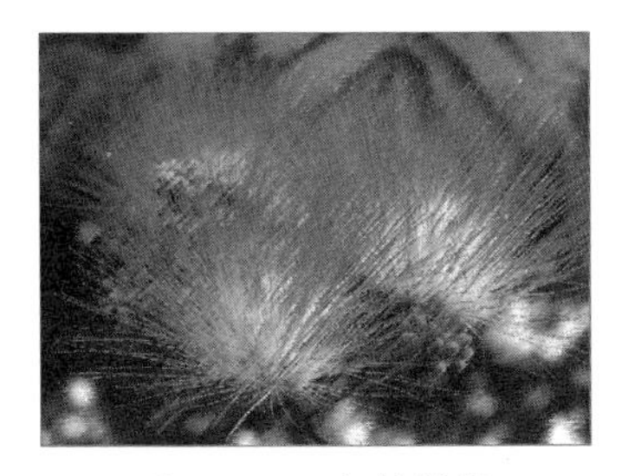

图 10-17 粗糙蜡笔

图 10-18 干画笔

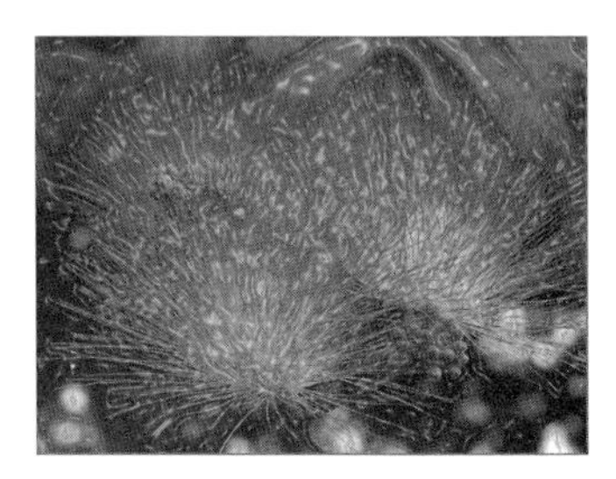

图 10-19 塑料包装

10.2 独立滤镜的应用

在Photoshop 2022 中，独立滤镜有单独的参数设置界面，它们都具有奇特的功效，可以制作出不一样的图像效果。

10.2.1 自适应广角

【自适应广角】滤镜可以轻松拉直弯曲的全景图像。执行【滤镜】→【自适应广角】命令，可以打开【自适应广角】对话框，如图 10-20 所示，相关选项的作用见表 10-2。

图 10-20 【自适应广角】对话框

表 10-2 【自适应广角】操作界面中各选项的作用

选项	功能及作用
❶工具按钮	【约束工具】：单击图像或拖动端点，可以添加或编辑约束线。【多边形约束工具】：单击图像或拖动端点，可以添加或编辑多边形约束线。【移动工具】：可以移动对话框中的图像。【抓手工具】：可以用该工具移动画面。【缩放工具】：单击可以放大窗口的显示比例
❷校正	在该选项的下拉列表中可以选择投影模型，包括【鱼眼】【透视】【自动】和【完整球面】
❸缩放	校正图像后，可通过该选项来缩放图像，以填满空缺
❹ 焦距	用于指定焦距
❺裁剪因子	用于指定裁剪因子
❻原照设置	选中该复选框，可以使用照片元数据中的焦距和裁剪因子
❼细节	该选项中会实现显示光标下方图像的细节
❽显示约束	选中该复选框，可以显示约束线
❾显示网格	选中该复选框，可以显示网格

10.2.2 Camera Raw滤镜

RAW 格式是无损格式，有非常大的后期处理空间，可以理解为，把数码相机内部对原始数据的处理流程搬到了计算机上。熟练掌握了对RAW的处理，可以很好地控制照片的影调和色彩，并且得到最高水准的图像质量。

流行的RAW处理软件有很多，其中 Adobe Camera Raw就是其中之一，作为通用型RAW处理引擎，它很好地和 Photoshop 结合在了一起。Camera Raw滤镜集成了一些数码照片处理的命令，包括【白平衡】【色调】【曝光】【清晰度】和【自然饱和度】等。执行【滤镜】→【Camera Raw滤镜】命令，可以打开【Camera Raw】对话框，如图 10-21 所示，相关选项的作用见表 10-3。

图 10-21 【Camera Raw】对话框

表 10-3 【Camera Raw】操作界面中各选项的作用

选项	功能及作用
❶白平衡	默认情况下，显示相机拍摄此照片时使用的原始白平衡设置（原照设置）。在下拉列表中，可以选择【自动】和【自定】选项
❷色温	可以将白平衡设置为自定的色温。如果拍摄照片时光线色温较低，可通过降低【色温】来校正照片，Camera Raw 可以使图像颜色变得更蓝，以补偿周围光线的低色温（发黄）；反之，提高【色温】可以使图像变得更暖（发黄），以补偿周围光线的高色温（发蓝）
❸色调	通过设置白平衡来补偿绿色或洋红色色调。减少【色调】可以在图像中添加绿色，增加【色调】则可以在图像中添加洋红色
❹曝光	可以调整图像的整体亮度。减少【曝光】会使图像变暗，增加【曝光】则会使图像变亮
❺对比度	调整对比度，主要影响中间色调。增加【对比度】时，中到暗图像区域会变得更暗，中到亮图像区域会变得更亮。降低【对比度】时，对于图像色调的影响则相反
❻高光	调整图像的明亮区域，向左拖动滑块可使亮光变暗并恢复高光细节，向右拖动滑块可在最小化修剪的同时使高光变亮
❼阴影	调整图像的黑暗区域，向左拖动滑块可在最小化修剪的同时使阴影变暗，向右拖动滑块可使阴影变亮并恢复阴影细节
❽白色	指定哪些图像值映射为白色，向右拖动滑块可增加变为白色的区域
❾黑色	指定哪些图像值映射为黑色，向左拖动滑块可增加变为黑色的区域。它主要影响阴影区域，对中间调和高光影响较小
❿清晰度	通过提高局部对比度来增加图像的清晰度，对中色调的影响最大
⓫自然饱和度	增加所有低饱和度颜色的饱和度，对高饱和度颜色影响较小。因此可以避免出现溢色
⓬饱和度	可以均匀地调整所有颜色的饱和度。调整范围从 -100（单色）到 +100（饱和度加倍）

课堂范例——调整图像的对比度

步骤 01　打开“素材文件\第 10 章\隐身人.jpg”文件，执行【滤镜】→【Camera Raw滤镜】命令，如图 10-22 所示。

步骤 02　打开【Camera Raw】对话框，单击【色调曲线】按钮，显示色调曲线选项卡，拖动【曝光】【对比度】【高光】【阴影】等滑块来针对这几个色调进行微调，如图 10-23 所示。

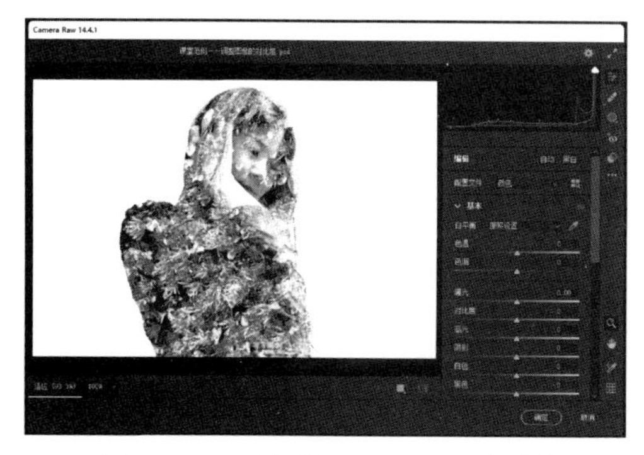

图 10-22　执行【Camera Raw 滤镜】

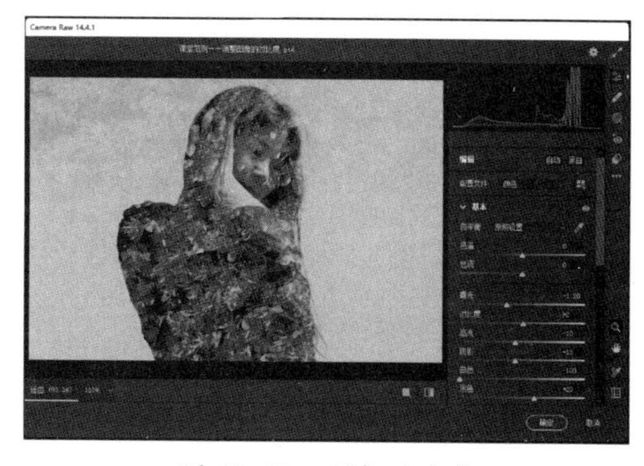

图 10-23　调整对比度

10.2.3 镜头校正滤镜

【镜头校正】命令用于调整图像的桶状变形、枕状变形、透视扭曲、色差和晕影等缺陷。执行【滤镜】→【镜头校正】命令，或者按【Shift+Ctrl+R】组合键，打开【镜头校正】对话框，用户可以选择【自定】或【自动校正】两种校正方法。

温馨提示

桶形失真是由镜头引起的成像画面呈桶形膨胀状的失真现象，使用广角镜头或变焦镜头的最广角时，容易出现这种情况；枕形失真与之相反，它会导致画面向中间收缩，使用长焦镜头或变焦镜头的长焦端时，容易出现枕形失真。

1. 自定校正照片

执行【滤镜】→【镜头校正】命令，打开【镜头校正】对话框，包括【自定】和【自动校正】两个选项卡，如图 10-24 所示。

图 10-24 【镜头校正】对话框

在【镜头校正】对话框中单击【自定】选项卡，显示手动设置面板，可以手动调整参数，校正照片，相关选项的作用见表 10-4。

表 10-4 【镜头校正】操作界面中各选项的作用

选项	功能及作用
❶几何扭曲	拖动【移去扭曲】滑块可以拉直从图像中心向外弯曲或向图像中心弯曲的水平和垂直线条，这种变形功能可以校正镜头的桶形失真和枕形失真
❷色差	色差是由于镜头对不同平面中不同颜色的光进行对焦而产生的，具体表现为背景与前景对象相接的边缘会出现红、绿或蓝色的异常杂边。通过拖动各个滑块，可消除各种色差
❸晕影	晕影的特点表现为图像的边缘比图像中心暗。【数量】用于设置运用量的多少。【中点】用于指定受【数量】滑块所影响的区域的宽度，数值高只会影响图像的边缘，数值低则会影响较多的图像区域

续表

选项	功能及作用
❹变换	【变换】选项可以修复图像倾斜透视现象。【垂直透视】可以使图像中的垂直线平行；【水平透视】可以使图像中的水平线平行；【角度】可以旋转图像，校正画面歪斜；【比例】可以向上或向下调整图像缩放，图像的像素尺寸不会改变

2. 自动校正图像

在【自动校正】选项卡中，Photoshop 提供了自动校正照片问题的配置文件。在【相机制造商】和【相机型号】下拉列表中分别选择相机制造商和相机型号，然后在【镜头型号】下拉列表中可以选择一款镜头。指定这些选项后，Photoshop 就会给出与之匹配的镜头配置文件。如果没有出现配置文件，则可单击【联机搜索】按钮，在线查找。

以上内容设置完成后，在【校正】选项组中选择一个选项，Photoshop就会自动校正照片中出现的几何扭曲、色差或晕影。

【自动缩放图像】用于指定如何处理由于校正枕形失真、旋转或透视校正而产生的空白区域。

技能拓展

在【镜头校正】对话框左侧的工具中，选择【移去扭曲工具】，单击向画面边缘拖动鼠标可以校正桶形失真，向画面中心拖动鼠标可以校正枕形失真；选择【拉直工具】，在画面中单击并拖出一条直线，图像会以该直线为基准进行角度校正。

10.2.4 液化

【液化】命令可以扭曲图像。执行【滤镜】→【液化】命令，打开【液化】对话框，在该对话框中可以进行详细的参数设置，如图 10-25 所示，相关选项的作用见表 10-5。

图 10-25 【液化】对话框

表 10-5 【液化】操作界面中各选项的作用

选项	功能及作用
❶工具按钮	包括执行液化的各种工具，其中【向前变形工具】通过在图像上拖动，向前推动图像而产生变形；【重建工具】通过绘制变形区域，能够部分或全部恢复图像的原始状态；【冻结蒙版工具】将不需要液化的区域创建为冻结的蒙版；【解冻蒙版工具】擦除保护的蒙版区域
❷画笔工具选项	用于设置当前选择的工具的各种属性
❸人脸识别液化	用来对人物照片进行修图。可以调整面部五官的大小，包括眼睛、鼻子、嘴唇和脸部形状等
❹载入网格选项	可查看和跟踪液化扭曲。可以选取网格的大小和颜色，也可以存储某个图像中的网格并将其应用于其他图像。但需先在对话框的【视图选项】区域中选中【显示网格】复选框，然后选择网格大小和网格颜色，即能存储并载入网格
❺蒙版选项	设置蒙版的创建方式。单击【全部蒙住】按钮，冻结整个图像；单击【全部反相】按钮，反相所有的冻结区域
❻视图选项	定义当前网格、图像、蒙版及背景图像等的显示方式
❼画笔重建选项	通过【重建】按钮可以将未冻结的区域逐步恢复为初始状态；通过【恢复全部】按钮可以一次性恢复全部未冻结的区域

技能拓展

使用【顺时针旋转扭曲工具】进行旋转操作时，默认情况下为顺时针旋转，按住【Alt】键可实现逆时针方向的旋转。

10.2.5 转换为智能滤镜

图 10-26 【图层】面板

普通图层一旦执行滤镜，原图层就被更改为滤镜的效果了，如果效果不理想想恢复原图，只能从历史记录中退回到执行前。而智能滤镜，就像给图层加样式一样，在【图层】面板中，可以把这个滤镜删除，或者重新修改这个滤镜的参数，如图 10-26 所示。

执行【滤镜】→【转换为智能滤镜】命令，会提示“选中的图层将转换为智能对象，以启用可重新编辑的智能滤镜”，若是【背景】图层，则一样将被转换为智能对象。

10.2.6 消失点

【消失点】滤镜可以进行透视校正。在应用绘画、仿制、复制或粘贴及变换等操作时，Photoshop可以确定这些操作的方向，并将它们缩放到透视平面，制作出透视效果。

执行【滤镜】→【消失点】命令（快捷键为【Alt+Ctrl+V】），打开【消失点】对话框，如图10-27所示。该对话框中包含用于定义透视平面的工具、用于编辑图像的工具及一个可预览图像的工作区，相关选项的作用见表10-6。

图10-27 【消失点】对话框

表10-6 【消失点】操作界面中各选项的作用

选项	功能及作用
❶编辑平面工具	用于选择、编辑、移动平面的节点及调整平面的大小
❷创建平面工具	用于定义透视平面的4个角节点。创建了4个角节点后，可以移动、缩放平面或重新确定其形状；按住【Ctrl】键拖动平面的边节点可以拉出一个垂直平面。在定义透视平面的节点时，如果节点的位置不正确，可按【Backspace】键将该节点删除
❸选框工具	在平面上单击并拖动鼠标可以选择平面上的图像。选择图像后，将鼠标指针放在选区内，按住【Alt】键拖动可以复制图像；按住【Ctrl】键拖动选区，则可以用源图像填充该区域
❹图章工具	使用该工具时，按住【Alt】键在图像上单击可以为仿制设置取样点；在其他区域拖动鼠标可以复制图像；按住【Shift】键单击可以将描边扩展到上一次单击处
❺画笔工具	可在图像上绘制选定的颜色
❻变换工具	使用该工具时，可以通过移动定界框的控制点来缩放、旋转和移动浮动选区，类似于在矩形选区上使用【自由变换】命令

续表

选项	功能及作用
❼吸管工具	可拾取图像中的颜色作为画笔工具的绘画颜色
❽测量工具	单击两点可测量距离，编辑距离可设置测量的比例
❾抓手工具	在图像中拖动可以移动视图
❿缩放工具	在图像中单击可以缩放视图

课堂范例——复制透视对象

步骤 01 打开“素材文件\第 10 章\风车.jpg”文件，如图 10-28 所示。

步骤 02 执行【滤镜】→【消失点】命令，在【消失点】对话框中，单击【创建平面工具】，在图像中单击添加节点，定义透视平面，如图 10-29 所示。

图 10-28 打开图片

图 10-29 定义透视平面

步骤 03 单击【图章工具】，在对话框顶部设置【修复】为开，在透视平面内按住【Alt】键单击进行取样，在图像右侧进行涂抹，将取样点的图像涂抹复制到鼠标涂抹处，如图 10-30 所示。

步骤 04 释放鼠标，单击【确定】按钮，图像效果如图 10-31 所示。

图 10-30 复制图像

图 10-31 复制图像效果

10.3 滤镜命令的应用

除滤镜库中的滤镜和独立滤镜外，滤镜命令还包括3D、风格化、模糊、扭曲、锐化、视频、像素化、渲染、杂色、其他等，下面分别进行介绍。

10.3.1 【3D】滤镜组

【3D】滤镜组中包含了2种滤镜，它们的主要作用是移动选区内图像的像素，提高像素的对比度，使之产生绘画效果。

生成凹凸（高度）图：通过改变表面光照方程的法线，而不是表面的几何法线来模拟凹凸不平的视觉特征，如褶皱、波浪等，如图10-32所示。

生成法线图：可以使每个平面的各像素拥有高度值，包含许多细节的表面信息，能够在平平无奇的物体外形上，创建出许多种特殊的立体视觉效果，如图10-33所示。

图10-32 生成凹凸（高度）图

图10-33 生成法线图

10.3.2 【风格化】滤镜组

【风格化】滤镜组中包含了9种滤镜，它们的主要作用是移动选区内图像的像素，提高像素的对比度，使之产生绘画和印象派风格效果。

查找边缘：可以自动搜索图像像素对比度变化剧烈的边界，将高反差区变亮，低反差区变暗，其他区域则介于两者之间，硬边变为线条，柔边变粗，形成一个清晰的轮廓。原图如图10-34所示，查找边缘效果如图10-35所示。

等高线：可以查找主要亮度区域的转换并为每个颜色通道淡淡地勾勒主要亮度区域，以获得与等高线图中的线条类似的效果。

风：可以在图像上设置犹如被风吹过的效果，如图10-36所示。可以选择【风】【大风】和【飓风】效果。但该滤镜只在水平方向起作用，要产生其他方向的风吹效果，需要先将图像旋转，然后再使用该滤镜。

图 10-34　原图

图 10-35　查找边缘

图 10-36　风

浮雕效果：可通过勾画图像或选区的轮廓和降低周围色值来生成凸起或凹陷的浮雕效果，如图 10-37 所示。

扩散：可以将图像的像素扩散显示，设置图像绘画溶解的艺术效果。

拼贴：可以将图像分割成有规则的方块，并使其偏离原来的位置，产生不规则瓷砖拼凑成的图像效果，如图 10-38 所示。

曝光过度：将图像正片和负片混合，翻转图像的高光部分，模拟摄影中曝光过度的效果。

凸出：可以将图像分成一系列大小相同且有机重叠放置的立方体或锥体，产生特殊的 3D 效果，如图 10-39 所示。

油画：能快速让图像呈现油画效果，还可以控制画笔的样式及光线的方向和亮度，以产生更加出色的效果。

图 10-37　浮雕效果

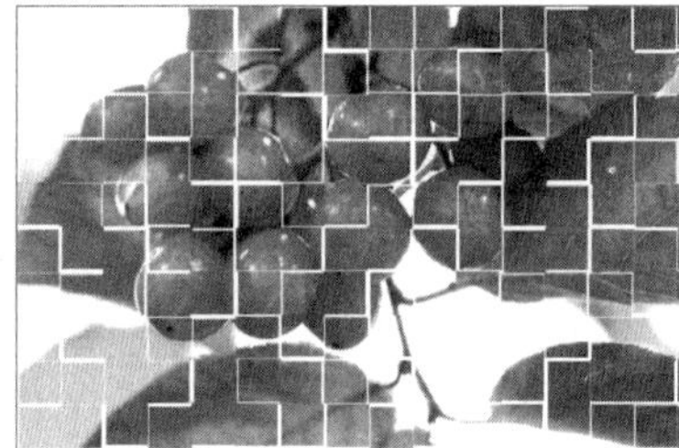

图 10-38　拼贴

图 10-39　凸出

10.3.3 【模糊】滤镜组

【模糊】滤镜组分为【模糊画廊】和【模糊】两个滤镜组，分别包含了 5 种和 11 种滤镜，它们可以对图像进行柔和处理，将图像像素的边线设置为模糊状态，表现出速度感或晃动的感觉。

场景模糊：可以通过一个或多个图钉对照片场景中的不同区域应用模糊效果，调整状态及预览效果如图 10-40 所示。

光圈模糊：可以对照片应用模糊，并创建一个椭圆形的焦点范围，它能模拟出柔焦镜头拍出的梦幻、朦胧的画面效果。

移轴模糊：能模拟出利用移轴镜头拍摄的缩微效果，预览效果如图 10-41 所示。

路径模糊：可以沿路径创建运动模糊，还可以控制形状和模糊量。

旋转模糊：整张图像围绕一个中心点做旋转变换，同时有一个控制旋转程度的变量和一个控制模糊程度的变量来完成这个效果。图像中距离中心点越近，旋转和模糊的程度越小，反之则越大。

表面模糊：可以在保存图像边缘的同时，对图像表面添加模糊效果，可用于创建特殊效果并消除杂色或颗粒度。

动感模糊：可以使图像按照指定方向和指定强度变模糊，该滤镜效果类似于以固定的曝光时间给一个正在移动的对象拍照。在表现对象的速度感时会经常用到该滤镜，预览效果如图 10-42 所示。

方框模糊：可以基于相邻像素的平均颜色来模糊图像。

高斯模糊：可以通过控制模糊半径对图像进行模糊处理，使图像产生一种朦胧的效果。

进一步模糊：可以得到应用【模糊】滤镜 3~4 次的效果。

径向模糊：与相机拍摄过程中进行移动或旋转后所拍摄的照片产生的模糊效果相似。

镜头模糊：能够将图像处理为与相机镜头类似的模糊效果，且可以设置不同的焦点位置。

模糊：用于柔化整体或部分图像。

平均：通过寻找图像或选区的平均颜色，并用该颜色填充图像或选区，使图像变得平滑。

特殊模糊：提供了【半径】【阈值】和【品质】等设置选项，可以精确地模糊图像。

形状模糊：可通过选择的形状对图像进行模糊处理。选择的形状不同，模糊的效果也不同。

图 10-40　原图

图 10-41　场景模糊

图 10-42　动感模糊

10.3.4 【扭曲】滤镜组

【扭曲】滤镜组中包含了 9 种滤镜，它们可以对图像进行移动、扩展或收缩来设置图像的像素，还可以对图像进行各种形状的变换，如波浪、波纹等形状。

波浪：使用【波浪】滤镜可以使图像产生强烈的波纹起伏的波浪效果，如图 10-43 所示。

波纹：与【波浪】滤镜相似，可以使图像产生波纹起伏的效果，但提供的选项较少，只能控制波纹的数量和波纹大小。

极坐标：可使图像坐标从直角坐标系转化成极坐标系，或者将极坐标转化为直角坐标。使用该滤镜可以创建 18 世纪流行的曲面扭曲效果，如图 10-44 所示。

挤压：可以把图像挤压变形，收缩膨胀，从而产生离奇的效果。

切变：可以将图像沿用户设置的曲线进行变形，产生扭曲的图像，如图 10-45 所示。

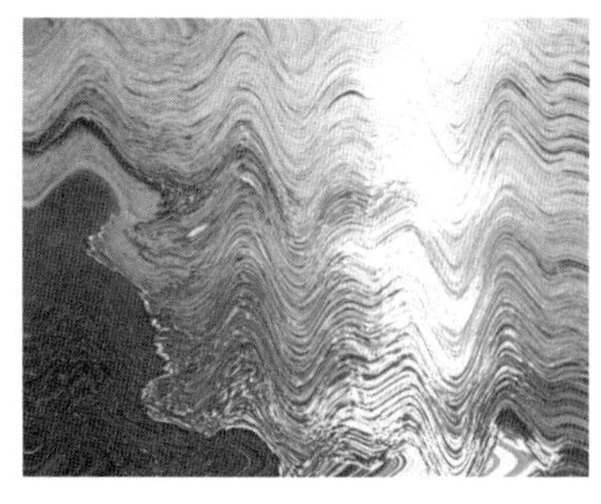

图 10-43 波浪

图 10-44 极坐标

图 10-45 切变

球面化：可以将图像挤压，产生图像包在球面或柱面上的立体效果。

水波：可以模拟出水池中的波纹，在图像中产生类似于向水池中投入石头后水面产生的涟漪效果。

旋转扭曲：可以将选区内的图像旋转，图像中心的旋转程度比图像边缘的旋转程度大。

置换：需要使用一个PSD格式的图像作为置换图，然后对置换图进行相关的设置，以确定当前图像如何根据位移图产生弯曲、破碎的效果。

10.3.5 【锐化】滤镜组

【锐化】滤镜组中包含了6种滤镜，它们可以将图像制作得更清晰，使画面的图像更加鲜明，通过提高主像素的颜色对比度使画面更加细腻。

USM锐化：可以调整图像边缘的对比度，并在边缘的每一侧生成一条暗线和一条亮线，使图像的边缘变得更清晰、突出，如图10-46所示。

防抖：可以在几乎不增加噪点、不影响画质的前提下，使因轻微抖动造成的模糊重新清晰起来。

进一步锐化：对图像实现进一步的锐化，使之产生强烈的锐化效果。

锐化：通过增加相邻像素的反差来使模糊的图像变得更清晰。

锐化边缘：只强调图像边缘部分，而保留图像总体的平滑度。

智能锐化：通过设置锐化算法来锐化图像，也可通过设置阴影和高光中的锐化量来使图像产生锐化效果，如图10-47所示。

图 10-46 USM锐化

图 10-47 智能锐化

10.3.6 【视频】滤镜组

【视频】滤镜组中包含了两种滤镜，它们可以处理以隔行扫描方式提取的图像，将普通图像转换为视频设备可以接收的图像，以解决视频图像交换时系统差异的问题。

NTSC 颜色：可以将不同色域的图像转化为电视可接受的颜色模式，以防止过饱和颜色渗过电视扫描行。NTSC 即“国家电视标准委员会”的英文缩写。

逐行：通过隔行扫描方式显示电视的画面，视频设备中捕捉的图像都会出现扫描线。【逐行】滤镜可以移去视频图像中的奇数或偶数隔行线，使在视频上捕捉的运动图像变得平滑。

10.3.7 【像素化】滤镜组

【像素化】滤镜组中包含了 7 种滤镜，它们通过平均分配色度值使单元格中颜色相近的像素结成块，用于清晰地定义一个选区，从而使图像产生彩块、晶格、碎片等效果。

彩块化：使纯色或相近颜色的像素结成相近颜色的像素块，如同手绘效果，也可以使现实主义图像产生类似于抽象派的绘画效果。

彩色半调：可使图像变为网点状效果。它先将图像的每一个通道划分出矩形区域，再以和矩形区域亮度成比例的圆形替代这些矩形，圆形的大小与矩形的亮度成比例，高光部分生成的网点较小，阴影部分生成的网点较大。彩色半调效果如图 10-48 所示。

点状化：将图像的颜色分解为随机分布的网点，如同点状化绘画一样，背景色将作为网点之间的画布区域，如图 10-49 所示。

晶格化：可以使图像中相近的像素集中到多边形色块中，产生类似于结晶的颗粒效果。

马赛克：可以使像素结为方形块，再对块中的像素应用平均的颜色，从而生成马赛克效果，如图 10-50 所示。

碎片：可以把图像的像素进行 4 次复制，再将它们平均，并使其相互偏移，使图像产生一种类似于相机没有对准焦距所拍摄出的模糊效果的照片。

铜版雕刻：可以在图像中随机生成各种不规则的直线、曲线和斑点，使图像产生年代久远的金属板效果。

图 10-48　彩色半调

图 10-49　点状化

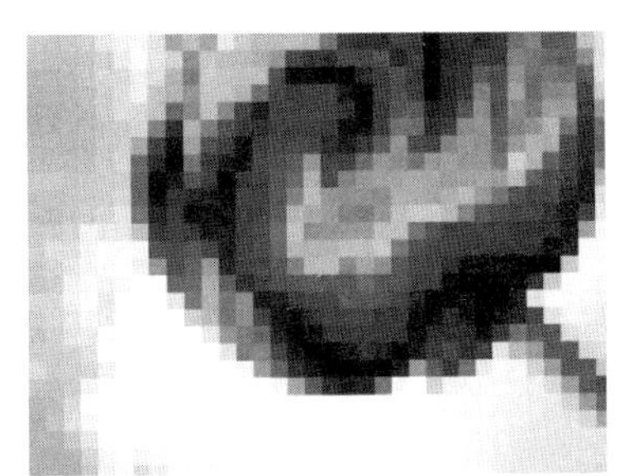

图 10-50　马赛克

10.3.8 【渲染】滤镜组

【渲染】滤镜组中包含了 8 种滤镜，它们可以在图像中创建出灯光、云彩、火焰、树、图片框、折射图案及模拟的光反射，是非常重要的特效制作滤镜。

火焰：能沿选中的路径生成火焰效果。

图片框：能为图片添加各式边框。

树：能够生成 34 种基本类型的树木，而且有丰富的参数。

分层云彩：与【云彩】滤镜原理相同，但是使用【分层云彩】滤镜时，图像中的某些部分会被反相为云彩图案，如图 10-51 所示。

光照效果：可以在图像上产生不同的光源、光类型，以及不同光特性形成的光照效果，如图 10-52 所示。

镜头光晕：可以模拟亮光照射到相机镜头所产生的折射效果，如图 10-53 所示。

纤维：使用前景色和背景色来创建纤维的外观。

云彩：使用前景色和背景色之间的随机值来生成柔和的云彩图案。

图 10-51　分层云彩

图 10-52　光照效果

图 10-53　镜头光晕

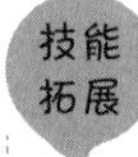

技能拓展

按住【Alt】键的同时，执行【滤镜】→【渲染】→【云彩】命令，可以生成色彩较为分明的云彩图案。

10.3.9 【杂色】滤镜组

【杂色】滤镜组中包含了 5 种滤镜，它们用于增加图像上的杂点，使之产生色彩漫散的效果，或者用于去除图像中的杂点，如扫描输入图像的斑点和折痕。

减少杂色：可以减少图像中的杂色，同时又可保留图像的边缘。

蒙尘与划痕：可通过更改相应的像素来减少杂色，该滤镜对去除扫描图像中的杂点和折痕特别有效。原图如图 10-54 所示，蒙尘与划痕效果如图 10-55 所示。

去斑：可以检测图像边缘发生显著颜色变化的区域，并模糊除边缘外的所有选区，消除图像中的斑点，同时保留细节。

添加杂色：可以在图像中应用随机像素，使图像产生颗粒状效果，常用于修饰图像中不自然的区域，如图 10-56 所示。

中间值：通过混合像素的亮度来减少图像中的杂色。

图 10-54　原图

图 10-55　蒙尘与划痕

图 10-56　添加杂色

10.3.10 【其他】滤镜组

【其他】滤镜组中包含了 6 种滤镜，在它们中，有允许自定义滤镜的命令，也有使用滤镜修改蒙版、在图像中使选区发生位移和快速调整颜色的命令。

HSB/HSL：可以把原 RGB 通道转换为 HSB 通道，结合调整图层使用，用来调整图像更方便。

高反差保留：可调整图像的亮度，降低阴影部分的饱和度。原图如图 10-57 所示，高反差保留效果如图 10-58 所示。

位移：可通过输入水平和垂直方向距离的数值来移动图像。

自定：可通过数学运算使图像颜色发生变化。

最大值：可用高光颜色的像素代替图像的边缘部分，如图 10-59 所示。

最小值：可用阴影颜色的像素代替图像的边缘部分。

图 10-57　原图

图 10-58　高反差保留

图 10-59　最大值

技能拓展

按【Alt+Ctrl+F】组合键可以重复执行上次滤镜命令。按住【Alt】键单击【滤镜】菜单下的第一个命令则会在重复执行上次滤镜命令的同时弹出对话框。

课堂问答

通过本章的讲解，大家对滤镜的应用方法有了一定的了解，下面列出一些常见的问题供学习参考。

问题 1：如何安装外挂滤镜？

答：将外挂滤镜复制，然后在Photoshop图标上右击，在弹出的快捷菜单中选择【打开文件所在位置】选项，再打开“Plug-ins”文件夹，然后粘贴，最后重启Photoshop，在【滤镜】菜单中就可看到刚安装的外挂滤镜了。

问题 2：滤镜库的作用是什么？

答：主要是提高工作效率。Photoshop 中的一部分滤镜在使用时会占用大量的内存，如在使用【光照效果】等滤镜处理高分辨率的图像时，Photoshop 的处理速度会变得很慢。在这种情况下，使用滤镜库就能快速预览效果，甚至可以通过新建效果图层预览多次滤镜效果，减少滤镜的应用次数，节省操作时间。

上机实战——制作极地球面效果

为了帮助读者巩固本章知识点，下面讲解一个技能综合案例。

效果展示

素材

效果

思路分析

全景图经过处理可以变身为类似3D效果的球体，透视效果非常逼真。这样奇妙的变化就是通过滤镜命令完成的，下面讲解具体操作方法。

本例首先调整图像大小，然后使用【极坐标】命令创建球体外观，最后使用【Camera Raw滤镜】命令调整色调，得到最终效果。

制作步骤

步骤 01 打开“素材文件\第 10 章\建筑.jpg”，如图 10-60 所示。

步骤 02 执行【图像】→【调整】→【阴影/高光】命令，打开【阴影/高光】对话框，设置【阴影】为 100%，单击【确定】按钮，如图 10-61 所示。

图 10-60 原图

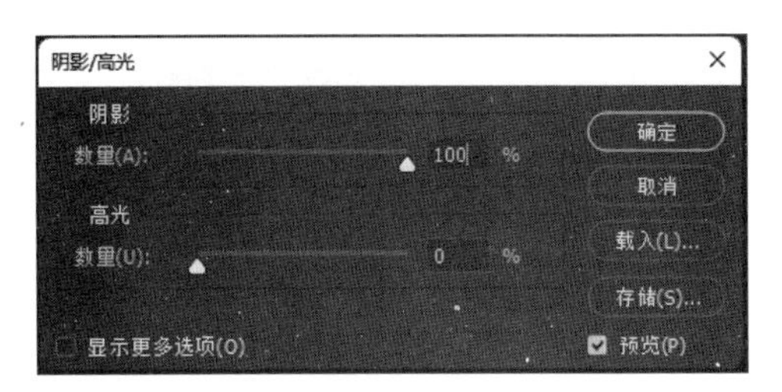

图 10-61 【阴影/高光】对话框

步骤 03 执行【图像】→【图像大小】命令，打开【图像大小】对话框，单击【限制长宽比】按钮取消限制，设置【宽度】和【高度】均为 800 像素，单击【确定】按钮，如图 10-62 所示。更改图像大小后，图像效果如图 10-63 所示。

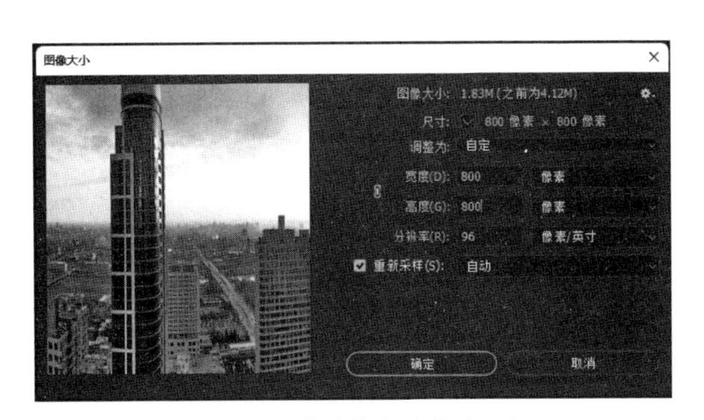

图 10-62 【图像大小】对话框

图 10-63 图像效果

步骤 04 执行【图像】→【图像旋转】→【180 度】命令，旋转图像效果如图 10-64 所示。执行【滤镜】→【扭曲】→【极坐标】命令，打开【极坐标】对话框，选中【平面坐标到极坐标】单选按钮，单击【确定】按钮，如图 10-65 所示。

图 10-64 旋转图像

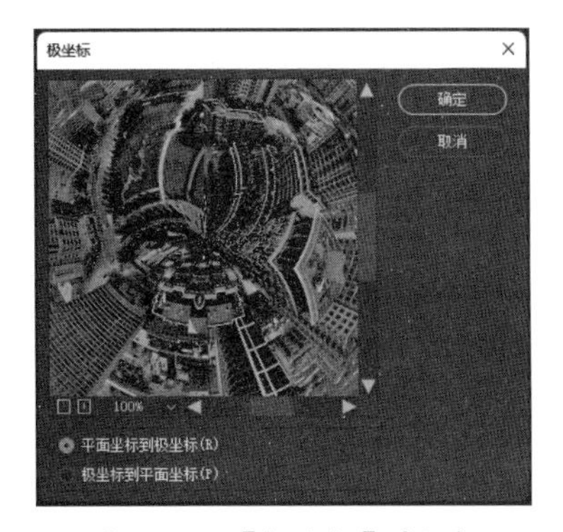

图 10-65 【极坐标】对话框

步骤 05 选择【吸管工具】，在云层位置单击吸取颜色，如图 10-66 所示。

步骤 06 结合【混合器画笔工具】和【仿制图章工具】，在球体接口处涂抹融合图像，如图 10-67 所示。

图 10-66　吸取颜色

图 10-67　修复接口

步骤 07　执行【滤镜】→【Camera Raw 滤镜】命令，打开【Camera Raw】对话框，设置【色调】为-50，单击【确定】按钮，如图 10-68 所示。

步骤 08　按【Ctrl+J】组合键复制图层，生成【图层 1】，更改图层混合模式为【柔光】，如图 10-69 所示。

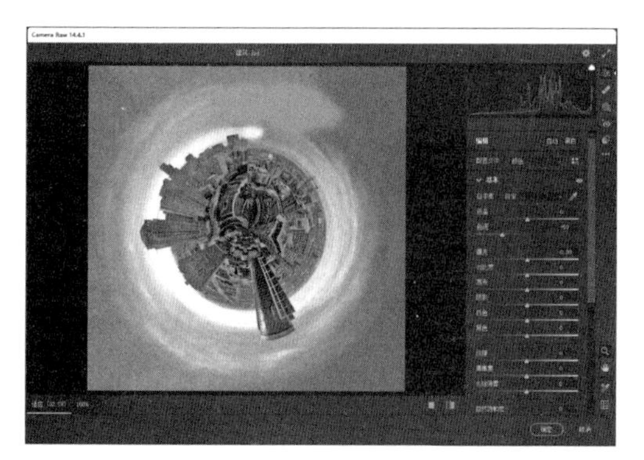

图 10-68　【Camera Raw】对话框

图 10-69　复制图层

同步训练——打造气泡中的人物

为了增强读者的动手能力，下面安排一个同步训练案例，让读者达到举一反三、触类旁通的学习效果。

图解流程

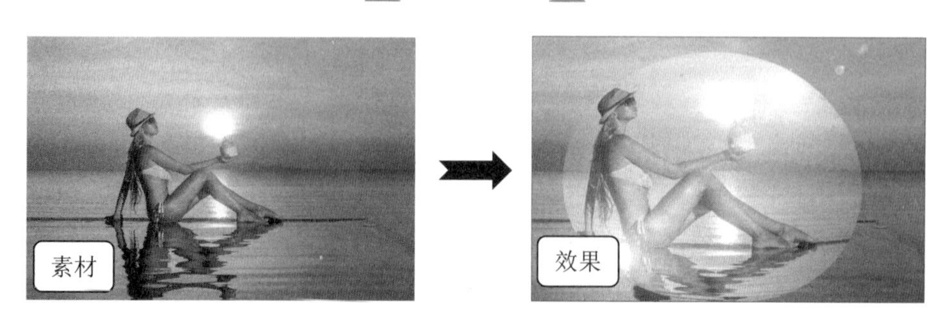

思路分析

滤镜可以创造出特殊效果，可以使用滤镜制作出科幻效果的图片，本例以如何制作气泡中的人物科幻效果为例进行讲解。

首先使用【椭圆选框工具】创建选区，接下来使用【滤镜】→【扭曲】→【球面化】命令调整显示效果，最后用【滤镜】→【渲染】→【镜头光晕】命令渲染效果，完成效果制作。

关键步骤

步骤 01 执行【文件】→【打开】命令，打开“素材文件\第 10 章\晚霞.jpg”文件，在工具箱中选择【椭圆选框工具】创建选区，如图 10-70 所示。

步骤 02 按【Ctrl+J】组合键复制图层，如图 10-71 所示。

图 10-70　创建选区

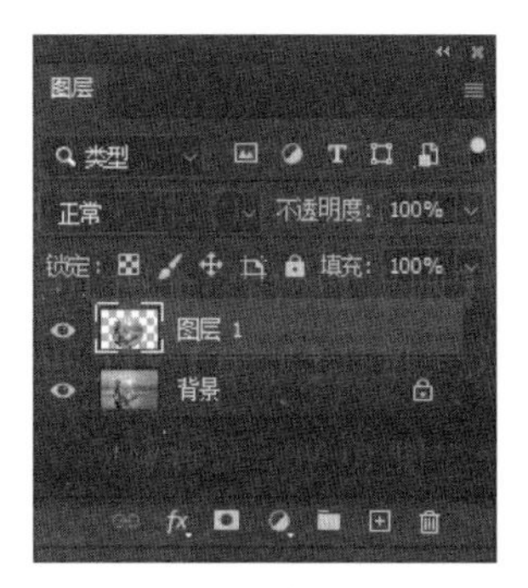

图 10-71　复制图层

步骤 03 执行【滤镜】→【扭曲】→【球面化】命令，设置【数量】为 100，单击【确定】按钮，如图 10-72 所示。

步骤 04 执行【滤镜】→【渲染】→【镜头光晕】命令，移动光晕中心到球体右上角，设置【亮度】为 150%，【镜头类型】为 50-300 毫米变焦，单击【确定】按钮，如图 10-73 所示。

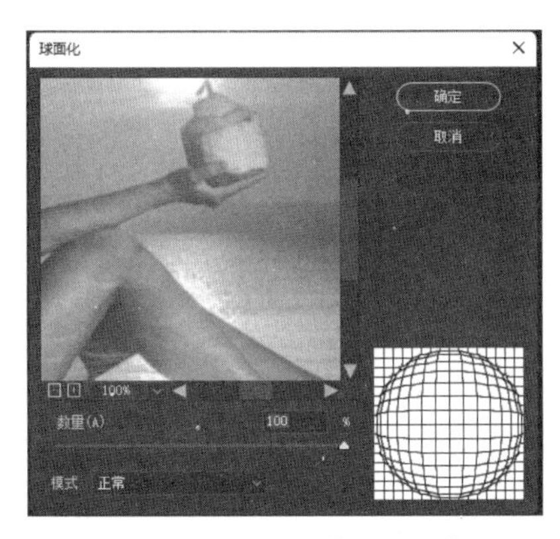

图 10-72　设置【球面化】

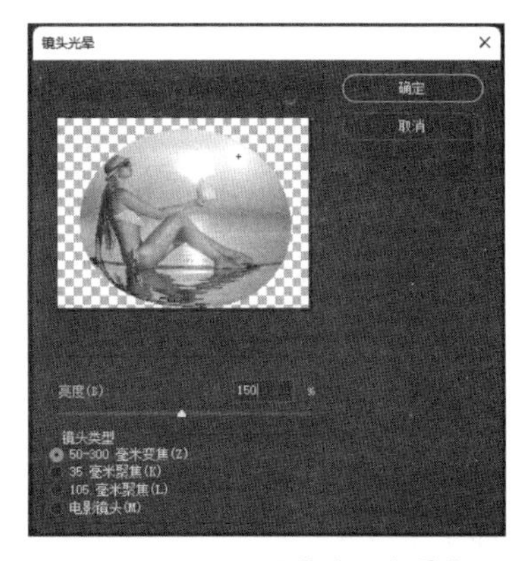

图 10-73　设置【镜头光晕】

步骤 05 使用相似的方法在左下方添加光晕，选择【背景】图层，如图 10-74 所示。

步骤 06 执行【滤镜】→【渲染】→【镜头光晕】命令，移动光晕中心到右上角，设置【亮度】

为 100%，【镜头类型】为 105 毫米聚焦，单击【确定】按钮，如图 10-75 所示。

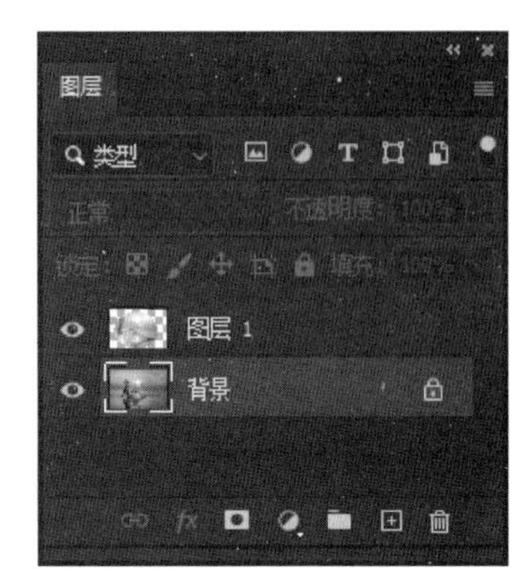

图 10-74 选择图层

图 10-75 设置【镜头光晕】

知识能力测试

本章讲解了滤镜的应用方法，为对知识进行巩固和考核，请读者完成以下练习题。

一、填空题

1. 桶形失真是由镜头引起的成像画面呈桶形膨胀状的失真现象，使用 ______ 或 _____ 的最广角时，容易出现这种情况。

2.【云彩】滤镜是使用前景色和背景色之间的 ________ 来生成图案，按住 ________ 键的同时，执行【滤镜】→【渲染】→【云彩】命令，可以生成色彩较为分明的云彩图案。

3. ______ 滤镜组中的 _______ 滤镜可以通过更改相应的像素来减少杂色，对去除扫描图像中的杂点和折痕特别有效。

二、选择题

1.（　　）不是【模糊画廊】滤镜组中的滤镜。

A. 动感模糊　B. 场景模糊　C. 移轴模糊　D. 路径模糊

2. 要使图像产生一种类似于相机没有对准焦距拍摄出的模糊效果的照片，可以使用（　　）滤镜。

A.【添加杂色】　B.【场景模糊】　C.【碎片】　D.【镜头校正】

3. 外挂滤镜必须安装在（　　）文件夹下。

A. Presets　B. Samples　C. Plug-ins　D. Resources

4. 在 Photoshop 2022 中有（　　）种基本树类型。

A. 11　B. 25　C. 31　D. 34

5. 调出【消失点】滤镜的快捷键为（　　）。

A.【Alt+Ctrl+F】　B.【Alt+Ctrl+V】　C.【Alt+Ctrl+X】　D.【Shift+Ctrl+X】

三、简答题

1. 如果一张照片发黄、褪色，有微小斑点和划痕，如何对这张照片进行修复？

2.【镜头光晕】滤镜和【光照效果】滤镜有什么区别？

Photoshop 2022

第11章 图像输出与处理自动化

图像输出是指将作品打印到纸张上，通过自动化功能，可以减少重复操作，大大提高工作效率。本章主要介绍图像输出与处理自动化的相关内容。

学习目标

- 掌握图像的打印方法
- 掌握图像的输出方法
- 了解网页图像的优化与输出
- 掌握切片的生成与编辑方法
- 掌握动作和自动化处理图像

图像的打印和输出方法

在【Photoshop 打印设置】对话框中可以预览图像、选择打印机，设置打印份数、输出选项和色彩管理选项。

11.1.1 【Photoshop打印设置】对话框

执行【文件】→【打印】命令，或者按【Ctrl+P】组合键，打开【Photoshop 打印设置】对话框，设置好参数后，单击【打印】按钮即可，如图 11-1 所示，相关选项的作用见表 11-1。

图 11-1 【Photoshop 打印设置】对话框

表 11-1 【Photoshop打印设置】操作界面中各选项的作用

选项	功能及作用
❶打印机	在该选项的下拉列表中可以选择打印机
❷份数	可以设置打印份数
❸打印设置	单击该按钮，可以打开一个对话框，设置纸张的方向、页面的打印顺序和打印页数
❹色彩管理	设置文件的打印色彩管理，包括颜色处理和打印机配置文件等
❺位置	选中【居中】复选框，可以将图像定位于可打印区域的中心；取消选中【居中】复选框，则可在【顶】和【左】选项中输入数值定位图像，从而只打印部分图像
❻缩放后的打印尺寸	选中【缩放以适合介质】复选框，可自动缩放图像至适合纸张的可打印区域；取消选中【缩放以适合介质】复选框，则可在【缩放】选项中输入图像缩放比例，或者在【高度】和【宽度】选项中设置图像的尺寸

续表

选项	功能及作用
❼打印选定区域	选中该复选框后，打印预览框四周会出现黑色箭头符号，拖动该符号，可自定义文件打印区域
❽打印标记	该选项可以控制是否输出打印标记，包括角裁剪标志、套准标记等
❾函数	控制打印图像外观的其他选项，包括药膜朝下、负片等印前处理设置。单击【函数】选项中的【背景】【边界】【出血】等按钮，即可打开相应的选项设置对话框，其中【背景】用于选择要在页面上的图像区域外打印的背景色；【边界】用于在图像周围打印一个黑色边框；【出血】用于在图像内而不是在图像外打印裁切标记

技能拓展

如果要使用当前的打印选项打印一份文件，可以执行【文件】→【打印一份】命令或按【Alt+Shift+Ctrl+P】组合键来操作，该命令无对话框。

11.1.2 色彩管理

在【Photoshop 打印设置】对话框右侧的【色彩管理】选项组中，可以设置【色彩管理】选项，以获得最好的打印效果，如图 11-2 所示，相关选项的作用见表 11-2。

表 11-2 【色彩管理】操作界面中各选项的作用

选项	功能及作用
❶颜色处理	用于确定是否使用色彩管理。如果使用，则需要确定将其在应用程序中使用还是在打印设备中使用
❷打印机配置文件	可选择适用于打印机和即将使用的纸张类型的配置文件
❸正常打印/印刷校样	选择【正常打印】选项，可进行普通打印；选择【印刷校样】选项，可打印印刷校样，即可模拟文档在打印机上的输出效果
❹渲染方法	指定 Photoshop 如何将颜色转换为打印机颜色空间
❺黑场补偿	通过模拟输出设备的全部动态范围来保留图像中的阴影细节

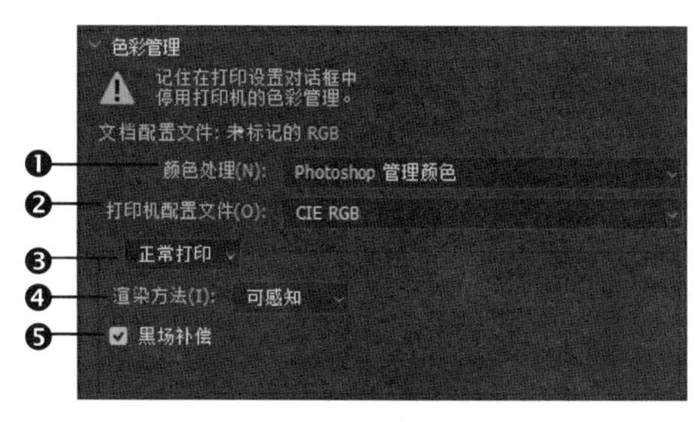

图 11-2 【色彩管理】选项

11.1.3 打印标记和函数

当我们需要将Photoshop中处理的图像进行商业印刷时，可在【打印标记】选项组中指定在页面中显示哪些标记。【函数】选项组中包含【背景】【边界】【出血】等按钮，单击一个按钮即可打开相应的选项设置对话框，如图 11-3 所示，相关选项的作用见表 11-3。

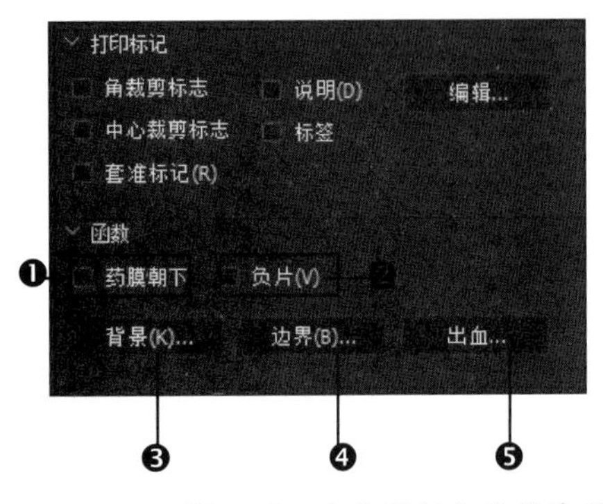

图 11-3　打印标记和函数选项

表 11-3　打印标记和函数选项操作界面中各选项的作用

选项	功能及作用
❶药膜朝下	可以水平翻转图像
❷负片	可以反转图像颜色
❸背景	用于设置图像区域外的背景
❹边界	用于在图像边缘打印出黑色边框
❺出血	用于将裁剪标志移动到图像中，以便剪切图像时不会丢失重要内容

11.1.4 陷印

在叠印套色版时，如果套印不准、相邻的纯色之间没有对齐，便会出现小的缝隙。出现这种情况时，通常采用陷印技术进行纠正。

执行【图像】→【陷印】命令，打开【陷印】对话框，【宽度】代表了印刷时颜色向外扩张的距离。该命令仅用于 CMYK 模式的图像。如果需要设置陷印值，印刷商会告知具体数值。

11.2 网页图像的优化与输出

Web非常流行的一个很重要的原因，就在于它可以在一页上同时显示色彩丰富的图形和文本。优化图像可以加快网页的浏览速度。

11.2.1 优化图像

优化图像的意思是使图像质量和图像文件大小两者的平衡达到最佳，也就是说，在保证图像质量的情况下使图像文件达到最小。执行【文件】→【导出】→【存储为Web所用格式】命令（快捷键为【Alt+Shift+Ctrl+S】），打开【存储为Web所用格式】对话框，使用对话框中的优化功能可以对图像进行优化和输出，如图 11-4 所示。其格式有JPEG、GIF、PNG和WBMP几种，相关选项的作用见表 11-4。

图 11-4 【存储为Web所用格式】对话框

表 11-4 【存储为Web所用格式】操作界面中各选项的作用

选项	功能及作用
❶工具栏	【抓手工具】可以移动查看图像；【切片选项工具】可选择窗口中的切片，以便对其进行优化；【缩放工具】可以放大或缩小图像的比例；【吸管工具】可吸取图像中的颜色，并显示在【吸管颜色】中；【切换切片可视性】用于显示或隐藏切片定界框
❷显示选项	单击【原稿】标签，窗口中只显示没有优化的图像；单击【优化】标签，窗口中只显示应用了当前优化设置的图像；单击【双联】标签，并排显示优化前和优化后的图像；单击【四联】标签，可显示原稿外的其他 3 个图像并进行不同的优化，每个图像下面都提供了优化信息，可以通过对比选择最佳优化方案
❸原稿图像	显示没有优化的图像
❹优化的图像	显示应用了当前优化设置的图像
❺状态栏	显示光标所在位置的图像的颜色值等信息
❻预览	可以在 Adobe Device Central 或浏览器中预览图像
❼预设	设置优化图像的格式和各个格式的优化选项
❽颜色表	将图像优化为 GIF、PNG-8 和 WBMP 格式时，在【颜色表】中对图像颜色进行优化设置
❾图像大小	将图像大小调整为指定的像素尺寸或原稿大小的百分比
❿动画	设置动画的循环选项，显示动画控制按钮

11.2.2 Web图像的输出设置

优化 Web 图像后，在【存储为 Web 设备所用格式】对话框中单击右侧的【优化菜单】按钮，在弹出的菜单中执行【编辑输出设置】命令，如图 11-5 所示，打开【输出设置】对话框。在该对话框中可以控制如何设置 HTML 文件的格式、如何命名文件和切片，以及在存储优化图像时如何处理背景图像，如图 11-6 所示。

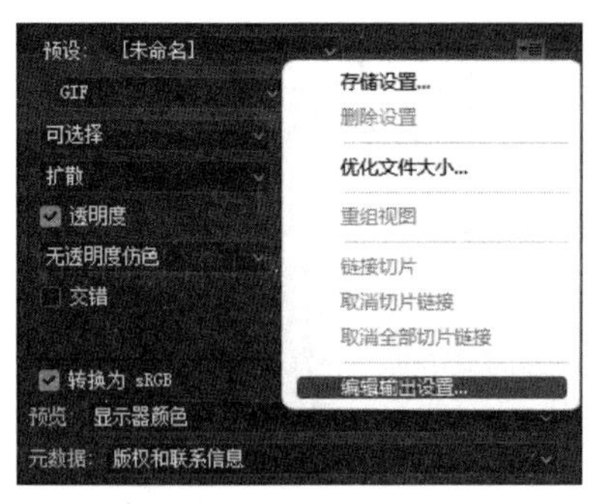

图 11-5　选择【编辑输出设置】命令

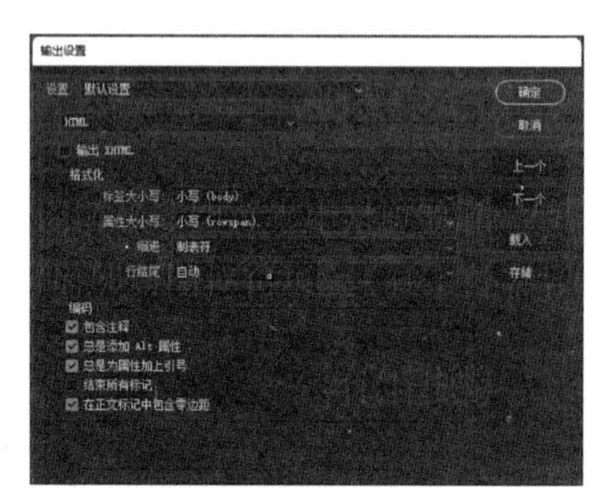

图 11-6　【输出设置】对话框

11.3 切片的生成与编辑

制作网页时，通常要对网页进行切片。通过优化切片可以对分割的图像进行不同程度的压缩，以便减少图像的下载时间。另外，还可以为切片制作动画、链接到 URL 地址，或者使用它们制作翻转按钮。

11.3.1 创建切片

【切片工具】的功能主要是生成切片。选择工具箱中的【切片工具】后，其选项栏中常见的参数如图 11-7 所示，相关选项的作用见表 11-5。

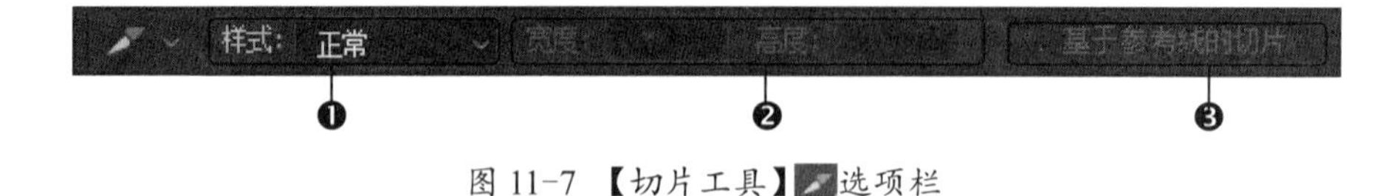

图 11-7　【切片工具】选项栏

表 11-5　【切片工具】操作界面中各选项的作用

选项	功能及作用
❶样式	选择切片的类型，选择【正常】选项，通过拖动鼠标确定切片的大小；选择【固定长宽比】选项，输入切片的高宽比，可创建具有图钉长宽比的切片；选择【固定大小】选项，输入切片的高度和宽度，然后在画面中单击，即可创建指定大小的切片

续表

选项	功能及作用
❷宽度/高度	设置裁剪区域的宽度和高度
❸基于参考线的切片	可以先设置好参考线，然后单击该按钮，让软件自动按参考线切分图像

1. 创建普通切片

选择【切片工具】，在创建切片的区域上单击并拖出一个矩形框，释放鼠标即可创建一个切片。

2. 基于图层创建切片

在【图层】面板中选择目标图层，执行【图层】→【新建基于图层的切片】命令，基于图层创建切片，切片会包含该图层中所有的像素。

创建基于图层的切片后，移动和编辑图层内容时，切片区域也会随之自动调整。

11.3.2 编辑切片

【切片选择工具】可以对图像的切片进行选择、移动和调整大小。选择工具箱中的【切片选择工具】后，其选项栏中常见的参数如图 11-8 所示，相关选项的作用见表 11-6。

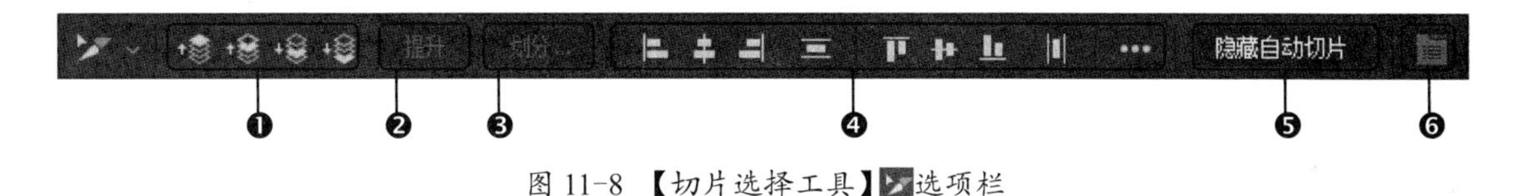

图 11-8 【切片选择工具】选项栏

表 11-6 【切片选择工具】操作界面中各选项的作用

选项	功能及作用
❶调整切片堆叠顺序	在创建切片时，最后创建的切片是堆叠顺序中的顶层切片。当切片重叠时，可单击该选项中的按钮，改变切片的堆叠顺序，以便能够选择到底层的切片
❷提升	单击该按钮，可以将所选的自动切片或图层切片转换为用户切片
❸划分	单击该按钮，可在打开的【划分切片】对话框中对所选切片进行划分
❹对齐与分布切片	选择多个切片后，单击该选项中的按钮可以对齐或分布切片，这些按钮的使用方法与对齐和分布图层的按钮相同
❺隐藏自动切片	单击该按钮，可以隐藏自动切片
❻设置切片选项	单击该按钮，可在打开的【切片选项】对话框中设置切片的名称、类型并指定 URL 地址等

11.3.3 划分切片

使用【切片选择工具】选择切片，单击其选项栏中的【划分】按钮，打开【划分切片】对话框，如图 11-9 所示。在该对话框中可沿水平、垂直方向或同时沿这两个方向重新划分切片，其效果如图 11-10 所示，相关选项的作用见表 11-7。

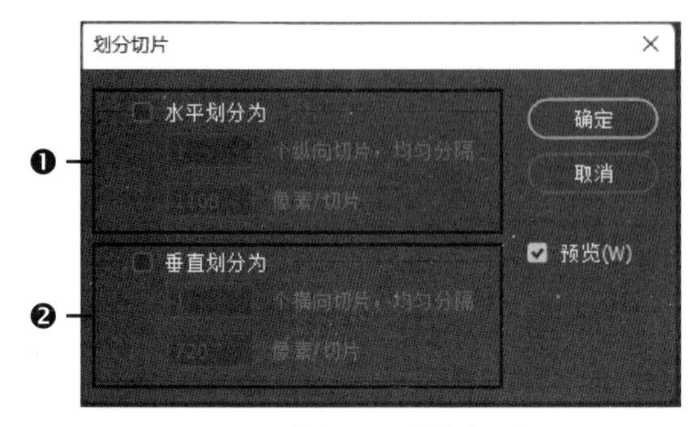

图 11-9 【划分切片】对话框

图 11-10 划分切片效果

表 11-7 【划分切片】操作界面中各选项的作用

选项	功能及作用
❶水平划分为	选中该复选框，可在长度方向上划分切片。有两种划分方式，选中【个纵向切片，均匀分隔】单选按钮，可输入切片的划分数目；选中【像素 / 切片】单选按钮，可输入一个数值，基于指定数目的像素创建切片，如果按该像素数目无法平均地划分切片，则会将剩余部分划分为另一个切片
❷垂直划分为	选中该复选框，可在宽度方向上划分切片。它也包含两种划分方法，功能与水平划分类似

11.3.4 组合与删除切片

使用【切片选择工具】选择两个或更多的切片并右击，在弹出的快捷菜单中选择【组合切片】选项，如图 11-11 所示。可以将所选切片组合为一个切片，如图 11-12 所示。

图 11-11 选择【组合切片】选项

图 11-12 组合切片效果

使用【切片选择工具】选择一个或多个切片并右击，在弹出的快捷菜单中选择【删除切片】选项，可以将所选切片删除。如果要删除所有切片，可以执行【视图】→【清除切片】命令。选择切片后，按【Delete】键可以快速将其删除。

11.3.5 转换为用户切片

基于图层的切片与图层的像素内容相关联，当我们对切片进行移动、组合、划分、调整大小和对齐等操作时，唯一的方法就是编辑相应的图层。只有将其转换为用户切片，才能使用【切片工具】对其进行编辑。此外，在图像中，所有自动切片都链接在一起并共享相同的优化设置，如果要为自动切片设置不同的优化设置，也必须将其提升为用户切片。

使用【切片选择工具】选择要转换的切片，在其选项栏中单击【提升】按钮，即可将其转换为用户切片。

课堂范例——切片的综合编辑

步骤 01 打开“素材文件\第 11 章\降落伞.jpg”文件，选择【切片工具】，在创建切片的区域上单击并拖出一个矩形框，如图 11-13 所示。释放鼠标即可创建一个用户切片，如图 11-14 所示。

图 11-13 拖动鼠标

图 11-14 创建用户切片

步骤 02 使用相同的方法创建其他切片，使用【切片选择工具】单击一个切片可将它选择，如图 11-15 所示。

步骤 03 按住【Shift】键单击其他切片，可同时选择切片，选中的切片边框为黄色，如图 11-16 所示。

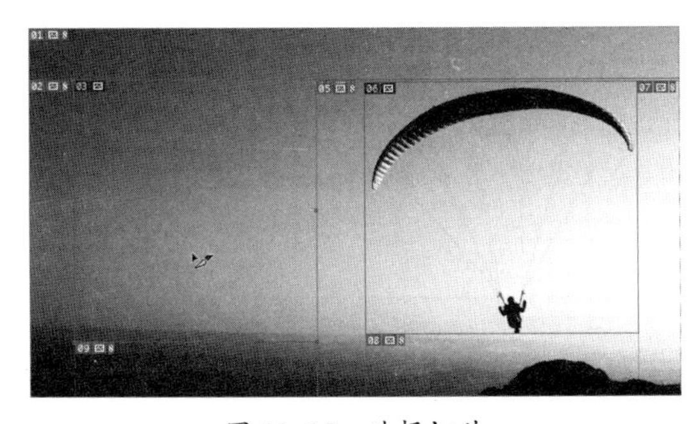

图 11-15 选择切片

图 11-16 加选切片

步骤 04 选择切片后，拖动切片定界框上的控制点可以调整切片大小，如图 11-17 所示。选择切片后，拖动切片可以移动切片，如图 11-18 所示。

图 11-17 调整切片大小

图 11-18 移动切片

11.4 动作应用

在Photoshop中，可以将图像的处理过程通过动作记录下来，以后对其他图像进行相同的处理时，执行该动作便可以自动完成操作。通过动作可以简化重复烦琐的操作，实现文件处理的高效和快捷。

11.4.1 【动作】面板

执行【窗口】→【动作】命令，可以打开【动作】面板（快捷键为【F9】），如图 11-19 所示，相关选项的作用见表 11-8。

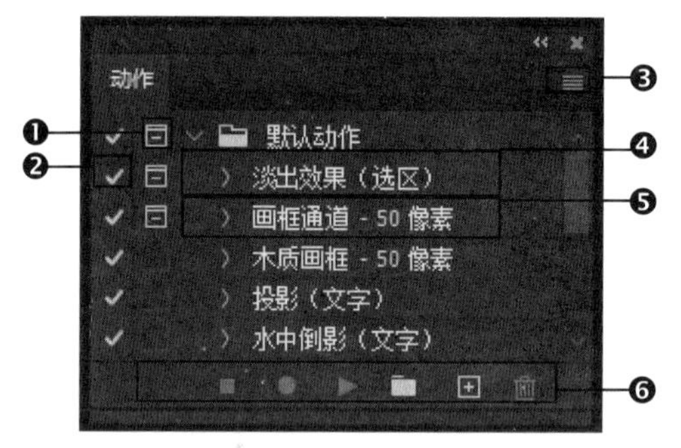

图 11-19 【动作】面板

表 11-8 【动作】面板操作界面中各选项的作用

选项	功能及作用
❶切换对话开/关	设置动作在运行过程中是否显示有参数对话框的命令。若动作左侧显示▣图标，则表示该动作运行时所用命令具有对话框的命令
❷切换项目开/关	设置控制动作或动作中的命令是否被跳过。若某一个命令的左侧显示✓图标，则表示该命令正常执行；若显示■图标，则表示该命令被跳过

续表

选项	功能及作用
❸面板扩展按钮	单击面板扩展按钮，打开隐藏的面板菜单，在该菜单中可以对面板模式进行选择，并提供动作的创建、记录、删除等基本菜单选项，可以对动作进行载入、复位、替换、存储等操作，还可以快捷查找不同类型的动作选项
❹动作组	动作组是一系列动作的集合
❺动作	动作是一系列操作命令的集合
❻快速图标	单击■按钮，可停止播放动作和记录动作；单击●按钮，可录制动作；单击▶按钮，可播放动作；单击□按钮，可创建一个新组；单击⊞按钮，可创建一个新的动作；单击🗑按钮，可删除动作组、动作和命令

11.4.2 播放预设动作

Photoshop 2022 的【动作】面板中提供了多种预设动作，使用这些动作可以快速制作文字效果、边框效果、纹理效果和图像效果等。

11.4.3 创建和记录动作

在 Photoshop 2022 中不仅可以应用预设动作，还可以创建新动作，具体操作方法如下。

步骤 01 打开“素材文件\第 11 章\人物.jpg”，在【动作】面板中单击【创建新动作】按钮⊞，如图 11-20 所示。

步骤 02 弹出【新建动作】对话框，设置参数，单击【记录】按钮，如图 11-21 所示。新建【动作 1】，【开始记录】按钮●变为红色，表示正在录制动作，如图 11-22 所示。

图 11-20 创建新动作

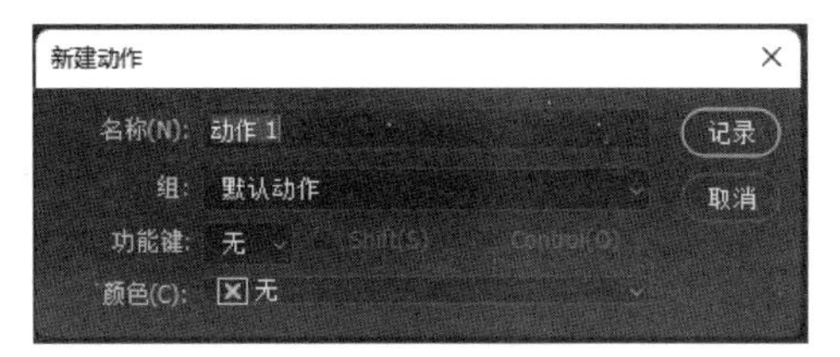

图 11-21 【新建动作】对话框

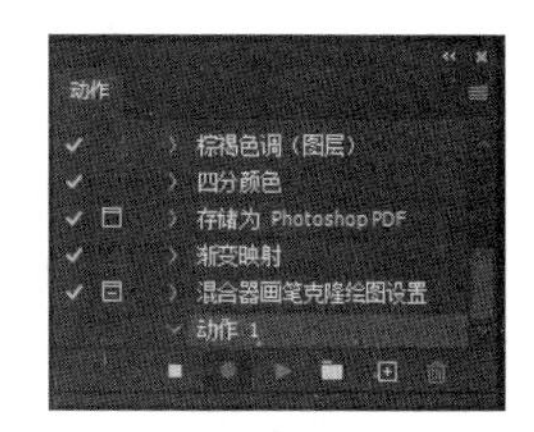

图 11-22 录制动作中

步骤 03 执行【滤镜】→【滤镜库】命令，打开【滤镜库】对话框，选择【画笔描边】→【强化的边缘】选项，单击【确定】按钮，如图 11-23 所示。

步骤 04 存储并关闭图像，在【动作】面板中单击【停止播放/记录】按钮，完成动作的记录，如图 11-24 所示。

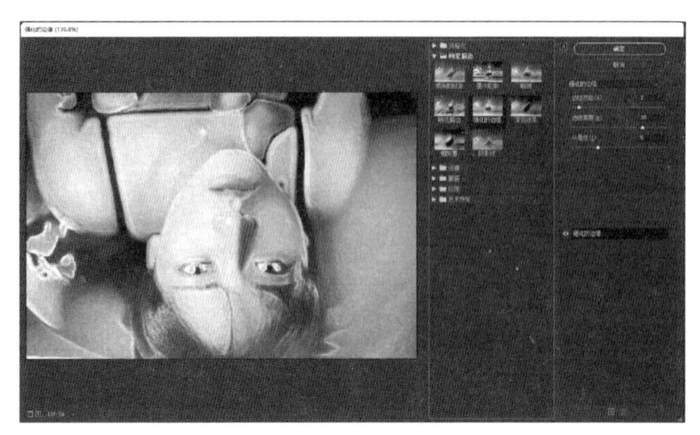

图 11-23　执行滤镜命令

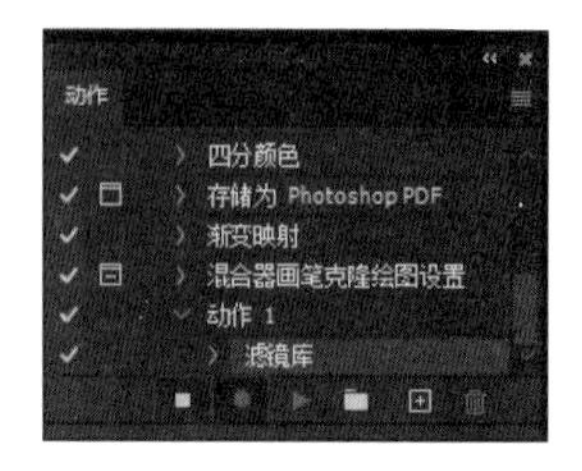

图 11-24　完成录制

11.4.4 重排、复制与删除动作

在【动作】面板中，将动作或命令拖至同一动作或另一动作中的新位置，即可重新排列动作和命令。将动作或命令拖至【动作】面板中的【创建新动作】按钮⊞上，可将其复制。将动作或命令拖至【动作】面板中的【删除】按钮🗑上，可将其删除。选择扩展菜单中的【清除全部动作】命令，可删除所有动作。

课堂范例——打造颜色聚集效果

步骤 01 打开“素材文件\第 11 章\剪影.jpg”文件，如图 11-25 所示。在【动作】面板中，单击右上角的扩展按钮≡，在弹出的菜单中执行【图像效果】命令，在【图像效果】动作组下面选择【色彩汇聚（色彩）】动作，单击【播放选定的动作】按钮▶，如图 11-26 所示。

步骤 02 色彩汇聚图像效果自动应用到素材文件中，效果如图 11-27 所示。

图 11-25　打开素材文件

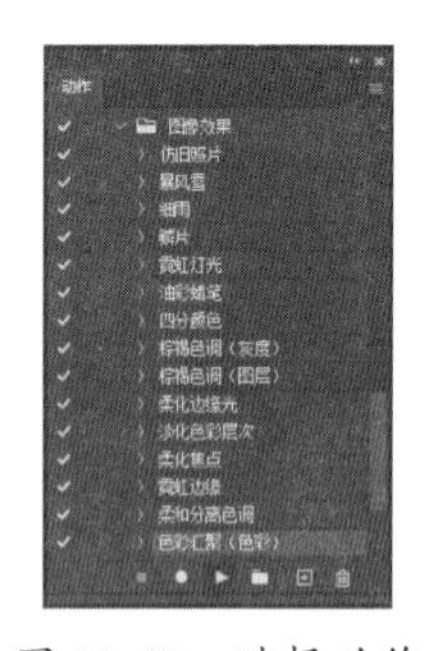

图 11-26　选择动作

图 11-27　最终效果

11.5 自动化应用

自动化应用可自动处理图像，包括批处理图像、裁剪并修齐图像等，这些自动化操作可以提高工作效率，节约操作时间。

11.5.1 批处理图像

执行【文件】→【自动】→【批处理】命令，打开【批处理】对话框，如图 11-28 所示，相关选项的作用见表 11-9。

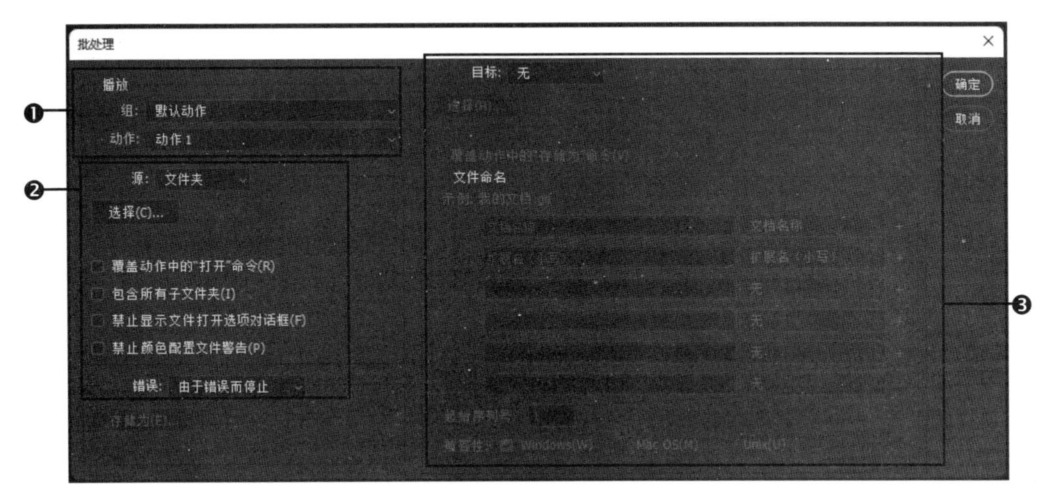

图 11-28 【批处理】对话框

表 11-9 【批处理】操作界面中各选项的作用

选项	功能及作用
❶播放的动作	在进行批处理前，首先要选择应用的动作，分别在【组】和【动作】两个选项的下拉列表中进行选择
❷批处理源文件	在【源】选项组中可以设置文件的来源为【文件夹】【导入】【打开的文件】或是从 Bridge 中浏览的图像文件。如果设置的源图像的位置为文件夹，则可以选择批处理的文件所在文件夹的位置
❸批处理目标文件	【目标】选项的下拉列表中包含【无】【存储并关闭】和【文件夹】3 个选项。选择【无】选项，对处理后的图像文件不做任何操作；选择【存储并关闭】选项，将文件存储在当前位置，并覆盖原来的文件；选择【文件夹】选项，将处理过的文件存储到另一位置。在【文件命名】选项组中可以设置存储文件的名称

技能拓展

执行【文件】→【自动】→【创建快捷批处理】命令，打开【创建快捷批处理】对话框，在该对话框中可以创建快捷批处理。快捷批处理是一个微型应用程序，将图像拖动到该程序上即可自动运行。

11.5.2 裁剪并修齐图像

【裁剪并修齐图像】命令是一项自动化功能，用户可以同时扫描多张图像，然后通过该命令创建单独的图像文件。

课堂范例——自动分割多张扫描图像

步骤 01　打开"素材文件\第 11 章\三联画.jpg"文件，如图 11-29 所示。执行【文件】→【自动】→【裁剪并拉直照片】命令，软件自动进行操作，拆分出 3 个图像文件，如图 11-30 所示。

图 11-29　打开"三联画"图像

图 11-30　自动裁剪图像

步骤 02　执行【窗口】→【排列】→【三联水平】命令，如图 11-31 所示。通过前面的操作，展示裁切出的单独图像文件，效果如图 11-32 所示。

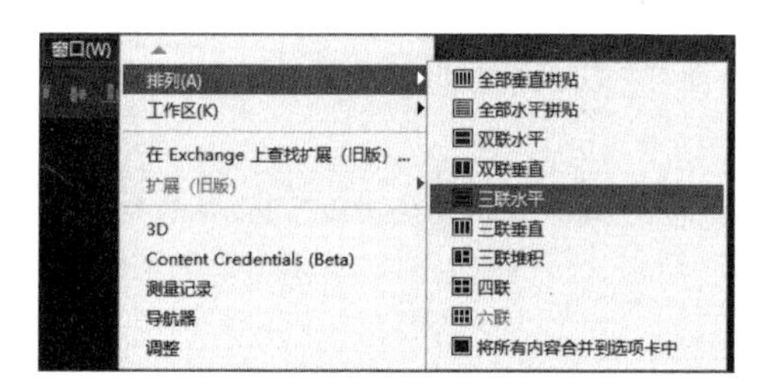

图 11-31　选择排列方式

图 11-32　三联水平排列效果

课堂问答

通过本章的讲解，大家对图像输出与处理自动化有了一定的了解，下面列出一些常见的问题供学习参考。

问题 1：如何指定动作播放速度？

答：在播放动作前，用户还可以设置动作的回放性能，具体操作方法如下。

步骤 01　在【动作】面板中，单击右上角的扩展按钮，在弹出的菜单中执行【回放选项】命令，如图 11-33 所示。

步骤 02　在打开的【回放选项】对话框中可以设置动作的回放选项，包括【加速】【逐步】和【暂停】3 个选项，如图 11-34 所示，相关选项的作用见表 11-10。

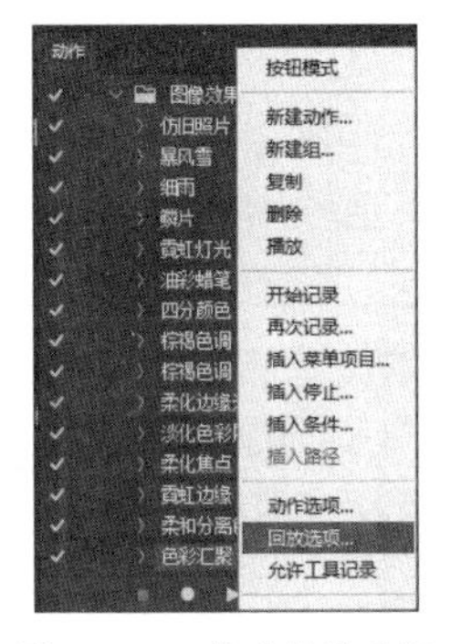

图 11-33 【动作】面板

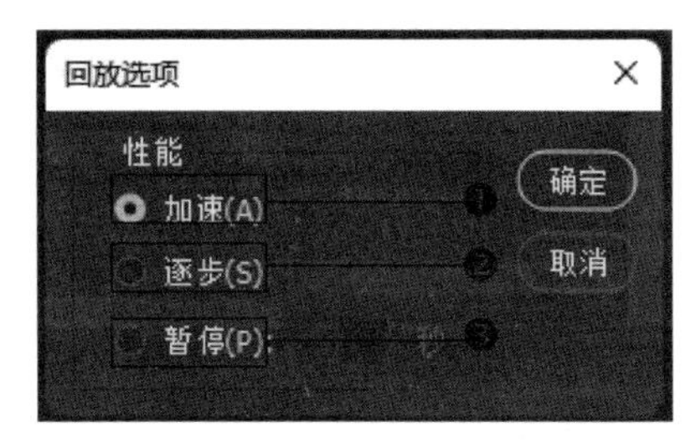

图 11-34 【回放选项】对话框

表 11-10 【回放选项】操作界面中各选项的作用

选项	功能及作用
❶加速	正常播放速度
❷逐步	显示每个命令的处理结果，然后再转入下一个命令，速度较慢
❸暂停	可指定播放动作时各个命令的间隔时间

问题 2：如何在动作中插入菜单命令？

答：在记录动作的过程中，无法对【绘画工具】【调色工具】【视图】和【窗口】菜单下的命令进行记录，可以使用【动作】面板扩展菜单中的【插入菜单项目】命令，将这些不能记录的操作插入动作中，具体操作方法如下。

步骤 01 在动作执行过程中，单击右上角的扩展按钮，在弹出的菜单中执行【插入菜单项目】命令，如图 11-35 所示。

步骤 02 在打开的【插入菜单项目】对话框中单击【确定】按钮，选择【铅笔工具】，该操作会记录到动作中，如图 11-36 所示。

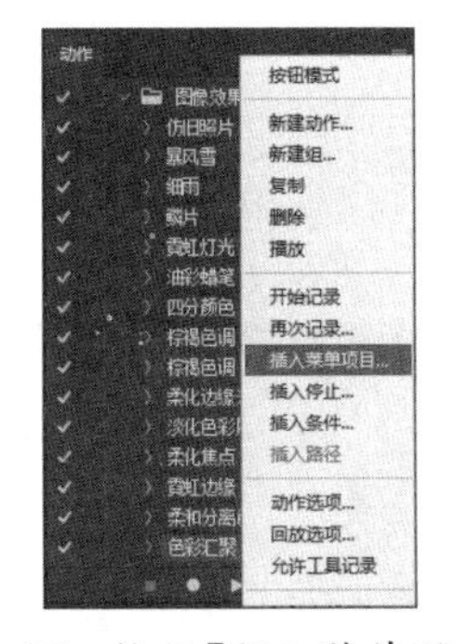

图 11-35 执行【插入菜单项目】命令

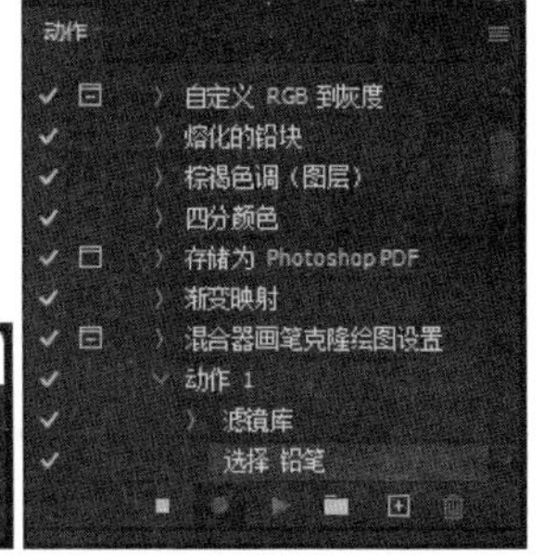

图 11-36 【插入菜单项目】对话框和【动作】面板

问题 3：什么是网页安全色？

答：颜色是网页设计的重要内容，但计算机屏幕上看到的颜色不一定都能在其他设备上以同样的效果显示。为了使网页图像的颜色能够在所有的显示器上看起来一模一样，在制作网页时，就需要使用Web安全颜色。

在【颜色】面板或【拾色器（前景色）】对话框中调整颜色时，如果出现警告图标，可单击该图标，如图11-37所示；将当前颜色替换为与其最为接近的Web安全颜色，如图11-38所示。

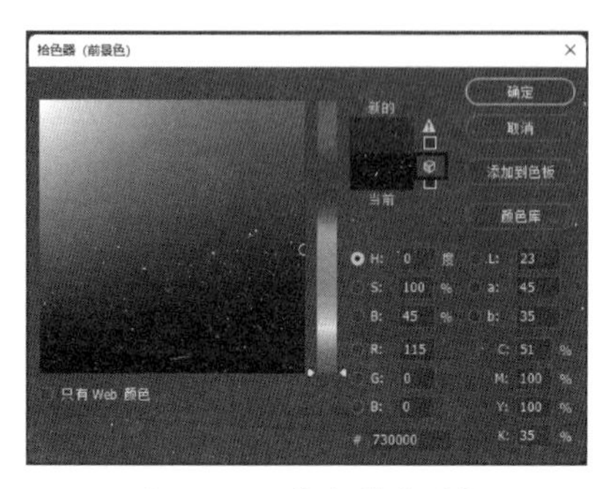

图 11-37　单击警告图标

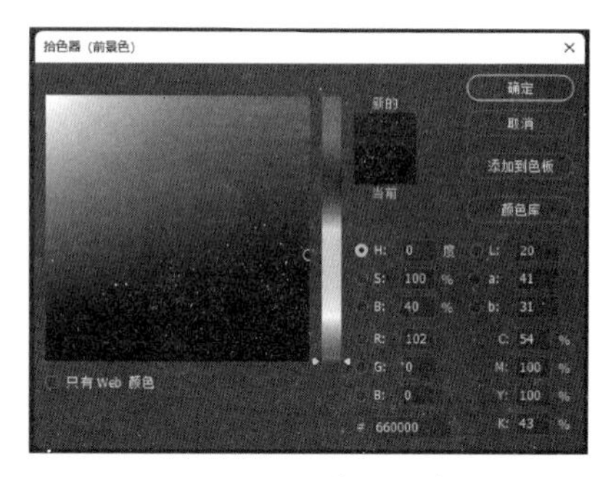

图 11-38　替换颜色

在设置颜色时，可以执行【颜色】面板扩展菜单中的【Web颜色滑块】命令，如图11-39所示；在【拾色器（前景色）】对话框中选中【只有Web颜色】复选框，如图11-40所示。

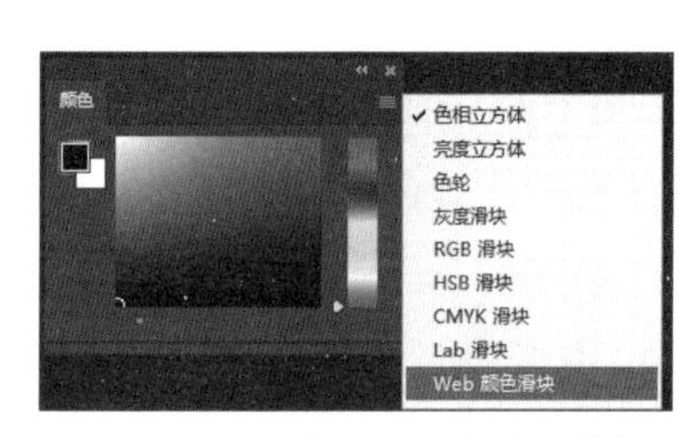

图 11-39　执行【Web颜色滑块】命令

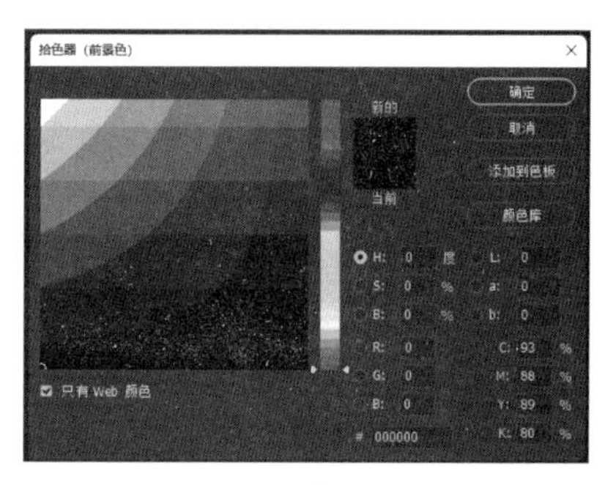

图 11-40　选中【只有Web颜色】复选框

上机实战——利用动作快速制作照片相框

为了帮助读者巩固本章知识点，下面讲解一个技能综合案例。

效果展示

思路分析

为了节约时间，可以将常用操作（如修改尺寸、添加文字、调整色彩等）录制为动作，直接对其他图像播放动作即可，具体操作方法如下。

本例首先新建动作，然后将录制的动作应用于其他图像中。

制作步骤

步骤 01 打开“素材文件\第 11 章\度假.jpg”文件，如图 11-41 所示。

步骤 02 在【动作】面板中，单击【创建新动作】按钮，在【新建动作】对话框中，设置【名称】为添加照片卡角；单击【记录】按钮，如图 11-42 所示。

步骤 03 执行【滤镜】→【杂色】→【减少杂色】命令，如图 11-43 所示。

图 11-41　打开度假图像

图 11-42　【新建动作】对话框

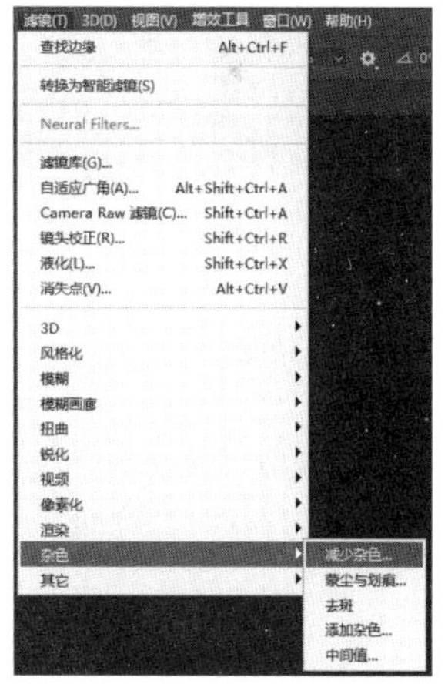

图 11-43　选择滤镜

步骤 04 在【减少杂色】对话框中，设置【强度】为 6，【保留细节】为 60%，【减少杂色】为 45%，【锐化细节】为 25%，单击【确定】按钮，如图 11-44 所示。

步骤 05 在【动作】面板中，选择【动作】→【默认动作】→【木质画框 -50 像素】命令，单击【播放选定的动作】按钮，如图 11-45 所示。在【动作】面板中，自动记录当前的【木质画框 -50 像素】操作步骤。

步骤 06 在【动作】面板中，单击【停止播放/记录】按钮，停止录制动作，如图 11-46 所示。

图 11-44 设置参数

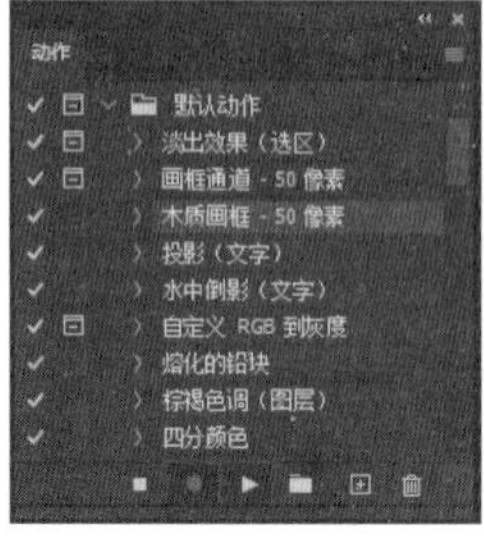

图 11-45 播放动作

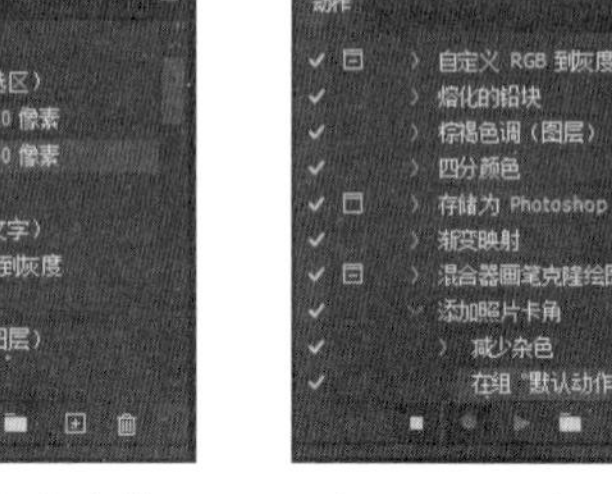

图 11-46 停止录制

步骤 07 打开“素材文件\第 11 章\向日葵.jpg”文件，在【动作】面板中，选择【动作】→【默认动作】→【添加照片卡角】命令，单击【播放选定的动作】按钮▶，如图 11-47 所示。

步骤 08 得到最终效果，如图 11-48 所示。

图 11-47 播放选定的动作

图 11-48 最终效果

同步训练——批处理霓虹边缘图像效果

为了增强读者的动手能力，下面安排一个同步训练案例。

图解流程

思路分析

如果有大量图像需要进行相同的操作，使用【批处理】命令可以简化工作，让耗时耗力的重复工作变得轻松，让用户有更多的时间去思考创意的设计，下面讲解批处理图像的具体操作方法。

本例首先在【动作】面板中载入【图像效果】动作组，然后在【批处理】对话框中设置动作、源文件夹和目标文件夹，确认操作后，系统自动完成效果。

关键步骤

步骤 01 按【F9】键打开【动作】面板，单击右上角的扩展按钮，在弹出的菜单中执行【图像效果】命令，载入图像效果动作组，如图 11-49 所示。

步骤 02 执行【文件】→【自动】→【批处理】命令，打开【批处理】对话框，在【组】列表框中选择【图像效果】动作组，在【动作】列表框中选择【霓虹边缘】动作，如图 11-50 所示。

步骤 03 在【源】下拉列表中选择【文件夹】选项。单击【选择】按钮，如图 11-51 所示，打开【选取批处理文件夹】对话框，选择第 11 章素材文件中的【批处理】文件夹，单击【选择文件夹】按钮。

图 11-49　选择命令

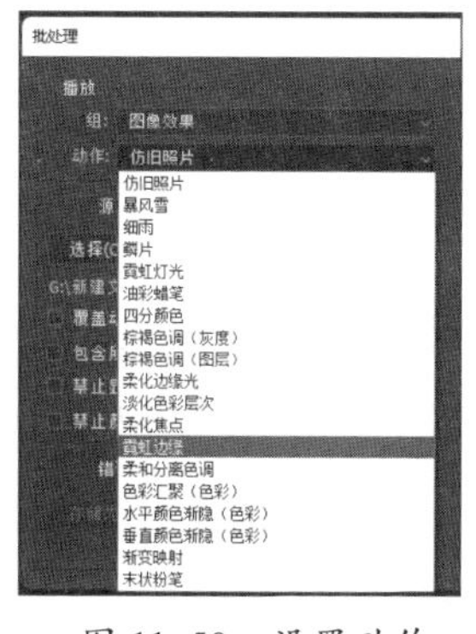

图 11-50　设置动作

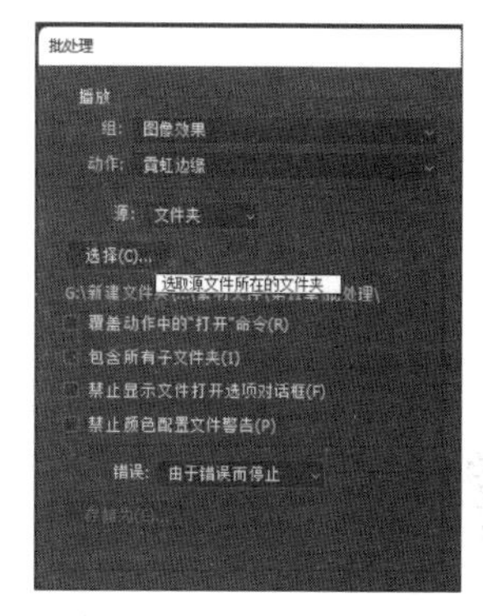

图 11-51　选择文件夹

步骤 04 在【目标】列表框中选择【文件夹】选项，单击【选择】按钮，打开【选取目标文件夹】对话框，选择第 11 章结果文件中的【批处理】文件夹，单击【选择文件夹】按钮，返回【批处理】对话框，设置好参数后，单击【确定】按钮，如图 11-52 所示。

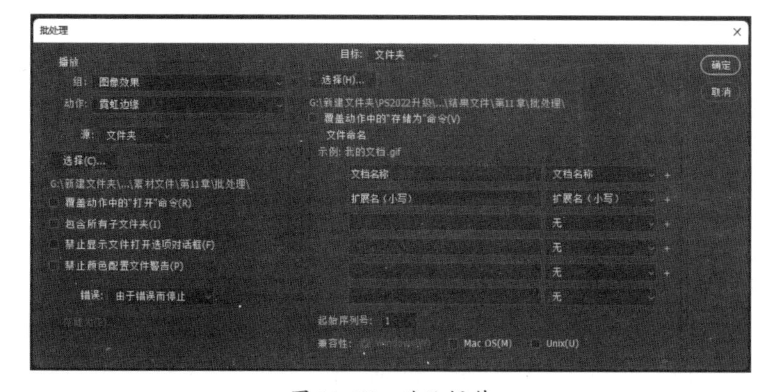

图 11-52　确认操作

步骤 05 处理完“旅行.jpg”文件后，将弹出【存储为】对话框，单击【存储副本】按钮，如图 11-53 所示。

步骤 06 用户可以重新选择存储位置、存储格式并重命名，单击【保存】按钮，如图 11-54 所示。

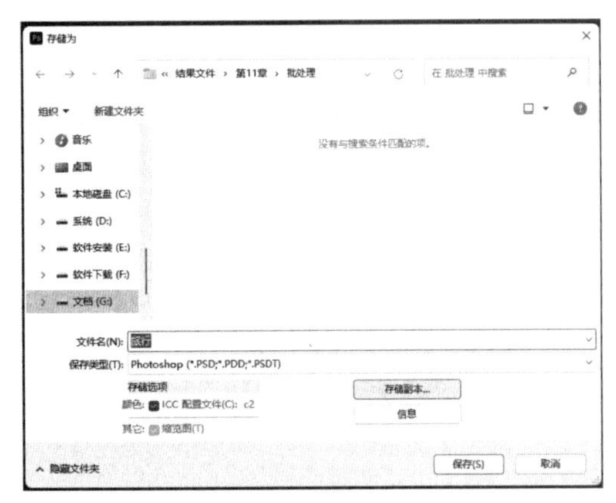

图 11-53 【存储为】对话框

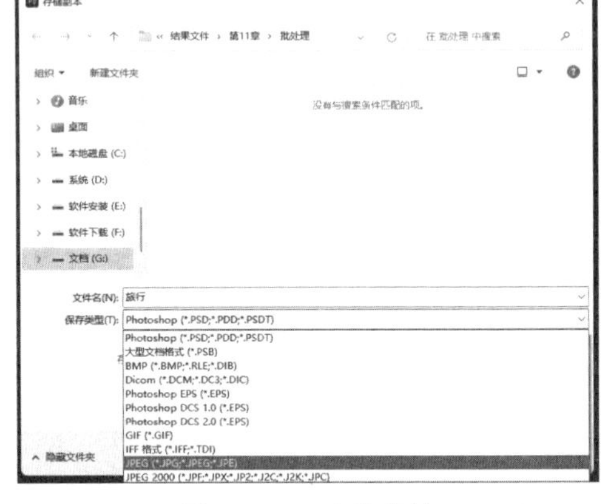

图 11-54 确认存储

步骤 07 Photoshop 2022 将继续自动处理图像，处理前效果如图 11-55 所示，处理后效果如图 11-56 所示。

图 11-55 处理前效果

图 11-56 处理后效果

知识能力测试

本章讲解了图像输出与处理自动化，为对知识进行巩固和考核，请读者完成以下练习题。

一、填空题

1. 如果需要修改动作组或动作的名称，可以将它选择，然后选择扩展菜单中的______命令。

2. 在【动作】面板中，单击右上角的扩展按钮，在打开的快捷菜单中执行【回放选项】命令，在打开的【回放选项】对话框中可以设置动作的回放选项，包括______、______和______3 个选项。

3. Photoshop 2022 的【动作】面板中提供了多种预设动作，使用这些动作可以快速地制作

__________、__________、__________和__________等。

二、选择题

1. 当切片重叠时，可单击（　　）中的按钮，改变切片的堆叠顺序，以便能够选择到底层的切片。

A. 调整切片堆叠顺序　B. 设置切片选项　C. 对齐与分布切片　D. 提升

2. 如果要使用当前的打印选项打印一份文件，可执行【文件】→【打印一份】命令或按（　　）组合键来操作，该命令无对话框。

A.【Alt+F9】　B.【Alt+Shift+Ctrl+P】　C.【Alt+F2】　D.【Alt+F2】

3. 执行【图像】→【陷印】命令，打开【陷印】对话框，【宽度】代表了印刷时颜色向外扩张的距离。该命令仅用于（　　）模式的图像。

A. 索引模式　B. 灰度模式　C. RGB 模式　D. CMYK 模式

三、简答题

1. 基于图层的切片和用户切片有什么区别？如何将普通切片转换为用户切片？

2. 简述Photoshop中将图像处理的过程通过动作记录下来的意义。

Photoshop 2022

第12章 商业案例实训

Photoshop 2022 广泛应用于商业设计制作中，包括数码后期设计、商品包装设计、图像特效和界面设计等。本章主要通过几个实例的讲解，帮助读者加深对软件知识与操作技巧的理解，并熟练应用于商业案例中。

学习目标

- 掌握图像的色阶调整方法
- 熟悉烟花特效制作方法
- 熟悉宣传单制作方法
- 熟悉包装盒设计制作方法

12.1 实训一：恢复婚纱层次感

效果展示

思路分析

如果素材图片曝光过度，图像没有强烈的对比色调，整体层次感就会不明显，缺少细节，通过后期处理可以重塑这种层次感。

本实例首先打开素材文件，然后调整照片色阶，再选择婚纱并复制为新的图层，通过调整色阶校正婚纱的曝光效果，接着通过【阴影/高光】调整婚纱细节，最后通过曲线加强效果，使用蒙版将人物皮肤和头发涂抹出来，得到最终效果。

制作步骤

步骤 01 打开“素材文件\第 12 章\婚纱.jpg”，如图 12-1 所示。

步骤 02 按【Ctrl+J】组合键复制【背景】图层为【图层 1】，如图 12-2 所示。

步骤 03 按【Ctrl+L】组合键弹出【色阶】对话框，在对话框中设置白阶为 50，单击【确定】按钮，如图 12-3 所示。

图 12-1 原图

图 12-2 复制图层

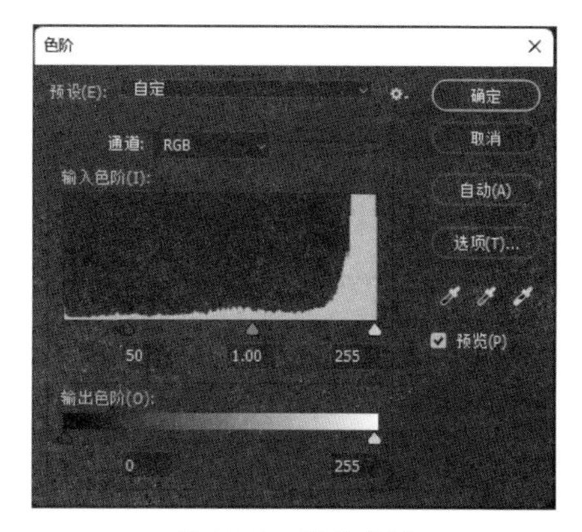

图 12-3 调整色阶

步骤 04 在工具箱中选择【快速选择工具】，拖动鼠标选中婚纱，如图 12-4 所示。

步骤 05 按【Ctrl+J】组合键复制【图层 1】图层为【图层 2】，如图 12-5 所示。

步骤 06 按【Ctrl+L】组合键弹出【色阶】对话框，在对话框中设置白阶为 109，单击【确定】按钮，如图 12-6 所示。

图 12-4 选择婚纱

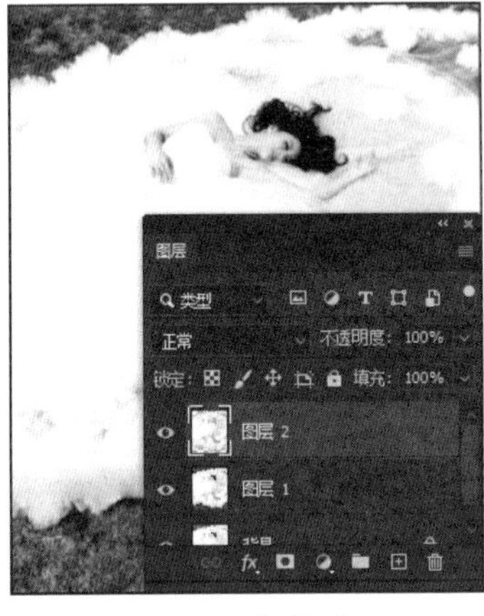

图 12-5 复制图层

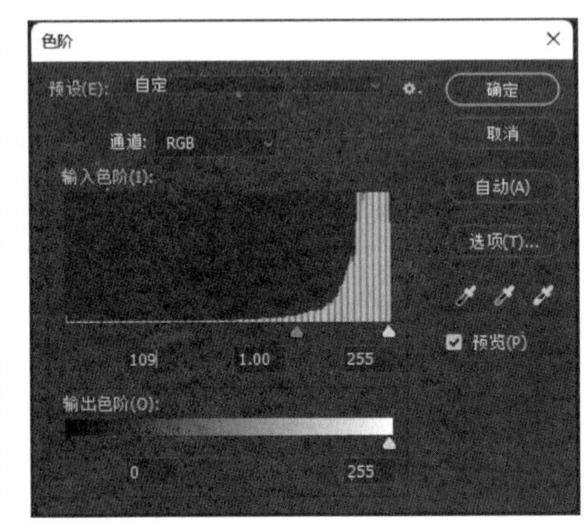

图 12-6 调整色阶

步骤 07 执行【图像】→【调整】→【阴影/高光】命令，打开【阴影/高光】对话框，设置阴影的数量为 35%，高光的数量为 30%，单击【确定】按钮，如图 12-7 所示。

步骤 08 按【Ctrl+M】组合键打开【曲线】对话框，设置【输出】值为 101，【输入】值为 130，单击【确定】按钮，如图 12-8 所示。

步骤 09 选中【图层 2】，单击【图层】面板下方的【添加图层蒙版】按钮，添加图层蒙版，如图 12-9 所示。

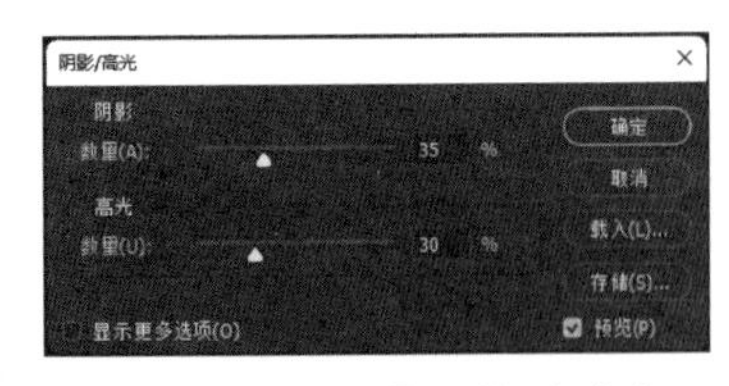

图 12-7 设置【阴影/高光】

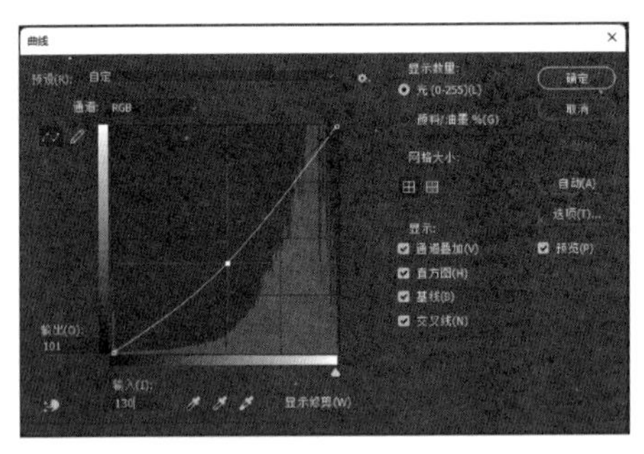

图 12-8 设置曲线

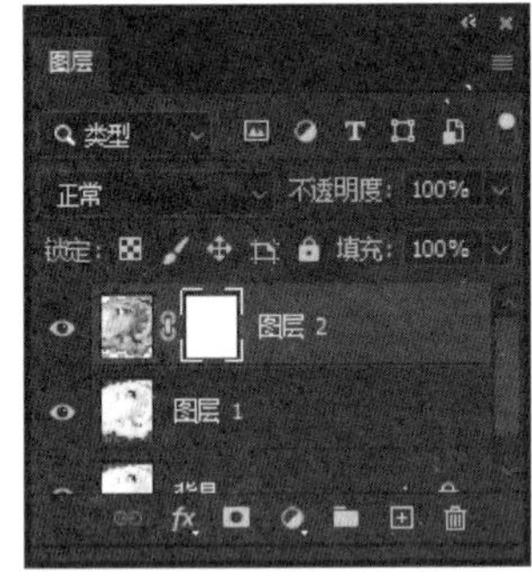

图 12-9 添加图层蒙版

步骤 10 选择【画笔工具】，设置画笔颜色为黑色，大小为 30，不透明度为 30%，在人物皮肤处进行涂抹，如图 12-10 所示。

步骤 11 继续将人物的头发涂抹出来，最终效果如图 12-11 所示。

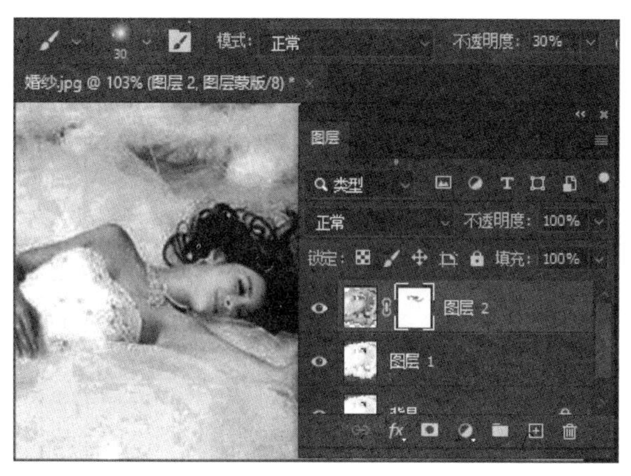

图 12-10 设置画笔效果

图 12-11 最终效果

12.2 实训二：烟花特效制作

效果展示

思路分析

烟花的特点是五颜六色，非常炫目。它能够带给人愉悦的心理感受，在Photoshop 2022中可以制作出逼真的烟花效果。

本例首先使用滤镜命令制作特殊效果；接下来使用图层蒙版结合羽化工具得到烟花的点状效果，使用图像旋转命令得到烟花效果，最后添加素材文件，得到最终效果。

制作步骤

步骤01 打开“素材文件\第15章\闪电.jpg”文件，如图12-12所示。

步骤02 执行【滤镜】→【扭曲】→【极坐标】命令，选择【平面坐标到极坐标】选项，单击【确定】按钮，如图12-13所示。

步骤03 执行【滤镜】→【模糊】→【高斯模糊】命令，设置【半径】为20像素，单击【确定】

按钮，如图 12-14 所示。

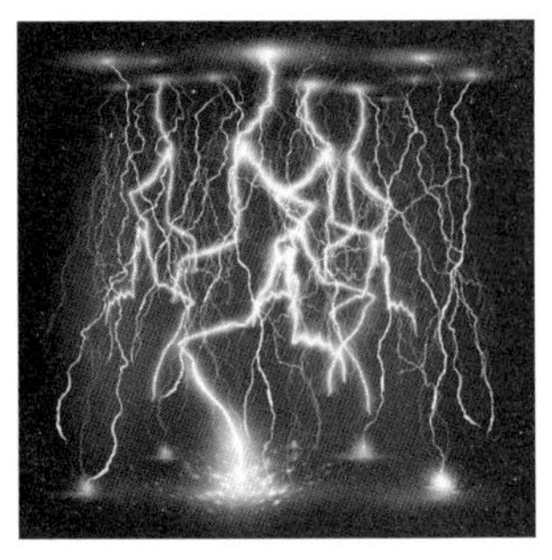
图 12-12　打开素材文件

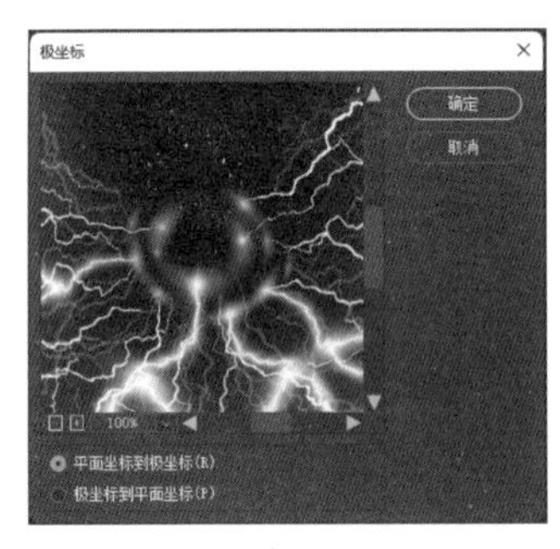

图 12-13　设置【极坐标】

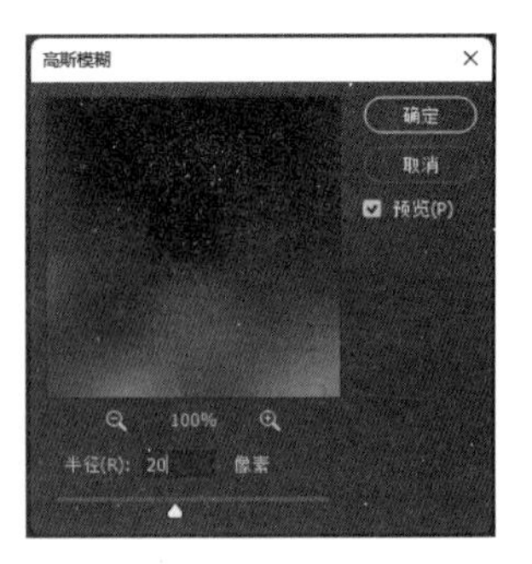

图 12-14　设置【高斯模糊】

步骤 04　执行【滤镜】→【像素化】→【点状化】命令，设置【单元格大小】为 28 像素，单击【确定】按钮，如图 12-15 所示。

步骤 05　按【Ctrl+I】组合键反相图像，如图 12-16 所示。

步骤 06　执行【滤镜】→【风格化】→【查找边缘】命令，图像效果如图 12-17 所示。

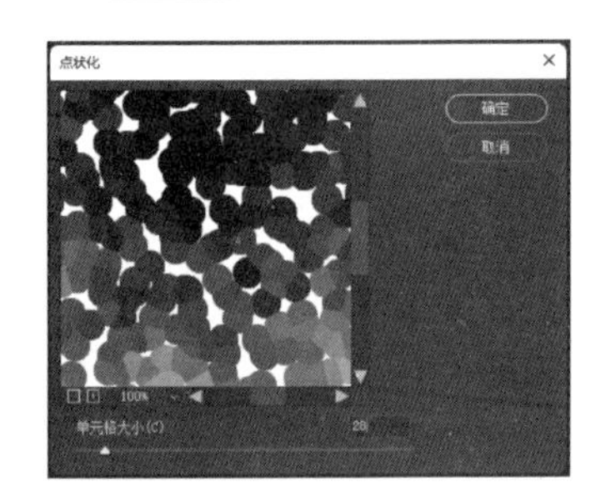

图 12-15　设置【点状化】

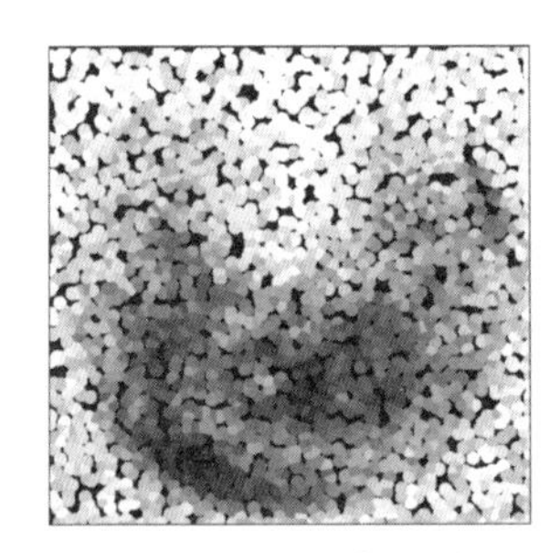
图 12-16　反相图像

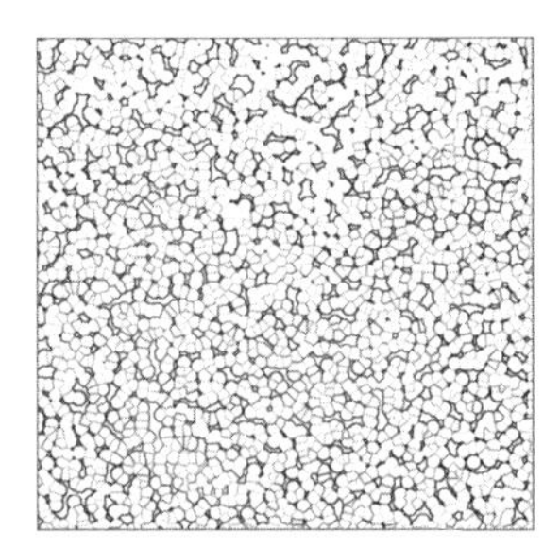
图 12-17　设置【查找边缘】

步骤 07　再次按【Ctrl+I】组合键反相图像，如图 12-18 所示。

步骤 08　设置前景色为白色，背景色为黑色。执行【滤镜】→【像素化】→【点状化】命令，设置【单元格大小】为 10，单击【确定】按钮，如图 12-19 所示。

步骤 09　执行【图层】→【新建填充图层】→【纯色】命令，新建一个黑色填充图层，如图 12-20 所示。

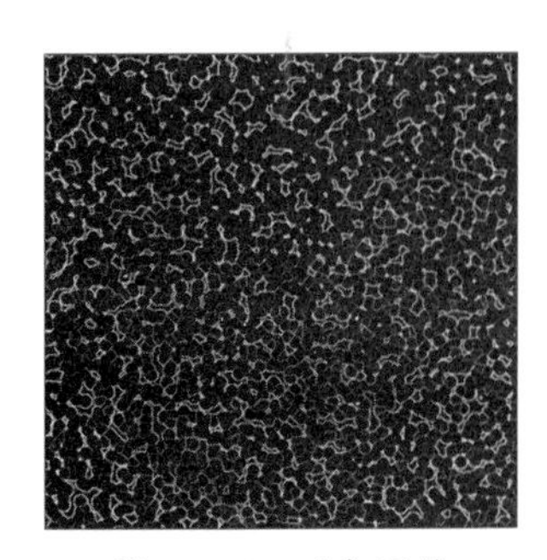
图 12-18　反相图像

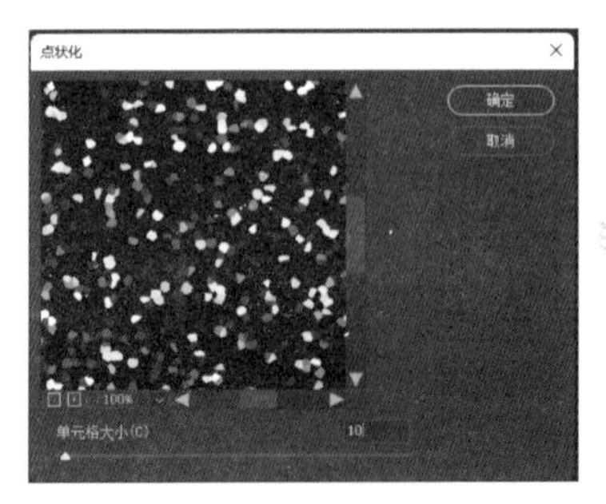

图 12-19　设置【点状化】

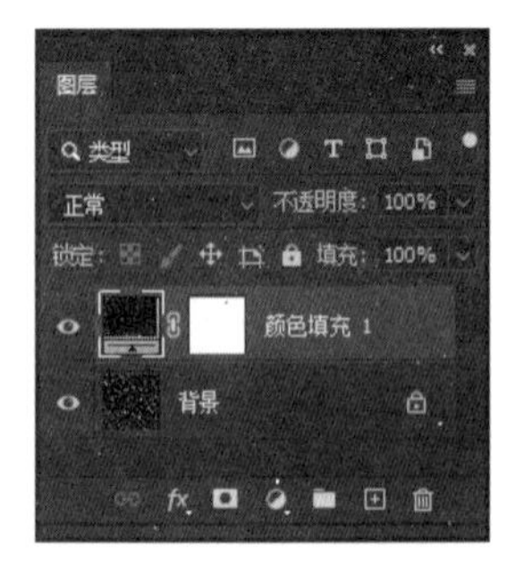

图 12-20　新建图层

步骤 10　使用【椭圆选框工具】创建选区，如图 12-21 所示。

步骤 11 按【Shift+F6】组合键，执行【羽化选区】命令，设置【羽化半径】为 80 像素，单击【确定】按钮，如图 12-22 所示。

步骤 12 单击选中蒙版缩览图，将选区填充为黑色，修改蒙版，效果如图 12-23 所示。

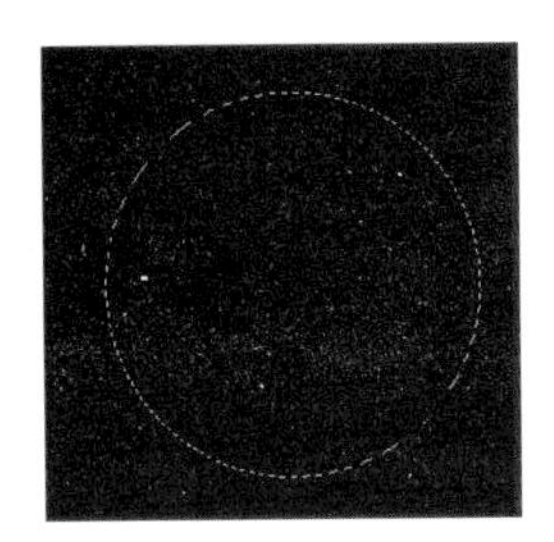

图 12-21 创建选区

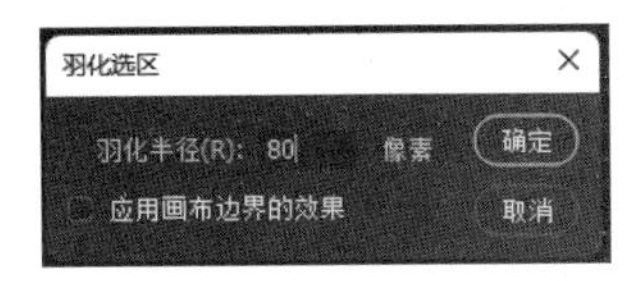

图 12-22 设置【羽化选区】

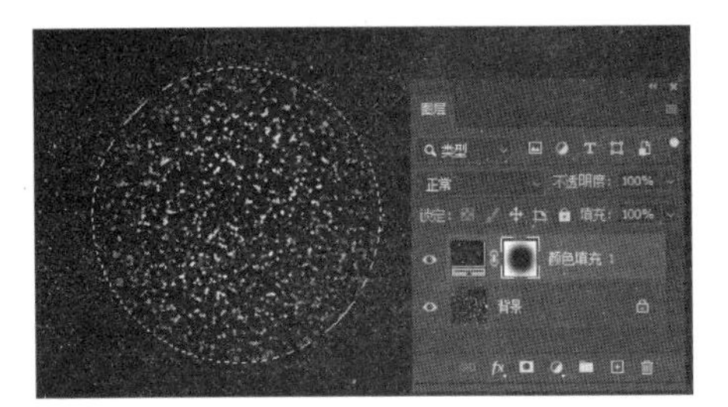

图 12-23 设置蒙版填充

步骤 13 按【Alt+Shift+Ctrl+E】组合键，盖印生成【图层 1】，更改图层混合模式为【正片叠底】，如图 12-24 所示。

步骤 14 按【Ctrl+J】组合键复制图层，如图 12-25 所示。

步骤 15 按【Alt+Shift+Ctrl+E】组合键，盖印生成【图层 3】，如图 12-26 所示。

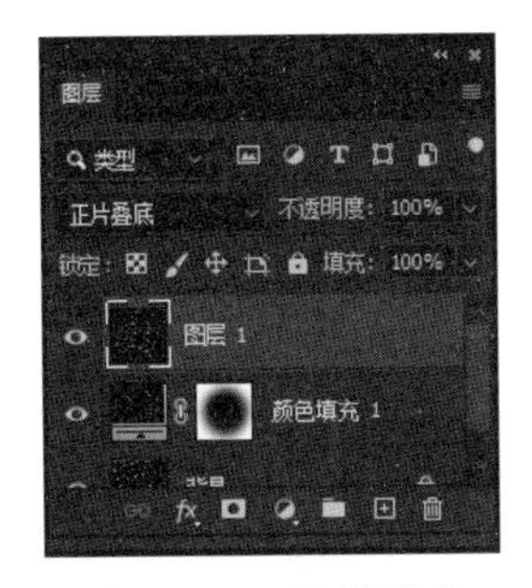

图 12-24 设置图层

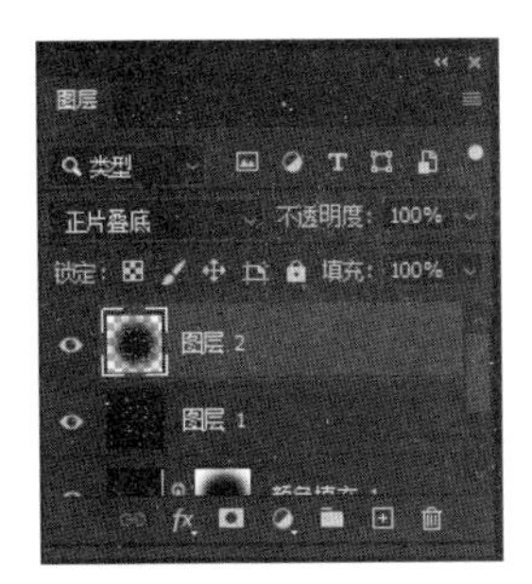

图 12-25 复制图层

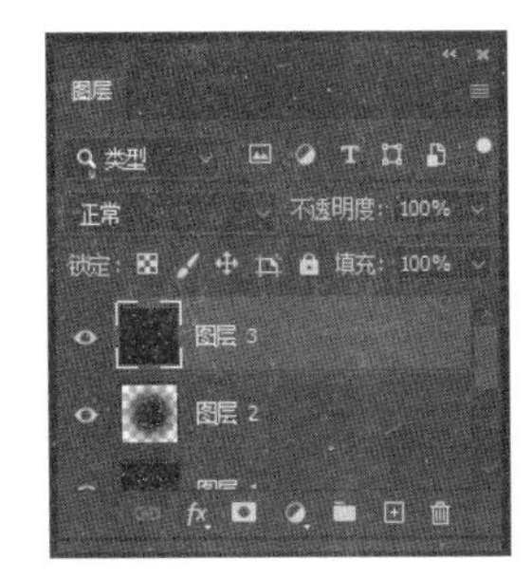

图 12-26 盖印图层

步骤 16 执行【滤镜】→【扭曲】→【极坐标】命令，选择【极坐标到平面坐标】命令，单击【确定】按钮，如图 12-27 所示。

步骤 17 执行【图像】→【图像旋转】→【顺时针 90 度】命令，旋转图像，如图 12-28 所示。

步骤 18 执行【滤镜】→【风格化】→【风】命令，设置【方法】为【风】，【方向】为【从左】，单击【确定】按钮，如图 12-29 所示。

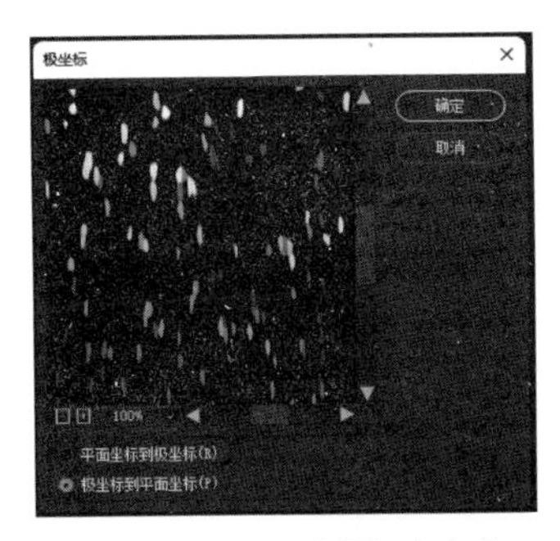

图 12-27 设置【极坐标】

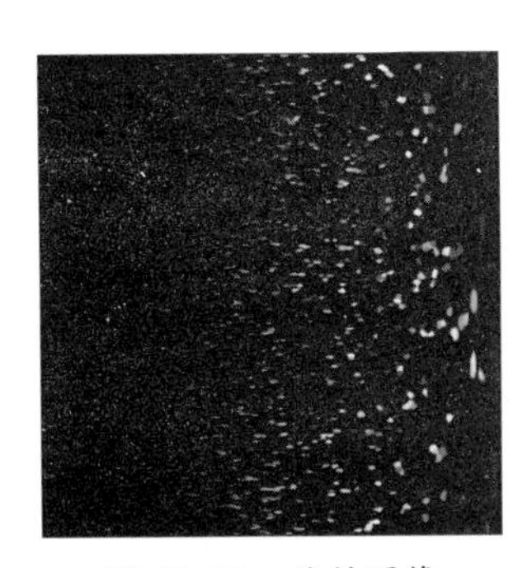

图 12-28 旋转图像

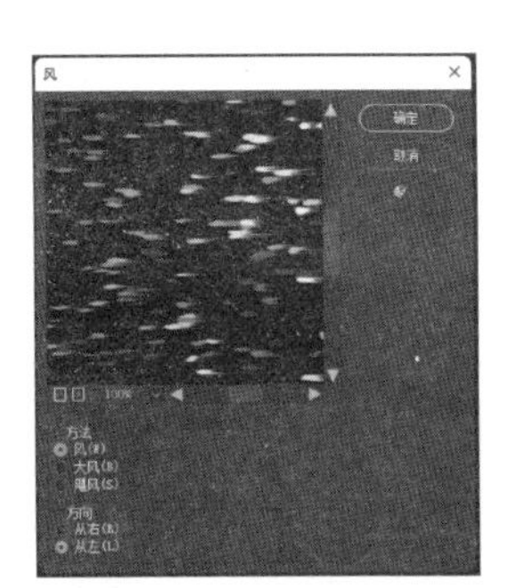

图 12-29 设置【风】

步骤 19 按【Alt+Ctrl+F】组合键，重复执行一次滤镜命令，效果如图 12-30 所示。

步骤 20 再次按【Alt+Ctrl+F】组合键，重复执行一次滤镜命令，效果如图 12-31 所示。

步骤 21 执行【图像】→【图像旋转】→【逆时针 90 度】命令，旋转图像，如图 12-32 所示。

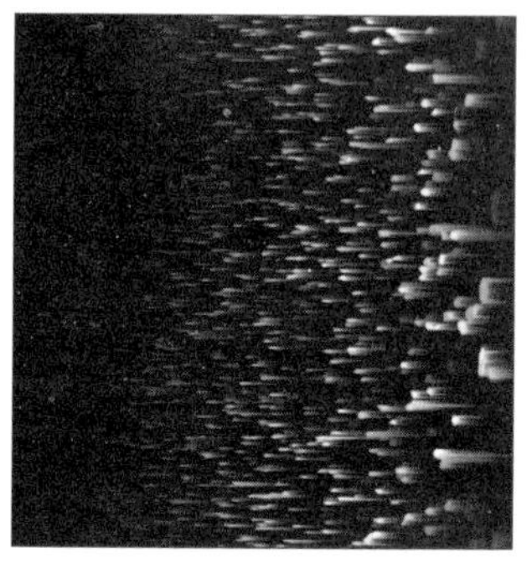

图 12-30　重复滤镜

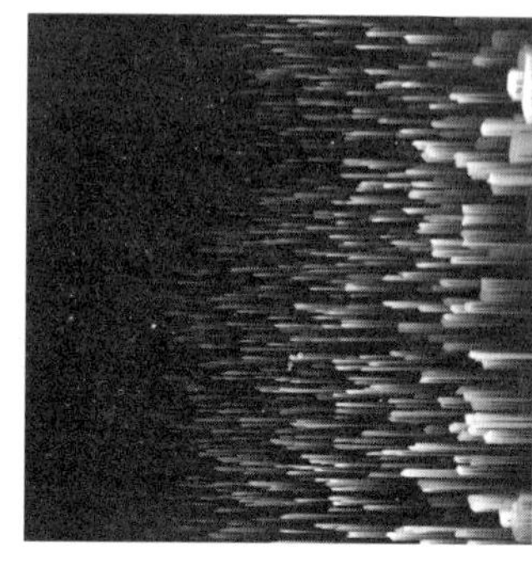

图 12-31　重复滤镜

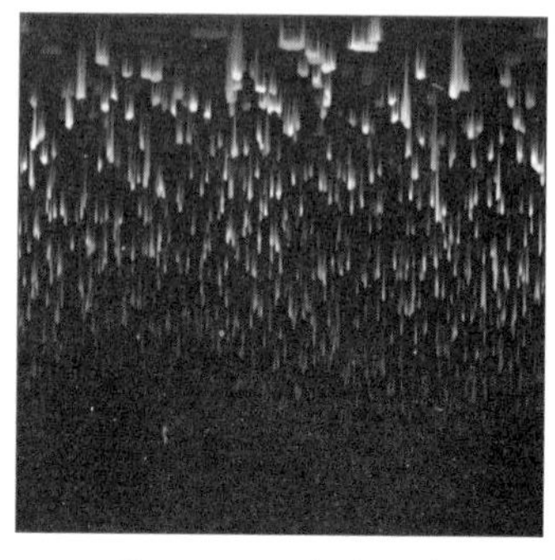

图 12-32　旋转图像

步骤 22 执行【滤镜】→【扭曲】→【极坐标】命令，选择【平面坐标到极坐标】选项，单击【确定】按钮，如图 12-33 所示。

步骤 23 打开“素材文件\第 15 章\星空.jpg”文件，如图 12-34 所示。

图 12-33　设置【极坐标】

图 12-34　打开素材文件

步骤 24 将前面制作的烟花拖动到当前文件中，更改图层混合模式为【浅色】，如图 12-35 所示。

步骤 25 调整烟花大小，图像最终效果如图 12-36 所示。

图 12-35　移动图层顺序并更改混合模式

图 12-36　最终效果

12.3 实训三：宣传单设计

效果展示

思路分析

宣传单广泛应用于各行各业中，包括饭店宣传单、开业促销单、招生宣传单等，本例制作夏季饮品宣传单，整体设计以青色为主色调，给人清爽、凉快的感觉。

本例首先制作海报背景图像，接下来添加装饰元素丰富画面，最后添加文字表达主题，得到最终效果。

制作步骤

步骤 01 按【Ctrl+N】组合键，执行【文件】→【新建】命令，设置【宽度】为 2480 像素，【高度】为 3508 像素，【分辨率】为 300 像素/英寸，单击【创建】按钮，如图 12-37 所示。

步骤 02 设置前景色为青色#a5d8db。新建图层，按【Alt+Delete】组合键填充前景色，如图 12-38 所示。

图 12-37 【新建】对话框

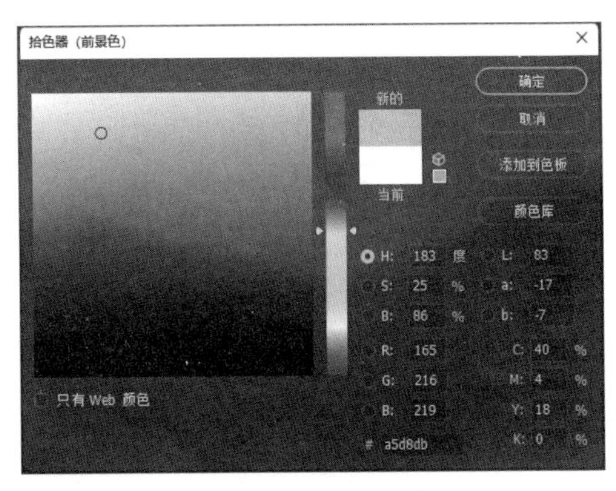

图 12-38 设置背景色

步骤 03　置入“素材文件\第 12 章\冰块.png”文件，如图 12-39 所示。

步骤 04　置入“素材文件\第 12 章\奶茶.png”文件，如图 12-40 所示。

步骤 05　置入“素材文件\第 12 章\柠檬.png”文件，如图 12-41 所示。

图 12-39　添加素材文件

图 12-40　添加素材文件

图 12-41　添加素材文件

步骤 06　按【Ctrl+T】组合键执行自由变换命令，缩小图像，将其放在适当位置。将【奶茶】图层放在【冰块】图层下方，将【柠檬】图层放在【奶茶】图层下方，如图 12-42 所示。

步骤 07　选择【柠檬】图层，按【Ctrl+J】组合键复制 2 个拷贝图层，拖动柠檬图像的位置，如图 12-43 所示。

步骤 08　选择左上角的柠檬图像，按【Ctrl+U】组合键打开【色相/饱和度】对话框，设置色相+43，饱和度-40，明度-3，单击【确定】按钮，修改柠檬颜色，如图 12-44 所示。

图 12-42　移动图层

图 12-43　复制图层

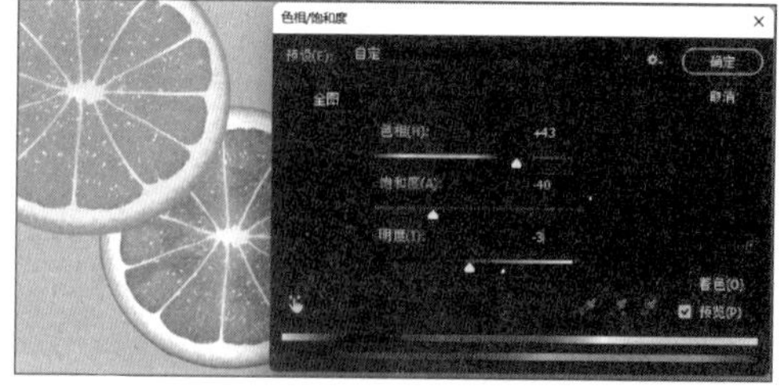

图 12-44　设置【色相/饱和度】

步骤 09　使用【直排文字工具】输入白色文字，设置字体为【华文琥珀】，如图 12-45 所示。

步骤 10　使用【矩形选框工具】在文字上创建选区，新建图层，为选区填充黄色，如

图 12-46 所示。

步骤 11 右击，选择【创建剪切蒙版】命令，创建剪切蒙版，使填充的黄色只作用于文字上，如图 12-47 所示。

图 12-45 输入文字

图 12-46 创建选区

图 12-47 创建剪切蒙版

步骤 12 使用【直排文字工具】输入白色文字，字体设置为【华文琥珀】，使用【矩形工具】绘制矩形，在选项栏中设置填充为【无】，描边为白色，粗细为 3 像素，如图 12-48 所示。

步骤 13 使用【横排文字工具】输入白色文字，设置字体为【华文琥珀】，并旋转字体，如图 12-49 所示。

步骤 14 选择【钢笔工具】，在选项栏设置绘图模式为形状，填充设置为黄色，在文字下方绘制形状，如图 12-50 所示。

图 12-48 绘制矩形

图 12-49 输入文字

图 12-50 绘制形状

步骤 15 选择【冰块】图层，单击【图层】面板底部的◘按钮，添加图层蒙版，如图 12-51 所示。

步骤 16 使用黑色柔角画笔，并降低画笔不透明度，在图像上涂抹，使其与下方图像融合，如图 12-52 所示。

步骤 17 使用【椭圆工具】绘制白色圆形，如图 12-53 所示。

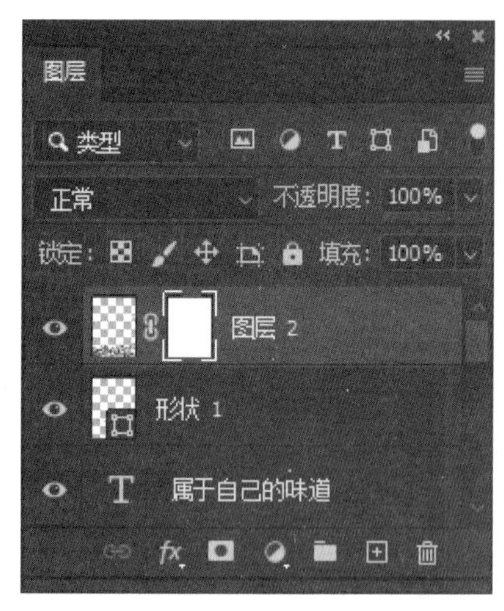

图 12-51 添加图层蒙版

图 12-52 涂抹图层蒙版

图 12-53 绘制圆形

步骤 18 按【Ctrl+J】组合键复制圆形。按【Ctrl+T】组合键执行自由变换命令，按住【Alt】键以当前中心点为基准等比例缩小形状，如图 12-54 所示。

步骤 19 选择【椭圆工具】，在选项栏中设置【填充】为无，描边为蓝色，大小为 3 像素，描边样式为虚线，如图 12-55 所示。

图 12-54 调整圆形

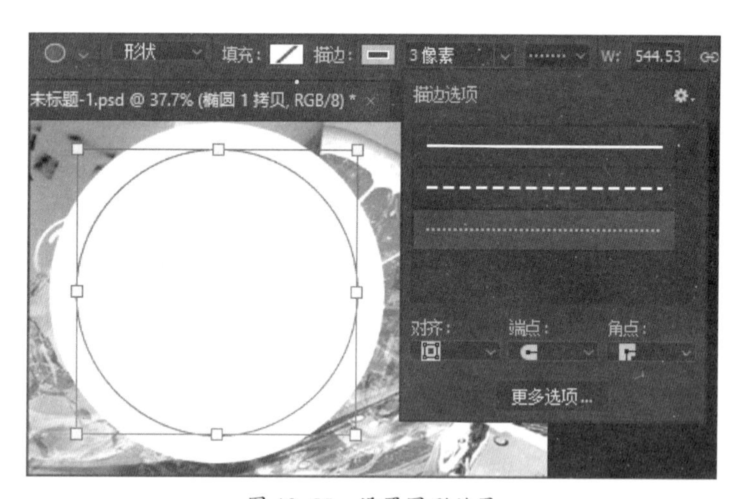

图 12-55 设置圆形效果

步骤 20 使用【横排文字工具】输入蓝色文字，字体设置为【华文琥珀】，如图 12-56 所示。

步骤 21 选择【椭圆 1】图层，按【Ctrl+T】组合键执行自由变换命令。按【Alt】键以当前中心点为基准等比例缩放形状，完成饮料宣传单的制作，最终效果如图 12-57 所示。

图 12-56 添加文字

图 12-57 最终效果

12.4 实训四：牛奶包装盒设计

效果展示

思路分析

牛奶营养丰富，是人们喜爱的饮品。因为牛奶品牌种类繁多，所以在追求牛奶自身品质的同时，体现产品形象和特色的包装设计就变得十分重要。下面介绍如何设计牛奶包装盒。

本例首先制作包装盒立体图，接下来添加画面和文字内容，最后制作意境图，得到最终效果。

制作步骤

步骤 01 按【Ctrl+N】组合键，执行【新建】命令，设置【宽度】为 16 厘米，【高度】为 16 厘米，单击【创建】按钮，如图 12-58 所示。

步骤 02 新建图层，命名为“包装正面”。选择【矩形选框工具】，拖动鼠标创建矩形选区，执行【选择】→【变换选区】命令，右击鼠标，选择【扭曲】命令，变换选区，效果如图 12-59 所示。

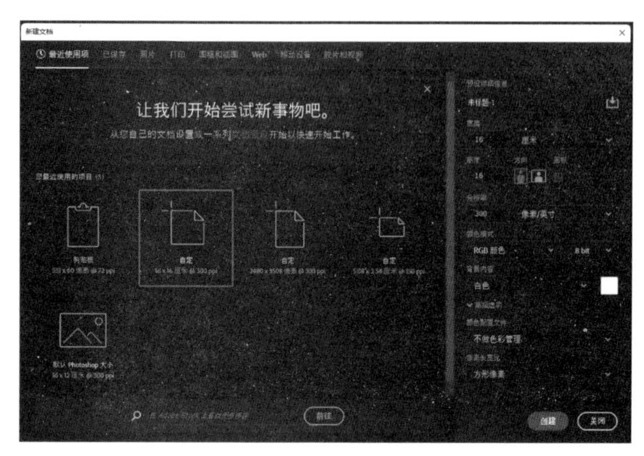

图 12-58 【新建】对话框

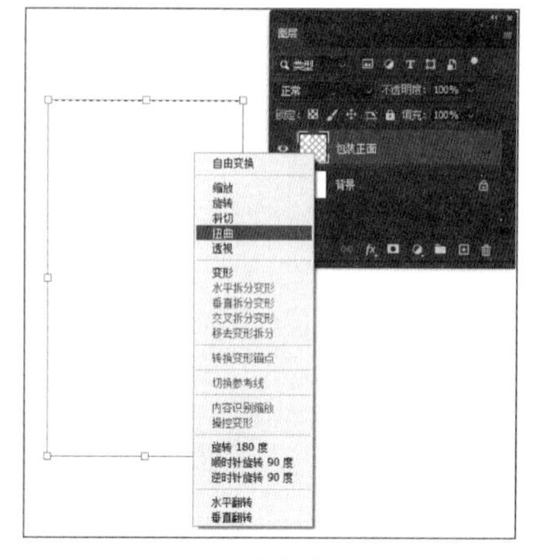

图 12-59 创建并变换选区

步骤 03 选择【渐变工具】，在选项栏中，单击渐变色条，在打开的【渐变编辑器】对话框中，设置渐变色标为橙（#fed910），浅黄（#fff7cb），白，如图 12-60 所示。拖动鼠标填充渐变色，如图 12-61 所示。

步骤 04 新建图层，命名为“包装侧面”。使用相同的方法创建侧面选区，如图 12-62 所示。

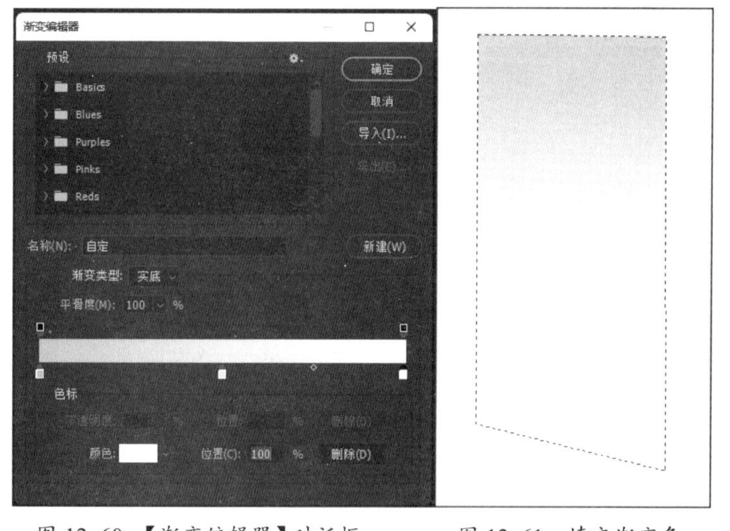

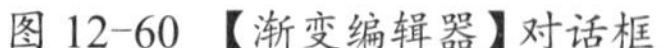

图 12-60 【渐变编辑器】对话框　　图 12-61 填充渐变色

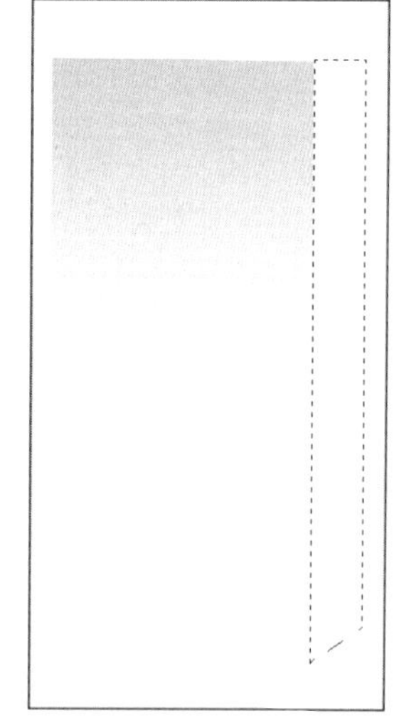

图 12-62 创建侧面选区

步骤 05 选择【渐变工具】，在选项栏中，单击渐变色条，在打开的【渐变编辑器】对话框中，设置渐变色标为橙（#fed910），浅黄（#fff7cb），白，灰（#dad9da），如图 12-63 所示。拖动鼠标填充渐变色，如图 12-64 所示。

步骤 06 新建图层，命名为“包装顶面”。使用相同的方法创建顶面选区，填充橙色（#fe9b0d），如图 12-65 所示。

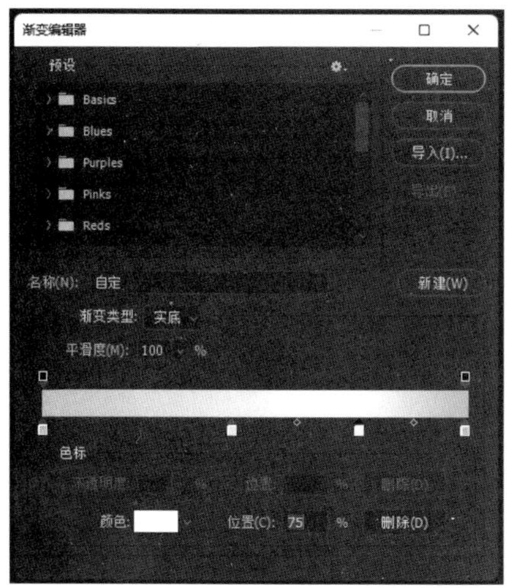

图 12-63 【渐变编辑器】对话框

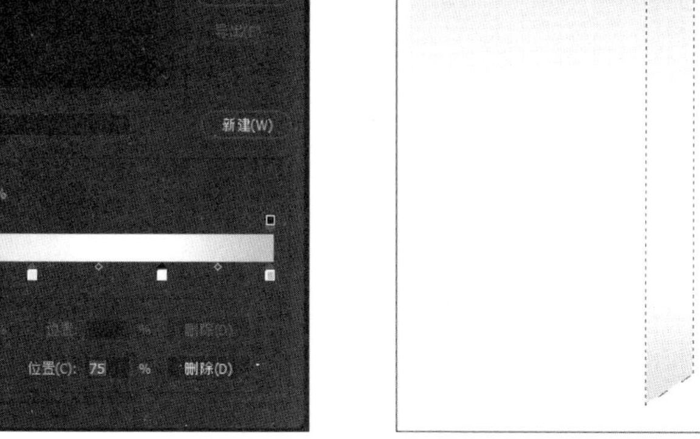

图 12-64 填充渐变色

图 12-65 填充纯色

步骤 07 新建图层，选择【矩形选框工具】，创建矩形选区，填充黄色（# fedb0f），如图 12-66 所示，按【Ctrl+D】组合键，取消选区。

步骤 08 执行【滤镜】→【模糊】→【动感模糊】命令，设置【角度】为 10 度，【距离】为 240 像素，单击【确定】按钮，如图 12-67 所示。调整大小和角度，按【Ctrl+E】组合键，向下合并图层，如图 12-68 所示。

图 12-66 创建黄色选区

图 12-67 【动感模糊】对话框

图 12-68 合并图层

步骤 09 新建图层，命名为“包装提手”。使用相同的方法创建包装提手，如图 12-69 所示。

步骤 10 新建图层，命名为“侧面阴影 1”。选择【多边形套索工具】创建选区，选择【画笔工具】，选择 300 像素的柔边圆画笔，绘制浅灰色（#c8c8c8），如图 12-70 所示。使用相同的方法创建“侧面阴影 2”，如图 12-71 所示。

图 12-69　创建包装提手　　　图 12-70　绘制侧面阴影 1　　　图 12-71　绘制侧面阴影 2

步骤 11　新建图层，命名为“包装侧面 2”。选择【多边形套索工具】创建选区，填充橙色（# fea40d），如图 12-72 所示。

步骤 12　按住【Ctrl】键，单击“包装正面”图层，载入图层选区，如图 12-73 所示。选择【渐变工具】，设置前景色为浅橙色（#fbc311），在选项栏中，单击渐变色条右侧的按钮，在下拉面板中，选择【基础】→【前景色到透明渐变】，如图 12-74 所示。

图 12-72　创建包装侧面 2

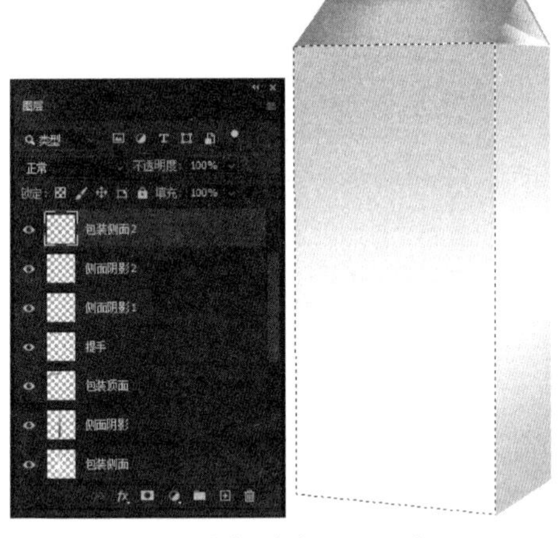

图 12-73　选择并载入图层选区

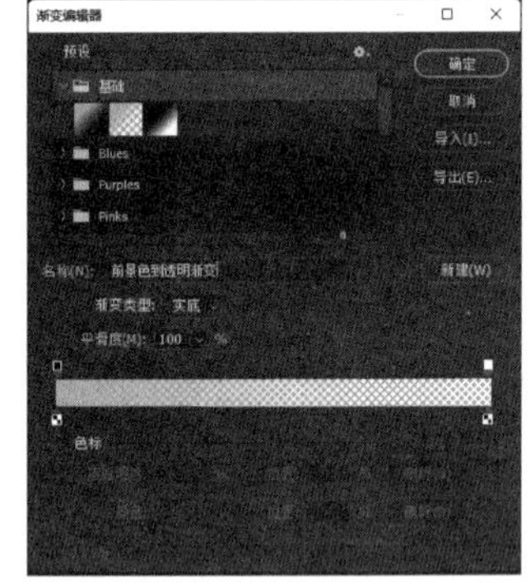

图 12-74　选择渐变

步骤 13　拖动鼠标填充渐变色，如图 12-75 所示。

步骤 14　复制【包装侧面】图层，命名为“侧面阴影”。按住【Ctrl】键，单击“包装侧面”图层，载入图层选区。选择【渐变工具】，设置前景色为浅灰色（#8f8d8d），在选项栏中，单击渐变色条右侧的按钮，在下拉面板中，选择【基础】→【前景色到透明渐变】，拖动鼠标填充渐变色，如图 12-76 所示。

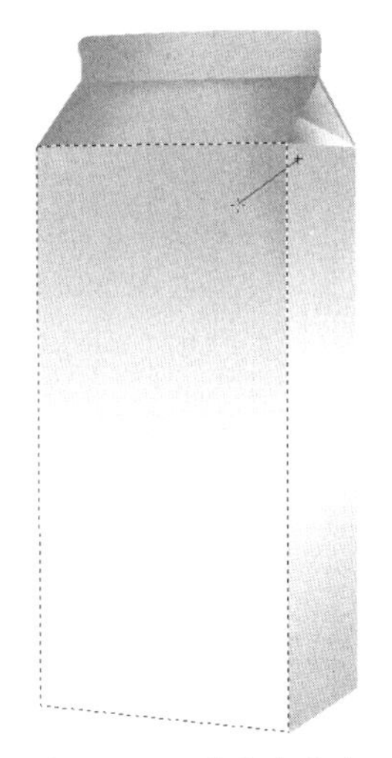

图 12-75 填充渐变色

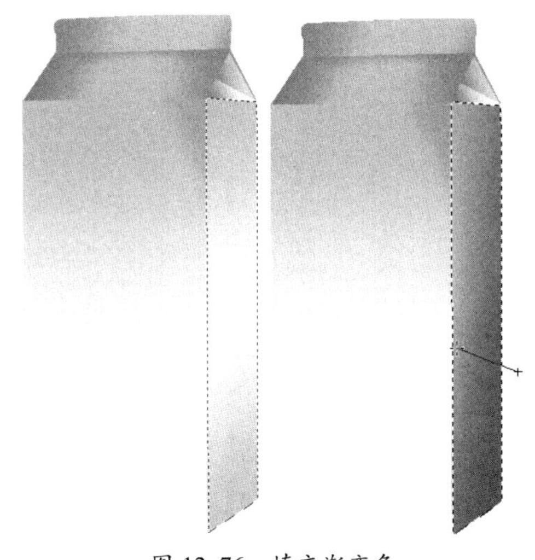

图 12-76 填充渐变色

步骤 15 打开“素材文件\第 12 章\草地.tif”，拖动到当前文件中，移动到“包装正面”图层上方。执行【图层】→【创建剪贴蒙版】命令，创建剪贴蒙版，如图 12-77 所示。

步骤 16 打开“素材文件\第 12 章\香橙.tif”，拖动到当前文件中，移动到“草地”图层上方，执行【图层】→【创建剪贴蒙版】命令，创建剪贴蒙版，如图 12-78 所示。

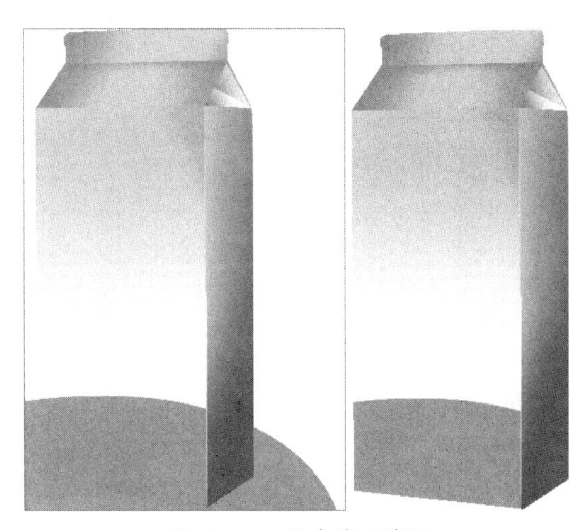

图 12-77 创建剪贴蒙版

图 12-78 创建剪贴蒙版

步骤 17 打开“素材文件\第 12 章\奶牛.tif”，拖动到当前文件中，移动到适当位置，如图 12-79 所示。

步骤 18 选择【自定形状工具】，在【形状】面板中单击右上角【扩展】按钮载入【旧版形状及其他】，选择【所有旧版默认形状】→【自然】→【太阳 2】，如图 12-80 所示。

步骤 19 新建“太阳”图层，设置前景色为黄色（#fffa64），在选项栏中，选择【像素】选项，拖动鼠标绘制太阳，如图 12-81 所示。

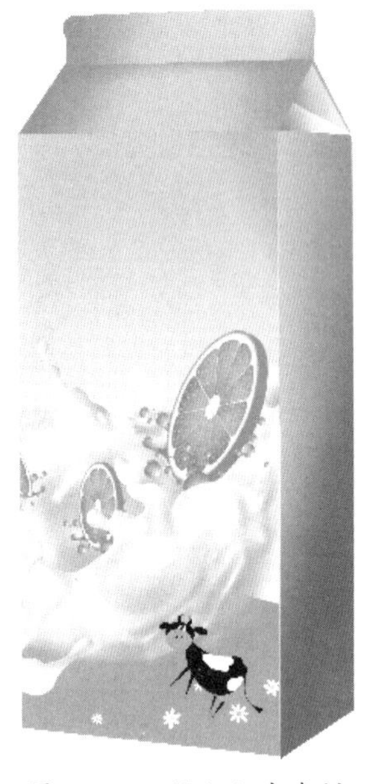

图 12-79　添加奶牛素材

图 12-80　选择形状

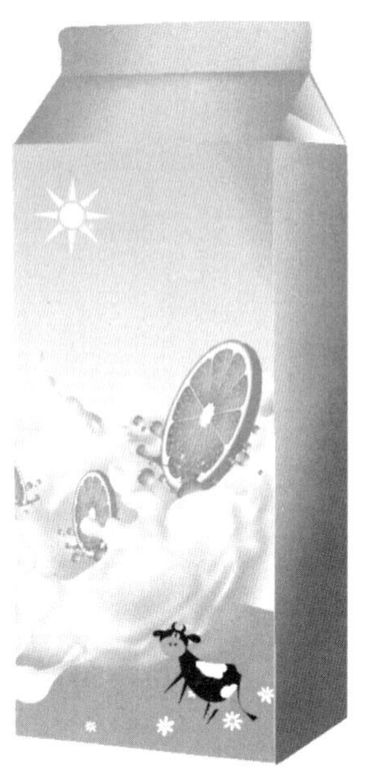

图 12-81　绘制形状

步骤 20　双击“太阳”图层，在打开的【图层样式】对话框中，勾选【外发光】选项，【不透明度】为 100%，发光颜色为白色，【扩展】为 15%，【大小】为 50 像素，【范围】为 50%，【抖动】为 0%，如图 12-82 所示。发光效果如图 12-83 所示。

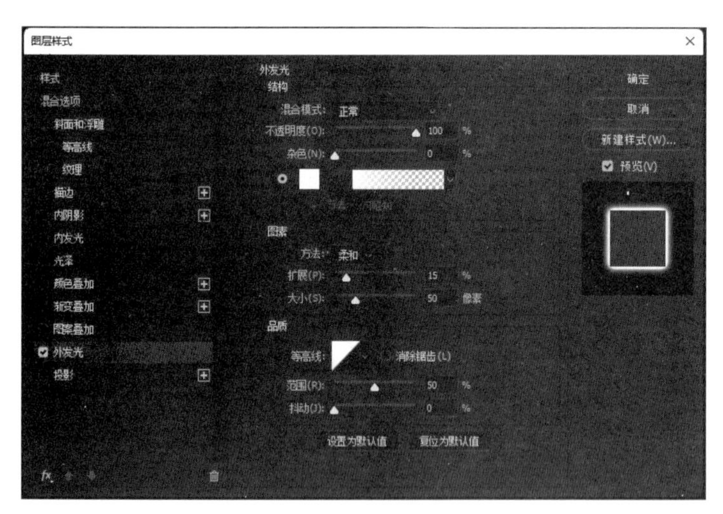

图 12-82　设置外发光

图 12-83　外发光效果

步骤 21　选择【横排文字工具】T，在图像中输入白色字母“Hey !milk”，设置字体为琥珀体，字体大小为 45 和 30 点，如图 12-84 所示。

步骤 22　双击文字图层，在【图层样式】对话框中，勾选【投影】选项，设置【不透明度】为 75%，【角度】为 120 度，【距离】为 15 像素，【扩展】为 5%，【大小】为 2 像素，勾选【使用全局光】选项，单击【确定】按钮，如图 12-85 所示。投影效果如图 12-86 所示。

图 12-84 输入文字

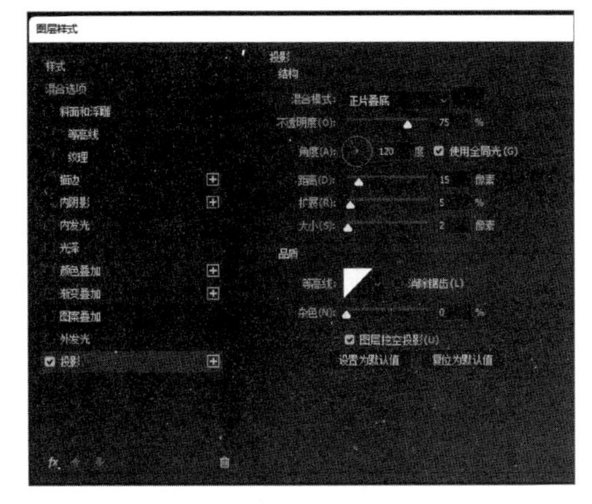

图 12-85 设置投影选项

图 12-86 投影效果

步骤 23 隐藏背景图层，按【Ctrl+A】组合键全选图像，执行【编辑】→【合并拷贝】命令，如图 12-87 所示。

步骤 24 打开“素材文件\第 12 章\彩虹 .tif”，按【Ctrl+V】组合键粘贴图像，命名为“效果图”。按【Ctrl+T】组合键，执行自由变换操作，适当缩小图像，如图 12-88 所示。

图 12-87 合并拷贝图像

图 12-88 粘贴图像并调整大小

步骤 25 打开“素材文件\第 12 章\奶牛 .tif”，拖动到当前文件中，调整大小、位置和方向，如图 12-89 所示。

步骤 26 复制效果图，调整效果图的大小和位置，如图 12-90 所示。

图 12-89 添加奶牛

图 12-90 复制效果图

步骤 27 新建图层，命名为“投影”。移动到背景图层上方。使用【画笔工具】绘制黑色投影，如图 12-91 所示。

步骤 28 执行【滤镜】→【模糊】→【动感模糊】命令，设置【角度】为 10 度，【距离】为 240 像素，单击【确定】按钮，如图 12-92 所示。

图 12-91 绘制投影

图 12-92 【动感模糊】对话框

步骤 29 更改投影图层的不透明度为 30%，如图 12-93 所示。最终效果如图 12-94 所示。

图 12-93 【图层】面板

图 12-94 最终效果

Photoshop 2022

附录A
Photoshop 2022命令与快捷键索引

1. 【文件】菜单快捷键

文件命令	快捷键	文件命令	快捷键
新建	Ctrl+N	打开	Ctrl+O
在 Bridge 中浏览	Alt+Ctrl+O	打开为	Alt+Shift+Ctrl+O
关闭	Ctrl+W	关闭全部	Alt+Ctrl+W
关闭并转到 Bridge	Shift+Ctrl+W	关闭其他	Alt+Ctrl+P
存储	Ctrl+S	导出为	Alt+Shift+Ctrl+W
存储为	Shift+Ctrl+S	存储为 Web 所用格式	Alt+Shift+Ctrl+S
恢复	F12	文件简介	Alt+Shift+Ctrl+I
打印	Ctrl+P	打印一份	Alt+Shift+Ctrl+P
退出	Ctrl+Q		

2. 【编辑】菜单快捷键

编辑命令	快捷键	编辑命令	快捷键
还原/重做	Ctrl+Z	重做	Shift+Ctrl+Z
切换最终状态	Alt+Ctrl+Z	渐隐	Shift+Ctrl+F
剪切	Ctrl+X 或 F2	复制	Ctrl+C 或 F3
合并拷贝	Shift+Ctrl+C	粘贴	Ctrl+V 或 F4
原位粘贴	Shift+Ctrl+V	贴入	Alt+Shift+Ctrl+V
填充	Shift+F5	内容识别缩放	Alt+Shift+Ctrl+C
搜索	Ctrl+F	再次变换	Shift+Ctrl+T
自由变换	Ctrl+T	再制	Alt+Shift+Ctrl+T
颜色设置	Shift+Ctrl+K	键盘快捷键	Alt+Shift+Ctrl+K
菜单	Alt+Shift+Ctrl+M	首选项	Ctrl+K

3. 【图像】菜单快捷键

图像命令	快捷键	图像命令	快捷键
色阶	Ctrl+L	曲线	Ctrl+M
色相/饱和度	Ctrl+U	色彩平衡	Ctrl+B
黑白	Alt+Shift+Ctrl+B	反相	Ctrl+I
去色	Shift+Ctrl+U	自动色调	Shift+Ctrl+L

续表

图像命令	快捷键	图像命令	快捷键
自动对比度	Alt+Shift+Ctrl+L	自动颜色	Shift+Ctrl+B
图像大小	Alt+Ctrl+I	画布大小	Alt+Ctrl+C

4. 【图层】菜单快捷键

图层命令	快捷键	图层命令	快捷键
新建图层	Shift+Ctrl+N	新建通过拷贝的图层	Ctrl+J
新建通过剪切的图层	Shift+Ctrl+J	创建/释放剪贴蒙版	Alt+Ctrl+G
图层编组	Ctrl+G	取消图层编组	Shift+Ctrl+G
快速导出为PNG	Shift+Ctrl+'	导出为	Alt+Shift+Ctrl+'
置为顶层	Shift+Ctrl+]	前移一层	Ctrl+]
后移一层	Ctrl+[	置为底层	Shift+Ctrl+[
合并图层	Ctrl+E	合并可见图层	Shift+Ctrl+E
盖印选择图层	Alt+Ctrl+E	盖印可见图层到当前层	Alt+Shift+Ctrl+A
隐藏图层	Ctrl+,	锁定图层	Ctrl+/

5. 【选择】菜单快捷键

选择命令	快捷键	选择命令	快捷键
全部选取	Ctrl+A	取消选择	Ctrl+D
重新选择	Shift+Ctrl+D	反向	Shift+Ctrl+I Shift+F7
所有图层	Alt+Ctrl+A	选择并遮住	Alt+Ctrl+R
羽化	Shift+F6	查找图层	Alt+Shift+Ctrl+F

6. 【滤镜】菜单快捷键

滤镜命令	快捷键	滤镜命令	快捷键
上次滤镜操作	Alt+Ctrl+F	镜头校正	Shift+Ctrl+R
液化	Shift+Ctrl+X	消失点	Alt+Ctrl+V
自适应广角	Alt+Shift+Ctrl+A	Camera Raw滤镜	Shift+Ctrl+A

7. 【视图】菜单快捷键

视图命令	快捷键	视图命令	快捷键
校样颜色	Ctrl+Y	色域警告	Shift+Ctrl+Y
放大	Ctrl++	缩小	Ctrl+–
按屏幕大小缩放	Ctrl+0	实际像素	Ctrl+1 或 Alt+Ctrl+0
显示额外内容	Ctrl+H	显示目标路径	Shift+Ctrl+H
显示网格	Ctrl+'	显示参考线	Ctrl+;
标尺	Ctrl+R	对齐	Shift+Ctrl+;
锁定参考线	Alt+Ctrl+;		

8. 【窗口】菜单快捷键

窗口命令	快捷键	窗口命令	快捷键
动作面板	F9 或 Alt+F9	画笔面板	F5
图层面板	F7	信息面板	F8
颜色面板	F6		

9. 【帮助】菜单快捷键

帮助命令	快捷键
Photoshop 帮助	F1

10. 【3D】菜单快捷键

帮助命令	快捷键
渲染 3D 图层	Alt+Shift+Ctrl+R

Photoshop 2022

附录B
综合上机实训题

为了强化学生的上机操作能力，本书专门安排了以下上机实训项目，教师可以根据教学进度与教学内容，合理安排学生上机训练操作的内容。

实训一：改变人物衣服颜色

在Photoshop 2022中，制作如图B-1所示的改变人物衣服颜色。

素材文件	上机实训\素材文件\实训一.jpg
结果文件	上机实训\结果文件\实训一.jpg

图B-1　效果对比

操作提示

在制作改变人物衣服颜色的实例操作中，主要使用了【色相/饱和度】命令、色彩平衡、多边形套索工具等知识。主要操作步骤如下。

(1) 打开“上机实训\素材文件\实训一.jpg”。

(2) 选择工具箱中的【快速选择工具】，选择人物衣服红色的部分。执行【图像】→【调整】→【色相/饱和度】命令，打开【色相/饱和度】对话框，设置【色相】值为-40，单击【确定】按钮。

(3) 按【Ctrl+B】组合键打开【色彩平衡】对话框，选中【中间调】单选按钮，设置【色阶】值为(+50，0，-30)，单击【确定】按钮。

(4) 按【Ctrl+D】组合键取消选区，然后使用【多边形套索工具】选择人物衣服为蓝色的部分。

(5) 按【Ctrl+U】组合键打开【色相/饱和度】对话框，设置【色相】值为-40，单击【确定】按钮。按【Ctrl+D】组合键取消选区。

实训二：制作烫发效果

在Photoshop 2022中，制作如图B-2所示的烫发效果。

素材文件	上机实训\素材文件\实训二.jpg
结果文件	上机实训\结果文件\实训二.psd

图B-2 效果对比

操作提示

在制作烫发效果的实例操作中，主要使用了【液化】命令、顺时针旋转扭曲工具、向前变形工具等知识。主要操作步骤如下。

（1）打开“上机实训\素材文件\实训二.jpg”，选择【滤镜】→【液化】命令，或按【Shift+Ctrl+X】组合键，打开【液化】对话框。

（2）单击选择【顺时针旋转扭曲工具】，在右侧设置【画笔大小】为100，【画笔密度】为50，在人物头发位置拖动。

（3）单击选择【向前变形工具】，在人物头发位置拖动。

（4）单击选择【脸部工具】，将鼠标放在人物脸部，此时，会显示脸部定界框，拖动鼠标，可以自动调整脸部比例。

实训三：制作艺术效果

在Photoshop 2022中，制作如图B-3所示的艺术效果。

素材文件	上机实训\素材文件\实训三.jpg
结果文件	上机实训\结果文件\实训三.jpg

图B-3 效果对比

操作提示

在制作艺术效果的实例操作中，主要使用了渐变颜色的编辑与填充、图层的混合模式等知识。主要操作步骤如下。

（1）打开“上机实训\素材文件\实训三.jpg”，新建图层，选择【渐变工具】，在选项栏中单击渐变色条，打开【渐变编辑器】对话框，在【预设】列表框中选择【旧版渐变】→【色谱】→【浅色谱】选项。

（2）设置图层混合模式为【柔光】。

实训四：制作冰雪文字效果

在 Photoshop 2022 中，制作如图 B-4 所示的冰雪文字效果。

素材文件	上机实训\素材文件\实训四.psd
结果文件	上机实训\结果文件\实训四.psd

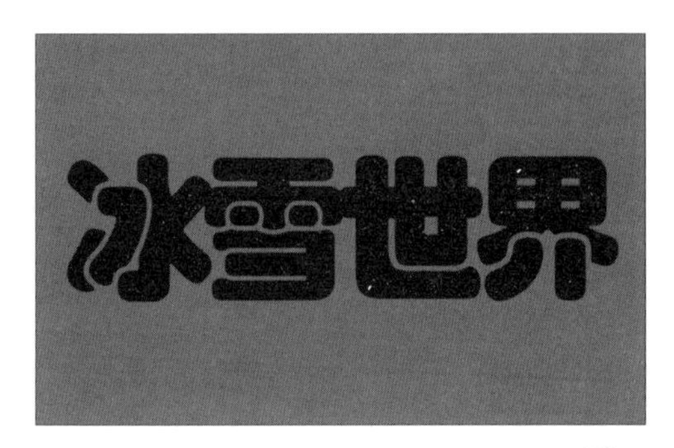

图 B-4　效果对比

操作提示

在制作冰雪文字效果的实例操作中，主要使用了创建新通道、滤镜效果设置、色彩平衡设置、图像旋转等知识。主要操作步骤如下。

（1）打开“上机实训\素材文件\实训四.psd”。

（2）按【Ctrl】键，单击【冰雪字】图层缩略图，载入图层选区。

（3）在通道面板中，单击【创建新通道】按钮，新建一个【Alpha 1】通道，为【Alpha 1】通道填充白色。

（4）将【Alpha 1】通道拖动到【创建新通道】按钮，生成【Alpha 1 拷贝】通道。

（5）执行【滤镜】→【像素化】→【碎片】命令，按【Alt+Ctrl+F】组合键两次，重复碎片滤镜。

（6）执行【滤镜】→【像素化】→【晶格化】命令，设置【单元格大小】为 6，单击【确定】按钮，按【Alt+Ctrl+F】组合键两次，重复晶格化滤镜。

（7）按【Ctrl+A】组合键全选图像，按【Ctrl+C】组合键复制图像，在【图层】面板中，新建【图层 1】，按【Ctrl+V】组合键粘贴图像。

（8）按【Ctrl+B】组合键，执行【色彩平衡】对话框，设置色阶值为【-36，0，100】，单击【确定】按钮。

（9）执行【图像】→【旋转画布】→【顺时针 90 度】命令，将画布旋转。

（10）执行【滤镜】→【风格化】→【风】命令，使用默认设置，单击【确定】按钮。

（11）执行【图像】→【旋转画布】→【逆时针 90 度】命令，得到冰雪文字效果。

实训五：为图片添加爱心

在 Photoshop 2022 中，制作如图 B-5 所示的为图片添加爱心效果。

素材文件	上机实训\素材文件\实训五.jpg
结果文件	上机实训\结果文件\实训五.psd

图 B-5 效果对比

操作提示

在制作为图片添加爱心的实例操作中，主要使用了自定形状工具、画笔工具、描边路径等知识。主要操作步骤如下。

（1）打开“上机实训\素材文件\实训五.jpg”，单击【创建新图层】按钮，得到【图层 1】。

（2）选择【自定形状工具】，在选项栏中单击【形状】右侧的下拉按钮，打开【形状】下拉面板，选择【旧版形状及其他】→【所有旧版默认形状】→【形状】→【红心形卡】选项。

（3）隐藏【背景】图层；在选项栏中选择【像素】选项，在画面中拖动鼠标创建形状；执行【编辑】→【定义画笔预设】命令，打开【画笔名称】对话框，输入名称“爱心”，单击【确定】按钮。

（4）删除【图层 1】，显示【背景】图层。选择【画笔工具】，按【F5】键打开【画笔设置】面板，选择预设的爱心画笔，设置【大小】为 70 像素，【间距】为 200%。

（5）选中【形状动态】复选项，设置【大小抖动】为 100%，【最小直径】为 0%，【角度抖动】为 10%。

（6）选中【散布】复选项，设置【散布】为 160%，【数量】为 1，【数量抖动】为 0%。

（7）选中【颜色动态】复选项，设置【前景/背景抖动】为 5%，【色相抖动】为 20%，【饱和度抖动】为 11%，【亮度抖动】为 15%，【纯度】为-3%。

（8）选中【传递】复选项，设置【不透明度抖动】为 25%，【流量抖动】为 25%。

（9）选择【自定形状工具】，在选项栏中单击【形状】右侧的下拉按钮，打开【形状】下拉面板，选择【旧版形状及其他】→【所有旧版默认形状】→【形状】→【红心形卡】选项。

（10）在选项栏中选择【路径】选项，在照片中拖动鼠标，创建出选择的形状路径。

（11）将前景色设置为红色（R：255，G：0，B：0），打开【路径】面板，右击【工作路径】，在弹出的快捷菜单中选择【描边路径】选项。

（12）打开【描边路径】对话框，设置【工具】为画笔，单击【确定】按钮关闭对话框，完成操作。

实训六：制作发光的玻璃效果

在 Photoshop 2022 中，制作如图B-6 所示的发光的玻璃效果。

素材文件	上机实训\素材文件\实训六.jpg
结果文件	上机实训\结果文件\实训六.psd

图B-6　效果对比

操作提示

在制作发光的玻璃效果的实例操作中，主要使用了【反相】命令、新建图层、椭圆选框工具、羽化选区、添加图层蒙版、画笔工具等知识。主要操作步骤如下。

（1）打开“上机实训\素材文件\实训六.jpg”。

（2）按【Ctrl+J】组合键复制图层，执行【图像】→【调整】→【反相】命令，或按【Ctrl+I】组合键。

（3）新建【图层 2】，使用【椭圆选框工具】创建选区。

（4）按【Shift+F6】组合键执行【羽化选区】命令，设置【羽化半径】为 100 像素，单击【确定】按钮。

（5）设置前景色为黄色#fff100，按【Alt+Delete】组合键，填充前景色。

（6）添加图层蒙版，用黑色【画笔工具】在下方涂抹，修复明显的边缘，拖动对象到下方适当位置。

实训七：制作双色调效果

在Photoshop 2022中，制作如图B-7所示的双色调效果。

素材文件	上机实训\素材文件\实训七.jpg
结果文件	上机实训\结果文件\实训七.psd

图B-7 效果对比

操作提示

在制作双色调效果的实例操作中，主要使用了【自然饱和度】命令、色彩模式转换等知识。主要操作步骤如下。

（1）打开“上机实训\素材文件\实训七.jpg”。执行【图像】→【调整】→【自然饱和度】命令，打开【自然饱和度】对话框，设置【自然饱和度】为50，【饱和度】为10，单击【确定】按钮。

（2）执行【图像】→【模式】→【灰度】命令，打开【信息】对话框，单击【扔掉】按钮，扔掉颜色信息。

（3）执行【图像】→【模式】→【双色调】命令，打开【双色调】对话框，设置【类型】为双色调，单击【油墨2】右侧的色块，打开【拾色器（墨水2颜色）】对话框，设置颜色值为棕黄色（R：251，G：225，B：6），完成设置后，单击【确定】按钮。返回【双色调】对话框，将油墨命名为“棕黄色”，单击【确定】按钮，得到双色调图像效果。

实训八：制作双重曝光效果

在Photoshop 2022中，制作如图B-8所示的双重曝光效果。

素材文件	上机实训\素材文件\实训八-女孩.jpg、实训八-舞蹈.jpg、实训八-霞浦.jpg、实训八-鸟.jpg
结果文件	上机实训\结果文件\实训八.psd

图 B-8　效果对比

操作提示

在制作双重曝光效果的实例操作中，主要使用了快速选择工具、添加图层蒙版、栅格化图层、渐变映射、盖印图层等知识。主要操作步骤如下。

（1）按【Ctrl+N】组合键新建文档，设置【宽度】1080 像素，【高度】720 像素，【分辨率】72 像素，单击【确定】按钮，置入“上机实训\素材文件\实训八-女孩.jpg”。

（2）使用快速选择工具选中女孩，创建选区；单击图层面板中的【添加图层蒙版】按钮。

（3）置入“上机实训\素材文件\实训八-鸟.jpg”文件和“上机实训\素材文件\实训八-霞浦.jpg”文件。

（4）选中【实训八-霞浦】图层，按【Ctrl+T】组合键执行自由变换命令，单击鼠标右键，在弹出的快捷菜单中选择【水平翻转】，按【Enter】键确认变换。

（5）选中【实训八-霞浦】图层，单击图层面板中【添加图层蒙版】按钮，添加蒙版。单击选中蒙版，使用黑色柔角画笔在蒙版上涂抹，显示出下方的图像。

（6）选中【实训八-霞浦】图层和【实训八-鸟】图层，按【Ctrl+G】组合键将【实训八-霞浦】图层和【实训八-鸟】图层编组，得到【组 1】图层，单击选中【实训八-女孩】图层的图层蒙版，按【Alt】键，将蒙版复制到【组 1】图层。

（7）选中【实训八-霞浦】和【实训八-鸟】图层，按【Ctrl+T】组合键执行自由变换命令，适当移动图像的位置。

（8）置入“上机实训\素材文件\实训八-舞蹈.jpg”文件；右击舞蹈图层，在弹出的快捷菜单中选择【栅格化图层】命令栅格化图层。

（9）使用【魔棒工具】，单击选中舞蹈素材的白色背景，按【Delete】键删除白色背景，按【Ctrl+D】组合键取消选区。

（10）将【实训八-舞蹈】图层拖动至【组 1】内，并将其置于【实训八-霞浦】图层上方。按【Ctrl+T】组合键执行自由变换命令，适当缩小图像，并将其放置到适当的位置。设置【实训八-舞蹈】图层不透明度为 60%。

（11）单击图层面板底部【创建新的调整或填充图层】按钮，创建【渐变映射】调整图层，单击属性面板中的【点按可编辑渐变】打开【渐变编辑器】对话框，设置渐变颜色分别为【#ffa837】【#ff9308】【#ff6633】【#b0de24】；图层混合模式设置为柔光，完成双重曝光效果的制作。

Photoshop 2022

附录C 知识与能力总复习题（卷1）

（全卷：100 分　答题时间：120 分钟）

得分	评卷人

一、选择题（每题 1 分，共 35 小题，共计 35 分）

1. 初次启动Photoshop 2022 时，工具箱将显示在屏幕左侧。工具箱将 Photoshop 2022 的功能以（　　）形式聚集在一起，从工具的形态就可以了解该工具的功能。

A. 快捷键　　B. 图标　　C. 命令　　D. 表格

2. 在常用的图像文件格式中，（　　）格式采用有损压缩方式，具有较好的压缩效果，但是会损失掉图像的某些细节。

A. AI　　B. JPG　　C. PSD　　D. TIF

3. 按（　　）组合键，或者在Photoshop 2022 图像窗口的空白处双击鼠标左键，可以弹出【打开】对话框进行操作。

A.【Ctrl+T】　　B.【Ctrl+O】　　C.【Ctrl+Alt】　　D.【Ctrl+V】

4. 在处理图像时，创建多个（　　），可以从不同的角度观察同一张图像，使图像调整更加准确。

A. 操作窗口　　B. 界面窗口　　C. 视图窗口　　D. 文档窗口

5.（　　）命令会查找与当前选区中的像素色调相近的像素，从而扩大选择区域。该命令只扩大到与原选区相连接的区域。

A. 扩大　　B. 选取相似　　C. 查找选区　　D. 扩大选取

6.（　　）命令适用于刚刚取消的选区，如果取消选区后，新建其他选区，之前的取消的选区将不可恢复。

A. 反向选择　　B. 全选　　C. 重新选择　　D. 取消选区

7. 在创建选区的过程中，按住（　　）可直接移动选区。

A. 空格键　　B. 方向键　　C.【Esc】键　　D.【Shift】键

8.【颜色替换工具】指针中间有一个十字标记，替换颜色（　　）的时候，即使画笔直径覆盖了颜色及背景，只要十字标记是在背景的颜色上，只会替换背景颜色。

A. 中心　　B. 量　　C. 值　　D. 边缘

9. 在【图层】面板中选择一个图层，单击面板顶部的按钮，在打开的下拉列表中可以选择一种混合模式，混合模式分为（　　）组。

A. 6　　B. 5　　C. 4　　D. 3

10. 如果不需要应用图层组进行图层管理，可以将其取消，并保留图层，选择该图层组，执行【图层】→【取消图层编组】命令，或按（　　）组合键即可。

A.【Shift+Ctrl+G】　　B.【Shift+G】　　C.【Ctrl+G】　　D.【Shift+Ctrl+C】

11. 图层被锁定后，将限制图层编辑的（　　），编辑图层中的其他内容时被锁定的内容将不会受到影响。

A. 方向和速度　　B. 大小和远近　　C. 方向和角度　　D. 内容和范围

12. 分离通道操作可以将通道拆分为（　　），最大限度地保留了原图像的色阶，因此存储了更加丰富的灰度颜色信息。

A. 单色文件　　B. 索引文件　　C. 灰度文件　　D. 黑白文件

13. 剪贴蒙板是通过下方图层的形状来限制上方图层的显示状态，达到一种剪贴画的效果，剪贴蒙板至少需要（　　）个图层才能创建。

A. 1　　B. 3　　C. 2　　D. 4

14. 按（　　）组合键可以快速将路径转换为选区。路径转换为选区后并没有删除路径，在处理图像时可以多次相互转换。

A.【Shift+F4】　　B.【Alt+Shift】　　C.【Ctrl+F4】　　D.【Ctrl+Enter】

15. 点文字的文字行是独立的，即文字行的长度随文本的增加而变长，不会自动换行，因此，如果在输入点文字时要进行换行的话，必须按（　　）。

A. 回车键　　B.【Alt】键　　C.【Ctrl】键　　D.【Esc】键

16. 在输入文字时，单击（　　）次鼠标可以选择一行文字；单击 4 次鼠标可以选择整个段落；按【Ctrl+A】组合键可以选择全部文字。

A. 3　　B. 2　　C. 1　　D. 4

17.（　　）命令是一个简单直观的图像调整工具，在调整图像的颜色平衡、对比度及饱和度的同时，能看到图像调整前和调整后的缩览图，使调整更为简单明了。

A. 曲线　　B. 变化　　C. 色彩平衡　　D. 色阶

18.【通道混合器】可以将所选的通道与我们想要调整的颜色通道混合，从而修改该颜色通道中的光线量，影响其颜色含量，从而改变色彩。如果合并的通道值高于（　　），会在总计旁边显示一个警告⚠。并且，该值超过 100%，有可能会损失阴影和高光细节。

A. 80%　　B. 100%　　C. 150%　　D. 200%

19. RAW 格式是（　　），而且有非常大的后期处理空间。可以理解为，把数码相机内部对原始数据的处理流程搬到了计算机上。

A. 有损格式　　B. 无损格式　　C. 保护格式　　D. 压缩格式

20. 水印是一种以（　　）方式添加到图像中的数字代码，肉眼是看不到这些代码的。添加数字水印后，无论是进行通常的图像编辑，或是文件格式转换，水印仍然存在。

A. 色彩　　B. 文字　　C. 随机　　D. 杂色

21. 在叠印套色版时，如果套印不准、相邻的纯色之间没有对齐，便会出现小的缝隙。出现这种情况，通常采用一种（　　）技术来进行纠正。

A. 陷印　　B. 套印　　C. 重叠　　D. 叠加

22. 如果要使用当前的打印选项打印一份文件，可执行【文件】→【打印一份】命令或按（　　）组合键来操作，该命令无对话框。

A.【Alt＋F9】　　B.【Alt+Shift+Ctrl+P】　　C.【Alt＋F2】　　D.【Alt＋F2】

23. 为了使网页图像的颜色能够在所有的显示器上看起来一模一样，在制作网页时，就需要使用(　　)。

A. 印刷色　　B. 专业色谱　　C. 简单颜色　　D. Web安全颜色

24. 用于显示的色彩模式是(　　)。

A. RGB　　B. CMYK　　C. Lab　　D. 索引

25. 反相的快捷键是(　　)。

A.【Ctrl+Shift+I】　　B.【Ctrl+I】　　C.【Alt+Shift+I】　　D.【Alt+Ctrl+Shift+I】

26. 下面通道数量最多的是(　　)。

A. RGB　　B. CMYK　　C. Lab　　D. 灰度

27. 在Photoshop中，(　　)可移动10像素。

A. 选择移动工具，按方向键　　B. 选择移动工具，按【Shift+方向键】

C. 选择移动工具，按【Ctrl+方向键】　　D. 选择移动工具，按【Alt+方向键】

28. RGB模式下，R、G、B的值都为255时，将会是(　　)色。

A. 纯黑　　B. 纯白　　C. 灰　　D. 偏色的灰

29. 绘制彩虹需要用(　　)填充。

A. 线性渐变　　B. 径向渐变　　C. 角度渐变　　D. 菱形渐变

30. 调整图像饱和度可以使用(　　)工具。

A. 涂抹　　B. 减淡　　C. 海绵　　D. 模糊

31. 提高图像亮度可以使用(　　)工具。

A. 加深　　B. 减淡　　C. 海绵　　D. 模糊

32. 提高图像清晰度可以使用(　　)工具。

A. 加深　　B. 减淡　　C. 模糊　　D. 锐化

33. 裁切工具的快捷键是(　　)。

A. C　　B. Q　　C. R　　D. O

34. 在钢笔工具下按住(　　)键可以转换点。

A.【Ctrl】　　B.【Alt】　　C.【Shift】　　D.【Tab】

35. 能调整图像颜色鲜艳程度的命令是(　　)。

A. 色阶　　B. 曲线　　C. 色彩平衡　　D. 色相/饱和度

得分	评卷人

二、填空题（每空1分，共15小题，共计35分）

1. 一英寸约等于_______毫米，一点约等于_____毫米。

2. EPS格式可以同时包含_______图形和_______图像，支持RGB、CMYK、位图、双色调、灰度、索引和Lab模式，但不支持Alpha通道。

3. 选择【排列】命令，在子菜单中提供了不同的窗口排列方法，如_______、_______、_______等。

4. 拖动选框工具创建选区时，在放开鼠标按键前，按住______拖动鼠标，即可移动选区。

5. 图层、图层组和图层样式的增加会占用计算机的内存和暂存盘，从而导致计算机的运算速度变慢。将相同属性的图层进行合并，不仅便于管理，还可减少所占用的磁盘空间，合并图层的方式分别是_____、______、______、______、______。

6.【描边】效果可以使用______、______或______描边图层，对于硬边形状（如文字）等特别有用。

7.【分离通道】命令分离通道的数量取决于当前图像的色彩模式。例如，对RGB模式的图像执行分离通道操作，可以得到____、____和____3个单独的灰度图像。

8. 在【路径】面板中，可以直接将______、______填充至路径中，或直接用设置的前景色对路径进行描边。

9. 在输入文字前，需要在工具选项栏或【字符】面板中设置字符的属性，包括______、______、______等。

10. 滤镜可以分为________滤镜和________滤镜两大类。

11. 自动化是傻瓜式的图像调整方式，包括________、________和_________命令。

12. 在Photoshop 2022的【动作】面板中提供了多种预设动作，使用这些动作可以快速地制作______效果、______效果、______效果和______效果等。

13. CMYK的取值范围是________，RGB的取值范围是_________。

14. 在图像窗口中创建裁剪框后，可以拖动裁剪框四周的控制点，对裁剪框进行______、______、______等变换操作。

15. RGB在理论上有_______种颜色，索引模式最多有______种颜色。

得分	评卷人

三、判断题（每题1分，共20小题，共计20分）

1. BMP是一种用于Windows操作系统的图像格式，主要用于保存位图文件。该格式可以处理24位颜色的图像，支持RGB、位图、灰度、索引模式和Alpha通道。（　　）

2. 按【Ctrl+S】组合键可以快速打开【新建】对话框。（　　）

3.【填充】命令可以在当前图层或选区内填充颜色或图案，在填充时还可以设置不透明度和混合模式。（　　）

4.【吸管工具】可以从当前图像中吸取颜色，并将吸取的颜色作为Web色。（　　）

5. 创建填充图层，可以为目标图像添加色彩、渐变或图案填充效果，这是一种保护性色彩填充，会改变图像自身的颜色。（　　）

6. 双击【通道】面板中一个通道的名称，在显示的文本框中可以为它输入新的名称。但复合通道和颜色通道不能重命名。（　　）

7. 在Photoshop中，使用钢笔和形状等矢量工具可以创建不同类型的对象，包括工作路径、形状图层和像素图形。（　　）

8. 路径文字是指依附在路径上的文字，文字会沿着路径排列，改变路径形状时，文字的排列方式也会随之改变。图像在输出时，路径也会被输出。（ ）

9. RGB是一种减色混合模式。R代表红色，G代表绿色，B代表蓝色，它是所有显示屏、投影设备及其他传递或过滤光线的设备所依赖的彩色模式。（ ）

10.【图层】面板中有两个控制图层不透明度的选项:【不透明度】和【填充】。（ ）

11. 执行【滤镜】→【滤镜库】命令，或者使用一部分滤镜组中的滤镜时，都可以打开【滤镜库】对话框。（ ）

12.【颜色查找】命令不仅可以制作特殊色调的图像，还可以让颜色在不同的明度之间转换。（ ）

13.【去色】命令可快速将色彩照片转换为灰度图像，在转换过程中图像的颜色模式也将发生改变。（ ）

14.【查找边缘】滤镜能快速让图像呈现油画效果，还可以控制画笔的样式及光线的方向和亮度，以产生更加出色的效果。（ ）

15.【裁剪并拉直照片】命令是一项自动化功能，用户可以同时扫描多张图像，然后通过该命令创建单独的图像文件。（ ）

16. 可以用移动工具移动选区。（ ）

17. 可以在建立选区前羽化，也可以在建立选区后羽化。（ ）

18. 相同尺寸的文件，RGB模式的要比CMYK模式的文件小。（ ）

19. 在RGB模式下，白色是最单纯的颜色。（ ）

20. 图层能方便文件的编辑，所以图层越多越好。（ ）

得分	评卷人

四、简答题（每题5分，共2小题，共计10分）

1. 在Photoshop 2022 中，如何快速选择细微的毛发？

2. 背景图层和普通图层有什么区别，它们之间可以相互转换吗？